石油化工催化剂基础知识

（第三版）

朱洪法　刘丽芝　编著

中国石化出版社

内 容 提 要

本书从工业实用角度出发，较完整地介绍了石油化工催化剂的基础知识，包括催化剂的基本概念和生产原理、评价及测试方法，催化剂及载体的选择和设计、催化剂使用和保护，以及催化剂的推广应用和选购等有关知识；同时还重点介绍了一些重要石油化工过程催化剂的种类和性能及近年来石油化工催化剂和催化新材料、新技术的进展。

本书可供化工、环保和石油化工行业的工程技术人员、生产管理人员、市场营销人员，高等院校从事催化剂研究与教学工作的人员参考。

图书在版编目（CIP）数据

石油化工催化剂基础知识 / 朱洪法，刘丽芝编著.
—3版.—北京：中国石化出版社，2021.2
ISBN 978-7-5114-6128-5

Ⅰ.①石… Ⅱ.①朱… ②刘… Ⅲ.①石油化工-催化剂-基本知识 Ⅳ.①TE624.9

中国版本图书馆CIP数据核字（2021）第022438号

中国石化出版社出版发行

地址:北京市东城区安定门外大街58号
邮编:100011 电话:(010)57512500
发行部电话:(010)57512575
http://www.sinopec-press.com
E-mail:press@sinopec.com
北京科信印刷有限公司印刷
全国各地新华书店经销

*

850×1168毫米32开本16.125印张424千字
2021年2月第3版 2021年2月第1次印刷
定价:58.00元

第三版前言

《石油化工催化剂基础知识》第二版自发行以来已过去10年，在此期间，我国石油化工产业迅速发展，许多产品的产能位居世界第一，在国际上有着举足轻重的地位。尽管如此，目前，石油化工产业发展还存在一些挑战。例如，通用大宗产品多、专用产品及精细石油化工产品少；低附加值的基础化工产品多、石化深加工产品少；生产还存在高消耗、高能耗、高污染等现象。

随着我国经济的快速发展，石化行业也需要进一步加快结构调整和技术创新，要从发展基础化工原料和初级化工产品向高附加值的高端化工产品方向转变；从使用单一的石油原料向使用多种原料方向转变；从粗放型生产向资源节约型的清洁生产方向转变。而石油化工的发展和技术创新离不开催化材料的进步和催化工艺的革新。目前，有90%以上的石化产品是通过催化反应来实现的，催化反应过程的生产规模既有年加工能力达数百万吨的催化裂化过程，也有采用手性合成技术的仅有微克量的手性产品。而实现这些过程的核心技术主要是催化剂。

煤是大家熟知的化石燃料，除了大量用作工业及民用燃料外，长期以来煤化工的发展主要围绕三个过程：一是以煤焦油为原料的化工过程；二是以合成气为主要原料的合成氨工业；三是以合成气为原料的费托合成化工过程。而随着ZSM-5和SAPO分子筛等催化剂的发明，煤制乙烯、丙烯及汽油等过程已实现工业化。催化剂的突破不仅促进了煤化工的发展，也使现代煤化工成为石油化工行业的重要分支和组成部分。煤制乙二醇、煤制油、煤制烯烃等新型煤化工产业将成为我国石化原料多元化进程中的重要分支。

作为石油化工催化剂基础知识，在本书再版时，对重要石油化工催化剂的发展趋势作了简要叙述，同时增补了非晶态合金催化剂、相转移催化剂、手性催化剂、离子液化催化剂、规整结构催化剂、甲醇合成烯烃催化剂等催化新材料和新技术的相关基础知识，以适应现代石油化工技术发展的需要。

由于相关知识涉及面广，错误及不妥之处在所难免，敬请读者批评指正。

第一版前言

石油化学工业经历了20世纪六七十年代在发达国家的大发展和七八十年代向发展中国家的大规模转移，现已达到相当的水平和极大的生产规模。石油化工的主要产品合成材料已成为现代产业材料的重要组成部分，塑料已成为与钢材同等重要的材料；利用石油化工深加工得到的精细化学品不仅有很高的经济效益，而且对于满足工业和人民生活需要有着越来越重要的意义。

石油化工实际上是以催化剂为中心的一个工业部门，据统计，90%以上的石油化学反应是通过催化剂来实现的。在热力学及化学允许条件下，催化剂提供的各种反应途径大大增加了炼油及石油化学工业中原料物质的利用价值。由于使用催化剂，使反应速率加快、生产可连续进行，同时大大降低了生产成本及操作费用。反应选择性的增加，使副反应减少，简化了下游的分离与提纯工序，降低了三废排放量。因此可以说，没有催化剂的存在和不断改进创新，就不会有目前石油化工如此大规模的蓬勃发展。

催化剂本身是一种高科技产品，也是一种实用性很强的产品。石油化工中使用的催化剂，从单纯的酸、碱催化剂和各种负载型固体催化剂，直到含有近10种元素的多组分催化剂，形形色色，多种多样，即使是生产相同产品，因生产厂不同，使用的催化剂不同，工艺也不相同。新的高效催化剂的出现同时推动新工艺的产生，因此，石油化工的兴衰与优良催化剂的开发息息相关。

生产催化剂时，其成本中基本原料所占成本并不太高，但研究开发及生产费用所占比率较高。催化剂生产技术及经验的积累十分重要。对各种以吨为生产单位计算的石油化工产品而言，催化剂的使用量并不大，根据生产工艺及产品的不同，催化剂用量大约只占0.5%~1.0%，有的用量甚至更少，但其性能好坏却直接影响工厂的经济效益。对有些产品，有时转化率只要提高或降低1%，就会造成企业很大的增益或亏损。

对催化剂的研究，除了科研单位、高等院校及催化剂生产厂外，催化剂用户一般也在进行，而且要求对所用的催化剂了解得更具体。目前，世界上大约有20%的催化剂是自产自用的，其余80%左右是从市场上购进的，而且约有50%是特殊订货。催化剂市场的竞争十分激烈，如果某种催化剂经用户长期使用而生产厂不能加速改进以满足用户新的要求时，用户就可能会改用其他较好的催化剂。

目前我国石油化工催化剂的科研及生产均已成熟，不少大规模石油化工引进装置中，已用国产化催化剂替代了进口催化剂，由于催化剂品种繁多，还不能全部自给，每年还需部分进口。国外催化剂更新换代较快，20世纪70年代引进的一些石油化工工艺及催化剂与当前世界水平比较又有了一定差距。为此，发展我国的催化剂工业，需要科研单位，高等院校及工厂用户通力合作。

一种催化剂的性能好坏，除了催化剂本身配方及生产技术以外，也与催化剂的妥善使用有关。因此，石油化工企业的技术管理者应充分了解催化剂的使用条件、催化剂的特性及反应器工艺操作条件，以保持催化剂良好的活性、选择性及较长的使用寿命。有时在新装置开车时，由于对催化剂的处理没有给予应有的重视而会贻误开车，也会因催化剂原因而被迫停车，进而需要全部或部分更换催化剂。

本书从工业实用角度出发，介绍了与石油化工催化剂有关的基础知识及在某些部门的应用。由于催化剂涉及面广、种类繁多，在叙述中尚有许多不足之处，望请读者批评指正。

全书蒙石油化工科学研究院院长李大东(中国工程院院士)审阅并提出宝贵意见，在此特表示衷心感谢。

目　录

第一章　催化剂与催化作用

1-1　催化剂的发现及应用

提起催化剂，人们并不陌生，早在古代，我们的祖先就知道用粬酿酒制醋，粬就是一种酶催化剂。在中世纪的炼金术中，人们以硫黄作原料，用硝石作催化剂制造硫酸。19世纪的产业革命，更推动了大量催化现象的不断发现。例如，人们发现加酸可以使淀粉转化成葡萄糖，铂能促使氢、氧自动燃烧。到了20世纪初期，化学家们用催化剂创造出了将氮气和氢气合成氨的奇迹，且实现了合成氨的工业化。到了20世纪20年代，工业上又实现了氢气和一氧化碳合成人造液体燃料，以后又相继用催化反应合成出甲醛、橡胶、染料、高分子化合物等。人们利用各种各样的催化剂把煤变成汽油，把天然气变成五光十色的塑料，把石油化学原料变成鲜艳夺目的“的确良”、人造毛线等，把汽车排出的有毒废气变成了无害的气体。

德国化学家奥斯瓦尔德对催化剂和催化现象下了这样的定义：“任何物质，它不参加到化学反应的最终产物中去，而只是改变这个反应的速率的就称为催化剂”。这就是说，催化剂是一种能改变化学反应速率的物质，在反应终了时，可以将它基本上按原形式和原数量加以回收。而“催化现象”就是指这种相对少量的物质能提高化学反应速率而自身并不消耗的现象。

加速化学反应速率的催化剂，称作正催化剂；反之，减慢化学反应速率的就叫负催化剂。负催化剂有其重要的特殊用途，如抑制金属氧化的缓蚀剂、减慢塑料和橡胶老化的防老剂等，都属于这一类。正催化剂一般简称为催化剂，在石油化工中，具有很重要的意义和价值，因此得到了广泛的研究和应用。

今天，炼油及石化工业、有机合成和化肥工业、高分子合成及塑料工业、无机化学工业以及环保、医药、国防等许多生产过程，乃至我们日常生活中的衣、食、住、行等各方面都离不开催化剂。

从化学工业的发展历史来看，催化剂的开发及应用，大致经历以下几个阶段。

（1）萌芽阶段　1935 年以前属于这一阶段。在 1935 年前，化学工业的重点在天然物质的直接利用，例如从海水中提取食盐、由樟木提炼樟脑油等。当时所利用的原理主要是物理变化，如制糖、炼油、焦油分馏等，所采用的工艺只是将有效成分分离出来，而未产生新的物种。然而，也已有利用简单化学反应来制取新物种的工艺产生，例如酸碱制造、由酒精制取乙醛、氨的合成等。

在这段时期，催化剂的工业应用尚未受到普遍重视。一方面，因为反应活化能的降低对大多数所应用的物理变化没有太大的帮助；另一方面，由于化学反应的原料大多是天然物，它们具有复杂的分子结构，因而反应产物很复杂，催化剂的选择性很低。除了合成氨反应以外，催化剂在这段时期的应用成熟度较低。表 1-1 列举了 1935 年前有关催化剂研究的重要发现。不难看出，自 1781 年 Parmentier 发现无机酸可以催化淀粉的水解后到 20 世纪初期之间，催化剂的发展是相当缓慢的；人们对催化剂的了解还相当有限，催化剂的工业应用也较少。而在 1903～1935 年这 30 年左右的时间内所发现的重要工业催化剂，在数量上要超过 20 世纪以前所知催化剂的总和。这段时间的发展与研究，也为下一发展阶段打下了基础。

表 1-1　1935 以前发现的重要工业催化剂

年代	发明者	化学反应	催化剂
1781	Parmentier	淀粉糖化	无机酸
1785	Diemaun 等	乙醇脱水	黏土（$SiO_2-Al_2O_3$）
1817	Davy	甲烷燃烧	铂丝
1831	Philips	$SO_2 \rightarrow SO_3$	Pt

续表

年代	发明者	化学反应	催化剂
1838		$NH_3+2O_2 \longrightarrow HNO_3+H_2O$	Pt
1844	Earaday	乙烯氢化	铂黑
1856	Bechamp	木材糖化	发烟硫酸
1857	Deacon	$HCl+O_2 \longrightarrow Cl_2+H_2O$	$CuSO_4$
1877	Friedel-Crafts	烃类缩合	$AlCl_3$
1877		氢化反应	Ni
1903	Sabatier	$CH_3CHO \longrightarrow CH_3OH$	Ni
1908	Ipatieff	高压加氢反应	NiO
1909	Haber	$N_2+3H_2 \longrightarrow 2NH_3$	Fe
1913	Griesheim	$C_2H_2+HCl \longrightarrow C_2H_3Cl$	$HgCl_2$
1913	Schneider	$CO+H_2 \longrightarrow$碳氢化合物	CoO
1913	McAfee	石油裂解	$AlCl_3$
1915	Wimmer	萘氢化	Ni
1916	Wohl	甲苯→苯甲酸	V_2O_5，MoO_3
1920	Weiss-Dows	苯→马来酸酐	V_2O_5，MoO_3
1921	Patart	$CO+H_2 \longrightarrow CH_3OH$	Ni，Ag，Cu，Fe
1923	Fischer-Tropsch	$CO+H_2 \longrightarrow C_nH_{2n+2}$	NiO/Al_2O_3，CoO/Al_2O_3
1924		$CO+H_2 \longrightarrow CH_3OH$	Cr_2O_5，ZnO
1927	Otto	C_2H_4→润滑油	BF_3
1930	Exxon	$CH_4+H_2O \longrightarrow H_2+CO_2$	NiO/Al_2O_3
1931	Reppe	$C_2H_2+H_2O \longrightarrow CH_3CHO$	$Ni(CO)_4$，$FeH_2(CO)_4$
1935	Ipatieff	苯烷基化	H_3PO_4

（2）发展阶段　1936~1980年是化学工业的黄金时期，尤其是石油大量开采后，发现石油比煤炭是更好的化工原料。特别在二次世界大战期间，各种汽车、军用车、飞机都需用大量汽油，经过催化裂化把石油中的重油转变为高辛烷值汽油的工艺获得蓬勃发展，石油炼制的一些主要催化加工过程都是在这一期间发展出来的。表1-2示出了这一期间发明的重要催化剂，其中有些仍为目前工业生产所使用。

表 1-2　1936~1980 年之间发现的重要工业催化剂

年代	发　明　者	化　学　反　应	催　化　剂
1936	Houdry	石油裂化	$SiO_2-Al_2O_3$
1937		低密度聚乙烯	CrO_2
1938		加氢甲酰化	$HCo(CO)_4$
1940	Carter-Johnson	$C_2H_2 \longrightarrow C=C-C=C$	$CuCl+NH_4Cl$
1940	Loder	$C_6H_{12} \longrightarrow C_6H_{11}OH$，$C_6H_{10}O$	CO 的有机盐类
1934~1942	Exxon-Murphree	FCC	SiO_2/Al_2O_3
1945	Norton-bates	$C_3H_8 \longrightarrow C_3H_6$	$Cr_2O_3-Al_2O_3$
1948	Hall	异丙苯⟶苯酚	Na，Li，Cu，Ba 盐
1949		汽油重整	Pt/Al_2O_3
1951	Barrick	$C_2H_4+H_2+CO \longrightarrow C-C-CHO$	Co
1953	Ziegler	高密度聚乙烯	$TiCl_4-Al(C_2H_5)_3$
1954	Natt	高密度聚丙烯	$TiCl_4-Al(C_2H_5)_3$
1956	Smidt	$C_2H_4+HCl+O_2 \longrightarrow CH_3CHO$	$PdCl_2-CuC_2$
1957~1959	Grasselli-Callahan	$C_3H_3+O_2+NH_3 \longrightarrow C=C-CN$	$Bi_2O_3-MoO_3/SiO_2$
1962	Mobil Oil Co.	石油裂解	沸石
1964	Banks Calderon	$2C=C-C \longrightarrow C=C+C-C=C-C$ 加氢脱硫反应	Mo，W，Re $CoO-MoO_3/Al_2O_3$
1964		$C=C+O_2+HCl \longrightarrow Cl-C-C-Cl$	$CuCl_2/Al_2O_3$
1970		汽车废气净化 $C_nH_{2n}+O_2 \longrightarrow CO_2+H_2O$ $CO+O_2 \longrightarrow CO_2$ $NO+CO \longrightarrow N_2+CO_2$ $NO_x+H_2 \longrightarrow N_2+H_2O$	Pd，Pt，Rh/SiO_2
1976~	Roth，Foster	$NO_x+C_nH_m \longrightarrow N_2+CO_2+H_2O$	
1978	Wilkinson	$CH_3OH+CO \longrightarrow CH_3COOH$	$Rhl_2(CO)_2$
1980	Mobil Oil Co.	$CH_3OH \longrightarrow$芳烃	ZSM-5 分子筛

由于石油所含碳氢化合物的分子结构比较单纯、官能基较少，所以催化剂的开发应用相对来说比较简单，利用催化剂来降低反应活化能及操作温度的工艺广受重视。这一阶段也是化学工业利润最好的时期。

（3）成熟阶段　催化剂的使用，使得大规模化工连续生产成为可能，并使生产成本大为降低。而在 1980 年以后，化学工业的发展已进入成熟阶段，由于大规模化工生产较大地挖掘了生产能力，加上世界化工生产竞争的加剧，使得产品的价格下降，附加价值降低，从而使产品利润下降；另外，由于生产的过度发展，使得三废迅速增加，超过大自然所能承受的限度，造成环境污染。

20 世纪 80 年代以后，催化剂的工业应用没有太大的新发现，只是在催化剂的基础研究及某些工艺用的催化剂上有较大进展，催化剂的开发仍将配合化学工业的发展，但研究开发更着重于各种高价值及特殊用途的产品及工艺过程。例如，在特殊化学品及合成材料技术上已使用固体酸及择形催化剂；在原料利用上，除了石油、煤炭以外，天然气的利用已引人注目，催化剂在 C_1 化学中将起到极为重要的作用。催化剂在未来的发展中，除了继续推进化学工业新工艺的开发外，其本身也将设计成各种不同产品，应用于各种不同的用途。

1-2　催化剂是怎样起催化作用的

众所周知，不同物质的分子起化学反应的条件之一，就是分子间发生相互碰撞。但实践证明，并不是所有的碰撞都能引起化学反应。例如，二氧化硫气体与一个氧原子化合后能生成三氧化硫，空气中氧是不缺乏的，但如不创造一定的条件，这个反应是不会发生的。这是因为分子都具有电子层，电子都带有负电荷，两个分子相靠近时，由于电子层同性电荷的相互排斥力，很难起化学反应。在碰撞时，只有少数具有较大速度的分子，由于它们具有较大的动能，足以克服分子电子层间的斥力，才能发生化学反应。这种比一般分子具有较高能量的分子，就称作“活化分子”，而这种分子所具有的比一般分子多出的那部分能量，即剩余能量，就叫作“活化能”。活化能就是引起化学反应所必需的剩余能量。催化剂之所以能促进化学反应进行，正是因为它能降低了反应所需的活化能(图1-1)。

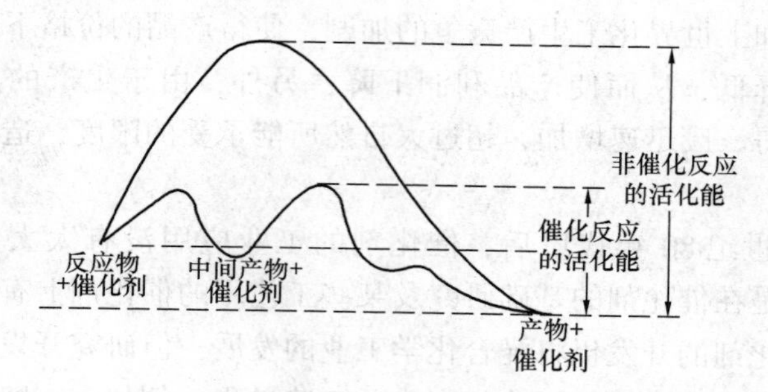

图1-1　催化反应与非催化反应的活化能

催化剂是如何降低所必需的活化能呢？下面以铅室法制硫酸的反应为例来说明。人们很早就利用硫和硝石($NaNO_3$)燃烧来制取硫酸。将燃烧后得到的气体通入一连串大玻璃瓶里(后来改用铅室，因此称作铅室法)，瓶子里有水，气体就溶解在水里成为硫酸。但如把硫单独燃烧，所得到的是二氧化硫，即亚硫酐(SO_2)，它溶于水并不能生成硫酸。只有把三氧化硫溶解在水中才能得到硫酸。显然，将硫和硝石一起燃烧时，氧能和二氧化硫化合。这是什么原因呢？经两位法国科学家研究后，知道硝石燃烧时，同时生成二氧化氮(NO_2)，它的数量在上述反应过程中实际并不发生变化，却促使氧和二氧化硫化合而生成三氧化硫。上述反应中，二氧化氮起催化作用，使硫氧化为三氧化硫。二者同为气体(气相)，像这样的反应就称为单相反应。由于催化剂和反应物是均匀地混在一起，因此又称作均相催化反应。在这个反应中，二氧化氮先和二氧化硫反应，生成三氧化硫和一氧化氮，然后一氧化氮和氧反应又变成二氧化氮：

$$NO_2+SO_2 \longrightarrow SO_3+NO \tag{1}$$

$$2NO+O_2 \longrightarrow 2NO_2 \tag{2}$$

由上可知，表面看来与反应无关的催化剂 NO_2，原来是反应的积极参与者，生成中间产物 NO，然后从中间产物又转化为原来的形式。这里，二氧化氮释出本身的一部分氧，将二氧化硫氧化成三氧化硫。这个过程的活化能要比二氧化硫直接和氧化合所需的活化能低得多，因而使反应易于进行。

1-3 催化剂的基本特征

在长期的科学实验和工业实践过程中，人们总结出催化作用具有下述基本特征。

(1) 催化剂只能加速在化学上(通过热力学计算判断)可能进行的反应速率，而不能加速在热力学上无法进行的反应。化学热力学是将反应体系的始态和终态作为研究对象，它可以指示给定条件下化学反应的方向和限度，也即在给定条件下，某一反应是自左向右还是自右向左进行。对按热力学角度看可能进行的反应，催化剂能使其很快达到平衡状态，而对于那些不能发生的化学反应，催化剂是无能为力的。例如，在常温常压下，H_2O 不能转变成 H_2 和 O_2，因而也不存在能加快这一反应的催化剂。

(2) 催化剂只能改变化学反应的速率，而不能改变化学平衡位置。以熟知的合成氨反应为例：

$$N_2+H_2 \longrightarrow 2NH_3 \tag{3}$$

在 400℃，300 大气压下，热力学计算表明它们能够发生反应生成 NH_3，且 NH_3 的最终平衡浓度为体积的 35.87%。这是我们能获得的最大限度的浓度，这个数值与催化剂的用量及种类都无关。因为化学平衡是一种动态平衡，平衡时，正方向和反方向的反应速率相等，所以催化剂不能改变化学平衡。

(3) 催化剂是这样一种物质，它能改变化学反应速率，但它本身并不进入化学反应的化学计量。换句话说，催化剂的数量和组成不发生变化。事实上，催化剂是靠化学作用力参与反应而起催化作用的，只是在完成促进每一次的反应以后，它又恢复到原先的化学状态，从而反复不断地起催化作用，所以一定量的催化剂可以促进大量反应物起反应，生成大量产物。例如上述合成氨反应中，使用1t熔铁催化剂，能生产出2×10^4t左右的合成氨。

(4) 催化剂对反应具有选择性，一种催化剂对反应类型、反应方向和产物结构具有一定选择性。例如，熔铁催化剂对合成氨反应是有效的，但对乙醇脱水反应就无效。从同一反应物出发在热力学上可能有不同的反应方向，生成不同的产物。例如，乙醇用不同的催化剂能得到不同的产品，在200~250℃，用铜作催化剂，可以得到乙醛和氢气；在350~360℃用氧化铝作催化剂，可以得到乙烯和水；在400~450℃，用氧化锌、氧化铬作催化剂，则可以得到丁二烯。所以，使用不同催化剂，可使反应有选择性地朝某种所需要的反应方向进行，生产所需产品，这就是催化剂对反应方向的选择性。

1-4 催化反应和催化剂的类型

根据催化剂与反应物所处状态的不同，催化作用可分为均相催化和多相催化两大类型。所谓“相”是指物质内部的任何均匀部分，有气相、液相和固相之分。如固体与液体接触时，固体这一方称为固相，液体那一方称为液相。如催化反应在某一均匀物相(如液相或气相)内进行，就称为均相催化；如催化反应在不同物相的界面上(如催化剂为固相，反应物为气相)进行，就称为多相催化。多相催化中最常用的是使用固体催化剂的体系。由于这种催化作用是反应物(气态或液态)在固体催化剂的接触表面上发生，因此又称为接触催化作用，工厂中又常把这类固体催化剂称为触媒。

在生物体内发生的复杂生化过程是由称作酶的催化剂完成的，这种催化作用称作酶催化。酶的催化加速作用，与普通催化剂一样，也是由于它们能与作用物先生成中间产物，然后分解释出酶和成为新物质，活化能降低了，反应速率也就加快了。酶催化的最大特点，是它能在常温、常压和酸碱度接近中性的介质条件下发挥极大的催化活性。例如：1 个过氧化氢分解酶的分子，能在 1s 内分解 10^5 个过氧化氢分子；而石油催化裂化所使用的工业硅铝催化剂，在 500℃ 条件下，约 4s 才能使 1 个烃分子反应，即使最快的工业催化反应——氨在铂网上的氧化，每秒在每个铂原子上约有 10^5 个氨分子反应，也只与过氧化氢酶的催化活性相当，但氨氧化反应所要求的条件则要苛刻得多，必须使铂达到炽热温度，而氨要快速地扩散到催化剂表面才行。图 1-2是根据催化剂的工作形态给出的它们之间的相互关系。

目前，在石油化工上应用最广泛并取得巨大经济效益的是反应物为气相、催化剂为固相的气-固多相催化体系。它之所以对

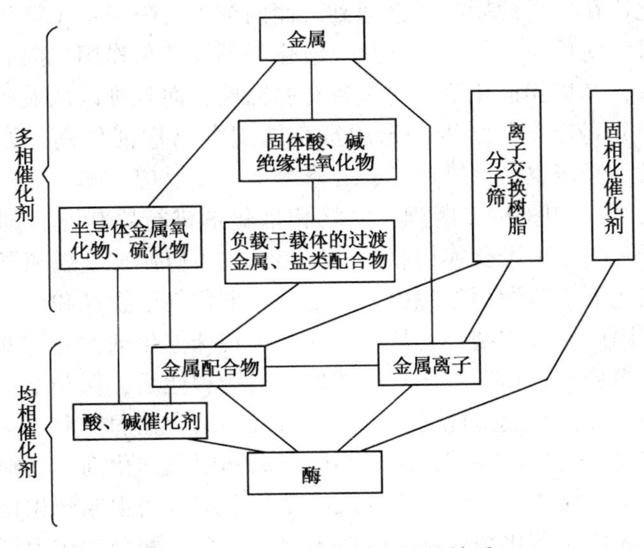

图 1-2　各种催化剂之间的关系

石油化工发展具有特别重要的意义，首要原因是固体催化剂使用寿命长、容易活化、再生、回收，容易与产物分离，便于化工过程采用自控操作和提高操作安全性。另一方面，从化学热力学和近代催化理论观点考虑，对一些复杂反应，从气体或液体催化剂出发去设计催化过程及催化剂，还是十分困难和复杂的工作，而从气-固多相催化体系来设计催化剂则要容易得多。

从图 1-2 可以看出，工业上重要的固体催化剂大致包括四种类型：①金属，它包括周期表中的过渡金属和ⅠB 族金属催化剂；②负载在适当载体上的过渡金属盐类，配合物；③半导体型过渡金属氧化物、硫化物；④固体酸、碱和绝缘性氧化物。

均相催化剂包括路易斯酸、碱在内的酸、碱催化剂和可溶性过渡金属盐类及配合物催化剂。均相催化剂是以分子或离子水平独立起作用的，活性中心性质比较均一，反应动力学和反应机理的研究比较容易深入，而且均相催化体系不存在固体催化剂的表面不均一性和内扩散问题，因此反应选择性较高。尽管如此，均相催化剂在广泛使用时还会遇到下面两个主要障碍：①均相催化体系对一些反应，如煤的气化、液化等不起催化作用，限制了使用范围；②均相催化剂常对设备有腐蚀性，而且难以从液相反应产物中分离出来。特别是选用贵金属配合物作催化剂，如不分离，既不经济也会污染产品，并影响下一步反应。解决这些障碍的方法之一如图 1-2 所列，将均相催化剂进行固相化，即把金属离子吸附于离子交换树脂或分子筛，也可以制成金属离子的固相化催化剂。所谓固相化，就是把均相催化剂以物理和化学方法使之与固体载体相结合，从而形成一种特殊催化剂，使得催化剂的活性组分与均相催化剂具有类似的结构和性质，保存了均相催化剂高活性和高选择性的优点；同时又因结合在固体上，又具有多相催化剂的优点，容易从产品中分离和回收催化剂。其中，以高聚物作载体使金属配合物与之发生化学结合而生成固相化催化剂，是固相化催化剂重点开发内容之一。金属配合物作为催化剂受到重视的原因之一是它被看作是探求酶的催化作用的钥匙。研究表明，溶于水的金属离子、金属配合物及酶三者的催化作用之间存在某种共性，某些酶的催化活性中心，清楚地表明它也是一种金属配合物。

1-5　石化工业的发展与催化剂

自1859年美国人在宾夕法尼亚州以钻井方式开采石油成功以后，炼油工业开始萌芽并逐步发展。至1910年，美国各大石油公司又相继从石油出发成功地制得了一些化学产品，从而成为石油化工的前兆。两次世界大战，尤其是第二次世界大战，促进了石油化学工业的兴起和逐步发展。

石油化工作为化学工业的一部分，其特点是以使用碳氢化合物(包括石油及天然气)为原料，生产化学工业所需的各种中间体及相应产品，同时为改善人们的衣、食、住、行等生活条件作出贡献。以后，随着高分子化工的开发及应用，更促进了石油化工的蓬勃发展，形成了与传统化工截然不同且规模与投资均十分庞大的专门产业。图1-3示出了原油与石油化学产品间的关系，也大致勾划出整个石油化工从原料至产品的轮廓。从图中看出，整个石油化工涉及各种形式的化学反应，如裂解、重整、氧化、脱氢、烷基化、芳构化、聚合等，没有催化剂，这些反应都无法进行。催化剂起着降低反应温度及压力、改变反应选择性的作用。

随着催化剂的不断改进和创新，石油化工新工艺及新产品不断涌现，更进一步推动了石油化工的发展。下面以一些石油化工主要工艺为例，说明催化剂对石油化工工艺革新所起的作用。

1. 催化裂化

裂化的目的是将重质油在高温下裂解成分子较小的碳氢化合物(如汽油)，并同时获得烯烃及芳烃等化工原料。裂化反应在不使用催化剂的高温高压(高于650℃，1.5~2.0MPa)下进行，一

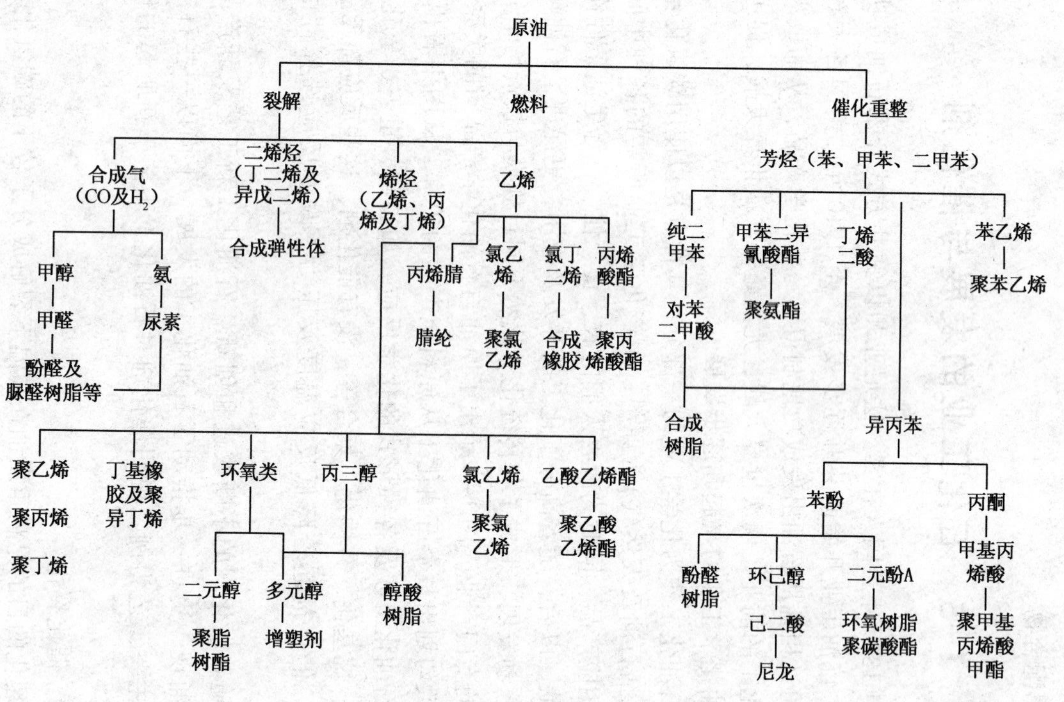

图1－3　原油与石油化学产品间的关系

般称为热裂化；也可在较低温度及压力（415～525℃，0.07～0.13MPa）下进行，此即为催化裂化。催化裂化由于使用催化剂，比热裂化具有更多优点，如催化裂化所产汽油辛烷值高，安定性也好，适于作高压缩比汽油发动机的燃料，不易发生爆震现象。热裂化的汽油、柴油产率一般只有65%～70%，而催化裂化可达80%左右。热裂化装置在生产中由于会发生生焦现象，炉管会不断结焦，结焦达到一定程度就必须停工烧焦。而催化裂化则不受这种限制，只要采取适当措施减少设备腐蚀及磨损，就可延长开工周期。所以，自1930年催化裂化工艺开发成功以来，已成为裂化的主要工艺。

催化裂化催化剂早期使用天然白土，其主要成分是硅酸铝，由于质量差，被合成硅铝催化剂所替代。自1960年开始，又开发出性能更好的分子筛催化剂。分子筛的种类很多，工业上常用的有A型、X型、Y型沸石及丝光沸石、ZSM-5等，而用作催化裂化剂的主要是Y型。使用分子筛的优点是，裂化时汽油产率增加，辛烷值提高。

2. 催化重整

催化重整是现代炼油和石油化工的主要加工方法之一，目的是利用催化剂的作用将直馏汽油中的烃分子重新排列，以提高汽油的辛烷值，同时生产出重要化工原料——芳烃。

汽油在热作用下进行的重整过程称为热重整，它需在530～580℃的高温、3～7MPa的压力下进行。在这种条件下，汽油辛烷值也可以提高，但过程收率低、产品质量不好。

最初的催化重整是使用氧化物作催化剂，在固定床反应器上进行。由于催化剂活性不高、寿命又短，没有得到发展。

催化重整反应十分复杂，仅就链烷烃芳构化过程而言，中间要经过好几个步骤，它们都需在催化剂存在下才能发生，这就要求催化剂必须具备多种功能：一种是酸性功能促进异构化作用发生；另一种是脱氢功能。

1947～1949年间，铂重整问世，这是催化重整重大的进步。

铂是具有强烈吸引氢原子能力的金属，它对脱氢芳构化反应有很好的催化功能，所以成为催化重整常用的活性金属。铂重整的问世，使重整转化率、芳烃收率有很大提高，且操作温度及压力下降。以后，随着双金属(如铂-铼)催化剂和多金属催化剂的出现，催化剂活性有了更大提高，重整工艺更趋合理。

3. 氧化还原反应

氧化还原反应是人们熟知的合成无机和有机产品的重要反应。它包括氧化反应、加氢反应及脱氢反应。在石油化工中，为了生产各种原料及中间体，经常通过氧化、加氢、脱氢等反应过程来达到目的。以苯制造己内酰胺过程为例(图 1-4)，苯先经加氢反应制成环己烷，环己烷经氧化反应生成环己醇及环己酮，而环己醇又经脱氢反应生成环己酮。环己酮再经肟化反应及贝克曼(Beckman)重排反应生成己内酰胺，它是生产尼龙 6 的起始原料。以上过程包括：①加氢反应，由苯加氢成环己烷，使用骨架(Raney)镍或活性氧化铝作载体的钯(Pd/Al_2O_2)催化剂。②氧化反应，由环己烷加氧反应生成环己酮及环己醇，所用催化剂为钴的乙酸盐或硼酸。③脱氢反应，由环己醇脱氢成为环己酮，早期所用催化剂为锌-铁，反应温度约 400℃，以后改为铜-镁催化

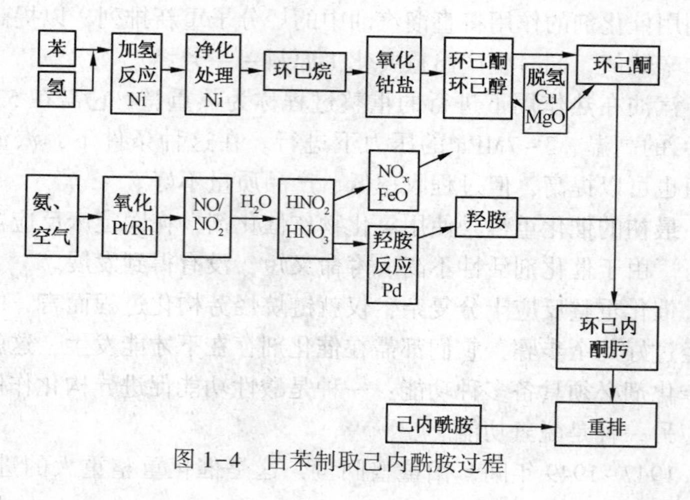

图 1-4　由苯制取己内酰胺过程

剂，反比温度降到260℃，近来采用铜-锌催化剂后，在同样操作条件下，可使催化剂寿命大大延长。

由过渡金属氧化物所催化的部分氧化反应，是将碳氢化合物转化成高价值化学中间体最常使用的工艺过程，这类中间体通常含有CHO、COOH、C—C及CN等基团物质。设计这类反应用的催化剂，必须能提供适量的氧原子进入反应物中，生成所希望的产物，但又不能发生进一步的氧化生成CO及CO_2。因此，部分氧化反应催化剂的开发一直受到重视。如苯氧化制顺酐在1928年就已工业化，所用催化剂主要为V_2O_5与MoO_3并添加少量Na_2O，载体为氧化铝，它占总量的80%，到1961年，又研制出添加少量磷酸盐及镍的催化剂，但主要成分仍为氧化钒与氧化钼，反应转化率达到98%，正常操作条件下催化剂使用寿命可达到2~3年。

又如氨氧化反应制丙烯腈的过程，Sohio公司在1960年所用的催化剂为Bi-P-Mo-O的氧化物，丙烯腈产率只有58%；至1970年，该催化剂改进为Bi-Co-Ni-Mn-Fe-K-Cs-Cr-Mo-O的多元氧化物，丙烯腈产率提高到76%。可见，催化剂的改进对提高产品经济效益是十分显著的。

4. 加氢脱硫反应

合成氨工业已有几十年的历史。20世纪60年代后，由于石油烃蒸气加压转化制合成气技术的发展，国外新建大型氨厂都采用石油轻质烃和天然气为原料进行氨的生产。我国建造的大型氨厂也大都采用石脑油或天然气等为原料，而以烃类为原料生产合成氨以及燃料油精制过程都含有加氢脱硫工艺。

利用加氢脱硫反应处理原料油的目的有下面几种：①防止后处理工艺所用催化剂中毒，如石脑油加氢脱硫是为了防止催化重整工艺所用催化剂中毒而失去活性；②避免因原料油中存在的硫化物腐蚀设备；③燃料油经加氢脱硫，可以减少排气中的硫氧化物含量，减轻空气污染。

图1-5给出了燃料油加氢处理的相互关系，在这些加氢脱

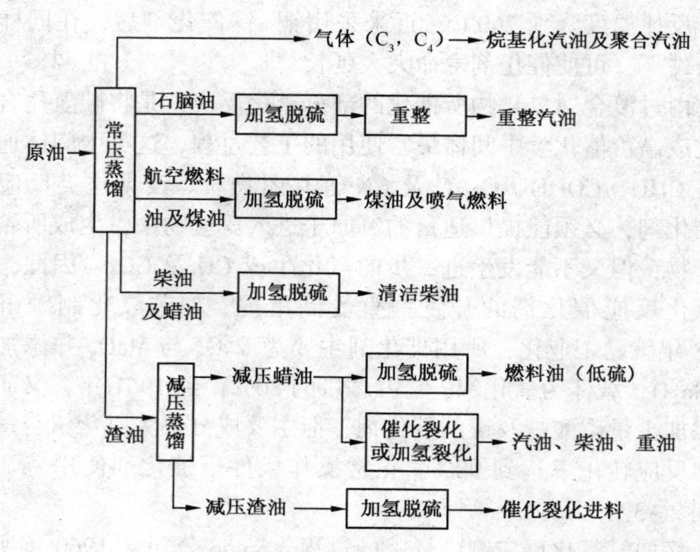

图 1-5　用加氢脱硫工艺处理的油料

硫工艺中，催化剂起着十分重要的作用，所用催化剂主要是Ⅷ族及Ⅵ族(Co、Ni、Mo、W)金属的氧化物或硫化物，常用载体为SiO_2、Al_2O_3 或 $SiO_2-Al_2O_3$。早期的加氢脱硫催化剂是以$CoO-MoO_3-Al_2O_3$为主体，以后逐渐发展为 Ni-Co-Mo、Ni-Mo 及 Ni-W 及 W-Mo-Ni-Co 等。Mo 及 W 为主要活性组分，Co、Ni 为助催化剂。

不难看出，要提高现有石油资源利用率，改进旧的生产工艺，发展石油化工新产品，充分利用石油化工副产物，更需要加速发展新的催化工艺和催化剂。

1-6　石化工业的节能和催化剂

石油化工，从其燃料到工艺原料都来源于宝贵的能源——石油和天然气。因此，能耗问题不仅是其技术经济能否过关的重要因素，而且成为衡量石油化工水平的一个重要标志。在工业能源的总消费量中，石油化工的消费量约占15%。

20世纪70年代以来，国外通过改革催化工艺、统筹利用高低不同能位的热能、开发新型节能材料、改进设备结构和提高设备的热效率等节能措施，从根本上改变了60年代大量耗能的局面，大幅度提高了热能的有效利用率。节能既是石油化工企业降低产品成本的重要措施，也是实现石油化工可持续发展的必要条件。

新型催化剂的应用和新催化工艺的出现不但简化了旧的工艺过程，使一些原来难以实现的化工过程得以实现，而且可以大大节约生产费用和能量消耗。催化剂在提高石油资源利用率和降低能量消耗中所起的作用具体表现在以下几个方面。

1. 改进原有过程的催化剂，采用新催化剂，提高转化率及选择性

石油化工生产规模大、产量高，原料费用往往占产品成本很大的比重，所以提高产品收率对生产成本有很大影响。因此研制高选择性催化剂，使目的产物收率提高，需分离的副产物种类减少，这不仅能直接节约资源，而且由于分离精制的简化和副产物处理量减少而节约了能量。

低压聚乙烯通常是用齐格勒催化剂在低温低压下制得的聚合物。齐格勒催化剂的构形有多种形式，它本质上是过渡金属化合物与有机金属化合物组成的配位催化剂，典型催化剂是四氯化钛与三乙基铝组成的体系。近年来，由于对催化剂进行了大量研究，低压聚乙烯的生产有了很大发展，而对催化剂的研究集中在高效上，就是选择具有高活性的特殊有机铝化合物及具有超高活性的载体。例如，由Union Carbide公司开发的低压流化床聚合工艺，采用以分子筛或硅胶作载体的含有特种铬化物并经烷基铝还原活化而制成的催化剂，在0.7~2MPa压力下进行气相连续聚合反应，聚合物得率达60万倍，不需要分离残留催化剂及低聚物，去除了溶剂回收、精制及聚合物干燥工序，流程简化，操作安全。它比高压法聚乙烯可节省投资费用50%，降低能耗75%。

2. 简化工艺过程，减少反应步骤

许多复杂的工艺为简单的工艺所替代，往往是靠催化剂的更新换代实现的。由于工艺简化、反应装置减少，从而带来了原材料的节约及能量消耗降低。

工业上大量生产的异氰酸酯是甲苯二异氰酸酯和二苯基甲烷二异氰酸酯，它们是制备聚氨酯的原料。现行的工业方法是由甲苯硝基化得到的二硝基甲苯还原得到二胺，然后再进行光气化反应而制得甲苯二异氰酸酯。它不但需要耗电较多的氯气及有毒的光气作原料，而且工艺过程复杂，能量消耗很大。人们研究了用一氧化碳和二硝基甲苯进行反应制取异氰酸酯的直接法，主催化剂是贵金属(钯及铑)，二硝基甲苯的转化率可达到 99.1%。

3. 缓和操作条件，降低反应压力及温度

随着高效催化剂的开发，原先需在高温、高压下进行的反应，可在低温、低压下进行，这不仅减少了高压设备材料的需要量及高压压缩机的数目，降低了投资费用，直接节约能量，而且大量 100℃以下的废热可作低能热源使用。

工业合成乙酸的方法主要有乙醛氧化法、烃类氧化法及甲醇法。由于甲醇法可以天然气、液化石油气及重质油进而以煤为原料，原料可以多样化，所以甲醇法制乙酸更引人注目。

甲醇法早期使用三氟化硼及磷酸等作催化剂：

$$CH_3OH+CO \xrightarrow[230\sim250℃]{50\sim70MPa} CH_3COOH$$

这种催化剂系统需要苛刻的操作条件，反应压力在 70MPa 左右，反应温度 250℃左右。1941 年，Reppe 等在卤素存在下，使用羰基化(铁、钴、镍等)催化剂，使反应压力降低到 20~45MPa，反应温度降低到 250~270℃。以后孟山都公司研制了用铑或铱取代钴催化剂，以碘作活化剂，在压力 2.8MPa、温度为 175℃的温和条件下合成乙酸，乙酸产率以甲醇计可达到 99%。

4. 改变原料路线，采用多样化及廉价原料

转换原料是解决资源及能源问题的重要一环，转换原料的工

艺则需要依靠新催化剂。

石油危机以后，国外一些发达国家抑制石油进口，规定了汽车速度和使用限制，由于石油大幅度提价，原来在价格和质量方面无法与石油抗衡的煤炭，依其储量丰富的特点而重返能源舞台，而煤的气化则是将煤转化成热值高、便于利用的一种技术手段。在煤的气化系统中使用催化剂，具有增加气化速度、提高产品产率、减少能耗及熔结等作用。

二氧化碳是动植物体呼吸、有机化合物燃烧和腐烂这一类能量变换过程的最终产品。二氧化碳从化学上讲是非常稳定的物质，要将它再生为有利用价值的化学物质，必须注入大量的能量。国外已开发出一种可从二氧化碳中大量生产汽油的新技术，只需使二氧化碳在反应塔中通过一次，便可使二氧化碳的26%转化成汽油。这种新技术是让二氧化碳与氢在催化剂作用下发生反应，使之先形成甲醇，然后再使甲醇变成汽油。

1-7　环境保护与催化剂

20世纪60年代，由于石油化工的大发展及布局过分集中，发达国家的石油化工公害问题异常突出。据估计，在工业污染物中，石油化工约占70%左右，这就迫使各大石油化工企业投入巨额资金进行污染治理。60年代末期至70年代中期，欧美和日本的化工环保投资占化工的总投资高达10%~15%。经过综合治理，国外石油化工的环境污染问题基本得到控制，治理投资重点也逐渐由水体保护转向大气污染控制。在环境污染治理上，技术方面主要是开发和推广应用无公害或少公害的产品和工艺。催化剂在防治三废问题上已越来越发挥巨大作用。

二氧化硫一度曾是烟气排放过程中的主要污染物。在火力发电、工厂及锅炉等排烟中所含的二氧化硫及三氧化硫是由于燃料煤和重油中所含的硫在燃烧时经过氧化而生成的，它所具有的强酸性，会强烈腐蚀金属及建筑物。为了保护环境，将废气中的二氧化硫脱除的方法有用亚硝酸钠、氨-石灰等双碱法、石灰浆等湿式吸收法以及吸附法和催化氧化法等。采用钒或活性炭作催化剂的排烟脱硫法，可将废气中极大部分二氧化硫除去。

1949 年美国催化燃烧公司用纯铂和钯作催化剂研制了第一台催化燃烧炉用于治理有机废气。催化燃烧是由于当有机废气通过催化剂时，碳氢化合物的分子和混合气体中的氧分子分别被吸附在催化剂的表面上而活化，表面吸附降低了活化能，碳氢化合物与氧分子在较低的温度下迅速地发生氧化而生成其他产物。现在，这种催化燃烧法不但可用于净化有机废气、消除恶臭，还可用于汽车尾气净化及氮氧化物净化。

一种专用于销毁含氯有机化合物的贵金属催化剂“卤烃销毁催化剂”已用于销毁三氯乙烷、氯仿和氯乙烷，销毁后生成 CO_2 和氯化钠与碳酸氢钠的水溶液。

NO_x 是大气中最严重的污染物质之一，它是造成酸雨和光化学烟雾的主要因素。空气中的 NO_x 主要来源于汽车尾气、燃煤发电站及一些工业生产装置。

据认为，控制烟道气 NO_x 最有效的方法是选择性催化还原。这种技术是在废气流中注入氨，在催化剂(一般为 V_2O_5-TiO_2)作用下，NO_x 与氨反应还原成氮和水，可除掉废气流中 90% NO_x。新开发的沸石体系选择催化还原技术，烟道气在处理前无需冷却，从而提高了注入氨的利用率，减少了处理费用。

防止 NO_x 排放污染的另一种方法是抑制燃烧中 NO_x 的生成。NO_x 的生成量在 1800℃ 会大大增加，采用催化低温燃烧系统，可将燃烧温度控制在 1500℃ 以下，使 NO_x 的排放抑制在符合要求的水平。

用经典的氧化剂如重铬酸盐、高锰酸盐、二氧化锰制造含氧有机化学品会产生含大量无机盐的废水。然而，采用催化氧化工艺可以大大减少盐的生成。因此，烃原料制含氧的大宗化学品都广泛采用催化氧化工艺生产。特别是许多一步氧化技术，减少了产品须经过复杂的高成本分离提纯处理过程。

精细石油化工产品一般产量较小，单位产品的副产废物数量很大，因此，精细化工行业受到日益严格的三废排放限制。目前，各种氧化转化类型及催化氧化催化剂在三废处理中已得到广泛应用。

1-8 催化剂原料及其资源限制

如前所述，固体催化剂是石油化工应用最广泛、最重要的催化剂。这类催化剂通常主要由活性物质、助催化剂和载体组成。周期表中的金属元素则是组成催化剂的主要原料，所以选择及开发催化剂时应该考虑到金属资源及价格，对稀有及存在战略意义的矿产资源更是如此。

1. 各种金属催化剂的消费比例

铁、铝等金属虽然也是构成催化剂的原料，但由于自然界中广泛存在，不存在资源缺少问题，主要需关心的是稀有金属及贵金属的消费。

对工业用催化剂，由于对详细制造过程、组成或用量的保密，要确切掌握催化剂消费量是颇为困难的。表 1-3 给出了日本稀有金属催化剂消费量与世界金属产量对比数据。表 1-4 则是日本与美国合计的贵金属催化剂消费量与世界产量的对比数据。从表中数据可以看出，铂族催化剂消费比例已达到百分之几十的比例，这些虽然是日本及美国的早些年消费情况，但从前述世界催化剂市场的发展，也可大致了解目前的金属催化剂的消费比例。

表 1-3 日本稀有金属催化剂消费量

金属类别	日本催化剂消费量/(t/a)	世界产量/(kt/a)	消费比例/%
Bi	5	3	0. 17
Li	15	8	0. 20
Co	38	24	0. 16

续表

金属类别	日本催化剂消费量/(t/a)	世界产量/(kt/a)	消费比例/%
Ba	45	8000	0.0006
V	84	42	0.20
W	150	45	0.33
Cr	450	12000	0.004
Ni	616	530	0.12
Mo	765	94	0.81
Ti	1916	104	1.84

表 1-4　日本和美国的贵金属催化剂消费量

金属类别	催化剂消费/(t/a)		世界产量/(t/a)	消费比例/%		
	一般催化剂	汽车用催化剂		一般催化剂	汽车用催化剂	合计
Au	无资料	0	962①	—	0	—
Ag	270	0	8428	3.2	0	3.2
Pt	14.0	29.0	85	16.5	34.1	50.6
Pd	20.2	11.2	90	22.4	12.4	34.8
Rh	0.63	1.1	5.3	11.9	20.8	32.7
Ru	1.70	0	3.2②	51.5	0	51.5
Ir, Os	0.20	0	0.6②	33.3	0	33.3

① 不包括苏联及原东欧国家。

② 美国销售量。

2. 金属资源埋藏量与产出方式

在设计及选择一种工业催化剂时，必须考虑的另一个问题是催化剂金属需要量及金属矿天然混合物组成之间的关系。对催化剂工业最重要的金属铬、钴、锰及铂族金属常被列为战略矿物资源。表 1-5 给出一些催化剂用金属的调查资源蕴藏量及大致可开采年限。

表 1-5　一些催化剂用金属资源蕴藏量

金属类别	可开采蕴藏量/10^4t	可开采年限 年	主要出产国
Mo	785	84	美国、智利、苏联等
Ti	40000	3846	加拿大、挪威、印度等

续表

金属类别	可开采蕴藏量/10^4t	可开采年限年	主要出产国
Ag	19	23	墨西哥、美国、加拿大等
Pt	1.26	148	南非、苏联、加拿大等
Pd	0.84	93	南非、苏联、加拿大等
Rh	0.08	151	南非、苏联、加拿大等
Ru、Ir、Os	0.2	512	南非、苏联、加拿大等

这些矿产资源的产出方式大致如下：

Mo：矿床中含 MoS_2 约为 0.3%，经悬浮选矿使成 50%左右含量时，再经浓缩、熔烧成 MoO_2 形式产出。

Ti：矿床中含 $TiO_2$90% 以上，氯化后还原成海绵状 Ti 产出。

Ag：银矿产出 3%左右，作为 Cu、Pb、Zu 的副产约 85%，由 Au 矿床产出约 4%，其他来源约 8%。

铂族金属：Cu-Ni 硫化矿中仅有百万分之几的含量。Cu-Ni 矿粗料经熔炼，随后电解。铂族金属在隔板沉渣中浓缩，以湿法分离将 Pt、Pd 等 6 种贵金属分离精制出。

从上述资料可以看出，铂族金属资源有以下几个特征：①矿床品位极低，生产方式复杂；②调查产量还不到稀有金属的 1/1000；③产地局限性大。总产量中加拿大产量占 1/2 以下，其余为南非及苏联，各产近一半。

众所周知，铂族金属是指钌、铑、钯、锇、铱、铂六种元素，它们都是价格昂贵的金属，然而用于催化反应的历史却非常久，特别是铂和钯的催化作用，在多种反应中得到广泛应用。工业上也早于 19 世纪末即已在接触法制硫酸中将铂催化剂用于二氧化硫的氧化，在氨的氧化、氰氢酸制造及石油重整等方面，铂催化剂都占有极重要的地位。在加氢、脱氢反应中，铂和钯也有悠久历史，广泛用于石油化工各类烃类加氢。鉴于铂族金属资源的特殊性及价格昂贵，在使用或选择铂族金属作催化剂活性组分时应该考虑以下几个方面：①要反复试验确定铂族金属使用比例，在不影响催化剂活性及选择性下，减少铂族金属用量，②用过的废催化剂中的铂族金属应回收精制，催化剂用户缺乏回收手段时，也应送请有回收能力的专门工厂加以回收；③有长期而稳定的铂族金属货源供应。

第二章　石油化工催化剂的特性及评价

2-1　催化剂的化学组成

随着石油化工的发展，催化剂的产量和品种与日俱增，除了早期使用的少数单组分催化剂外，极大部分工业固体催化剂都是由多种化合物构成的。催化剂的研制及开发过程，就是通过化学组成和含量的调变来改善催化剂性能，使许多速度缓慢的化学反应加快速度而实现工业化。

2-1-1　主催化剂

通常把对加速化学反应起主要作用的成分称为主催化剂，它是催化剂中最主要的活性组分，没有它，催化剂就显示不出活性。例如，铂重整催化剂中的铂就是活性组分。一种催化剂的活性组分并不限于一种，如催化裂化反应所用的催化剂 SiO_2-Al_2O_3 都属于活性组分，SiO_2 和 Al_2O_3 两者缺一不可。有许多催化反应是由一系列化学过程串联进行的。例如烃类的重整反应，就是由一系列脱氢反应与异构反应所组成：铂提供脱氢活性，酸化了的 Al_2O_3 提供酸性促进异构化，因此，Pt 和 Al_2O_3 都是活性组分。这类催化剂称为多功能催化剂。值得注意的是，催化剂在使用前和使用时，主催化剂的形态不一定相同，如合成氨催化剂的主催化剂在使用前为没有活性的 Fe_3O_4 和 $FeAl_2O_4$，使用时转化为活性态的 α-Fe。

活性组分是催化剂的核心，催化剂活性好坏主要是由活性组分决定的。例如，用作重整催化剂的活性金属，主要是元素周期表中的第Ⅷ族元素，如铂、铼、钯、铱等。现代双金属和多金属活性组分的重整催化剂，大多离不开铂，可见铂的重要性。

选择催化剂的活性组分是催化剂研制中的首要环节。虽然关于活性组分的选择已有不少理论，由于长期以来催化剂生产处于“技艺”阶段，即依靠前人经验和手艺的阶段，加上催化剂生产工艺技术保密，影响制备理论的发展。所以在选择活性组分时主要依靠前人经验、借助催化剂理论提出的一些概念，进行大量实验工作，筛选出有效活性组分。

2-1-2　助催化剂

助催化剂是加到催化剂中的少量物质，本身没有活性或活性很少，但加入后能提高催化剂的活性、选择性或稳定性。例如，在丙烯聚合反应中，除了催化剂本身的类型以外，影响聚合性能最重要的可变因素是助催化剂。表 2-1 给出了低压淤浆聚合法中，烷基金属助催化剂对 $TiCl_3$ 催化剂活性及庚烷可溶性的影响。

表 2-1　助催化剂对催化剂活性的影响

助催化剂	活性/(g 聚丙烯 /g 催化剂)	庚烷不溶性聚合物/%
Et_2AlF	251	97.7
Et_2AlCl	159	96.4
Et_2AlBr	105	96.7
Et_2AlI	42	98.1
Et_2Al	346	70.6
$(n\text{-Bu})_3Al$	~400	68.6
$(n\text{-Octyl})_3Al$	~400	50.3
$(n\text{-Decyl})_3Al$	~400	41.1

聚合条件：0.24MPa，55℃，3.5h，Al：Ti 摩尔比为 2.8，正庚烷作溶剂，$TiCl_3$ 催化剂。

通常，助催化剂在催化剂中存在着最适宜的含量。按作用机理的不同，助催化剂可分为结构性助催化剂和调变性助催化剂。结构性助催化剂的作用是增大表面，防止烧结，提高主催化剂的结构稳定性。合成氨所用铁催化剂中加入 Al_2O_3 就是这种作用的一个实例。由磁铁矿（Fe_3O_4）还原制得的 α-Fe 对氨的合成反应有很高活性，但在500℃高温下，有活性但不稳定的α-Fe微晶极易被烧结而长大，减少活性表面而丧失活性，寿命不超过几个小时；若在熔融Fe_3O_4中加入Al_2O_3，形成的尖晶石$FeAl_2O_4$在还原过程中生成粒子极细的Al_2O_3，它在铁微晶之间的孔隙中析出，从而可防止活性Fe微晶的长大，使催化剂寿命可长达几年。

调变性助催化剂的作用是改变主催化剂的化学组成、电子结构(化合形态)、表面性质或晶形结构，从而提高催化剂的活性和选择性。如在上述合成氨铁催化剂中，在$Fe-Al_2O_3$基础上再加入另一种助催化剂K_2O，活性会更高，这是因为加入Fe中的K_2O起电子给予体作用，Fe起电子接受体作用，Fe是一种过渡元素，铁原子有空的d电子轨道，可以接受电子，K_2O把电子传给Fe后，增加了Fe的电子密度，从而提高了催化剂活性。

助催化剂的添加量和添加方法对催化剂性能影响很大，是催化剂制备的一个重要环节。

2-1-3 载体

载体是催化剂的重要组成部分。对于很多工业催化剂来说，活性组分决定后，载体的种类及性质往往会对催化剂性能产生很大影响，而选择和制备一种好的载体往往需要多方面的知识。载体用于催化剂制备上，原先的目的是为了节约贵重材料(如铂、钯)的消耗，即把贵重材料分散载在体积松大的物体上，以代替整块材料使用。另一目的是使用强度高的载体可使催化剂能经受机械冲击，使用时不致因逐渐粉碎而增加对反应器中流体的阻力。所以，开始选择载体时，往往从物理、机械性质、来源容易等方面加以考虑。而到后来，由于使用不同载体而使催化剂活性产生差异，才了解到载体还有其他方面的作用。根据不同情况，载体在催化剂中可以起到以下几方面的作用。

1. 增加有效表面和提供合适的孔结构

催化剂的有效表面及孔结构是影响催化活性和选择性的重要因素。采用合适的载体和制备方法，可使负载的催化剂得到较大的有效表面及适宜的孔结构。

2. 提高催化剂的机械强度

无论是固定床或流化床用催化剂，都要求催化剂具有一定的机械强度，以经受反应时颗粒与颗粒、流体与颗粒、颗粒与反应器之间的摩擦和碰撞，运输、装填过程的冲击，以及由于相变、压力降、热循环等引起的内应力及外应力所导致的磨损或破损。一些催化剂往往需要将活性组分负载于载体后，才能使催化剂获得足够的机械强度。

3. 提高催化剂的热稳定性

不使用载体的催化剂，活性组分颗粒紧密接触，由于相互作用，会使活性组分颗粒聚集增大，减少表面积而容易引起烧结，导致活性下降。将活性组分负载在载体上，就能使颗粒分散开，防止颗粒聚集，提高分散度，增加散热面积，有利于热量除去，提高催化剂热稳定性。如钯单独用作加氢催化剂时，在 200℃ 就会发生半熔或烧结而失去活性。如将钯负载在 Al_2O_3 上，由于提高了分散度，即使在 300~500℃ 下仍能长期使用而不烧结。

4. 提供活性中心

通常认为，多相催化剂不会是以全部物质参加反应，催化作用只是由一小部分特别活跃的表面部分所引导而进行。这种催化剂表面上具有催化活性的最活泼区域，就称为活性中心。例如，合成氨用铁催化剂中，表面原子只占全部催化剂的 1/200，而活性中心部分只占其中的 10%，这样就只占了 1/2000 左右。发生催化反应时，一个反应物分子中的不同原子可能同时被几个邻近的活性中心所吸附，由于活性中心力场的作用，使分子变形而生成活化配合物。然后活化配合物分子中的键进行改组而形成新的化合物。如果载体本身对反应具有某种活性，则制成负载型催化剂后，也可提供某种功能的活性中心，成为多功能催化剂，Pt 负载在 $Al_2O_3 \cdot SiO_2$ 上制成的 $Pt/Al_2O_3 \cdot SiO_2$ 就是一种多功能催化剂。

5. 和活性组分作用形成新化合物

有时，当催化剂活性组分负载在载体上后，由于两者的相互作用，部分活性组分和载体可能形成新的化合物，而且其活性也会与原来的活性组分有所不回。例如，以共沉淀制备的镍催化剂为例，如果采用 SiO_2 作载体，活性组分 Ni 并不与 SiO_2 形成化合物，Ni 以纯金属态存在。而采用 Al_2O_3 作载体，部分 Ni 与 Al_2O_3 形成铝酸镍，这样产生的新化合形态及晶体结构，显然会引起催化活性的变化。

6. 节省活性组分用量，降低成本

使用载体可以减少活性组分用量是显而易见的。这对于某些贵金属活性组分来说，可以大大降低催化剂成本。SO_2 氧化的催化剂主要是用 V_2O_5 作活性组分，其含量大约占催化剂总质量的7%左右，其余是助催化剂和载体。硅藻土、硅胶等都可作为载体，由于载体的使用，使用少量 V_2O_5 可以获得同样的催化效能。

2-1-4 催化剂组成的表示方法

1. 用元素的原子比表示

如轻油水蒸气转化制氢用的催化剂中所含元素的原子比为 Ni：Mg：Al＝1：7：2，有时也写成 $NiMg_7Al_2$。

2. 用氧化物的分子比或质量比表示

如加氢脱硫用的钴钼催化剂，含 $MoO_3$15%，CoO_3%，K_2O0.6%，$Al_2O_3$81.4%。将这种质量分数分别除以各组分的相对分子质量，即可得到各氧化物的摩尔比。

	MoO_3	CoO	K_2O	Al_2O_3
质量比/%	15	3	0.6	81.4
相对分子质量	143.9	74.9	94.2	102
摩尔比	0.104	0.04	0.006	0.798

如果换算成元素的原子比，就成为

$$Mo : Co : K : Al = 0.104 : 0.04 : 0.012 : 1.596$$

以 Co 为 1 换算时，就得到 $Mo_{2.6}CoK_{0.3}Al_{39.9}$。

由于负载型催化剂中载体所占比重很大，为了能精确表示组分的比例，有时用混合的表示方法。如丙烯氨氧化制丙烯腈用的

催化剂 $P_{0.5}Mo_{12}BiFe_3Ni_{2.5}Co_{4.5}K_{0.107}O_{55}$，$SiO_2$ 含量为 50%（质），这表示催化剂中载体 SiO_2 占总质量的 50%，在另外 50%的负载组分中各组分以原子比表示。

2-2 催化剂的物理性状

表征固体催化剂物理性状的参数很多，如外形尺寸、堆密度、比表面积、孔容积、孔隙率、机械强度等。这些参数不仅影响催化剂的使用寿命，而且还与催化剂的活性紧密相关。一种好的工业催化剂，除了活性组分严格选择以外，还要从流体动力学等方面考虑，选择适宜的各种物理参数。

2-2-1 形状和粒度

1. 表观形状

工业所用固体催化剂，根据催化反应条件不同，具有各种不同形状。常见的催化剂形状是球状、条状、片状、柱状，另外还有齿球形、网状、粉末状、微球状、纤维状、蜂窝状等。催化剂成型颗粒的形状及大小，一般是根据制备催化剂的原料性质及工业生产所用反应器要求确定的。固定床反应器常常采用片状、球状及圆柱状催化剂；流化床反应器常采用直径 20~150μm 或更大粒径的微球催化剂；移动床反应器常采用直径为 2~4mm 或更大直径的球形催化剂；悬浮床反应器则要求颗粒在液体中易悬浮循环流动，常采用微米级颗粒催化剂。

2. 粒度

催化剂粒度的选择既与反应器的结构及单元设备的生产能力有关，还取决于催化反应的宏观动力学。例如，管式反应器为降低反应床的阻力降，可采用粒度较大的环状催化剂。当反应速度受内扩散控制时，一般就选择粒度较小的催化剂，以提高内表面的利用率。

工业用球形催化剂以 1~20mm 居多，其中以大于 3mm 的应用较广；条状催化剂常用直径 1~6mm，长为 5~20mm，圆柱状催化剂常用直径 2~25mm，高与直径大体相同。

2-2-2　密度

固体催化剂大都是一些多孔性颗粒，这种多孔性颗粒的外观体积实际上是由堆积时颗粒内部实际所占体积、颗粒与颗粒之间的空隙体积以及颗粒本身所具有的骨架这三项组成的。所以，以不同的体积除质量时，就有不同的密度概念。

1. 堆(积)密度

它是指单位堆积林积内催化剂的质量。可用下式表示：

$$\rho = \frac{m}{V_{堆}} \tag{1}$$

式中　ρ——催化剂堆密度；

m——催化剂质量[1]；

$V_{堆}$——催化剂堆积体积。

测量 ρ 的方法，是在一容器中，按自由落体方式，放入一定体积催化剂，然后称取催化剂的质量，经计算即得其堆积密度。显而易见，堆积密度与催化剂的颗粒大小、形状、粒度等因素有关。催化剂的堆密度既是计算反应器床层装填量的重要数据，也是计算催化剂价格的基准。测定紧堆密度可采用机械振动或在硬橡胶板上用手墩实的办法。

2. 颗粒密度

又称假密度。取 1L 催化剂，在量具中加入对催化剂不浸润的液体(汞等)，灌满催化剂颗粒间的空隙。将 1L 容积减去液体(汞)所占体积，就是催化剂所占体积；用催化剂质量除上述体积，所得即为催化剂的颗粒密度。用颗粒密度可以计算出催化剂的孔容积和气孔率。

3. 真密度

取 1L 催化剂，用气体(如氦)或液体(如苯)充满催化剂颗粒之间的空隙及颗粒内部的微孔。将 1L 体积减去所充满的气体或

---

[1] 常用称量催化剂的质量计算。

液体体积，即为催化剂的真实体积。用此体积除以催化剂质量，所得即为催化剂的真密度，有时也称骨架密度。

2-2-3 比表面积

非均相催化反应是在固体催化剂表面上进行的。但催化剂的外表面极为有限，因此除用于外扩散控制反应的一些催化剂外，绝大多数催化剂都是具有较大内表面的多孔物质。这种内表面是由 5×10^{-3} μm 左右的微晶至微米级的晶粒随机排列聚集成多孔固体而提供的。

催化剂的内外表面积常用比表面积来表示。单位质量催化剂所具有的总表面积称作比表面积，其单位是 m^2/g。根据多孔固体催化剂的物理吸附原理，用重量法或容量法测出样品对惰性吸附质的吸附量，按照 BET 公式算出单分子层的饱和吸附量，就可计算出催化剂的比表面积。

不同催化剂具有不同的比表面积。同一种催化剂，制备方法不同，所得比表面积也有很大差别。比表面积是催化剂很重要的一个参数，影响负载催化剂活性最主要的因素是活性组分在载体表面上的负载状态。因此，通过比表面积的测定，可以了解催化剂的烧结、中毒、载体与助催化剂的作用等。

2-2-4 孔结构

固体催化剂大多是由微小晶粒或胶粒凝集而成的多孔性物质，内部含有大小不等、形状不一的微孔。由微孔孔壁构成巨大的表面积，为催化反应提供了必要的场所。催化剂的活性组分确定后，孔结构的特征将明显影响催化剂的活性、选择性及稳定性等。

催化剂的孔结构通常用比孔容、孔径和孔径分布来表征。

1g 催化剂颗粒内部所有孔体积的总和称作比孔容，简称孔容，用 V_g 表示，单位是 mL/g。

为表征催化剂中孔隙的大小，可简单地用孔径来表示。催化剂中孔的大小、形状和长度是不均匀的，为了简化计算，采取圆柱毛细孔模型，把所有孔都看成是圆柱形的孔，其平均长度为

$\bar{L}$，平均半径为 $\bar{r}$。根据测得的比孔容 V_g 及比表面积，就可算出平均孔半径 $\bar{r}$。

想要知道催化剂的细孔对反应速度的影响，仅仅知道平均孔径是不够的，常常需要知道催化剂的孔(径)分布。通常将孔半径 $r<0.01\mu m$ 的孔称为细孔，$0.01 \sim 0.2\mu m$ 的孔称为过渡孔，$r>0.2\mu m$ 的孔称为大孔。孔(径)分布就是指孔容积按孔径大小变化而变化的情况，由此来了解催化剂颗粒中所包含细孔、过渡孔及大孔的数量。

测定孔分布目前较常用的方法有毛细凝聚法及压汞法，前者一般用于测定 $15\times10^{-4} \sim 2\times10^{-2}\ \mu m$ 的孔分布，后者用于测定 $1\times10^{-2} \sim 150\mu m$的孔分布，都用专用仪器测定。

2-3　催化剂的基本性能要求

固体催化剂的化学组成及物理结构确定后，衡量该催化剂质量最直观和最重要的参量是催化剂的活性、选择性和稳定性。一种催化剂必须具备高活性、高选择性及高稳定性这三项指标，才有工业实用价值。

2-3-1　活性

催化剂活性是表示该催化剂催化功能大小的重要指标。催化剂活性越高，促进原料转化的能力越大，在相同的反应时间内取得的产品越多。因此，催化剂的活性往往是用目的产物的产率高低来衡量。为方便起见，常用在一定反应条件下，即在一定温度、压力和空速(即单位时间通过单位体积催化剂的换算成标准状态下的原料气体积量)下，原料转化的百分率来表示活性，并简称为转化率。例如，对于 CO 变换反应：

$$CO+H_2O \rightleftharpoons CO_2+H_2 \tag{2}$$

CO 的转化率 x_{CO}应为：

$$x_{CO} = \frac{\text{反应掉的 CO 物质的量}}{\text{原料气中 CO 总物质的量}} \times 100\% \tag{3}$$

用转化率来表示催化剂活性并不确切，因为反应的转化率并不和反应速率成正比，但这种方法比较直观，为工业生产所常用。

2-3-2 选择性

通常催化剂除加速希望发生的反应外，往往还伴随着副反应。一般希望一种催化剂在一定条件下只对其中的一个反应起加速作用，这种专门对某一种化学反应起加速作用的性能，就称为催化剂的选择性。选择性 S 可用下式表示：

$$S = \frac{\text{消耗于目的产物的原料量}}{\text{原料总的转化量}} \tag{4}$$

催化剂的选择作用，在工业上具有特殊意义。一方面，选择某种催化剂，就有可能合成出某一特定产品。另一方面，催化剂有优良的反应选择性，就可以节省原料消耗和减少反应后处理工序。

当催化剂的活性与选择性不能同时满足时，就应根据工业生产过程的要求综合考虑。如果反应原料昂贵或产物与副产物很难分离，最好选用高选择性催化剂。反之，如原料价廉且原料与产物易于分离，则宜采用高活性(即高转化率)的催化剂。

2-3-3 稳定性

稳定性包括耐热性、抗毒性及长期操作下的稳定活性。

1. 耐热性

一种好的催化剂，应能在高温苛刻的反应条件下长期具有一定水平的活性，而且能经受开车，停工时的温度变化。

催化剂的耐热性与选择助催化剂、载体及制备工艺有关。助催化剂和载体不但对活性相的晶体起着隔热和散热作用，而且可使催化剂比表面积及孔容增大，孔径分布合理，还可避免在高温下因热烧结而引起的微晶长大使活性很快失去。

2. 抗毒性

在工业生产中，尽管对原料采取一系列净化处理，但仍不可能达到实验室研究所用原料的纯度，不可避免带入某些杂质。催化剂对有害杂质的抵制能力称为催化剂的抗毒稳定性。不同催化剂对各种杂质有不同的抗毒性，同一种催化剂对同一种杂质在不同的反应条件下也有不同的抗毒性。

催化剂中毒本质上多为催化剂表面活性中心吸附了毒物，或进一步转化为较稳定的表面化合物，钝化了活性中心，从而降低催化活性及选择性。因此，获得具有良好抗毒性的催化剂，也是制备工业催化剂的一个重要环节。

3. 稳定活性

此外，催化剂还应在长期苛刻操作条件下保持稳定的化学组成、化合状态和物相，以保证其稳定的活性。

2-3-4　机械强度

机械强度也是催化剂的一个重要性能。一种固体催化剂应有足够的强度来承受下面四种不同形式的应力：

(1) 能经得起在包装及运输过程中引起的磨损及碰撞；

(2) 能承受住往反应器装填时所产生的冲击及碰撞；

(3) 能经受使用时由于相变及反应介质的作用所发生的化学变化；

(4) 能承受催化剂自身质量、压力降及热循环所产生的外应力。

催化剂的机械强度，不仅与组成性质有关，而且还与制备方法紧密相关。特别是载体的选择及成型方法对机械强度影响很大。

催化剂机械强度的测定方法有直压和侧压两种。前者是将球状、条状、环状催化剂放在强度计中，不断增加负载直至催化剂破裂，再换算成每平方厘米所受的质量，一般至少 10 次试验的平均值作为抗碎强度。后一种方法是将催化剂侧放在强度测定计中，侧压压碎，读出强度计上的负载，再换算为每厘米所受的重量，或直接以破碎时的质量为读数。

流化床催化剂的强度是以耐磨性作为衡量指标，是在催化剂流化的条件下测定其磨损率。

2-3-5 寿命

催化剂的寿命是指催化剂在反应运转条件下，在活性及选择性不变的情况下能连续使用的时间，或指活性下降后经再生处理而使活性又恢复的累计使用时间。

不同催化剂使用寿命各不相同，寿命长的，可用十几年，寿命短的只能用几十天。而同一品种催化剂，因操作条件不同，寿命也会相差很大。

工业催化剂，在使用过程中通常有随时间而变化的活性曲线。这种活性变化可分为成熟期、稳定期、累进衰化期三个阶段。一些工业催化剂，最好的活性并不是在开始使用时达到，而是经过一定诱导期之后，逐步增加并达到最佳点，即所谓成熟期。经过这一段不太长的时间后，活性达到最大值，继续使用时，活性会略有下降而趋于稳定，并在相当长时间内保持不变，只要维持最合适的工艺操作条件，就可使催化剂按着基本不变的速度进行。这个稳定期的长短一般就代表催化剂的寿命。随着使用时间增长，催化剂因吸附毒物或因过热使催化剂发生结构变化等原因，致使催化剂活性完全消失，经历这种累进衰化期后，催化剂就不能再继续使用，有的催化剂经再生后还可再继续使用，而有的催化剂则需重新更换。

相对来说，催化剂的寿命长，表示使用价值高，但对催化剂的使用寿命也要综合考虑。有时从经济观点看，与其长时期在低活性下工作，不如在短时间内有很高活性，特别对失活后容易再生的催化剂或可以低价更新的催化剂更是如此。

2-4 催化研究的实验室任务及评价技术

第一次世界大战期间，有人曾把催化研究的实验室目的概括为“宁可在小规模试验中犯大错，以求在大规模生产上取得收益”。而近年来，人们已创立了许多催化剂的实验技术及小规模测试方法。特别是在多相催化反应领域内，要想把实验室或小规模试验中所获得的数据，正确地外推到工业装置的操作上去，必须清楚地阐明反应机理。事实上，即使已充分掌握了这些资料，最终成败的关键仍是工业规模的工艺试验。然而，在早期开发阶段，某些小型而精心设计的实验、适当的实验技巧，即使费用可能比较高，但对研究工作的最终目标却会起很大的作用。

1. 催化研究的具体实验室任务

(1) 效能比较试验　无论是新工艺开发或是现有工艺改进，这种试验一般须在新催化剂的开发初期阶段进行。这种试验又可进一步细分为粗试和精试两种。

① 粗试。这是为新的催化剂配方作初步筛选，应该力求快捷而简便，一般不必详细模拟工艺过程，只要能鉴定一个起主导作用的关键性质即可。有时可借助于大量文献资料及其他信息，甚至无需借助于工艺反应。

② 精试。其目的在于评选催化剂。在此，需要测定几种关键性参数。上述快速粗试筛选一般是在常压下进行，以淘汰那些明显不能适用的催化剂配方。显现出有希望的催化剂就需进一步细心评价，有的则需在加压实验室装置继续进行较为严格的测试。

对一个反应，要正确无误地测定一种催化剂的活性、选择性以及长期运转的稳定性是一项极为困难的工作，也是一件细致的实验工作。催化剂的真实性质，在绝大多数情况下，仅能通过一个小尺寸的窗口来看清楚，该窗口的边界，主要是由大量伴随着化学变化的物理过程所限定。对一个给定反应的催化剂，测定催化剂活性的可靠方法是在精心控制的条件下，通过实验测定该反应的反应速率。虽然还有可能是针对在窄范围内预期的工艺条件下的测定，但应该明确测定的是催化剂表面的反应速率，而不是其他什么速率。在测定反应速率时应该注意下述潜在影响因素：①反应器内速度的均匀性及混合状态，是否存在沟流或不完全接触；②沿着反应器长度的总压力梯度大小；③沿着反应器轴向和径向温度的均匀性；④催化剂相间温度梯度与浓度梯度大小；⑤测定反应混合物组成的分析方法精确度。

(2) 反应动力学测定　多相催化反应动力学是研究多相催化反应的速率与温度、接触时间、反应物和产物浓度等物理量之间的关系。根据所得的结果可以建立多相催化反应的速率方程。由速率方程的常数值，结合其他实验数据，就可确立反应机理。依据动力学方程和有关数据可以计算出不同条件下反应物的产率，找出最佳反应操作条件，从而提供反应器放大设计所需要的数据。

测定一个催化反应动力学参数之所以重要是基于以下三个原因：

一是知道反应动力学参数，特别是反应物和产物的反应级数，对于说明反应机理是十分必要的，只有通过对反应机理的某种程度的了解，优选出的催化剂才有合理的科学基础；

二是无论是设计固定床、流化床或其他型式的最佳催化反应器，包括反应器大小尺寸和结构形状都需要有关反应级数及动力学参数的资料；

三是动力学研究可以了解引起表观活化能变化的原因，从活化能的大小可知温度是如何影响反应速率的。

在动力学研究时，拟定一个可靠的数学模型所需的数据，必须要适用于尽可能宽的操作条件范围，且应该能用内插法而不是用外推法来获得所需结果。在对比条件下进行各种实验时，应该采用有重复性能的催化剂。除了采用开发阶段的催化剂外，最好尽可能采用已用于生产的催化剂进行动力学测定。同时，应该把催化剂的失活、传热和传质以及反应条件的影响，尽可能作为单独变量加以测定。为此，在实验开始以前，应对研究方案作精心策划。

(3) 工厂操作的模拟　对效能比较试验筛选出的好的催化剂配方，必须按照工厂条件模拟工艺条件的最佳化，对于新用原料的评价也应如此。应该参照工业装置的数据，对很小的性能变化所产生的各种影响用内插法精确地表示出来，以进行比较。显然，这一工作与“效能比较试验”会有某些重复。

（4）反应机理测定　催化反应在化学方面的基础研究，要用到许许多多包括各种现代物化测试手段在内的专用技术。这些工作远不同于简单的催化剂物性测试，它是一项极其费时又费钱的工作。在一种给定的化学工艺中，最经常遇到的是，反应某一部分的机理在该工艺中占有主导地位，这时就无须对整个反应体系进行研究，只要对某一局部进行研究探讨。在多数情况下，催化剂研究主要是寻找解决实际问题的催化剂配方，而不是着重对催化科学作出贡献的基础研究。然而，不论是哪一种情况，反应机理对各个开发阶段都有其重要性。如图 2-1 所示，在上述各阶段研究中，配方和设计的产生及筛选都与反应机理的研究相关联。

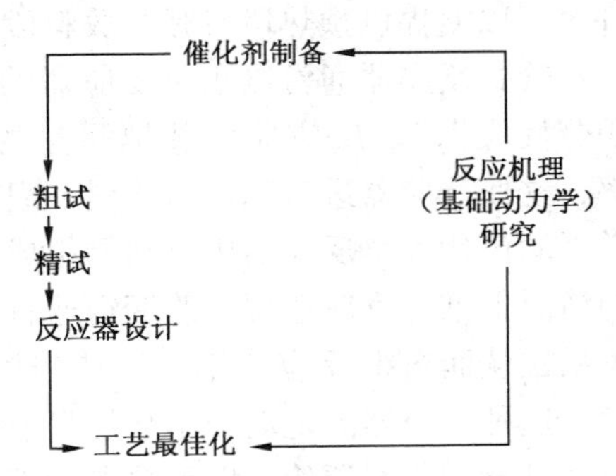

图 2-1　催化研究的实验室任务

催化剂的配方筛选在现阶段还不能脱离实验方法。对催化剂进行实验室评价的目的主要有；①对开发一种新工艺过程的各种催化剂进行性能评价；②对改进现有工艺过程的各种催化剂进行性能评价；③为取代现有工艺过程而对催化剂进行质量评定；④为现有工艺过程选择最佳操作条件而发展一种动力学模型；⑤为设计一种新催化过程提供基础数据而开发一种动力学模型。

2. 催化研究的评价技术

用实验室反应器评价催化剂是既花钱而又费时的。因此，它只适用于对已经过其他有关化学、物理及物理化学试验筛选出的催化剂进行评价。在评价或筛选工业用催化剂时，必须模拟工业反应系统，否则将可能淘汰最佳的催化剂而选用性能较差的催化剂。

随着实验及计算技术的发展，目前已开发出许多供催化研究用的一般或特殊用途的实验反应器。下面介绍几种常用实验室反应器。

（1）固定床积分反应器　在实验室催化剂评价和动力学研究中，以前最常用的是固定床流动管式反应器。反应器通常是一根细管，可以填充几毫升催化剂。管长要比装填的催化剂床层高出许多，以便提供预热段及减少放料段的热量损失。

管式反应器通常以积分反应器的方式操作，故称作“固定床积分反应器”。反应器中装填足量的催化剂以达到较大的转化率，这使反应器进口和出口物料在组成上有显著不同，不能用数学平均值代表全反应器中物料的组成。它是在假设流动是活塞流的情况下推导反应速率。改变空速就能获得转化率与接触时间的关系，从而求得反应速率，但在分析方法上不要求特别高的精度。这种反应器测定动力学数据只适用于等温反应。采用这种反应器进行催化剂评价有以下缺点：①不能直接测得反应速率，而必须用图解微分法求得，误差较大。②它与理想置换反应器偏离较大，在催化剂床的径向存在着浓度和温度梯度，在轴向存在沟流与返混，反应器停留时间分布不一。

（2）微分反应器　微分反应器与固定床积分反应器装置没有多大差别。主要区别是催化剂装填量少，在这种单程通过的管式微分反应器中，转化率控制在很低的水平，一般转化率应在5%以下，个别允许达10%。这种反应器的优点在于因转化率低，发热少，易达到恒温要求，而且反应器构造也很简单，测得的动力学数据也比积分反应器要准确。但它存在以下缺点，①所得产物少，原料气组成的配制比较困难；②要有极为精确的化学分析手段，大多数分析方法往往不能满足。

（3）脉冲-微型反应器　这种反应器类似于固定床管式反应器，但催化剂装填量很少，一般为0.1～1.0g，而且反应物浓度也很低，故反应温度均匀。反应器可直接连到气相色谱仪的进料管线上，如图 2-2 所示。

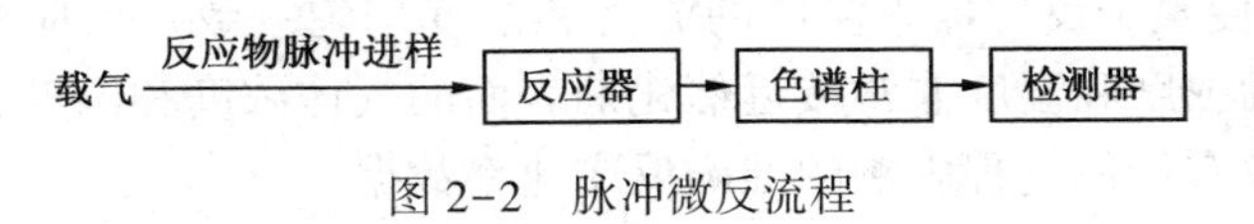

图 2-2　脉冲微反流程

这种反应器的操作方法是将反应物脉冲注射到惰性气流中，再通过固定床催化剂，流出物导入色谱柱将反应物分离并鉴定。转化率可允许达到 100%。

该反应装置由于快速、简单、具有一定的准确性，因此被广泛地应用于催化剂的快速评选及反应机理研究。脉冲反应器因其尺寸及操作与工业催化反应器的操作相差太大并且是非稳态操作，所以，就实用目的来说，最好尽量不用这类反应器。

（4）外循环反应器　这种反应器包括一个体积为 V 的催化剂床和一个循环泵。用一种不沾染反应混合物的循环泵使绝大部分反应混合物在回路中循环的同时，连续引入一小股新鲜物料，并从反应器出口放出一股流出物使系统保持恒压。这种反应器具有微分反应器的优点，且克服了微分反应器转化率低带来的分析问题，也没有配制原料气的困难。由于大量气体循环，从而保证相间的径向梯度微不足道，且使反应器处于等温操作。实际上是一种“早期的实验室理想反应装置”。它还免除了分析精度方面的麻烦。

外循环反应器的主要问题是：①很难找到一个合适的循环泵。对泵的要求是不能沾污反应混合物，停留量要小，循环量要大，中等压差，气密性要好等。②外循环反应器具有较大的自由体积与催化剂体积之比，因而组分的变化不灵敏，系统达到稳定的时间长。

（5）内循环无梯度反应器　经过多年的实验室催化研究，已经研制出一些更为优越的内循环无梯度反应器，也称连续搅拌槽式反应器。这种反应器克服了外循环反应器的一些缺点，且具有其他反应器所具有的一切优点。它通过剧烈的搅拌使气流与催化剂颗粒间具有很高的相对速度，从而使在反应器内实现“完全混合”，使整个反应器内流体的温度和浓度均匀一致。反应器空间气体的浓度和温度非常接近催化剂表面的气体浓度和温度，可以测定没有传递过程影响的准确反应速率数据。

根据催化剂的放置及搅拌方式不同，可以将内循环无梯度反应器分为以下四类：①旋转篮式催化反应器；②带搅拌桨式催化反应器；③带搅拌桨式流化床反应器；④旋转槽式连续搅拌反应器。

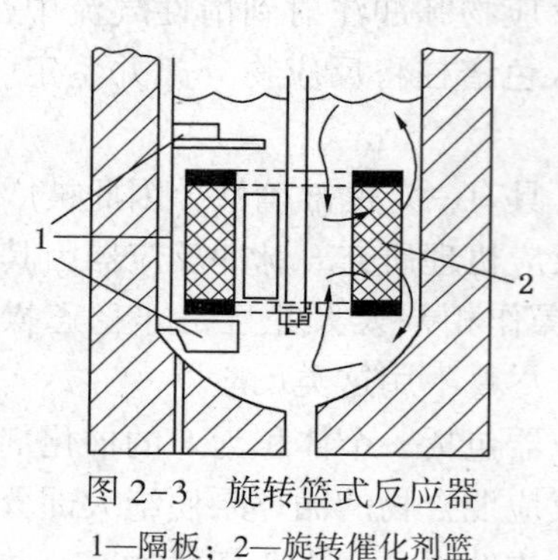

图 2-3　旋转篮式反应器

1—隔板；2—旋转催化剂篮

旋转篮式反应器是将催化剂放在一个由不锈钢丝网做成的“篮子”内，篮子本身高速旋转，同时也作搅拌桨用。反应室内一般装有隔板(图 2-3)。由于篮子的高速旋转，使得在反应器内实现了“无梯度”，反应物在整个反应空间的温度和浓度是一致的。催化剂篮可做成各种形状。这种反应器的缺点是催化剂处于高速旋转状态，因而无法直接测定催化剂表面温度，这对放热量大的催化反应将导致大的误差。另外，反应器中催化剂及气相以相同的方向旋转，它们之间的相对速率和传质速率比催化剂篮不动的反应器差。

带搅拌桨式内循环反应器是催化剂篮不动，而由一个专门的搅拌桨作高速旋转来实现“完全混合”(图 2-4)，这是内循环反应器中最为优越的一种反应器。这类反应器内，流过催化剂床的反应物流速及循环速率可以通过搅拌桨或风机的转速来测

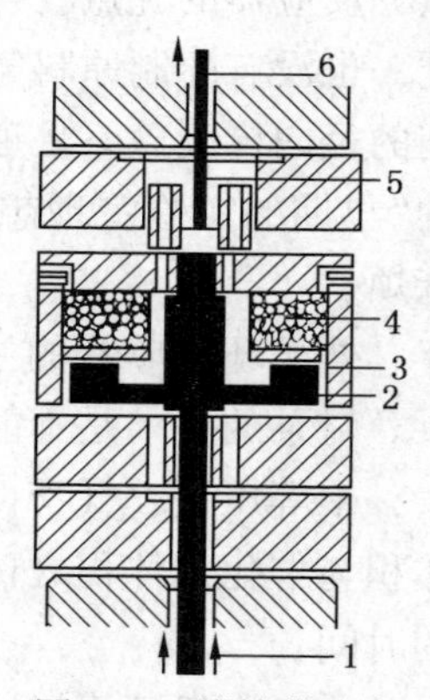

图 2-4　搅拌桨式高压反应器

1—气体进口；2—搅拌桨；3—挡板；4—环形催化剂篮；5—透平；6—气体出口

定，循环比也可从初始的实验来确定。

带搅拌桨式流化床反应器是一种带机械搅拌的流化床，它具有较好的操作弹性，但停留时间分布很难控制。所以这种反应器不能成为通用型反应器，因只有相当小的粒子才能用于流化床。

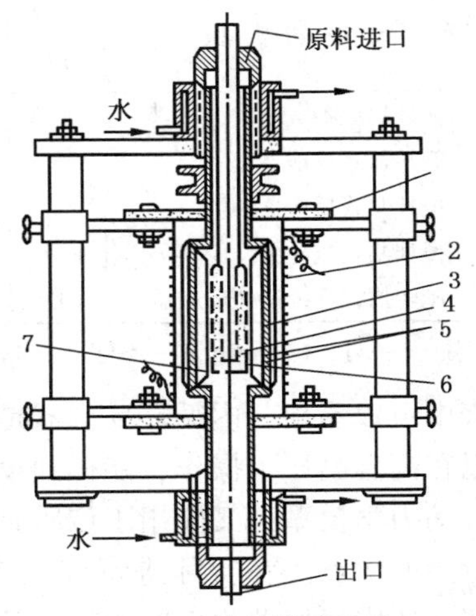

图 2-5　旋转槽式连续搅拌反应器

1—石棉填料；2—电炉；3—反应槽；4—热电偶；5—隔板；6—催化剂篮；7—螺帽

旋转槽式连续搅拌反应器是将催化剂放在静止的圆柱形篮子中，催化剂篮被垂直地悬挂于反应器内。从图 2-5 可以看出，反应槽中的桨与催化剂篮及电炉壁之间空隙很小，因而反应器内部的气体及外部的气体得到搅拌，导致电炉壁到反应器壁及反应器壁与反应器主流间良好的传热。这类反应器的混合特性与带搅拌桨的催化剂篮静止的反应器相似，而优于旋转篮式反应器。

用上述各种实验室催化反应器进行催化剂评价及动力学研究都有各自的优点和缺点。表 2-2 摘要列出几方面的比较结果。从

表 2-2　几种实验室反应器性能比较

反应器类型	取样与分析	温度情况		反应物浓度分布情况	停留时间分布	结构情况
		放热小	放热大			
固定床积分反应器	G	F	P	P	F~G	G
微分反应器	P	G	F~G	F	F	G
脉冲-微型反应器	G	G	F	P~F	P	G
外循环反应器	F~G	G	F	F~G	G	F

续表

反应器类型	取样与分析	温度情况		反应物浓度分布情况	停留时间分布	结构情况
		放热小	放热大			
内循环反应器						
旋转篮式反应器	F	G	G	G	G	F~G
搅拌桨式反应器	F	G	G	G	G	F~G
搅拌桨式流化床反应器	F~G	G	G	G	G	F
旋转槽式连续搅拌反应器	F	G	G	G	G	F

注：G—好；F—一般；P—不好。

表中可以看出，内循环反应器是比较优越的无梯度反应器，它可以在高温高压下操作，能得到没有传质传热等物理因素影响的精确动力学模型，又能用于传质研究，它几乎具有其他几种类型反应器的优点。在实际进行催化剂评价时，究竟选用哪一种反应器，还应根据催化反应的特点及设计制造等因素来决定。

2-5 催化剂的分析测试技术

催化剂是一种极其微妙的物质，有时采用同样原料、相同方法制得的催化剂，由于批量不同，其活性和选择性却会产生较大差异。为什么同样类型的催化剂，由于制备方法及原料不同会产生活性和选择性差异呢？为了阐明这种原因，人们曾采用各种方法进行研究。所以过去几十年中，催化技术的主要变化集中于将分析技术应用于催化剂测试上，特别是应用各种物理-化学技术来弄清催化剂的化学组成、控制因素、催化机理和本质。研究催化剂的测试技术多种多样。从测定结果看，可以大致分为结构表征(如孔结构、表面积、晶相、表面形貌、表面价态和结构等)及性能表征(如动力学参数、机械强度、稳定性等)两类。每类表征技术，从所得信息层次来说，又有宏观及微观之分。近十几年来，发展并应用了不少新技术，如低能电子衍射、俄歇能谱、离子能谱等，使人们对催化作用的了解进入到原子-分子的微观层次。在宏观测定上，除了表面积测定、晶相测定、热分析等技术已成为催化研究的常规分析方法以外，一些表面状态和结构测试技术，如电子能谱、红外光谱、穆斯鲍尔谱和吸附滴定技术的应用也越来越广泛。表 2-3 给出了一些分析技术及它们在催化技术中的应用。

表 2-3　用于催化研究的分析技术

项　　目	分　析　技　术
颗粒度	筛分法，重力沉降法，显微镜法，光散射法
孔结构	吸附法，压汞法，电子显微镜
表面积	BET 法，色谱法
强度	加压法，降落试验法，鹅颈管法
物相组成及晶体结构	X 射线衍射法，电子显微镜
表面酸碱性	指示剂法，色谱法，热分析，红外光谱，电子顺磁共振
相变化	差热分析
吸附热	热量计，色谱法
表面吸附态	程序升温热脱附法，红外光谱，光电子能谱，穆斯堡尔谱
价态分析	光电子能谱
元素分析	光电子能谱
表面形貌和结构	电子显微镜，紫外漫反射光谱，光电子能谱
反应热变化	热分析，电子显微镜
积炭、老化和中毒	热分析，电子顺磁共振，光电子能谱
活性相分布	电子顺磁共振，光电子能谱，穆斯堡尔谱，电子探针
金属-载体相互作用	红外光谱，电子能谱，穆斯堡尔谱

2-6　工业催化剂的命名

催化剂类别及品种很多，大多组分的复合物，结构也比较复杂。一般情况下，说明催化剂品种时，只列出活性组分和所采用的载体，而不指出催化剂生产或使用时这些组分的化合形式，其原因是不能明确说出该催化剂在反应条件下的实际组成及化合物形态。也就是说，在许多多组分催化剂中，反应条件下的化学状态不是其命名所表示的。

有些工业，如化肥工业、炼油工业对催化剂的命名比较规范，而对于精细化工，特别是一些小企业或研究单位所开发的催化剂，对催化剂的命名存在较大的随意性。

工业催化剂的命名有一般命名法及标准命名法。

2-6-1　一般命名法

对于只含有一种活性金属元素的催化剂，其命名为活性组分名称+“催化剂”，如铁(粉)催化剂、铂(网)催化剂。

对于含两种或两种以上活性组分的催化剂，其命名为：活性组分名称+载体名称+“催化剂”，如铜-铬氧化铝催化剂(或写成 $Cu-Cr/Al_2O_3$ 催化剂)、铋钼磷二氧化硅催化剂(或写成 $Bi-Mo-P/Al_2O_3$ 催化剂)。

虽然这一命名法在工业上或在催化剂商品中常被引用，但实际上有时是一种不确切的称谓，因为许多多组分催化剂的活性组分常是以金属氧化物(或硫化物)的形成存在，而不是由命名所表示那样。

2-6-2　标准命名法

我国炼油及化肥工业催化剂的品种较多，多数也为国内生产。为了加强管理和保证产品质量，国家很早就对炼油及化肥工业催化剂规定了标准分类及命名方法。

1. 炼油催化剂的标准分类和命名

这是由原燃化部 1973 年发布，由石油化工研究院提出，1974 年 1 月 1 日起实施。特别指出的是这一标准只适于炼油用催化剂的分类和命名，不适用于其他化工加氢催化剂的分类和命名。

(1) 分类原则　按其在炼油加工过程中所起作用的主要特点及加工工艺，分为催化裂化、加氢裂化、催化重整、加氢精制和叠合五种类别，并按其功能作为类别名称；各类催化剂的牌号则根据制定标准时间的先后次序来确定。

(2) 命名方法　催化剂按下列方法命名。

牌号+类别名称+固定名称

如：催化裂化

LB-1 催化裂化催化剂

LB-2 催化裂化催化剂

加氢精制

3722 加氢精制催化剂

3822 加氢精制催化剂

2. 化肥催化剂的标准分类和命名方法

化肥催化剂品种多、更新换代快。我国将各种品种按用途进行以下分类：

(1) 脱毒催化剂　主要用于脱除原料气中使催化剂中毒的微量杂质(如 S、Cl、As 等)。类别代号为 T。

(2) 转化催化剂　主要用于烃类蒸气(如炼厂气、天然气、轻油等)转化制氢或制合成气。类别代号为 Z。

(3) 变换催化剂　主要用于一氧化碳和水蒸气变换为二氧化碳与氢的反应。类别代号为 B。

(4) 甲烷化催化剂　主要用于使 CO 和 CO_2 加氢转变为甲烷和水。类别代号为 J。

(5) 氨合成催化剂　主要用于由氢氮混合气合成氨的反应。类别代号为 A。

(6) 制酸催化剂　主要用硫酸生产中 SO_2 氧化为 SO_3 的反应，以及硝酸生产中 NH_3 氧化为氮氧化物的反应。类别代号为 S。

(7) 化肥厂应用的其他催化剂　如一氧化碳选择性氧化催化剂(类别代号 Y)、制氮催化剂(类别代号 D)、二氧化碳脱氢催化剂(类别代号 DH)、硫回收催化剂(类别代号 LS 和 CT)等。

以上各类别催化剂都有多种品种，为对每种产品方便地加以确认，根据 GB 5205—1985，对已通过部级产品技术鉴定并正式命名的催化剂型号，基本上由一个汉语拼音字母和三位阿拉伯数字构成。其中汉语拼音字母就是产品的类别代号，表示其作用特性，第一位阿拉伯数字表示产品的基本特性；后两位数字表示产品名称的先后顺序。例如，天然气一段转化催化剂 Z109：

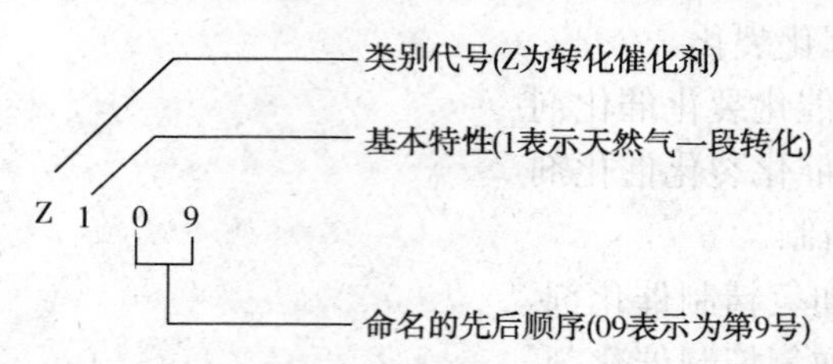

有些催化剂型号中还会有更多的符号和数字，如表示组分配方及制备稍有变化，而性能相似的催化剂，在同一型号后加上 1、2、3 等数字，如 Z109-1、Z109-2；对在催化剂生产厂进行预还原的产品，则在型号后加"H"；对催化剂外形为球形时，则在型号后加"Q"等。

未按以上规则命名的催化剂型号，均为研制单位自行命名。此类催化剂或是尚处于开发试用中，或是已通过技术鉴定，但尚未申请国家正式命名。

2-6-3　分子筛的命名

分子筛是一类具有规则孔道结构，能起筛分分子作用的多孔物质。可分为沸石分子筛及非沸石分子筛两大类。前者是天然沸石类和人工合成的结晶硅铝酸盐，而后者有炭分子筛、磷铝酸盐系列分子筛等。其中应用最广的是沸石分子筛，故常将沸石分子筛简称为分子筛，或将人工合成的沸石称为分子筛。

沸石分子筛的命名很不统一，有多种命名方法。有时一种天然沸石可以有多个英文名称，一种人工合成沸石也有几种命名。命名比较混乱，容易产生误解。下面是几种常用命名方法。

（1）用相应矿物的矿物学名词进行命名　如丝光沸石型。表明所合成的沸石在结构上与丝光沸石相当，但性能并不完全一样。

（2）用字母来命名　①用最早提出的一个或几个字母来命名，如沸石 A、沸石 ZSM-5；②用 A 型、X 型、Y 型等来表示，意义和沸石 A、沸石 X 及沸石 Y 等相同，沸石 A 是指 $Na_{12}[(AlO_2)_{12}(SiO_2)_{12}]\cdot 27H_2O$，是由 Na_2O、Al_2O_3、$SiO_2\cdot H_2O$ 体系制备的；③为强调碱金属的符号，以区别不同类型的合成沸石，采用附加的字母来表示，如 Na-D 型表示丝光沸石型合成沸石，D 则表示菱沸石型合成沸石；④用 N 表示从烷基胺-碱体系制备的沸石，如 N-A 表示具有 A 型骨架的合成四甲胺沸石。

（3）用取代原子来命名　当 Si 或 Al 原子被其他四面体原子如 Ga、Ge、P 等取代时，通常就用这种取代原子作前缀，如 P-L 即表示骨架中 P 取代的沸石 L。

（4）通过离子交换法制备的合成沸石的命名　如钙交换的沸石，可简写为 CaA。而 Ca 和 A 之间加上连字符时，如 Ca-A，则可表示完全不同的沸石。需要标明交换度时可用交换一价阳离子的百分数或晶胞组成表示，如 $Ca_2Na_8\cdot[(AlO_2)_{12}(SiO_2)_{12}]\cdot xH_2O$，即表明 33%的 Ca 被交换。也即交换后母体沸石的变化应表示出来。

第三章　催化剂生产原理

3-1　催化剂生产的特点和现状

众所周知，催化剂的研制和生产涉及许多学科的专门知识。过去由于测试技术不能适应，使催化剂的制备理论发展很慢，在较长一段时期内催化剂的制造技术一直被看成是“捉摸不透的技巧”，催化剂生产工厂犹如“矿物加工厂”。

目前，以科学理论指导催化剂生产已受到各国学者的普遍重视，先进的分析测试技术正广泛用于催化剂的开发和生产，催化剂的制备科学正在形成。催化剂生产技术已逐渐从“技巧”水平提高到科学水平。

由于催化剂的制备工艺随催化剂的使用目的而异，即使是同样组成的催化剂也因具体要求不同而有多种多样的制备和控制步骤，而且生产中的过程参数又大多是保密的，因而要评述各种催化剂的具体生产工艺条件是困难的。这里介绍的只是催化剂生产的一般原理及有规律性的普遍问题。

1. 催化剂生产的特点

催化剂与只要符合一定规格就有市场的其他大规模生产的化工产品不同，它必须在实际工作条件下长时期运转中能保持优异性能才有工业应用的价值。所以，即使实验室的各种实验结果好的高活性催化剂，也并不意味着工业催化剂的完成。

一般所讲的催化剂制法，通常是指以完成该催化剂的成型产品为对象。可是在这一制备阶段，表面上生成的催化物质并不多。即在表面上是以尚未生成催化物质的母体物质形式存在的，只有把它装填到反应系统，经活化操作后方能生成真正的催化物质。因此，作为催化剂的制法，如果不包括原料配制、浸渍、成型、焙烧和活化等各种阶段，则不能说是完整的。

在组织或进行工业催化剂生产时，应该注意以下事项。

(1) 满足用户对催化剂的性能要求　作为工业催化剂必须具备的性质，除了活性高和选择性好以外，还应具有较长的寿命和合理的流体力学特性。长的寿命是指需要具有良好的热稳定性、机械稳定性、结构稳定性和耐中毒性，保证在实际生产中长期稳定运转。合理的流体力学特性是从化学工程观点要求催化剂具有最佳的颗粒形状和较好的颗粒强度。

这些性质与催化剂的化学组成和物理结构密切相关且又常常是互相矛盾的。为了提高机械强度有时必须适当减少一部分表面积，为了提高选择性又常常需要消除结构中的细孔而使活性有所下降。合理处理种种对应因素，确定适宜的催化剂配方的工作一般在实验室中进行，但是在确定配方的基础上，催化剂生产中还必须进一步选择正确的操作方法和质量控制步骤。

(2) 达到良好的制备重复性　催化剂生产中由于原料来源改变或操作控制中极细小的变化都会引起产品性质的极大变化。制备重复性问题在实验室研究制备工艺的阶段就应引起重视。当几种制备技术都能达到同样的性能要求时，应尽量选择操作可变性较大的制备方法，使生产控制容易一些。

为了达到良好的制备重复性，必须制定确切的原料规格，严格控制过程条件，并确立必要的分析测试项目使成品催化剂性能稳定在所要求的范围内。

(3) 生产装置应有较大的适应性　催化剂生产的吨位数一般不大，但产品品种却是极为繁多。为了适合品种多、灵活性大的特点，催化剂生产者常把各类生产设备装配成几条生产线，将使用相同单元操作的几种催化剂按需要量和生产周期的长短安排于同一生产线上生产。这样可以提高设备利用率，降低产品成本，并生产出不同组成及形状的各种催化剂。

(4) 注意废料处理，减少环境污染　催化剂生产中常常产生大量有毒的废气和废液，在设计生产装置时必须考虑到废气处理和废液中无机盐的回收问题，生产过程中也应尽量避免使用毒性大的物质作原料，以改善劳动条件。

（5）催化剂生产常使用精制原料，并由大量技术熟练的劳动力参与生产，因而催化剂的生产费用常常十分昂贵。为了使产品在技术经济上能与市场上的同类产品竞争，催化剂生产者还必须经常了解催化剂的市场动态、科研情况及实际使用效果，保持与使用工厂及贸易界的密切联系。

2. 国外生产现状

20 世纪 40 年代初期，国外大部分催化剂是由使用催化剂的工厂自己生产的。到 40 年代后期，欧美等工业发达的国家才开始形成独立的催化剂生产企业。现在，炼油和石油化工过程用的许多催化剂(如加氢脱硫、催化裂化、重整、合成氨、合成甲醇等)已大批量生产，用户可根据特殊需要在市场上购买。但也有许多催化剂是一些大型石油或化学公司为本公司特有的化工过程而专门开发的。

国外直接从事催化剂生产的公司大致可分为以下三种类型。

（1）大型石油或化工企业兼营催化剂生产和销售业务　如美国 Dow、Monsanto 及 UCC 等大型企业都拥有专门的催化研究机构，除进行催化应用研究外，也进行基础理论研究。这些企业的催化剂分部除生产本公司内部需要的各类催化剂外，还垄断着某些公司发明的工艺过程中应用的催化剂专门生产技术，并经营生产和销售业务。像美国 Halcon 催化剂工业公司是环氧乙烷银催化剂和顺酐催化剂的最大生产者；Shell 化学品公司多年来一直是乙苯脱氢制苯乙烯催化剂的主要生产者。

（2）专营催化剂生产和销售业务的公司　这些企业一般都有各自的特点，拥有生产某一类催化剂的专门技术，有些公司还按客户要求定制或委托开发催化剂。如 Engelhard 金属和化学品公司是贵金属催化剂的最大生产者，也是美国福特和通用汽车公司车用催化剂的最大供应者。Harshaw 化学品公司和 UCI 公司等在客户委托研制新催化剂的营业额上也占相当比重。

（3）在产、销催化剂的同时兼营工程设计、咨询业务的企业 催化剂生产企业一般都设有研究开发、生产制造、销售服务、新产品试制等部门。研究开发部配备有不同规模的实验室从事催化剂的制备、改进和放大等研究，并进行分析、质量控制和产品检验等工作。技术服务部派技术服务人员到使用公司生产催化剂的工厂去参与开车和运转，了解催化剂在工业生产中的使用情况，并解决生产中遇到的技术性问题。此外，大多数先进的生产工厂都采用电子计算机进行动力学计算，完整的动力学数据可供计算工业反应器的最优结构和反应条件时使用。如 Holdor Topsoe 公司是丹麦公司在美国的分公司，除供应 ICI 法甲醇、蒸汽转化等的催化剂外，还兼营工程设计和咨询业务。

3. 国内生产现状

我国催化剂制造业起步很晚，1950 年仅南京化学工业公司的前身南京永利宁厂生产氨合成用催化剂。1956 年，国家在制订第一个科技发展规划时，把催化剂研究作为重要内容之一。60 年代，为配合从苏联引进石油化工装置，由兰州化工公司建设了首个石油化工催化剂生产车间，产品有酒精制乙烯、乙苯脱氢制苯乙烯等催化剂。在 60 年代中期，为配合从德国引进的装置，兰州化工公司石油化工厂又建立了石油裂解产物加氢精制催化剂和丙烯氨氧化制丙烯腈的催化剂车间。不久，上海高桥化工厂采用自己开发的技术，建成了生产烯烃聚合用烷基铅等催化剂的车间。这些生产技术和装置，大多是间歇性作坊式生产。

20 世纪 70 年代，我国引进多套大型石油化工装置，催化剂牌号多达 90 多个，一次装填总量约 6 千余吨。为使这些催化剂尽快国产化，国家不断投入催化剂研制开发的人力物力。一些高等院校的相关专业也协同进行研究攻关。到 80 年代约有 36 个牌号的催化剂实现了国产化，约占引进装置用催化剂总数的 23%。而在 80 年代以后，我国炼油催化剂研究进入一个快速发展阶段，建立了自己的科研及生产体系，各类催化剂品种已形成系列化，催化剂性能与国外催化剂水平相差无几，有的还具有自己的特点。我国目前炼油及化肥催化剂的生产已基本国产化，有的还推向国际市场，但石油化工及精细化工催化剂的生产基本未形成一个完整的体系，催化剂载体的系列化也不完全，现有生产规模和操作水平还待进一步发展和提高。

3-2　催化剂的主要生产技术

催化剂的制备方法很多，如表 3-1 所示。而工业上制备固体催化剂最常用和普遍的方法是沉淀法、浸渍法和混合法。其他方法应用不太普遍，只是对某些专用催化剂生产有用。所以，这里主要介绍沉淀法、浸渍法和混合法的生产原理。

表 3-1　各种催化剂制法举例

制备方法	举　例
沉淀法	乙烯氧氯化制二氯乙烷催化剂
浸渍法	丙烯氨氧化催化剂
混合法	氧化铁、氧化铬-氧化碳变换催化剂
离子交换法	沸石分子筛催化剂
热熔融法	合成氨铁催化剂
喷涂法	萘氧化制苯酐用钒催化剂
化学键合法	氢甲酰化法合成高级醇催化剂

沉淀法、浸渍法和混合法这三种工艺基本上都包括：原料预处理、活性组分制备、热处理及成型等四个主要过程。选用的主要单元操作有：研磨、沉淀、浸渍、还原、分离、干燥、焙烧等。单元操作的安排和每一步骤的操作条件对成品催化剂的性能

都有显著影响。

催化剂制备工艺路线的选择通常在实验室中进行。有些催化剂可采用多种工艺路线制取，所得产品的化学组成虽然相同，而物化性质和催化性能却可能会产生很大差别。一种在流程图上看来似乎很优越的生产方法，在实际生产中也许会遇到很多意想不到的问题，因而生产方法的选择不能单纯以减少生产步骤为基准，而需要在制备规模逐级放大的过程中找出能满足催化性能要求而又尽量经济、简单的生产工艺。

国外多数催化剂生产企业都设有设备完善的催化剂实验室，用于决定催化剂的制备工艺，研究催化剂配方中各个参数对成品性能的影响，进行过程工艺实验并制备少量催化剂样品供用户评价和试用。

实验室的研究结果在正式用于生产前，通常还需经过耗时的逐级放大过程，为工业生产提供设计数据，解决生产设备的选型和材质问题，并确定生产操作方法和测试控制项目。每一单元操作的逐级放大倍数不一定完全一致，某些关键性制备步骤的放大倍数宜小一些，有利于暴露和发现问题，但对于某些通用的单元操作，如洗涤、干燥等的放大倍数就可取大一些。

催化剂的生产规模一般视需要量和催化剂制备工艺的不同而不同。沉淀法的处理量宜大一些才能进行过滤等操作，混合法的处理量则视定型设备的能力而定。

3-3 催化剂生产原料的选择和规格的确定

选择及开发催化剂必须考虑金属资源及价格，铁、铝等广泛应用的金属是不成为问题的，而选用稀有金属、贵金属及有战略意义的矿产资源时就需慎重考虑。如在 C_1 化学涉及的一些工艺中，用 Rh 催化剂可能性很大。在羰基合成工艺中采用 Rh 催化剂代替 Co 的趋势在增多，而 Rh 的世界产量极少。如 C_1 化学普遍开发，Rh 的资源问题就不得不加以考虑。除了在催化剂配方中尽量降低 Rh 使用比例外，还应考虑催化剂使用后进行 Rh 的回收。

生产选用的原材料对决定生产路线起着重要作用。在明确了原料中杂质影响的前提下应尽可能选用供应充足和价格便宜并无毒的物质作原料。原料选用时也要考虑到使净化方法尽量简化。为了降低成本，应尽量采用工业原料或一般化学试剂。

沉淀法和浸渍法的原料大多为水溶性好的盐类。盐的阴离子或阳离子要易于用洗涤或热分解操作除去。常用的盐类有碳酸盐、硝酸盐、醋酸盐、草酸盐、铵盐及钠盐等。有些催化剂也选用硫酸盐或氯化物为原料。使用硝酸盐时应考虑到除去烟道气中 NO_x 的措施，而以氯化物或硫酸盐作原料时，大量洗涤水中的 SO_4^{2-} 和 Cl^- 必须在污水处理前除去。

制备金属催化剂的原料选择时，除应考虑到盐类的溶解度、溶液的稳定性外，还应顾及盐类的可还原性和在下一步的干燥、焙烧等操作中的迁移性等问题。

催化剂生产中原料规格的确定要慎重考察，原料规格一般需经过多年对杂质影响的研究才能确定，在原料来源有变化时必须进行生产前的检验工作。例如，早期生产的 CO 低温变换催化剂（$CuO/ZnO/Al_2O_3$），原料规格中只规定了原料 Cu 的纯度在 99.5%以上，但后来发现活性下降的原因是有些原料的含铅量高于 0.05%之故，所以以后又增加了含铅量 $<0.05\%$ 的指标才使催化剂的性能稳定。

在实验室进行催化剂筛选时，通常就应对选择原料进行技术经济评价。例如，活性氧化铝很早以来就用作催化剂载体及脱水催化剂。制备 Al_2O_3 需采用含铝原料，经与 NaOH 溶液或氨水反应生成水合氧化铝沉淀，再焙烧脱水制得产品。采用的铝盐有 $Al_2(SO_4)_3 \cdot 18H_2O$、$Al(NO_3)_3 \cdot 9H_2O$ 及 $AlCl_3 \cdot 6H_2O$。从化学组成看，只有 Al^{3+} 及 OH^- 是对产品有贡献的，而 SO_4^{2-}、NO_3^-、

Cl^-等离子则是不必要的，需在生产过程中用水洗净或经焙烧除去。因 NO_3^- 盐易溶于水，易被水洗净，而且在不太高的温度下焙烧即可除去，所以，由于节省费用而常为催化剂生产所选用。用 $AlCl_3 \cdot 6H_2O$ 为原料制得的 Al_2O_3 用作铂重整催化剂载体，由于遗留部分 Cl^- 于载体中，而有利于重整反应，其催化活性高于以 $Al(NO_3)_3 \cdot 9H_2O$ 为原料者。用 $Al_2(SO_4)_3 \cdot 18H_2O$ 为原料制得的 Al_2O_3 载体用来制作 Ni-Mo/Al_2O_3 加氢脱硫催化剂，其价格要比用其他两种铝盐为原料便宜得多，而活性并无逊色。

无论是沉淀法还是浸渍法制备催化剂，都需事先制取原料溶液，生产上对盐类溶解操作的要求是：盐类的溶解应尽量完全，以提高原料利用率；溶液浓度应尽可能高，以减轻设备负荷及输送动力费用；溶解速度应尽量快，以提高设备利用率。一般采用加温或强制搅拌等措施可以达到上述要求。

3-4 沉淀法生产催化剂

工业上几乎所有固体催化剂在制备时都离不开沉淀操作，它们大都是在金属盐的水溶液中加入沉淀剂，从而制成水合氧化物或难溶或微溶的金属盐类的结晶或凝胶，从溶液中沉淀、分离，再经洗涤、干燥、焙烧等工序处理后制成。即使是浸渍法制备的负载型催化剂，在其生产过程中也会使用沉淀操作。

3-4-1 沉淀法生产催化剂的基本原理

所谓沉淀是指一种化学反应过程，在过程进行中参加反应的离子或分子彼此结合，生成沉淀物从溶液中分离出来。沉淀有晶形和非晶形之分。晶形又可分为粗晶形和细晶形两种。一般沉淀过程很复杂，有许多副反应发生，生成沉淀是晶形还是非晶形，决定于沉淀过程的聚集速率及定向速率。所谓聚集速率是指溶液中加入沉淀剂而使离子浓度乘积超过溶度积时，离子聚集起来生成微小晶核的速率。定向速率是离子按一定晶格排列在晶核上形成晶体的速率。如果聚集速率大而定向速率小，将得到非晶形沉淀；反之，如果定向速率大而聚集速率小，就得到晶形沉淀。

聚集速率主要由沉淀条件所决定，其中最重要的是溶液的过饱和度。当加入沉淀剂后，溶液中沉淀物质过饱和度越大，则聚集速率越大。当细晶沉淀物质从浓溶液中析出时，由于溶液中过饱和程度很大，聚集速率超过定向速率，就会得到非晶形沉淀。由此可知，要想获得粗大的晶体，在沉淀反应开始时，溶液中沉淀物质的过饱和度不应太大。而沉淀反应进行时，应维持适当的过饱和度。

定向速率主要决定于沉淀物质的本性，极性较强的盐类一般具有较大的定向速率，因此常生成晶形沉淀，如 $NiCO_3$、$MgNH_4PO_4$ 都有较大的定向速度，容易形成晶形沉淀。在适当的沉淀条件下，溶解度较大的，就易形成粗晶形，溶解度小的常形成细晶形。

某些金属氢氧化物和硫化物沉淀大都不易形成晶形，尤其是高价金属离子的氢氧化物，如氢氧化铝、氢氧化铁等。它们结合的 OH^- 越多，越难定向排列，很易形成大量晶核，以致水合离子来不及脱水就发生聚集，形成质地疏松、体积较大的非晶形或胶状沉淀。二价金属离子（Mg^{2+}、Cd^{2+} 等）的氢氧化物由于 OH^- 较少，如果条件适宜，还可形成晶形沉淀。同一金属离子硫化物的溶解度一般都比氢氧化物小，因此硫化物的聚集速率很大，定向速率很小，即使是二价金属离子的硫化物，也大多数是非晶形或胶状沉淀。

在生产催化剂时，应根据催化剂性能对结构的不同要求，注意控制沉淀类型及晶粒大小，以得到预定组成和结构的沉淀物。

晶形沉淀和非晶形沉淀的条件在许多方面是不同的，根据催化剂表面结构、杂质含量、机械强度等要求的不同，有些参数要通过晶形沉淀来达到，也有的性能只有通过非晶形沉淀才能满足，所以要根据具体情况来选择沉淀条件。

一般来说，形成晶形沉淀的条件如下。

（1）沉淀作用应在适当的稀溶液中进行。这样使沉淀作用开始时溶液的过饱和度不至于过大，可以使晶核生成速率降低，有利于晶体长大，但溶液也不宜太稀，以免增加沉淀物的溶解损失。

（2）沉淀剂应在不断搅拌下缓慢地加入，使沉淀作用开始时过饱和程度不太大而又能维持适当的过饱和，避免发生局部过浓，生成大量晶核。

（3）沉淀应在热溶液中进行，这样可使沉淀的溶解度增大，过饱和度相对降低，有利于晶体成长。此外，温度越高，吸附杂质越少，沉淀也可以纯净些。

（4）沉淀作用结束后应经过老化。沉淀在其形成之后发生的一切不可逆变化称为沉淀的老化。这些变化主要是结构变化和组成变化。老化作用可使微小的晶体溶解，粗大的晶体长大。老化是将沉淀物与母液一起放置一段时间。经过老化后沉淀不但变得颗粒粗大易于过滤，而且使表面吸附现象减少，使沉淀物中的杂质容易洗涤掉，结晶形状变得更为完善。

形成非晶形沉淀的条件如下。

（1）沉淀作用应在较浓的溶液中进行，在不断搅拌下，迅速加入沉淀剂，这样可获得比较紧密凝聚的沉淀，而不至于成为胶体溶液。

（2）沉淀应在热溶液中进行，可使沉淀比较紧密，减少吸附现象。沉淀析出后，用较大量热水稀释，减少杂质在溶液中的浓度，使部分被吸附的杂质转入溶液。

（3）为防止生成胶体溶液，应在溶液中加入适当的电解质。

（4）沉淀结束后一般不宜老化，而应立即过滤，以防沉淀进一步凝聚，使原来沉淀在表面上的杂质更不易洗掉。但有些产品也可加热水放置老化，以制取特殊结构的沉淀。如生产活性氧化铝时，先制取无定形沉淀，再根据需要选择不同老化条件生成不同类型的水合氧化铝。

3-4-2 沉淀剂的选择

工业催化剂生产时，采用什么沉淀反应和选择什么样的沉淀剂，首先必须保证催化剂性能要求，同时还应能满足技术经济要求。在选择沉淀剂时应考虑以下几个方面。

(1) 尽可能选用易分解并含易挥发成分的物质作沉淀剂。常用的沉淀剂有碱类(氢氧化钠、氢氧化钾等)、尿素、氨气、氨水、铵盐(碳酸铵、碳酸氢铵、硫酸铵、草酸铵等)、二氧化碳、碳酸盐(碳酸钠、碳酸钾、碳酸氢钠等)等等。其中碳酸钠及氢氧化钠是较为通用的沉淀剂。这些沉淀剂的各个成分，在沉淀反应结束后，经过洗涤、干燥或焙烧时，有的可以被洗去(如 Na^+ 离子)，有的可转化为挥发性气体(如 CO_2 气体)而逸出，一般不会遗留在催化剂中。

(2) 在保证催化剂活性的基础上，形成的沉淀物必须便于过滤和洗涤。粗晶形沉淀带入的杂质少，便于过滤和洗涤。例如用 OH^- 沉淀 Fe^{2+} 时，生成的 $Fe(OH)_2$ 颗粒细，可使催化剂活性提高，但颗粒过细，就难以过滤及洗涤。而用 CO_3^{2-} 沉淀 Fe^{2+} 时，所得 $FeCO_3$ 颗粒较粗，便于过滤洗涤，但所得催化剂活性却有所下降。

(3) 沉淀剂本身溶解度要大，这就可以提高阴离子浓度，使金属离子沉淀完全。溶解度大的沉淀剂，可能被沉淀物吸附的量较少，也容易被洗脱。

(4) 沉淀物的溶解度要小，使原料得以充分利用，这对镍、银等价格较高的金属更显重要。而且沉淀物溶解度越少，沉淀反应越完全。

(5) 尽可能不带入不溶性杂质，以减少后处理工序。沉淀剂应该无毒，避免造成环境污染。

3-4-3 沉淀法制造催化剂的工艺过程

沉淀法生产催化剂包括原料金属盐溶液配制、中和沉淀、过滤、洗涤、干燥、焙烧、粉碎、混合和成型等工艺过程，如图 3-1所示。

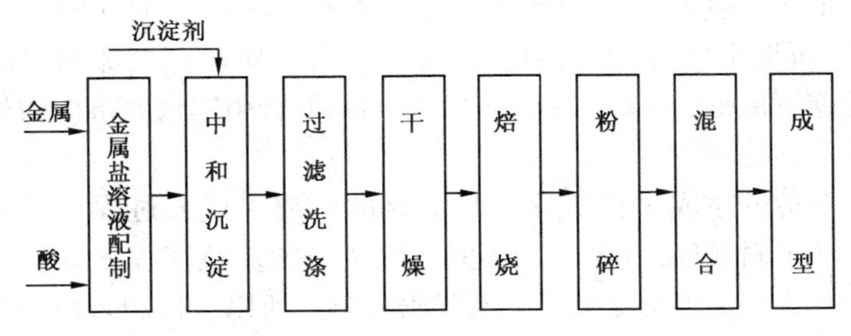

图 3-1　沉淀法制造催化剂的工艺过程示意图

1. 金属盐类溶液的配制

催化剂生产常用金属作为原料，需将金属溶解制成溶液。除在实验室或少量生产场合，采用已制成的金属硝酸盐、硫酸盐外，一般盐类，特别是有色金属盐类，大多用酸溶解金属和金属氧化物制取。由于硝酸盐易溶于水，并且在后工序易于除去，不影响催化剂质量，所以多用硝酸溶解金属。

硫酸价格虽比硝酸便宜，但硫酸根易被催化剂溶液中的沉淀物及盐类吸附而不易洗净，而且有些化工工艺过程不允许催化剂本身含硫量高，以防催化剂发生不可逆中毒。盐酸和金属生成的卤化物，除特殊用途以外(如 $TiCl_3$ 催化剂)，大部分催化剂都不应有氯根(Cl^-)。所以，工业上用沉淀法制取催化剂，大多数采用硝酸溶解金属，容易制得高纯度的催化剂。

由于硝酸的腐蚀性，溶解通常在不锈钢制作的溶解槽中进行。溶解过程会产生大量氧化氮气体，对人体有害，因此要求溶解槽尽量密闭，并装有排气管。

配制金属盐类溶液时要掌握溶液的浓度。浓度过稀，有些沉淀物溶解于水的量就会增加，而且生产设备的体积相应加大，经济上不合算；浓度过高，不但会增加杂质的吸留，不易洗净，而且会影响催化剂的活性。

2. 中和沉淀

金属盐溶液配制好后，下一步工序就是中和沉淀，它是催化剂制备的通用单元操作，在分散催化剂的不同组分中起着重要作用。催化剂生产采用的各种沉淀技术有：①沉淀剂加到金属盐(需要沉淀组分)溶液的直接沉淀法；②金属盐溶液加到沉淀剂中的逆沉淀法；③二种或多种溶液同时混合引起快速沉淀的超均相共沉淀法。

沉淀的生成过程实质上是晶核的形成和成长过程。沉淀条件，如加料顺序、温度、pH值、溶液浓度及搅拌程度等对催化剂的结构性能或化学组成均有显著影响。所以，控制条件是否选择适当，都会使催化剂的表面结构、热稳定性、选择性、机械强度及成型性能发生很大差别。

(1) 加料顺序　中和沉淀时的加料顺序可分为“顺加法”“逆加法”和“并加法”三种。把沉淀剂加到金属盐溶液中称为“顺加法”；把金属盐溶液加到沉淀剂中称为“逆加法”；把沉淀剂及金属盐溶液同时按比例加到沉淀槽中称为“并加法”。

加料顺序是影响沉淀物结构和颗粒分布的重要因素。例如，把沉淀剂 NaOH 溶液加到悬浮着硅藻土的硝酸铜溶液中所得成品的比表面积为 $27m^2/g$，但若将硝酸铜溶液加到 NaOH 溶液中，则比表面积可达到 $110m^2/g$。

用“顺加法”中和沉淀时，由于几种金属盐溶液的溶度积不同，就要分层先后沉淀；而用“逆加法”沉淀时，则在整个沉淀过程中pH值是一变值。为了避免上述两类情况，工业上可用“并加法”，将盐溶液及沉淀剂分放在高位槽中，在充分搅拌下按比例同时放入中和槽中，保持pH值恒定下产生沉淀。

(2) 沉淀pH值　由于经常选用碱性或酸性物质作沉淀剂，所以pH值的影响特别显著。pH的改变可使晶粒的大小与排列方式及结晶完全度不同，从而使成品催化剂的比表面积和孔结构有很大差别。制备 Al_2O_3 时pH值的影响就是最突出的例子，在同样制备条件下，pH值不同，所得产品的晶相就会有显著差别。表3-2示出了生产活性氧化铝时，沉淀pH值与晶体结构的关系。

表 3-2 生产活性氧化铝时沉淀 pH 值和晶体结构的关系

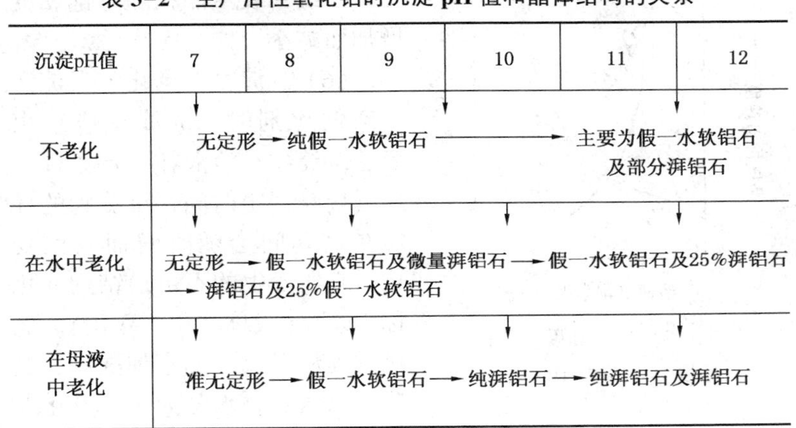

沉淀pH值	7	8	9	10	11	12
不老化	无定形→纯假一水软铝石————→主要为假一水软铝石及部分湃铝石					
在水中老化	无定形→假一水软铝石及微量湃铝石→假一水软铝石及25%湃铝石→湃铝石及25%假一水软铝石					
在母液中老化	准无定形→假一水软铝石→纯湃铝石→纯湃铝石及湃铝石					

（3）沉淀温度　沉淀时的温度不同，所得沉淀物的结合状态也不一样。低温沉淀并增加过饱和度有利于晶核生成，这时会形成晶核极细的沉淀，所得产品粒子堆积密度大，成型后强度高。当溶液中溶质数量一定时，沉淀温度升高会使过饱和度降低，从而使晶核生成速度减少，不利于沉淀进行。

不同沉淀温度会获得不同产品，在制备活性氧化铝例子中也是十分明显的。例如，在使 CO_2 通入偏铝酸钠溶液制备沉淀时，低于 40℃时生成湃铝石，高于 40℃时则生成三水铝石。

（4）搅拌速度　沉淀时提高搅拌速度有利于晶核生成。因为从热力学角度来看，这些动能能供应形成新相所需的能量，因而促进晶核成长。但速度过高时，这种影响就会减少。

（5）溶液浓度　在溶液中生成沉淀的过程是固体(即沉淀物)溶解的逆过程，当溶解同生成沉淀的速度达到平衡时，溶液达到饱和状态，溶液中开始生成沉淀的首要条件之一是其浓度超过过饱和浓度。溶液浓度提高，即过饱和度增大有利于晶核生成。图 3-2 示出了这种关系，图中曲线 1 表示晶核析出速度与溶液过饱和度的关系，晶核析出速度随过饱和度增加而急剧增大。曲线 2 表示晶粒成长速度随过饱和度增加缓慢增大的情况。

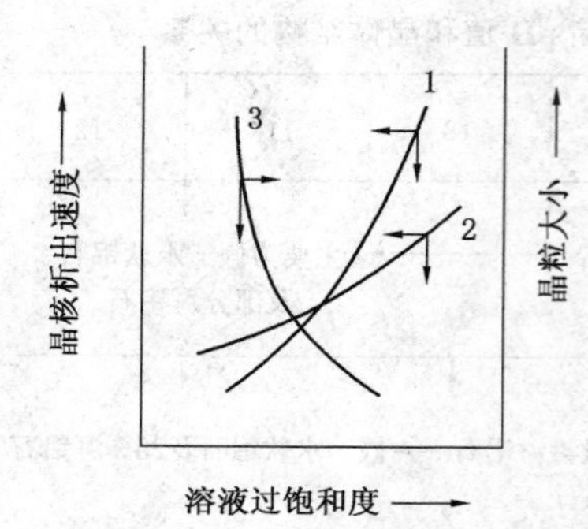

图 3-2　过饱和度与结晶速度、晶粒大小的关系

曲线 3 表示晶粒随过饱和度增加而减小。

(6) 沉淀物的老化　沉淀法生产催化剂时，沉淀反应结束后，沉淀物与溶液在一定条件下还需接触一定时间，沉淀物的性质在这期间会随时间而发生变化，它所发生的不可逆结构变化称为老化(或称陈化、熟化)。老化过程从形成沉淀直到洗涤、过滤、以致除去水分为止，老化期间发生的变化主要有晶粒成长、晶形完善及凝胶脱水收缩。用沉淀法生产活性氧化铝时，沉淀新生成的水合氧化铝通常是无定形的，有较高的水合度，易被稀酸和水胶溶，对阴离子吸附能力很强，给出一个模糊的 X 射线衍射图。新生成的水合氧化铝在室温下经放置老化后，逐渐失水，溶解度、胶溶性及吸附能力都降低，给出细而明显的 X 射线衍射图，这是由于晶粒长大和晶形转变所致。可见控制老化条件可使沉淀更完善。

3. 过滤及洗涤

在制备催化剂及载体时，一般对杂质离子的含量要进行一定的限制，因为，即使很少量的杂质离子也会影响制得催化剂的性质。在实际生产过程中，往往由于经济或其他原因，在制备催化剂的原料中不可避免地会带进杂质离子，这时就需用过滤及洗涤方法除去沉淀物中的杂质离子。

中和液过滤可使沉淀物与水分离，同时除去硝酸根(NO_3^-)、硫酸根(SO_4^{2-})、氯根(Cl^-)、铵(NH_4^+)及钠(Na^+)、钾(K^+)。酸根与沉淀剂中的 K^+、Na^+、NH_4^+ 生成的盐类都溶解于水，在过滤时可大部分除掉。过滤后的滤饼仍含有 60%～90%的水分，这些水分中仍含部分盐类，因此，对过滤后的滤饼还必须进行洗涤。

洗涤过程实际上是老化过程的继续，所以选择洗涤温度和洗涤液时不仅要考虑使杂质离子能很快除去，而且还要兼顾对沉淀物性质的影响。

洗涤看起来简单，但涉及范围也很广，尤其是洗涤液的选择对于洗涤过程还是很重要的。洗涤液常选用蒸馏水或去离子水。在某些情况下经实验证明无不良影响时，也可采用自来水或软水来洗涤。一般情况下，可根据下述情况来选择洗涤液。

(1) 对于溶解度较大的沉淀，最好用沉淀剂的稀溶液来洗涤，以减少沉淀物因溶解而造成的损失。

(2) 溶解度很小的非晶形沉淀，一般用含电解质的稀溶液洗涤，这样可避免非晶形沉淀在洗涤过程中又分散成胶体。

(3) 沉淀的溶解度很小而且又不易生成胶体时，可以用去离子水或蒸馏水洗涤。

(4) 热洗涤液容易将沉淀洗净，但热洗涤液中沉淀损失也较多，所以只适用于溶解度很小的非晶形沉淀。

4. 干燥及焙烧

经洗涤、过滤后的滤饼，含水率一般为60%~90%，需进行加热干燥。干燥是滤饼的脱水过程，水分从沉淀物内部借扩散作用而到达表面，再从表面借热能汽化而脱除掉，催化剂的部分孔结构也就在这时候形成。催化剂生产用干燥设备有：箱式干燥器、履带式干燥器、耙式干燥器、回转式干燥器、喷雾干燥器等。干燥温度一般在100~160℃之间。干燥设备类型、加料体积对干燥器体积的比例、干燥空气循环速度，干燥器中水蒸气分压、干燥器内温度分布以及干燥物料厚度等都会对干燥结果产生影响。由于物料性质，结构及周围介质不同，干燥机理也不一样，所以产品的孔结构形成也就不完全相同。因此在选择干燥设备类型及操作条件时一定要结合干燥物料的性质加以选择。

焙烧是催化剂的热处理过程，焙烧的目的可归纳为：

(1) 通过热分解反应除去物料的易挥发组分(如 NO_2、CO_2、

NH_3 等）及化学结合水，使之转化为所需的化学成分，形成稳定的结构。

（2）通过焙烧时发生的再结晶过程，使催化剂获得一定的晶形、晶粒大小和孔结构。

（3）通过微晶适当烧结，提高机械强度。

目前常用的焙烧方式有厢式、带式、圆筒式、转筒式及隧道窑式等。

焙烧方式、焙烧条件以及物料不同，使焙烧结果有明显差异。制备活性氧化铝时，不同焙烧温度下的晶相转变是颇有代表性的例子：

$$\alpha \cdot Al_2O_3 \cdot 3H_2O \xrightarrow{300^{\circ}C} x\text{-}Al_2O_3 \xrightarrow{900^{\circ}C} k\text{-}Al_2O_3 \xrightarrow{1100^{\circ}C} \alpha\text{-}Al_2O_3$$

$$\downarrow$$

$$\alpha \cdot Al_2O_3 \cdot H_2O \xrightarrow{500^{\circ}C} \gamma - Al_2O_3 \xrightarrow{800^{\circ}C} \begin{cases} \delta - Al_2O_3 \\ \theta - Al_2O_3 \xrightarrow{1100^{\circ}C} \alpha - Al_2O_3 \end{cases}$$

一般来讲，催化剂焙烧温度不宜太高，这样有利于提高催化剂活性，但温度过低会失去催化剂的热处理作用，使催化剂性能不稳定。工业上，催化剂的焙烧温度以低于经常操作温度为佳，但也有些催化剂，如烃类蒸气转化催化剂、分子筛催化剂等都是在较高温度下焙烧。

经过焙烧后的催化剂，相当一部分是以高价的氧化物形态存在，尚未具备催化活性，还必须用氢气或其他还原性气体还原成活泼的金属或低价氧化物，对一些加氢或脱氢反应用催化剂尤是如此。由于催化剂一经还原后，在使用前不应再暴露于空气中，以免剧烈氧化引起着火或失活，因此还原通常在催化剂使用厂进行，还原操作正确与否，将对催化剂使用性能有非常大的影响，所以催化剂生产厂应对用户提供详细的还原操作条件。近来，为了采用更有利的还原条件，也有在催化剂生产工厂内进行还原，还原后的催化剂在惰性气体中钝化后再运往用户。

5. 催化剂成型

成型也是催化剂生产过程的重要步骤之一，它对催化剂的机械强度、耐磨性、孔结构及表面纹理等都有很大影响。

目前，工业上常用的反应器有四种类型：固定床，流化床、悬浮床及移动床。催化剂成型颗粒的形状及大小，一般是根据制备催化剂的原料性质及工业生产所用反应器要求确定的。催化剂形态不仅对反应器压力降有影响，而且对反应物和产物的扩散速度影响很大。如固定床反应器常采用片状、球状及圆柱状等各种形状催化剂。催化剂成型目的，除了提高机械强度外，还在于减少流体流动所产生的压力降、防止发生沟流、获得均匀的流体流动。流化床反应器常使用直径 20~150μm 或更大粒径的微球催化剂。无棱角的微球具有良好的流动性能并可降低催化剂流化所产生的磨耗。移动床所用催化剂的形状为小球状，容易不断移动。悬浮床反应器则要求催化剂颗粒在液体中容易悬浮循环流动，所以常采用微米级或毫米级的球形颗粒。

由此可见，催化剂的形状及尺寸是根据催化剂的实际需要选定的。一般在选择成型方法及机械时，首先应考虑下面这些因素：

(1) 原料种类　即对催化剂粉体原料的物理化学性质，如相对密度、黏度、挥发性、粒度分布、形状、硬度、含水率等性质预先应有所了解，以确定粉体的填充特性及成型形状。

(2) 成型产品的形状　如上所述，不同催化反应及反应装置，催化剂要求不同的形状和大小，因此要根据用途，确定成型产品的形状大小、抗压强度、耐磨性等。

(3) 添加剂种类　为了使成型物料具有流动性，增加聚集性和易于脱模，往往在粉体物料中加入适当粘结剂及润滑剂等添加剂，因此要了解添加剂的物理化学特性及操作工艺。

随着催化剂制备技术的进展，成型方法也有很大的发展，目前常用的成型方法有：压缩成型法、挤出成型法、转动造粒法、油中成型法及喷雾成型法等。

(1) 压缩成型法　这种成型方法主要采用压片机成型。压片机的主要机件是由一对上下冲头、一个冲模及供料装置组成，上下两个冲头可以承担较大的压力负荷，要成型的催化剂粉末由供料装置送入冲模，经冲压成型后被上升的下冲头排出。冲头借助凸轮作上下垂直运动。图 3-3为旋转式压片机的结构示意图。成型产品的形状取决于冲头及冲模的形状。对于圆柱形产品，冲头和冲模也制成圆柱形。控制进入冲模中物料的装填量和冲头的冲程可以调整颗粒的长径比，调整压力可以控制产品的相对密度和强度。

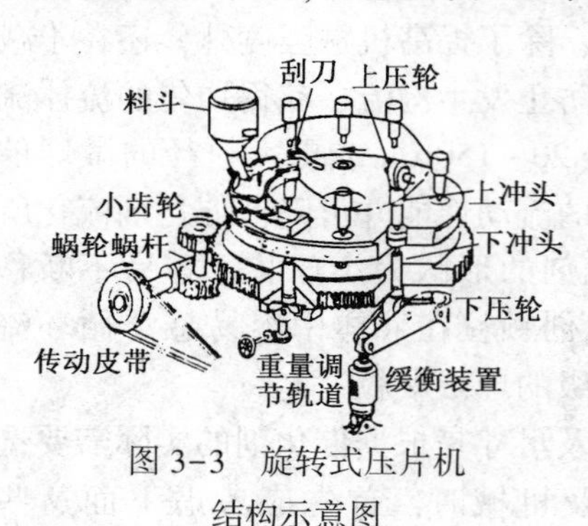

图 3-3　旋转式压片机结构示意图

压缩成型法的优点是：①成型产物粒径一致，质量均匀；②可以获得堆密度较高的产品，强度好，表面光滑；③可以采用干粉成型，或只添加少量粘结剂成型，减少干燥动力消耗。

这种方法的主要缺点是：①由于加压成型，即使使用润滑剂，压片机的冲头及冲横磨损仍较大；②每台机器的生产能力低，生产小颗粒催化剂尤其如此；③难以成型球形颗粒。

根据以上特点，压缩成型法常适用于高压、高流速等固定床反应用催化剂的成型。

(2) 挤出成型法　这种方法是将催化剂粉料和适量水分或成型助剂(如粘结剂、助挤剂等)，经充分混合和捏和后，然后将湿物料送至带有多孔模板的挤出机中，湿物料经挤出机构被挤压入模板的孔中，并以圆柱形或其他不规则形状的挤出物挤出，在模板外部离模面一定距离处装有刀片，将挤出物切断成适当长度。它能获得直径固定、长度范围较广的催化剂成型产品，是十分常用的催化剂成型方法。

常用的挤出机有活塞式及螺杆式两种类型。活塞式挤条机由圆筒体、活塞、多孔板及切割刀、传动机构等组成。成型用催化剂粉料先经碾和机碾和后，将膏状物放入圆筒中，在活塞推动下，通过具有一定直径的多孔板喷嘴挤出成细条状，再由割刀切成所需长度。操作中可边切割、边干燥，再在适宜温度下焙烧。

螺杆式挤条机由圆筒缸、螺杆、多孔板、加热或冷却夹套及传动机构等组成(图 3-4)。螺杆起着输送物料的作用，又起着对物料的加压作用，螺杆在回转时将粉料加压挤出。挤出物长度的控制，或者是简单地使挤出物挤出后自行断裂，或者装以高速旋转的刀具割下挤出物。常用的螺杆挤条机又可分为单螺杆及双螺杆型式。

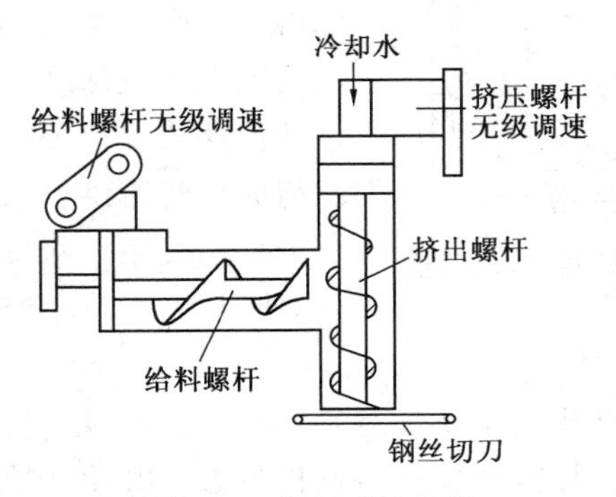

图 3-4 螺杆式挤条机

活塞式挤条机的成型操作一般是不连续的，而螺杆式挤条机不但操作连续，而且挤出物料结实、密度大。

与压缩成型法相比较，挤出成型法所得产品的机械强度低，断面角容易粉化。但它具有成型能力大，生产费用低的优点，通常在允许成型产品长度不齐的情况下，尤其在生产低压、低流速反应所用催化剂时比较适用，并能生产出压缩成型法难以生产的1~3mm 粒径的颗粒。挤出成型法常用于塑性好的胶泥状物料(如铝胶、硅胶，盐类和氢氧化物)的成型。

(3) 转动成型法 这种成型法是将催化剂粉料和适量水(或

粘结剂）送至转动的容器中，由于摩擦力和离心力的作用，容器中的物料时而被升举到容器上方，时而借重力作用而滚落到容器下方，这样通过不断滚动作用，润湿的物料互相粘附起来，逐渐长大成为球形颗粒。根据成型时所使用的容器形式不同，又有不同类型的转动成型机，它们的设备结构基本相同，都有一个倾斜转动盘，常见的有转盘式造粒机及荸荠式成球机。前者大都用于催化剂粉末成球，后者在分子筛生产中应用较广泛。无论哪种设备结构，它们都由球盘、调节转盘角度的操纵机构、调速电机及给料系统所组成。

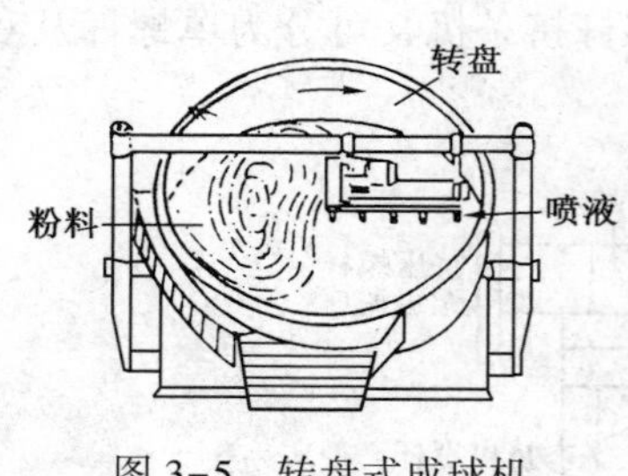

图 3-5　转盘式成球机

图 3-5 示出了转盘式成球机的结构示意图。转盘成球法所得球形产品的大小与转盘的倾斜角度、转盘深度、转动速度、粘结剂性质等有关。粉料所含水分与成型时所供给水分之间存在一个平衡关系，水分的调节和控制对颗粒大小及生产效率都有很大关系。

转盘式成球机的主要优点是：①操作直观，操作者可以直接观察成球情况，根据需要调节操作参数；②生产能力大，产品球形度好，外观较光滑，强度也较高；③成型产品可通过分级出料，所得产品粒度也较均匀。

这种成型机的主要缺点是：①操作粉尘较大，操作条件较差；②操作者的操作经验对产品质量有一定影响，特别是粘结剂的喷入位置及粉料加入位置要根据球成长情况加以调节。

（4）油中成型法　这是利用溶胶在适当的 pH 值和浓度下凝胶化的特性。把溶胶以小滴形式滴入矿物油等介质中，由于表面张力的作用而形成球滴，球滴凝胶化形成小球。将此凝胶小球老化后，再进行洗涤、干燥、焙烧等过程而制得产品。图 3-6 示出了油中成型法工艺示意图。

油中成型法由于利用凝胶化的特性，所以它只对具有凝胶性质的铝胶、硅胶及硅铝胶等一些特殊物料才适用。用这种方法制得的微球产品粒度为 50～500μm，小球的粒度可为 2～5mm。

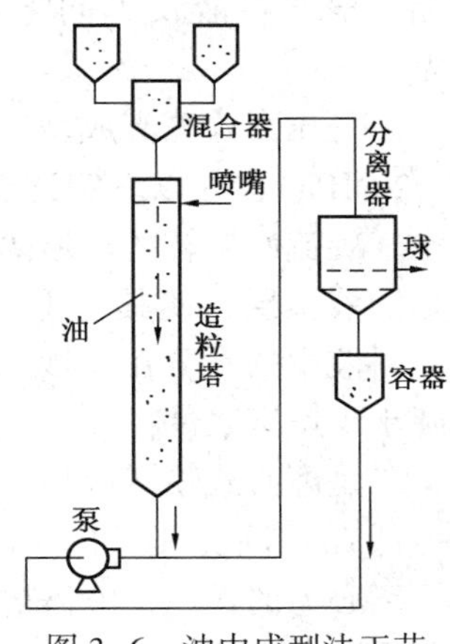

图 3-6　油中成型法工艺示意图

（5）喷雾成型法　喷雾成型是利用喷雾干燥原理进行催化剂成型的一种方法。喷雾干燥是喷雾与干燥两者密切结合的工艺过程。所谓喷雾，是原料浆液通过雾化器的作用喷洒成极细小的雾状液滴。干燥，则是由于热空气同雾滴均匀混合后，通过热交换和质交换使水分蒸发的过程。

喷雾成型主要包括空气加热系统、料液雾化及干燥系统，成型产品收集及气固分离系统。图 3-7 示出了喷雾成型的工艺过程。由送风机 1 送入的空气经热风燃烧炉 2 加热后作为干燥介质送入喷雾成型塔 4 中，需要喷雾成型的浆液由泵 9 送至雾化器 3，雾化液与进入塔中的热风接触后水分迅速蒸发，经干燥后形成粉状或颗粒成品。废气及较细的成品在旋风分离器 5 中得到分离，最后由抽风机 7 将废气排出。主要成型产品由喷雾成型。塔下部收集，而较细的成品则由旋风分离器下部的集料斗 6 收集。

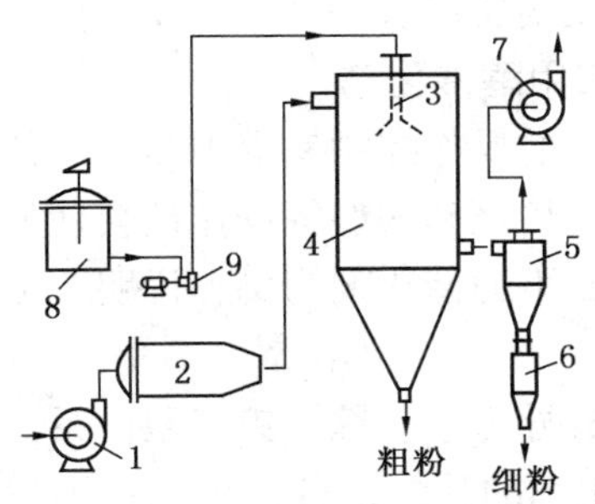

图 3-7　喷雾成型工艺过程

1—送风机；2—热风炉；3—雾化器；4—喷雾成型塔；5—旋风分离器；6—集料斗；7—抽风机；8—浆液罐，9—送料泵

喷雾成型是采用雾化器将催化剂料液分散成雾滴，并用热风干燥雾滴而成型为微球状

产品。根据料液及不同雾化方式可将喷雾成型分为下面几种类型。

一是压力式喷雾成型。这是利用高压泵使料液具有很高压力(2~20MPa)，并以一定速度沿切线方向进入喷嘴旋转室，形成绕空气旋流心旋转的环形薄膜，然后再从喷嘴喷出，生成空心圆锥形的液雾层，使其与干燥室中的热空气接触。由于蒸发面积大，料液中的水分在几秒钟内蒸发，而其中溶质则成为干物料而沉降于干燥室底部。

二是离心式喷雾成型。这是将有一定压力(较压力式的料液压力低)的料液，送到5000~20000r/min的高速旋转的圆盘上，由于离心力的作用，液体被拉成薄膜，并从盘的边缘抛出形成雾滴，雾滴再与热空气接触。

三是气流式喷雾成型。这是利用速度为200~300m/s的高速压缩气流对速度不超过2m/s的料液流的摩擦分裂作用，达到雾化料液的目的。雾化用压缩空气的压力一般为203~709kPa。

压力式喷雾成型适于生产颗粒粗大的微球产品；离心式喷雾成型常用于粒度分布均匀的细颗粒微球产品；气流式喷雾成型由于动力消耗大，一般适用于小型或实验室设备。

3-4-4 沉淀法制造低压合成甲醇催化剂

由上可知，沉淀法制造催化剂的操作控制参数很多，即使在沉淀生成后，洗涤、干燥、老化、焙烧和成型等操作还会使催化剂结构发生变化。下面用低压合成甲醇催化剂为例，说明沉淀法生产催化剂的具体过程(图3-8)。

低压合成甲醇催化剂的基本成分为铜、锌、铝三元体系，其配比约为6∶3∶1。其中铜是催化剂的活性组分，氧化锌不仅具有一定的催化活性，而且可为活性组分提供较大的表面，使铜能很好地分散，但催化剂仅为铜和锌时，耐热性较差，添加第三组分氧化铝就可改善耐热性。

由硝酸铜、硝酸锌组成的混合金属硝酸盐和碳酸钠进行共沉

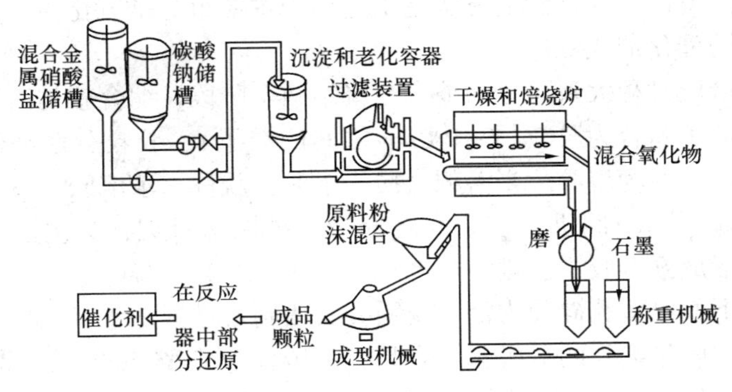

图 3-8　沉淀法生产低压合成甲醇催化剂

淀，生产的关键步骤是沉淀和老化。在这过程中，两种高浓度的盐类溶液快速混合为不溶性产品，然后沉淀为细粉状具有高比表面积的铜的碱式碳酸盐。

沉淀条件对催化剂粒子大小及活性影响很大，尤其是 pH 值的影响更为突出。pH 值大，结晶粒子大，催化剂热稳定性好；pH 值小，结晶粒子小，且造成催化剂洗涤困难。当 pH>9 时，碱式碳酸铜则发生部分溶解。

沉淀经过滤、洗涤后于 100℃下烘干，再经 300～350℃焙烧，成型时加入 2%石墨作润滑剂。CuO 的还原在反应器中进行，最后制得 Cu 的微晶约为 8nm 的 $CuO-ZnO-Al_2O_3$ 催化剂。

3-5　凝胶法生产催化剂或载体

凝胶法是沉淀法制造催化剂的特殊例子。凝胶与沉淀在化学上是密切相关的过程。但在产品的物理性质上则有很大区别。沉淀过程中所得到的是晶形沉淀。凝胶则是一种体积庞大，疏松、含水很多的非晶形沉淀，它实际上是一些胶体粒子互相凝结、固化而形成的立体网络结构，经脱水后就可得到多孔性大表面积的固体。所以，这种制造方法特别适用于主要组分是氧化铝或二氧化硅的催化剂或载体。

凝胶过程大致可分为缩合与凝结两个阶段。缩合就是溶质分子或离子缩合为胶粒(1~100nm之间的粒子)，胶粒分散在溶剂介质中，称为溶胶。当溶剂介质为水时，就称为水溶胶。凝结就是胶粒(溶胶)间进一步合并转变为三维网络骨架，失去了流动性，形成湿凝胶，它进一步老化、干燥转变为干凝胶。

下面以多孔硅胶为例，说明凝胶法制备过程。

硅胶是熟知的无机化学产品，由于具有某些特殊性质，如耐酸性、较高耐热性(可在500~600℃下长期反应)、较好的耐磨强度以及较低的表面酸性(可降低某些反应的结焦)，已广泛用作工业催化剂及载体。

图3-9给出了生产多孔硅胶的流程示意图。起始原料是硫酸及水玻璃。将一定浓度的硫酸及水玻璃以并流方式加至沉淀罐，并控制好加料速度及凝胶时的pH值。凝胶经老化后，用温水洗去Na^+及SO_4^{2-}。洗净的水凝胶用稀氨水浸泡以降低胶粒的亲水性。然后在一定温度下快速干燥，最后经焙烧制得干凝胶产品。

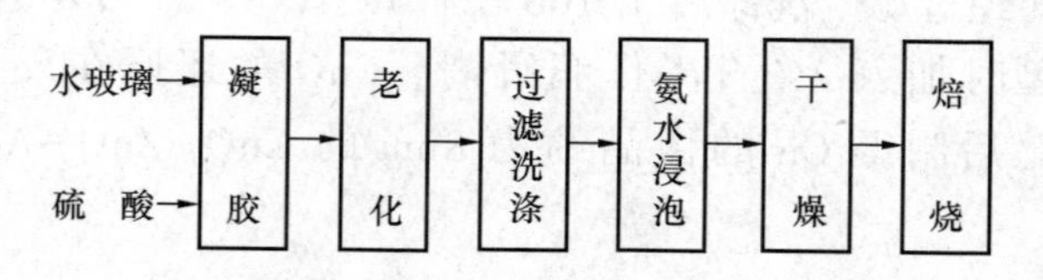

图3-9　多孔硅胶生产工艺示意图

正如3-4-3节所述，凝胶法制得的产品结构特征受各种制备条件所影响。如沉淀搅拌速度、温度、pH值、洗涤及干燥条件、焙烧温度等都会影响硅胶基本粒子的大小。其中以pH值影响尤为显著。如在pH<7的条件下发生胶凝，硅酸的缩合速度很慢，SiO_2的胶束很小，形成的基本粒子细小，无数细孔就形成了高的比表面积(可达$800m^2/g$)。而在pH值为7~8条件下胶凝

时，缩合速度增加，SiO_2 胶束有的合并增大，有的消失，产生较大的基本粒子，结果是平均孔径及孔容增大，比表面积降低。一般通过调节各种制备条件，可方便地制得常规密度、低密度及高密度这三种硅胶。

3-6 浸渍法生产催化剂

3-6-1 浸渍法的一般工艺过程

在一种载体上浸渍一种或几种活性组分的技术，是生产负载型催化剂广为采用的方法。通常，将载体浸泡于含有活性组分的溶液中的操作称为浸渍。有时负载组分是以蒸气相方式浸渍载体，又称为蒸气相浸渍法。载体与活性组分接触一定时间后，再采用过滤、蒸发等方法将剩余的液体除去，活性组分就以离子或化合物的微晶方式负载在载体表面上，然后再经干燥、焙烧等后处理活化过程，制得最终催化剂产品。图 3-10 给出了粒状载体浸渍法的工艺流程示意图。它是先将载体制成一定形状(如球状、条状等)，然后进行浸渍、干燥等工艺，成品不需要再进行成型加工。

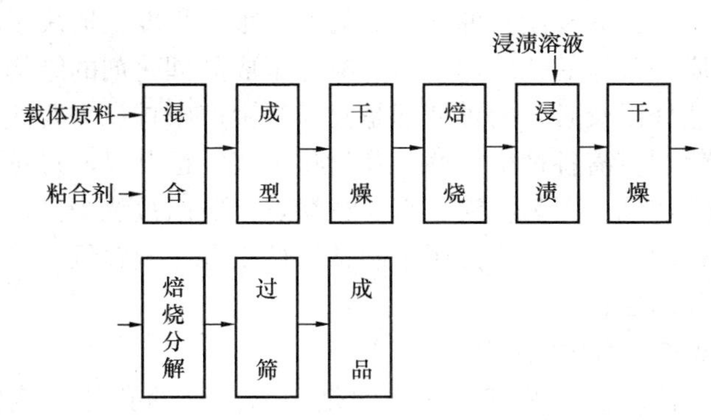

图 3-10 粒状载体浸渍法工艺流程示意图

多数情况下浸渍法并不是直接应用含活性组分本身的溶液来与载体浸渍，而是使用这种活性组分的易溶于溶剂的盐类或其他化合物的溶液，这些盐类或化合物负载在载体表面上以后，加热时就分解得到所需要的活性组分。所以浸渍法所用溶液中含活性组分的物质，应具有溶解度大、结构稳定且在焙烧时可以分解成稳定性化合物的特征。通常用硝酸盐、乙酸盐、草酸盐或铵盐等可分解的盐类来配制浸渍液。例如以 SiC 为载体的乙烯氧化用银催化剂，就是将一定浓度的 $AgNO_3$ 溶液浸渍在 SiC 上，再经干燥、焙烧分解制得 Ag_2O/SiC 催化剂。

有时为了节约原料，也可用难分解的盐作原料浸渍载体后，再用沉淀法使活性组分沉积在载体上。例如，制备催化裂化用硅酸铝催化剂时，可以先用硫酸铝溶液浸渍硅凝胶，然后加入氨水，使产生氢氧化铝沉积在硅凝胶上，再洗去 SO_4^{2-} 及 Na^+ 等杂质离子。

浸渍法通常包括载体预处理（抽空或干燥）、浸渍液配制、浸渍、除去过量液体、干燥及焙烧等步骤。从使用效果看，浸渍法的主要特点是：①它可以采用已成型好的载体，无需再进行以后的催化剂成型操作；②浸渍法能将一种或几种活性组分负载在载体上，活性组分系分布在载体表面上，活性组分的利用率较高，用量少，这对于使用像钯、铂等贵金属作活性组分时具有更显著的意义；③浸渍法催化剂的物性在很大程度上取决于所用载体的性质，载体的孔结构基本上决定了成品催化剂的结构，因而载体的选择以及必要的预处理是浸渍法生产中首先需要注意的事项。催化剂所需各种机械性能及物化性能，也可以通过选择合适的载体来达到。因为浸渍法有上述特点，所以被认为是一种比较简便可行的生产方法，常用于制备活性组分含量较低或需要较高机械强度的催化剂。

3-6-2 常用浸渍工艺

浸渍法的基本原理，一方面是因为载体的孔隙与液体接触时，由于表面作用而产生毛细管压力，使液体渗透到毛细管内部；另一方面是因为活性组分在载体表面上的吸附。根据这种原理，工业上常用的浸渍工艺有下述几种。

1. 湿法

这是一般所称的浸没法，是将事先处理好的载体浸渍于过量的活性组分溶液中，溶液吸足后将催化剂放入热空气中处理以使溶液蒸发及盐类分解。过量的浸渍液在严格控制溶液浓度恒定和防止载体污染的前提下仍可多次循环使用。这种方法容易生成泥浆状物质，催化剂上活性组分的最终浓度也不易精确控制，常用于载体是惰性物质的场合。

湿法浸渍间歇操作可在桶或盘中进行，连续生产时可采用带式浸渍机或螺旋式浸渍机。带式浸渍机的结构示意如图 3-11 所示。在不断循环运转的运输带上悬挂着由耐蚀材料制成的网篮。载体装在网篮中，随着运输带移动，网篮随之浸渍于盛有浸渍溶液的槽中。当网篮提起时，多余溶液就从网孔中流出，然后再由输送带直接送至隧道式干燥炉中进行干燥处理。

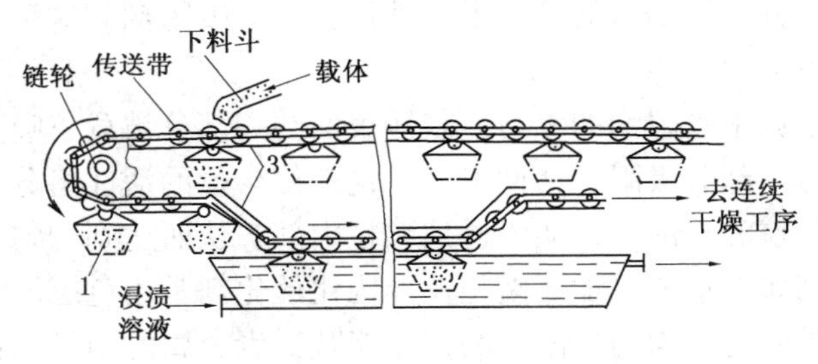

图 3-11　带式浸渍机

2. 干法

又称喷洒法或等体积吸附法。它是先将载体放在转鼓或捏合机中，然后将浸渍溶液不断喷洒到翻腾着的载体上进行浸渍。这种方法容易控制催化剂中活性组分的含量，又可免去多余浸渍液的过滤操作。干法生产的关键是喷洒溶液的质量(或体积)应等于载体完全润湿所需的溶液质量(或体积)。这一液固比可用简单的实验方法测得，也就是测定载体的吸水率，单位为 g/mL。方法是先将已称量好的一定量干燥载体放入锥形瓶中，在不断搅动下用微量滴定管往锥形瓶内逐渐滴水，当吸水达饱和时，载体失去流动性而呈粘附状，此即为终点。根据载体量和吸水率便可算出需要加入溶液的体积，再按活性组分的负载量配制所需浓度的溶液。

干法浸渍可用间歇或连续方式操作。当装有搅拌桨的捏合机中，两个螺旋桨按相反方向旋转时，一个方向可用于装料和浸渍，另一方向就可用于卸料。浸渍液可通过计量泵连续送入。

还有一种喷洒浸渍法，是将浸渍液直接喷洒到流化床中处于流化状态的载体上，它适合于制备微球流化床催化剂。控制不同工艺操作条件，在流化床内可依次完成浸渍、干燥、分解和活化过程，从而缩短生产周期，改善操作环境。

3. 色层浸渍法

又称竞争吸附法。此法是在浸渍液中加入与活性组分在载体上的吸附速度相同的第二组分，载体在吸附活性组分的同时也吸附第二组分。所加入的第二组分就称为竞争吸附剂。这种作用就叫作竞争吸附。

由于竞争吸附剂的参与，载体表面的一部分被竞争吸附剂所占据，另一部分吸附了活性组分。这就使少量的活性组分不只是分布在颗粒的外部，也能渗透到颗粒内部，从而达到均匀分布的目的。例如，重整、加氢裂化及异构化催化剂常用色层浸渍法来制备，既可达到均匀浸渍目的，也能减少贵金属的用量。铂重整催化剂 $Pt/\gamma-Al_2O_3$ 是利用这种方法制备的典型例子。在用氯铂酸浸渍 $\gamma-Al_2O_3$ 时，虽然溶液会在几分钟内就渗透了整粒载体，但是氯铂酸的吸附速度要比渗透速度大，主要吸附在颗粒表层的孔壁上，而脱附又比扩散慢，等到建立吸附平衡要用相当长的时间。如果在浸渍液中加入第二种吸附剂，如硝酸、乙酸，草酸、柠檬酸或盐酸后，由于它们在载体上的吸附速度与氯铂酸相差不远，载体在吸附氯铂酸的同时，也以适当的速度吸附竞争吸附剂，使少量氯铂酸能在较短时间内渗透到颗粒中心，达到均匀分布目的。而且采用不同用量的竞争吸附剂，还可控制活性组分的浸渍深度，对第二组分应尽可能选择对催化作用不产生有害影响的物质，并在后序焙烧过程中可以分解挥发掉。

色层浸渍法具有干式浸渍法的优点，重复性和操作精确性都较好，而且产品性能比浸没法稳定，受干燥、焙烧和还原等条件的影响较小。由于浸渍液的强腐蚀性而需使用特殊材质的设备。另外，由于载体与浸渍液的接触时间较长(一般需数小时)，所以设备生产能力较低，投资费用比以上两种方法要高。当使用贵金属溶液浸渍时，还需配备有从残渣和母液中回收贵金属的设施。

4. 离子交换法

这种方法制备催化剂是利用载体表面存在着可进行交换的离子，将活性组分通过离子交换负载在载体上，然后通过适当后处理，如洗涤、干燥、焙烧、还原等工序制成金属负载催化剂。这种方法在制备程序和操作工艺上与上述吸附法大致相同，只是在浸渍过程中达到离子交换平衡，实现离子交换。它特别适用于制备钯、铂等贵金属催化剂，能将小至0.5~3nm微晶直径的贵金属粒子均匀地负载在载体上。

分子筛是常用的催化剂及载体，它的一个重要性质是可以进行可逆的阳离子交换，当分子筛与金属盐的水溶液相接触时，溶液中的金属阳离子可以进到分子筛中，而分子筛中的阳离子可被交换下来进入溶液中。例如，分子筛表面附有的大量Na^{+}，可用Ca^{2+}、Mg^{2+}及稀土金属离子进行交换。经交换以后的分子筛，在吸附选择性、吸附容量及催化性能上都会发生显著变化。举例来说，将CaY用$[Pt(NH_3)_4]^{2+}$进行离子交换制得的催化剂，与使用$(PtCl)^{2-}$用浸渍法载以同量铂制得的催化剂相比，在对己烷异构的活性及对N、S等抗毒性能上，前者要比后者优越得多。这种催化活性的不同主要由于分子筛经离子交换后可以调节晶体内的电场、表面酸性，而且交换后的分子筛，孔径也会产生显著变化。

有机离子交换物质，即离子交换树脂也广泛用于有机催化反应。能为酸、碱催化的化学反应，几乎都能为含有相似基团的离子交换树脂所催化。离子交换树脂用作催化剂的优点是：反应物与催化剂容易分离，副产物少，对反应器腐蚀小；主要缺点是树脂耐热性差、机械强度低。

上述各类方法中，活性组分在载体上的均匀分布是保证浸渍质量的关键，这不仅与浸渍过程有关，还将受到干燥和焙烧等操作工艺条件的影响。在浸渍前通常需要了解溶液在载体与浸渍液间平衡分配的初步知识，以用于确定一定活性组分含量所需的浸渍溶液量和浓度。此外还应该了解活性组分在载体上的吸附特性，以便于确定浸渍条件(浸渍温度、时间等)，有时由于原料盐的溶解度低，为使多种活性组分达到均匀分布，常需进行多次浸渍。显然，浸渍次数越多，工艺就越复杂，成本也将大大提高。

3-7　混合法生产催化剂

混合法是制造多组分工业固体催化剂最简便的方法。该法是将两种或两种以上催化剂组分，以粉状细粒子形态，在球磨机或碾子上经机械混合后，再经成型、干燥、焙烧和还原等操作制得的产品。传统的合成氨和合成硫酸催化剂都是用这种方法生产的典型例子。

这种生产方法是单纯的物理混合，所以催化剂组分间的分散程度不如沉淀法及浸渍法。为了提高催化剂机械强度，一般也需加入一定量的粘结剂。常用的混合法又可分成以下几种。

1. 干混法

也称机械混合法，它是将活性组分、助催化剂、载体及粘结剂等组分放在混合器或研磨机中进行机械混合。图 3-12 示出了干混法的工艺过程示意图。混合后再进行筛分、成型、干燥，焙烧等工序。采用这种方法制备催化剂，研磨混合操作是控制催化剂比表面积、粒度分布、机械强度以及催化活性的关键步骤。此法操作虽然简单，但产品的粒度分布主要决定于所选设备的类

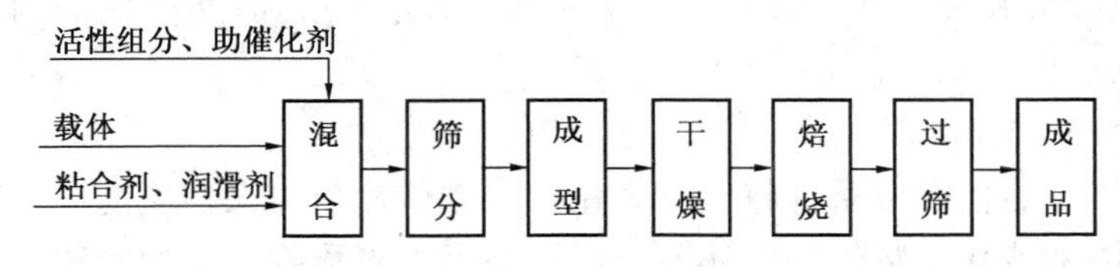

图 3-12　干混法工艺过程示意图

型、研磨时间以及产品本身性质，所以对特定物料必须仔细选择设备和操作条件。此外，干混法通常采用先成型后焙烧的工艺，所以活性组分或助催化剂以金属氧化物形态为宜。如采用易分解的金属盐类，就容易造成催化剂碎裂。

2. 湿混法

也称混浆法。此法是将一种固态组分与其他几种活性组分的溶液捏和后，再经成型、干燥、筛分、焙烧等工艺制得成品。这种方法往往需要较高的焙烧温度，焙烧条件往往决定了与选择性有关的催化剂比表面积。图 3-13 示出了硫酸生产用氧化钒催化剂的制备工艺过程。将预先制备好的 $V_2O_5-K_2SO_4$ 混合浆液与已精制的硅藻土加入适量水及硫黄，在轮碾机中经充分碾压成可塑性物料，然后放入螺旋挤条机中成型为 5mm 的圆柱体，通过链式干燥机干燥后经过筛再送入滚筒式焙烧窑中焙烧，最后经过筛、包装即得产品。

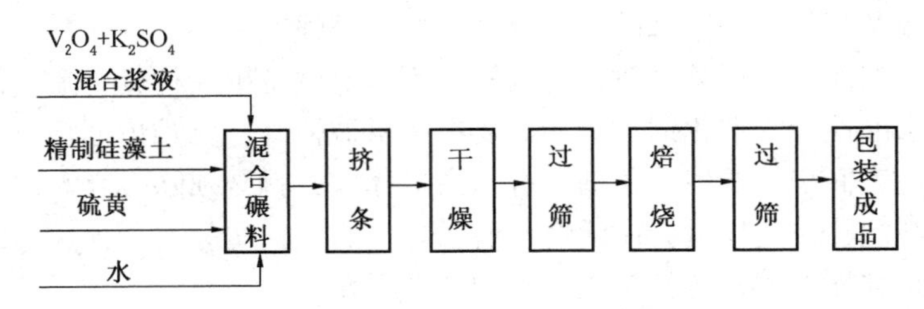

图 3-13　氧化钒催化剂制造工艺示意图

在氧化钒催化剂制造过程中，焙烧条件是十分重要的因素。一般焙烧温度为 500~550℃，焙烧时间为 90min，通过焙烧，可以除去造孔剂硫黄和杂质有机物，并形成良好的孔结构，使

V_2O_5 与 K_2SO_4 共熔并在载体上重新分配，同时提高催化剂的机械强度。

3. 熔融法

它是借高温条件将金属氧化物或碳酸盐与耐火物质前体的固态溶液或化合物经熔融还原为金属与耐火氧化物。这种制法虽然应用不太普遍，但对某些催化剂，如合成氨及骨架镍催化剂的制备还是很重要的。

熔融操作通常在电弧炉、电阻炉或感应炉中进行。例如，用此法生产合成氨用熔铁催化剂时，将精选过的天然磁铁矿与合成磁铁矿约以等量混合，再加入 Al_2O_3、KNO_3 等添加剂，仔细混合均匀后放入电炉中熔融。熔融温度为 1550~1600℃，时间约数小时。冷却后将块状熔合体用粉碎机粗碎，最后筛选 3~6 目的粒度为成品。熔融温度、环境气氛及熔浆冷却速度等操作条件都有可能影响催化剂性能，操作时要加以注意。

3-8 催化剂生产中的质量控制

前面已经介绍，一种催化剂能用于工业上必须具备良好的活性及选择性、有长期使用的稳定性及高的机械强度。而要满足上述要求，就要求催化剂有合适的比表面积及孔结构、最佳的化学组成及相组成、适宜的形状及良好的机械强度。

然而，由于某种对立的因素，不可能制备出一种具有上述最高水准性能的催化剂。例如，要提高机械强度，就难免牺牲一部分比表面积；要使催化剂具有较高选择性，就必须除去其大部分较细的孔，这样就会使活性有所下降。所以，实际上一种成功的催化剂配方就是各种对立因素的合理平衡。

对一些大规模生产的化工产品，如果产品性能符合某些预定的规格就会有市场。可是，对催化剂来说并不如此，因为一种催化剂的起始物理和化学性质并不能完全说明其工业应用的实际价值。有些催化剂可能具备所有认为有效的物理化学特性，但却可能在工业反应器中不能发挥有效作用。只有那些在实际操作条件下，经历 1～2 年保证时间内能保持其特殊催化性能的催化剂才是可接受的催化剂。

如上所述，大多数催化剂制备过程都或多或少经历研磨、沉淀、洗涤、干燥、成型和焙烧等单元操作，而制备中各种工艺条件都会影响产品性质。尤其在催化剂大规模生产时，质量控制是一个复杂的问题，除了严格选择单元操作和控制条件外，还要在生产过程的每一阶段中，对中间产物进行严格测试，确保成品催化剂性能。

下面简单介绍制备催化剂时，为保证催化剂质量，通常对原料、中间体及成品物性所进行的分析测试项目。

1. 化学组成和相组成测定

催化剂生产需要的化工原料种类繁多，化工原料的质量好坏直接影响催化剂的质量。有的催化剂原料要求苛刻，在实验室条件还容易达到，但在工业生产中，由于原料用量多、价格昂贵或者来源困难而达不到要求。有时，原料等级、产地选定以后，也要对不同时间及批号的原料进行检验。所以，在催化剂生产中，要保持不同批号生产的催化剂质量，就要对各种所用原料及中间体的化学组成进行化学分析，尤其对影响催化剂使用性能的某些杂质必须限制在规定范围之内。

除了化学组成以外，催化剂的相组成在很大程度上决定了其表面和表观性能以及活性、选择性和稳定性，而载体的相组成也对催化剂的结构性能、机械强度及使用稳定性起着重要作用。所以，为了控制及评价催化剂质量，常要用 X 光衍射技术对载体、成品催化剂及生产中间阶段的中间产品进行晶相鉴定。

2. 比表面积测定

工业催化剂表面的定性和定量研究工作是催化剂评价的重要技术。虽然催化剂比表面积大是必要条件之一，但具有大比表面积的固体物料未必见得一定有催化活性。另外，起始比表面积大一般也不一定能满足工业催化剂的要求，需要的是在使用过程中能保持其比表面积。所以，不论是在催化剂生产及评价阶段，还是在不同应用阶段，测定催化剂的比表面积是十分重要的。

特别在催化剂制备中间过程中，经常测定中间产品的比表面积，不但有助于控制中间产品质量，而且也能检验过程的制备技术对最终产品所产生的影响。比表面积测定大多采用 BET 法，而活性组分的比表面积测定可采用选择吸附或化学吸附的方法。

3. 孔结构测定

催化剂所有的绝大部分表面是由无数发达的孔壁提供的，因而孔隙率也是评价和控制目的产物质量标准的重要参数。每克催化剂的颗粒内孔隙体积的总和即为孔容。孔容也是催化剂颗粒强度和密度的间接度量。早期测定孔容的方法是密度法，测定结果随选择测定真密度和颗粒密度的方法不同而有差异。现在常用的孔容测定法有水滴定法、四氯化碳吸附法、压汞测定法等。水滴定法由于分析速度快、方法简便，特别适用于流化床用微球催化剂。

为了更好地了解反应物在催化过程中的扩散行为、催化剂内表面的利用率以及催化剂的机械强度与制备的关系，除了要求测定作为孔隙总和的孔容以外，还要求测定在此总孔隙中不同大小的孔隙所贡献的体积分数，即不同等效圆柱孔半径范围内的孔体积对总孔容的占有率所示的孔分布。有时要求特定范围的孔分布是为了提高催化剂的选择性，因此孔分布测定也是评价催化剂和质量控制的有用手段。测定孔分布的方法有压汞法、毛细管凝缩法及预吸附法等。

4. 颗粒大小分布测定

催化剂制备时的起始物料、中间体及成品的颗粒大小分布对催化剂的表面和表观性能有较大影响。例如，较小颗粒将形成较细的孔和较高表面积，较小颗粒也能导致热处理时烧结速度加快，提高产品机械强度，但也会由于形成小孔而使扩散受到限制。所以，颗粒大小及其分布测定也是一种有用手段，特别是控制催化剂的起始物料及中间产物的质量，例如，在催化剂生产每步操作之后检查颗粒大小分布能有效地控制沉淀反应与研磨操作。

颗粒大小的测定也能用于测定催化剂在热处理时和使用中的烧结速度。一种在反应操作中其颗粒大小逐渐增加的催化剂是不适宜于工业应用的，所以这种测定也是选择任何特定工业催化剂的方法之一。

颗粒大小分布常用筛析、沉降技术、光学显微镜和电子显微检查法等测定。

5. 机械强度测定

虽然催化剂颗粒的机械强度对工业催化剂相当重要，但它毕竟不是一种本质的性质。在一些工业应用过程中，催化剂的机械或物理破损常是导致过程停车和造成比因催化剂失活需要更高频率更换催化剂的原因，所以要求催化剂具有足够的机械强度，在生产过程中也必须对催化剂的机械强度作正确测定。

6. 活性试验

在工业反应器实际操作条件下，用大型反应器对催化剂进行预定运转时间的活性试验是评价催化剂工业适用性的唯一直接方法。然而，评价的费用很大且十分费时，所以作为催化剂生产质量控制目的是不太可能被采用的。而且这种长时间的活性及稳定性试验结果，不仅取决于操作条件、催化剂装填体积，还决定于反应器设计及原料杂质含量。所以，除非将催化剂加到运转工厂的反应器中，通常很少采用这种方法来评价催化剂。

为了达到控制催化剂生产质量的目的，催化剂活性试验的常规方法，是在尽可能模拟生产操作条件下，用实验室小型反应器来进行的。选定几种生产批号，在实验室小试和中试规模的反应器中，模拟生产工艺操作条件进行长时间试验以评价寿命。在为任何特定工业生产需要评价催化剂的特性时，常在与工厂并联侧线的中间试验装置中进行活性试验。试验后的催化剂再进行测试，测定各种物理参数，并计算这些数值随操作时间而改变的速度，从而评价催化剂的总寿命与效率。

第四章　催化剂的选择和设计

4-1　催化剂设计的一般概念

认识了催化剂制备方法对催化剂的活性、选择性和寿命所起的重要作用后，也就增加了在科学基础上制备各种催化剂的意识，同时也促进了对催化剂性能的改进，知道应该制备什么样性能的催化剂才好。

如前所述，多相催化剂的活性和选择性取决于该催化剂组成所具有的固有活性、催化剂的物理结构和反应操作条件。鉴于这一认识，人们长期以来把注意力集中在催化剂的制备上，因为这是控制催化剂的化学组成和物理结构的关键所在。许多新的物理测试方法的出现和催化理论的发展，使这门学科从技艺水平提高到了科学高度，从而使生产种类繁多的特定规格的催化剂成为可能。

早在 20 世纪 60 年代的国际化学工程和国际催化会议上，Dowden 就提出了“催化剂设计”的概念，这对预测有效的催化组分、指导实验研究有益。随着化学工业的飞速发展，这种为减少催化剂研究开发过程盲目性的逻辑思维方法已受到各国学术界和企业界的普遍重视和采纳。1980 年，由 D. L. Trimm 编著的第一本《工业催化剂设计》问世。近年来，在从大量实践经验总结催化剂发展规律和研究催化剂载体功能的基础上，对有效地预示新催化剂的概念和方法又有了新的认识。在认识催化剂是参与化学反应的一个反应成分的前提下，进一步体会到催化剂功能对控制反应方面有重要作用。例如，在轻油重整过程中，使用不同功能的催化剂所得产品的组成会极不相同(图 4-1)。因而工业上成功的催化剂，应是各组分化学和物理作用的最佳组合。目前，催化剂设计虽然未十分完善，但设计方法中已显示出一些基础理论，还是可以指导研究人员在较短时间内开发出较好的催化剂。

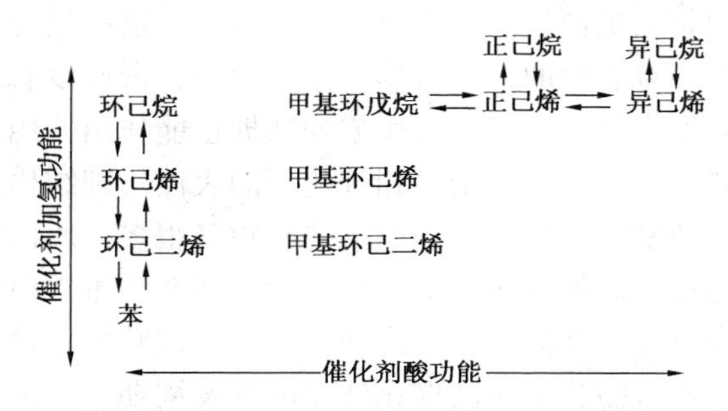

图 4-1　催化剂功能调节对轻油重整产品组成的影响

催化剂设计大致可分为三种类型。第一种类型是开发一种以前没有的新催化过程，为此必须设计一种新催化剂，使这一催化过程实现工业应用价值。第二种类型是改进现有催化过程，即现已应用的工业催化过程，由于催化剂的某些性能，如活性、选择性、稳定性等尚有欠缺之处，需要设计一种性能更好的新催化剂。第三种类型主要出现在催化剂生产厂，由于经济效益的关系，希望在保证催化剂质量前提下，通过改进生产工艺或采用价格较低的原料来降低催化剂生产成本。这种情况在表面上看来似乎与催化剂设计关系不大。但实质上制备条件对催化剂性能影响很大，应用催化剂设计有关知识，能有助于正确选择制备工艺条件。

一般来说，上述三种催化剂设计类型中，第一种是最复杂而困难的，而第二种及第三种类型只是第一种类型的一些后续部分，它可以根据不同要求，从设计程序中寻找需要的入口点，而可以不考虑入口点前的一些问题。

4-2　催化剂总体设计顺序

所谓设计就是人们按主观意图来制造产品，而催化剂设计就是应用现代催化理论、科学制备原理及反应工程学的方法来发现新催化反应、指导新催化剂的选择及制备、预测催化反应的工艺条件。正如化工机械设计、建筑物设计那样，这些设计并不是每个设计步骤都有明确的科学依据。某些设计，即使没有严密的科学计算，但根据丰富的经验及积累的数据也能作出使用效果良好的设计。催化剂中，特别是多相催化剂的表面纹理结构多数不清楚，反应机理复杂，反应过程的工艺参数又很多，所以要想不做实验而达到理想的催化剂设计，在现阶段还有困难。但若能按科学程序正确应用和掌握催化剂设计方法，可以减少筛选催化剂的盲目性、少走弯路、缩短新催化体系的开发周期。

催化剂的设计顺序随催化剂开发目的而异，对于前述三种设计类型，其设计顺序显然就不同。对第一种设计类型，可按图 4-2所示顺序进行催化剂设计，而对第二种、第三种设计类型可按图示顺序，按实际需要选择入口点。

图 4-2 中的“不合要求”表示经过这一阶段的工作，所得结果不很理想，或者制得的催化剂性能不能满足实际要求，这时就需返回去重新建立操作假设，甚至反复几次这样的循环，直至选得较为满意的催化剂为止。

4-3 催化剂设计的各个阶段

4-3-1 设计最初阶段

这一阶段主要是进行基础分析，首先要有明确的目的性，对于进入催化反应器的给定原料组成，在一定的温度和压力范围内，对可能发生的需要和不需要的反应进行分析和分类。然后先从化学计量理论考虑反应是否能实现，分析在热力学上是否可能，并初步进行技术经济评价。

1. 按照化学计量理论看反应是否可以实现

在选择催化剂前，应先写出描述过程的化学计量方程式，而不涉及催化剂表面可能发生的一些反应。例如，丙烯转变为苯的

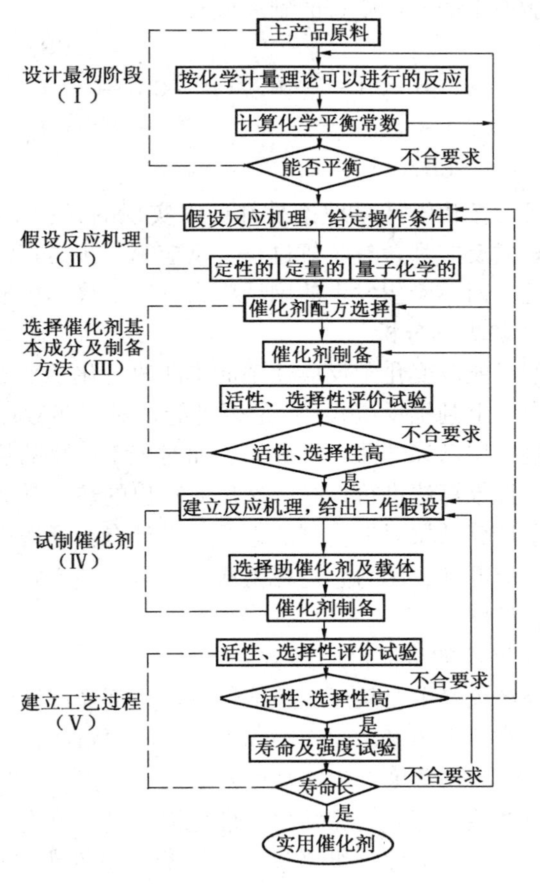

图 4-2　催化剂设计程序

反应，可写为：

$$2CH_2=CH-CH_3 \longrightarrow CH_2=CH-CH_2-CH_2-CH=CH_2+H_2 \quad (1)$$

$$\downarrow$$

$$\text{(环己烯)} + H_2 \quad (2)$$

$$\downarrow$$

$$\text{(苯)} + H_2 \quad (3)$$

而可能发生的不希望有的副反应有：

$$2CH_2=CH—CH_3 \longrightarrow CH_3—CH_2—CH_2—\overset{CH_3}{\underset{CH_2}{C}} \quad (4)$$

$$CH_2=CH—CH_3 \longrightarrow 3C + 3H_2 \quad (5)$$

上述反应按化学计量理论是都可以实现的式(1)～式(3)这些合乎需要的反应都含有脱氢过程，反应第一步是直链二聚，第二步为环化。而不希望发生的副反应为支链二聚和生成炭。

2. 化学热力学分析

催化剂只能改变化学反应速率而不能改变化学平衡，所以要从化学热力学上判别反应式(3)是否可能。对于多数原料及副产物可以直接选用已知的热力学数据，而对于主产物的热力学数据可以采用各种推算法进行计算，然后对求出的热力学数据进行评价。热力学计算结果对催化剂的选择、设计有指导作用，有利于正确选择反应温度、压力、进料组成、热量传递方式和抑制积炭方法等工艺条件。

3. 技术经济初步评价

技术经济评价主要从反应经济性及催化剂经济性两个方面考虑。反应经济性主要考虑主产物加副产物与原料的价格、反应能耗、制造工艺难易程度、生产规模及利润等因素。催化剂经济性主要考虑选择性好坏、产品纯度、催化剂用量及价格、操作费用等。如果以反应经济性为纵坐标，催化剂经济性为横坐标作图，就可得到如图 4-3 所示的四个区域，各个区域的含义如下：落入第Ⅳ区域意味着原料体系需改变路线，而催化剂开发应该向落入区域Ⅱ及Ⅰ的方向努力。

对于新开发的一个催化过程，要想在尚未进行某些必要的实验前进行工艺剖析的经济估计，是会碰到许多困难的。因为以后确定的催化剂生产线所需设备是取决于催化剂的特性，一般必须在下一步进行必要的实验后，才能返回再作分析。而预先进行工艺分析和经济剖析，可以使以后的工作少走弯路，明确催化剂的

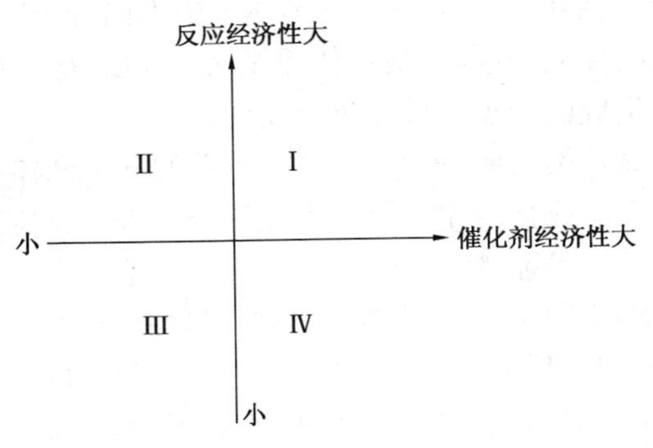

图 4-3　经济性概念图

区域Ⅰ—优秀实用型；区域Ⅱ—竞争开发型；

区域Ⅲ—忌避型，区域Ⅳ—随机型

主攻方向。

当然，要对反应经济性及催化剂经济性的全部影响因素进行准确核算也是困难的，必须在以后的过程再多次返回核算，但有了初步核算的一些基础数据，在实验中就不至于轻易放过那种活性和选择性虽较低，但却有耐毒性强、热稳定性高、不易积炭等特点的催化剂试样。

4-3-2　假设反应机理

对设想的反应(一般来讲，这些反应很少是一步反应，从反应原料开始到最终产品往往要经历一系列中间反应，并伴随许多副反应)，经过设计最初阶段分析认为是可行时，为了提高反应选择性，有利于进一步选择催化剂，需要提出假设反应机理。这时首先可把反应过程看作是由目的反应和伴随的副反应所构成，将组成反应和反应形式进行分类，最后得出所要假设的反应机理。

1. 目的反应及副反应

对一类反应，往往可进一步细分成以下反应：

(1) 基本反应(P)　基本体系中分子本身进行的单分子反应。

(2) 自身相互反应(S)　基本体系中相同分子的双分子反应。

（3）交叉相互反应（CS） 基本体系中不同分子间的反应。

（4）接续反应（SQ） 基本体系的分子和经基本反应或自身的相互反应生成的分子再继续进行反应。

（5）交叉接续反应（CSQ） 基本体系的分子和体系中其他分子，经基本反应或自身相互反应生成的分子进行反应。

以甲烷部分氧化制甲醛反应为例，按上述区分方法可得到表4-1所示的可能组成反应。从表中可知，目的反应是 $CH_4+O_2 \longrightarrow HCHO+H_2O$，目的反应下步的反应是可能的组成反应。$\Delta G_{700K}$ 是指700K时的反应自由能。反应形式中所标各符号的意义如下：

DH——脱氢反应；OI——氧插入反应；DW——脱水反应；O——氧化反应；A——加成反应。

2. 假设反应机理

排除表4-1中 $\Delta G \geqslant 0$ 在热力学上可能性很小的反应后，选出可能的反应列成表4-2，就可假设反应机理。

表 4-1 $CH_4+O_2 \longrightarrow HCHO+H_2O$ 的可能组成反应

分类	反应	ΔG_{700K}/(kJ/mol)	反应形式
目的反应	$CH_4+O_2 \longrightarrow HCHO+H_2O$	-293	
P	无	—	—
S	$2CH_4 = C_2H_6+H_2$	83.7	DH
	$= C_2H_2+2H_2$	125	DH
CS	$CH_4+\frac{1}{2}O_2 = CH_3OH$	-92	OI
	$= HCHO+H_2$	-83.7	OI+DH
	$= CO+2H_2$	-155	OI+DH
	$CH_4+O_2 = HCHO+H_2O$	-293	OI+DH+O
	$= HCOOH+H_2$	-280	2×OI+DH
	$= CO+H_2+H_2O$	-364	OI+DH+O
	$= CO_2+2H_2$	-377	OI+DH+O
	$CH_4+\frac{3}{2}C_2 = HCHO+H_2O$	-130	OI+DH+O

续表

分类	反应	ΔG_{700K}/(kJ/mol)	反应形式
CS	$=CO+2H_2O$	-569	OI+DH+O
	$=HCOOH+H_2O$	-477	2×OI+DH+O
	$=CO_2+H_2+H_2O$	-582	OI+DH+O
	$CH_4+2O_2=HCOOH+H_2O$	-410	2×OI+DH+O
	$=CO+H_2O+H_2O$	-494	OI+DH+O
	$=CO_2+2H_2O$	-791	OI+DH+O
SQ	$CH_4+C_2H_6=C_3H_8+H_2$	67	DH+A
	$+C_2H_4=C_3H_6$	16. 8	A
	$+CH_3OH=C_2H_5OH+H_2$	55	DH+A
	$=(CH_3)_2O+H_2$	113	DH+A
	$+HCHO=C_2H_5OH$	42	A
	$=(CH_3)_2O$	100	A
	$+H_2O_2=CH_3OH+H_2O$	-235	OI
	$+HCOOH=CH_3CHO+H_2O$	16. 8	A+DW
	$+CO=CH_3CHO$	100	A
	$+CO_2=CH_3COOH$	147	A
CSQ	$H_2+\frac{1}{2}O_2=H_2O$	-209	O
	其他		

表 4-2 可能的组成反应

反应	ΔG_{700K}/(kJ/mol)	反应形式
[1] $CH_4+\frac{1}{3}O_2 \longrightarrow CH_3OH$	-92. 1	OI
[2] $CH_3OH \longrightarrow HCHO+H_2$	8. 37	DH
[3] $HCHO \longrightarrow CO+H_2$	-25. 12①	DH
[4] $HCHO+\frac{1}{2}O_2 \longrightarrow HCOOH$	-192. 6	OI
[5] $H_2+\frac{1}{2}O_2 \longrightarrow H_2O$	-209. 3	O
[6] $H_2+O_2 \longrightarrow H_2O_2$	-75. 4	O
[7] $CO+\frac{1}{2}O_2 \longrightarrow CO_2$	-221. 9	O

① 298K。

从表 4-2 看出，要使甲烷部分氧化制甲醛的目的反应具有高的选择性，应该使催化剂具有表 4-3 所示的性能。可见，要使目的反应进行，主要是要促进脱氢和插入氧的反应，抑制其他副反应。根据 CH_4 的同位素交换及其他物质插入氧的反应研究，反应[1]还可进一步分解成图 4-4 所示的反应机理。

表 4-3　甲烷部分氧化制甲醛催化剂应具有的性能

功　能	促　进	抑　制
脱氢(DH)	反应[2]	反应[3]
插入氧(OI)	反应[1]	反应[4]
氧化(O)		反应[5]、[6]、[7]

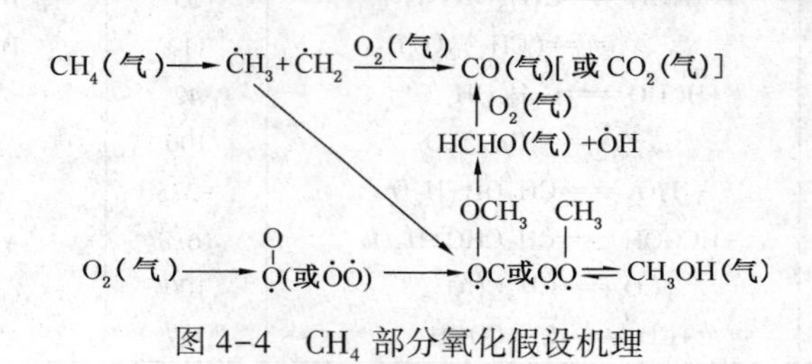

图 4-4　CH_4 部分氧化假设机理

图 4-4 假设目的反应经生成甲基$\longrightarrow CH_3OH \longrightarrow$HCHO 这样的路线进行，需要抑制的反应是亚甲基及甲基在气相反应中，脱氢和氧化，以及 HCHO 完全氧化生成 CO 及 CO_2。根据这一情况，可将表 4-3 的要求进一步深化而改写成表 4-4 的要求。

表 4-4　甲烷部分氧化制甲醛催化剂应具有的性能

Ⅰ	脱氢反应	(1)把由 CH_4 产生的生成物停止在 CH_3 阶段，而使成为 CH_2 (2)CH_3 的迁移率要比 O 大
Ⅱ	氧插入反应	为了促进反应[1]、抑制反应[4]，要防止发生电子转移
Ⅲ	水合反应	控制 HCHO 完全氧化，促进水合反应

4-3-3　选择催化剂基本成分及制备方法

1. 基本成分的选择

催化剂设计的核心是选择好催化剂主要组分并建立制备方

法。要做好这一阶段的工作，不仅要利用现有的文献、专利以及前人积累的许多实验数据，还要应用科学原理来指导选择工作。

根据前一阶段的假设反应机理，可参照图 4-5 所示方法来选择催化剂的主要组分。

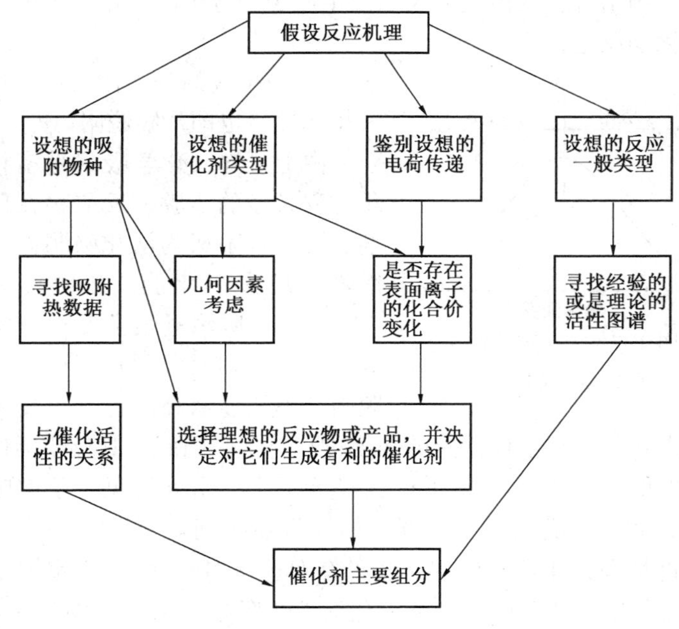

图 4-5　催化剂主要组分选择

(1) 吸附及吸附热　一般认为，多相催化反应中，反应物在催化剂作用下转变成生成物的过程可以分成下面几个步骤(见图 4-6)：

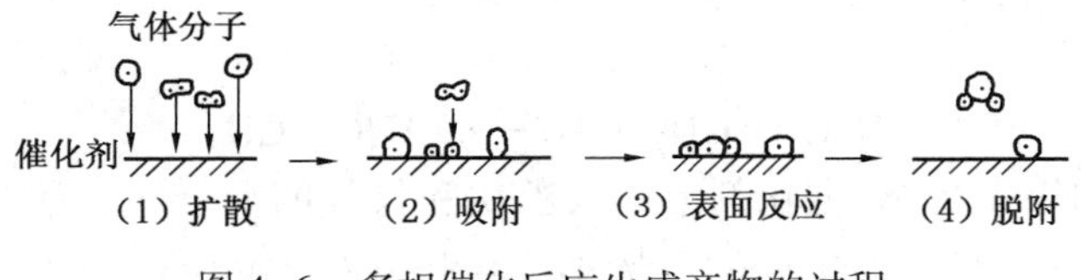

图 4-6　多相催化反应生成产物的过程

① 反应气体通过扩散接近催化剂；

② 反应气体和催化剂表面发生相互作用，也即发生化学吸附；

③ 由于吸附，反应物分子的键变松弛或断裂，或同其他吸附分子相结合，在催化剂表面发生原子和分子的重排，也即发生表面化学反应；

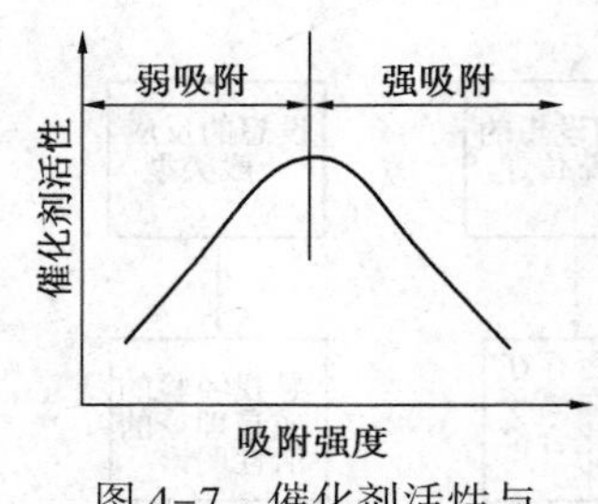

图 4-7　催化剂活性与吸附强度的关系

④ 新生成的分子作为生成物向气相逸散，也即产物脱附。

由上可知，化学吸附是多相催化过程必经的步骤。反应物在催化剂表面上吸附成为活化吸附态，从而降低反应活化能，加快反应速率。可是，吸附过强会变得非常稳定；反之，如果吸附过弱，会立刻脱附，不能显示高活性。当反应气体在催化剂表面上以适宜的强度进行化学吸附时，其反应活性才是最好的，图 4-7 表示了这种经验关系。由此可见，了解吸附过程有助于正确选择催化剂。如加氢催化剂对氢要有一定的吸附，这是作为加氢催化剂必备的条件。表 4-5 所示为室温下气体在金属上的化学吸附。从催化活性与吸附关系看，Fe 和 Os 因能使 N_2、H_2 发生离解吸附，所以，它们是有效的合成氨催化剂。Pd 对 H_2 能吸附，而对 N_2 却不发生化学吸附，因此 Pd 不宜选作合成氨催化剂，但它却是优良的加氢催化剂。

催化反应的选择性也与吸附强度及吸附态结构有关。如乙炔和乙烯在 Pd 催化剂上的加氢反应式为：

$$HC \equiv CH + H_2 \longrightarrow H_2C = CH_2 \quad (6)$$

$$H_2C = CH_2 + H_2 \longrightarrow H_3C—CH_3 \quad (7)$$

如果先在 Pd 催化剂上通入乙炔和氢气的混合气，就会按式(6)生成乙烯，但生成的乙烯不会再按式(7)反应进一步生成乙烷。但如式(6)反应将乙炔全部消耗掉，就会进一步发生式(7)

反应而生成乙烷。产生上述现象的原因是因为乙炔在催化剂上是强吸附，所以乙烯不发生吸附，因此在气相中有乙炔存在时乙烯就不发生加氢反应。

表 4-5　室温下气体在金属上的化学吸附

金属种类	吸附气体						
	O_2	C_2H_2	C_2H_4	CO	H_2	CO_2	N_2
Ti, Zr, Hf, V, Nb, Ta, Cr, Mo, W, Fe, Ru, Os	+	+	+	+	+	+	+
Ni, Co	+	+	+	+	+	+	−
Pt, Pd, Rh	+	+	+	+	+	−	−
Mn, Cu	+	+	+	+	±	−	−
Al, Au	+	+	+	+	−	−	−
Li, Na, K	+	+	−	−	−	−	−
Mg, Ag, Zn, Cd, In, Si, Ge, Sn, As, Sb, Bi	+	−	−	−	−	−	−

注：+—发生化学吸附。-—不吸附。

±—根据状态不同；可能吸附或不吸附。

化学吸附时的吸附热是催化剂对吸附分子吸附强弱的量度。寻找和考察吸附热数据可以了解吸附作用力的性质、吸附键类型、表面均匀性及吸附分子间的作用，从而与催化活性相关联起来。

从表面化学反应考虑，显然，反应方向常常依赖于吸附配合物的性质。由于可能发生的吸附形式通常不止一种，所以，应该选择预期能有利于所要求形式的催化剂。

(2)几何因素考虑　催化作用的特点是以作为催化物质的化学物质特征及表面特征二者互相促进的效果而表现出来的。催化剂的几何因素，也即表面结构与反应物分子结构之间的关系可以环己烷为典型例子来说明，如图 4-8 所示。当环己烷(a、b、c、d、e、f)吸附在金属表面时，分子的大小与构成金属的晶格之间保持一定的有效范围，这就是著名的多位理论。像这样的金属原

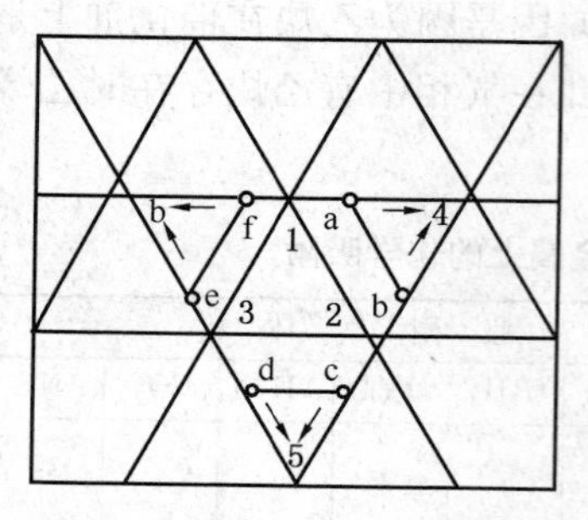

图 4-8　催化作用的几何因素

子间隔与反应物分子结构之间的关系对反应影响很大。

在氧化硅-氧化铝上载有氧化铬的催化剂是以生产聚乙烯催化剂而著称的。这种催化剂的聚合活性，被认为是由于 Cr^{6+} 被还原成 Cr^{5+} 的缘故，载于氧化铝载体上的铬催化剂尽管含有大量的 Cr^{5+}，但其聚合活性却仍是很低的。所以，单从 Cr^{5+} 的含量不能说明催化作用成因。因此认为其结构也是个十分重要的因素。载于氧化铝上的 Cr^{5+}，具有稳定的八面体结构，而能形成聚合活性中心的 Cr^{5+} 却是一个四面体结构，可看作是与乙烯配位形成的五配位结构。已广泛用于加氢裂解和脱硫工业的钴、钼-氧化铝催化剂中的 Mo^{5+} 也因有与此相类似的现象而呈现催化作用。

由于许多固体晶格参数的数据容易从有关手册中查得，所以常被用来作选择催化剂的参考。

(3)电子态效应　金属催化剂的催化活性大都与 *d*%特性有关。所谓 *d*%是表示电子进入 *dsp* 杂化轨道的百分数，是对金属键的贡献大小。表 4-6 示出了一些金属计算所得的 *d*%。

表 4-6　过渡金属的 *d*%

ⅢB	ⅣB	ⅤB	ⅥB	ⅦB	Ⅷ			ⅠB
Sc 20	Ti 27	V 35	Cr 39	Mn 40.1	Fe 39.7	Co 39.5	Ni 40	Cu 36
Y 19	Zr 31	Nb 39	Mo 43	Tc 46	Ru 50	Rh 50	Pd 46	As 36
La 19	Hf 29	Ta 39	W 43	Re 46	Os 49	Ir 49	Pt 44	Au —

工业上用的加氢催化剂主要是周期表中 4、5、6 周期中的部分元素，这些用作加氢的金属的 *d*%约在 40%～50%范围内，如

表 4-7 所示。表中划分三个区域，区域Ⅰ中的元素以氧化物或硫化物的形式用作加氢催化剂；区域Ⅱ和Ⅲ是加氢反应中占重要地位的催化剂区，区域Ⅲ中的四个元素对有 CO 参加的加氢反应比较有效。

现代晶体场电子理论和配位场理论是基于 *d* 轨道具有定向性质这样一个事实。这些理论主要是从研究配合物的化学键性质而发展起来的。晶体场理论认为中心离子的电子层结构在结晶场作用下，引起轨道能级的分裂，从而解释了过渡金属化合物晶体的一些性质。配位场理论不仅考虑到中心离子与配位体之间的静电效应，还考虑它们之间的共价性质。

表 4-7　加氢催化剂的元素①

区域	第 6 周期	第 5 周期	第 4 周期
	Ag(10)?	Ag(10)氧化物	Zn(10)氧化物
Ⅱ		Pb(10)	Cu(10)氧化物
Ⅱ	Pt(9)	Rh(8)	
Ⅲ			Ni(8)
Ⅱ / Ⅲ	Ir(7)	Ru(7)	Co(7)
Ⅲ			Fe(5)
Ⅰ	Os(6)氧化物	Tc(6)?	Mn(5)氧化物
Ⅰ	Re(5)硫化物	Mo(5)氧化物，硫化物	Cr(6)氧化物
Ⅰ	W(4)氧化物，硫化物		V(3)氧化物

①(　)内的数是 *d* 电子数。

当气体分子在固体表面上被化学吸附，或是表面配合物互相作用时，晶体场或配位场的作用结果会影响到配合物几何尺寸的改变。例如，从方形棱锥体变为八面体或从四面体变为方形棱锥体再变成八面体。对结晶场稳定能的计算显示，计算图样与许多金属及其氧化物的催化活性图样相似，以此为基准对预测催化剂性质提供了有用的判断方法。

（4）活性图谱　催化研究发展至今，已经清楚某些类型催化反应在使用不同催化剂时所产生的活性变化规律。这种利用经验积累的一些催化物质活性图谱来选择催化剂的方法已被普遍利用。

加氢反应和加氢分解反应中，金属的催化活性顺序如表 4-8 所示。

表 4-8　金属的催化活性顺序

反应类型	活性顺序
C_2H_2 加氢	蒸发膜① Pd>Pt>Ni、Rh>Fe、Cu、Co、Ir>Ru、Os 浮石负载： Pd>Pt>Rh、Ni>Co>Fe>Cu>Ir>Ru、Os
C_2H_4 加氢	蒸发膜，0℃： Rh>Pd>Pt>Ni>Fe>W>Cr>Ta SiO_2 负载，0℃，H_2： Rh>Ru>Pd>Pt>Co>Fe>Cu
甲(基)胺加氢分解	蒸发膜：200℃：Pd>Pt，Fe>Ni>W
乙(基)胺加氢分解	蒸发膜，200℃；Pt>Rh>Pd>Ni>Au>W
丙酮+H_2 ⟶异丙醇	蒸发膜：Pt>Ni>Fe>W>Pd≫Ag
丙酮+H_2 ⟶丙烷	蒸发膜：80℃：Pt>W>Ni>Fe≫Pd、Au
环戊酮加氢分解	蒸发膜：Pt>Pd>Rh>W>Ni
丙烷加氢分解	蒸发膜：W>Ni>Pt
饱和烃加氢分解(一般性)	Rh>W>Ni>Fe>Pt>Co
烃类重整	HF-Al_2O_3 负载：Pt>Pd>Ir>Rh
HCOOH 分解	Pt>Ir>Ru>Pd>Ph>Ni>Ag>Fe>Au

① 蒸发膜是指考察催化剂活性而特制的洁净金属表面膜。

卤化物催化剂中，大多数对于费-克反应具有活性，而尤以氯化铝为代表；Al、Fe、Ta、Zn、Bi、Mo 等的氯化物可以单独用作催化剂，也可组合使用。费-克反应又可分为烷基化、合成酮、合成醛、异构化、环化等类型。表 4-9 示出了各种金属卤化物用作费-克反应催化剂时的活性顺序。

表 4-9 各种金属氯化物的催化能力

反应种类	催化能力顺序
用氯化苄进行苯的烷基化	$AlCl_3=ZnCl_4>FeCl_3$，$ZnCl_2$，$CoCl_3$
合成酮	$AlCl_3=FeCl_3$
二苯甲烷、二苯甲酮及苯乙酮的合成	$AlCl_3>FeCl_3$
呋喃类的烷基化	$AlCl_3>FeCl_3>SnCl_4$
缩合反应	$AlCl_3>FeCl_3>ZnCl_2>SnCl_4>TiCl_4$
用乙烯进行苯的烷基化	$ZrCl_4>AlCl_3>TaCl_5>BeCl_2>BF_3>SbCl_5>TiCl_4>FeCl_3$
硝基苯氯化	$FeCl_3>AlCl_3>SnCl_4$
呋喃类酰化	$SnCl_4>FeCl_3>AlCl_3>TiCl_4$

又如金属硫酸盐的催化活性与它们的阳离子电负性 X_i 有关。它在丙烯水合、乙醛聚合、甲酸分解和氘化丙酮与水的交换反应上，都找到了金属硫酸盐的 X_i 与催化活性间的良好对应关系。图 4-9 示出了金属硫酸盐使异丁烯聚合的活性与金属阳离子电负性 X_i 间的关系。

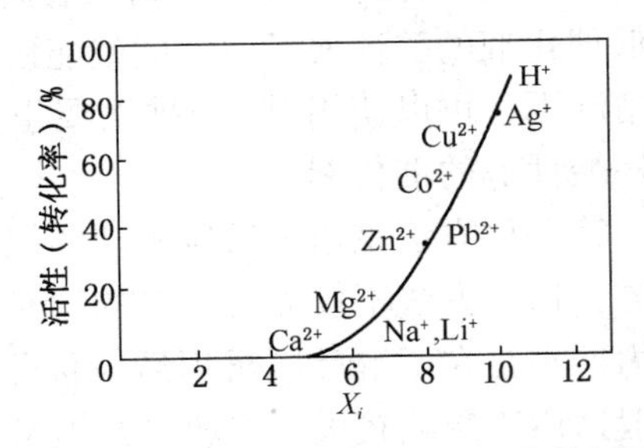

图 4-9 金属硫酸盐使异丁烯聚合的活性与金属阳离子电负性 X_i 间的关系

根据上面所述的方法选择一定数量的催化剂主要组分后，通过物性测试及实验室测试评价后，从中挑选二至三种性能较为理想的活性组分后，就可进一步考虑加入次要组分来改进催化剂的活性及选择性。

2. 催化剂次要组分及载体的选择

(1) 次要组分的选择　选择次要组分的含义是显而易见的，即催化剂的性能从某种意义上说要比所要求的差一些，它只是从某种方面改进其性能。这种改进可以采用下面两种方法。

第一种方法最为简单，做起来方便，而且容易获得结果。例如，如果反应通过含有一种过量试剂(如氧)的反应途径生成化学品的话，那就可以容易地按照设计需要加入次要组分来降低氧的吸附量。对于这种以氧的离解吸附为控制步骤的反应，氧化物的活性与其表面上氧的结合键能有关，随着氧的结合键能增加，氧化物的催化活性降低。此键能的大小与氧化物金属阳离子价态变化的难易有关。加入电负性更大的元素作为助催化剂，就可获得预期效果。

像催化裂化、异构化等催化过程，在选择助催化剂时，往往应用增强或削弱主催化剂某些性能这一原则。例如，考虑烃类异构化催化剂设计时，可以看到从裂解反应得到的产物相当可观，降低催化剂的酸性或反应温度就能使这些产物降至极限。在前一种情况下，可以使用碱(一种次要组分)中毒的方法降低酸性或选用酸性低的催化剂。

第二种方法是通过反应机理的探讨来找出调和催化剂的适宜配方，这种方法不仅需要更多的钻研，而且要耗费很多的时间和精力。它是在了解反应机理后对催化剂配方作调整。在做法上，一般适用于影响较大、有改进余地又是通用的催化剂上。在手段上是通过电子自旋共振、电子顺磁共振仪、红外光谱仪来直接考察添加物的作用方式，从而找出活性点或所需中间体，通过添加组分来改变催化剂性能，使反应沿着需要途径进行。

乙烯氧氯化制二氯乙烷是现代平衡氯乙烯单体法的核心部分。氧氯化使氯乙烯单体生产中裂解过程所产生的 HCl 与耗费掉的 HCl 得到平衡，从而生产更多的二氯乙烷。

乙烯氧氯化制二氯乙烷反应由下列两个反应组成：①过渡金属氯化物和乙烯反应生成二氯乙烷的反应；②由被还原的过渡金属氯化物再与氧和氯化氢作用，回复到高价氯化物的氧氯化反应。对于前一反应，Au 或 Pt 等氯化物的金属—氯键越强，氧氯化也越容易。结果发现，使用金属—氯键强度中等的 Cu 作主要组分，混入 Au 或 Pt 等次要组分的催化剂，活性最高。

（2）催化剂最佳形状的选择　催化剂经制造过程而完成其最终状态后，必将经受装桶、运输以及装填反应器等操作所带来的损伤。而反应器一旦装填催化剂后，装置的开工和停工会造成催化剂床层的沉降，并对固体产生大面积的横向应力。操作时流体的流动会促进催化剂颗粒的磨损，操作的意外情况会使磨损变得更为激烈。催化剂的这种损伤或磨损程度显然也与催化剂的形状有关。

催化剂的形状选择对催化剂设计之所以很重要，是由于有宏观效应和微观效应两个原因。宏观原因主要指粒度和强度间的关系，外形尺寸对反应及床层阻力的影响。例如，气相反应中，为了节省能量，希望降低催化剂床层阻力，处理的气体量越大，这种影响就越大。颗粒直径太小，内部阻力就要增大，因此要把颗粒直径增大到允许的程度。在某些液相反应，催化剂颗粒外形尺寸对反应有很大影响。例如，硝基苯在乙酸中的加氢反应，Pt-C 催化剂用量相同，但催化剂的筛目数不同，结果加氢反应速率也不同。如表 4-10 所示，使用大于 150 目的催化剂，加氢反应速率为 40~60 目催化剂的 6 倍。

表 4-10　颗粒尺寸对加氢速度的影响（硝基苯在乙酸中加氢）①

颗粒大小/目	Pt 的负载量/%	以等量催化剂为基准的相对加氢速度
40~60	1.0	1.0
60~80	1.0	1.6
80~100	1.02	1.9
100~150	1.07	2.5
大于 150	1.43	5.9

① 催化剂为 100mgPt/C，室温，常压。

微观效应系指对催化剂的结晶度、比表面积及孔隙率的影响。实质上，催化剂强度与比表面积和孔隙率有一定内在关系，而且这些因素对活性和选择性有较大影响，因为它们在反应体系中影响传热和传质效果。例如，在甲烷氧化成甲醛，再氧化成二氧化碳的反应中，甲醛不稳定，在氧化甲烷所需温度下很容易进一步氧化成二氧化碳。由于甲烷、甲醛氧化都是放热反应，催化剂的温度势必上升，这将有利于过度氧化和催化剂的烧结。因此必须迅速地从活性催化剂上除去甲醛，尽可能使催化剂床保持在较低的温度下，并使温度均一。这就需要生产一种传热好的低孔隙率的催化剂。在现有的催化剂制备方法中，要想采用一种纯催化剂来达到不同孔隙率和比表面积的统一是困难的，而且这样生产的材料在实际使用时容易发生烧结，所以，这时往往要通过选择适宜的载体来获得所需特性。负载型催化剂实质上是由所选择的载体形状所决定。目前能成型的各种载体形状很多，如图 4-10 所示。这些不同形状的催化剂或载体颗粒，只有少数是广泛使用的。图中有尖角的几何形状，在使用不久就会磨损，磨损产生的粉末和碎粒会堵塞催化剂颗粒的间隙，并导致床层压降过早增大。而图中有些形状难以挤出成型或压片，从而导致生产成本提高。一般来说使用最少材料量而可获得最大强度的自然结构是蜂窝状结构；而使用最小原料量、可提供最大耐磨损强度、也容易挤出成型的则是中空圆柱体；球形及齿球形颗粒具有充填均匀，流体阻力均匀而稳定的特点，所以应用日趋广泛。

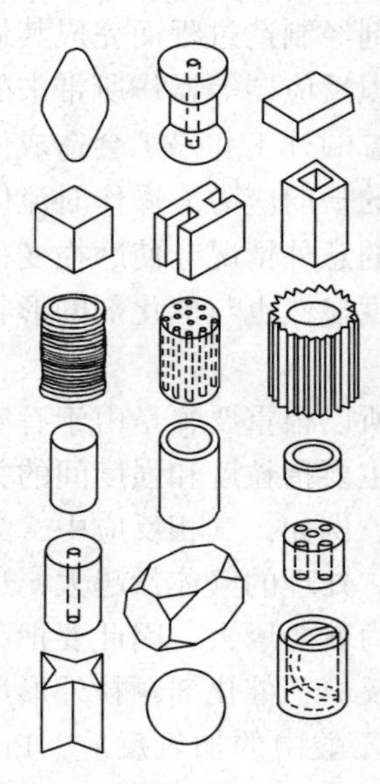
图 4-10　各种颗粒的形状

（3）载体的选择　许多实用催化剂是负载型的，这是具备活性、选择性和稳定性的高效催化剂所必需的。从其作用机理来看，是载体赋予了催化剂以双功能或多功能。所以必须选择合适的材料作载体。在工业催化剂中，载体影响催化剂的寿命，其作用之大是出乎意料的。特别是近来发现金属-载体之间的相互作用后，认真选择载体对于催化剂制备显得更为重要。

载体的种类很多，也没有比较简便的分类方法，同时也有些载体(如氧化铝、硅胶等)可以制备成性质十分不同的物质。所以，关于载体的分类并不是很统一的。一般有以下两种分类方法。

① 按载体物质的相对活性分类。根据载体物质的相对活性，可将载体物质分为两类，一类为非活性载体，另一类为相对非活性载体。属于非活性载体物质的有碳化硅、氧化镁、氧化铝、硅酸铝、氧化硅、天然绿柱石、合成蒙沸石、尖晶石等。通常将这些材料在高温下焙烧，以粉末形式使用。这种粉末的孔隙率低、机械强度高，但其比表面积一般较小，特别适用于要耐高温及负载活性极高的活性组分。

相对非活性载体又可分为三类：

一是绝缘体。这是一种导电能力小到可以忽略不计的固体，是一些无定形或微晶形物质。价数不变且稳定的金属氧化物常属于这种类型。天然物质有硅藻土、白土焙烧后的产物、蛭石等，用强酸处理后，它们本身变成强酸性催化剂。

二是半导体。金属氧化物很多都是半导体，它们在足够高的温度下表现出导电性。具有高熔融温度的半导体氧化物都可用作载体，TiO_2、Cr_2O_3、ZnO 都是用得较多的半导体，它们分别用作加氢，脱氢及一些非贵金属催化剂的载体。

活性炭、石墨也属于半导体载体，石墨的比表面积较小，活性炭的比表面积较大。

三是金属。通常，金属不用作载体，但它们比其他物质具有导热性好、机械强度高、制造方便等优点。金属对活性组分的粘着性很差，它除去作为一些小面积无孔产品以外，一般是制成多孔性薄片状形式。例如，蜂窝状骨架镍和在金属上喷镀其他活性金属制成的催化剂就是一个例子。

② 按载体物质的表面积分类。载体比表面积这一结构因子，对于活性组分分散在载体上引起催化活性改变是一个很重要的因

素。所以，通常从表面积这一角度出发，将载体分为小比表面积载体和大比表面积载体两类。

一是小比表面积载体。表 4-11 示出了一些常用载体的比表面积及孔容数据。小表面积载体的特点是比表面积较小，一般低于 $20m^2/g$，如碳化硅、刚铝石、浮石、刚玉、耐火砖等。使用小表面积载体制备催化剂时，大多是先制好载体，然后再将活性组分分散在载体上。通常，载体对所负载的活性组分的活性无重大影响。

表 4-11　一些载体的比表面积及孔容

项　目	载体名称	比表面积/(m^2/g)	孔容/(mL/g)
合成产品	硅　胶	200~800	0.2~4.0
	白　土	150~280	0.4~0.52
	$\gamma-Al_2O_3$	150~300	0.3~1.2
	$\eta-Al_2O_3$	130~390	0.2
	$\chi-Al_2O_3$	130~390	0.2
	$\alpha-Al_2O_3$	<10	0.03
	硅酸铝		
	低铝	550~600	0.65~0.75
	高铝	400~500	0.80~0.85
	分子筛		
	丝光沸石	550	0.17
	八面沸石	580	0.32
	活性炭	500~1500	0.25~2.0
	碳化硅	<1	0.40
	氢氧化镁	30~50	0.30
天然产物	硅藻土	2~30	0.5~6.1
	石　棉	1~16	—
	浮　石	<1	—
	铁钒土	150	0.25
	刚铝石	<1	0.33~0.45
	耐火砖	<1	—
	多水高岭土	140	0.31
	膨润土	280	0.46
	刚　玉	<1	0.08

小表面积载体一般又可分为有孔及无孔两种类型。常用的有孔小表面积载体包括硅藻土、浮石、碳化硅烧结物、耐火砖、多孔金属等，它们的比表面积小于 $20m^2/g$。这些载体的特点是具有较高的硬度和导热系数，在高温下具有稳定的结构。它们常用于活性组分对于所选择的反应是非常活泼的情况。多孔的金属产品，如多孔的不锈钢及熔结金属物质也可用作载体，通常是将他们制成薄片形式。总的说来，这类载体由于比表面积很小，常限制了它们的应用。

无孔小表面积载体的比表面积在 $1m^2/g$ 左右，它们具有很高的硬度及导热系数，如刚玉、石英粉等。这类载体仅用于活性组分是极端活泼的场合，在部分氧化及放热量很大的反应中，使用这种载体可以避免发生深度氧化及反应热过度集中。

二是大表面积载体。这类载体的特点是比表面积较大，通常为几百 m^2/g，高的可达上千 m^2/g，常用的有活性炭、硅胶、氧化铝等。它们的孔结构多种多样，常随制法而异。它们也是使用最广泛的一类载体，载体的性质会对所负载的活性组分产生较大影响。通常也将它们分为无孔及有孔两种类型。

无孔大表面积载体的比表面积超过 $5m^2/g$，它常采用称之为颜料的物质，如氧化铁、炭黑、高岭土、TiO_2、Cr_2O_3 等。制备时往往需要添加粘结剂，经成型后再高温焙烧。

有孔大表面积载体的比表面积通常超过 $50m^2/g$，孔容大于 0.2mL/g，如硅胶、氧化铝、活性炭等。这类载体自身呈现酸性或碱性，并由此影响催化剂的催化活性。有时它们还提供反应活性中心，如铂重整反应所用的 $Pt-Al_2O_3$ 催化剂，载体 Al_2O_3 就起着酸性活性中心的作用。

有孔大表面积载体通常用在要求有最大活性及稳定性的场合，载体为活性组分提供很大的有效表面并增加其稳定性。但是，载体的稳定性一定要与活性组分的稳定性结合起来考虑。如果反应产物还会进一步反应，而且选择性又很重要的话，就宁可选择较小面积、较大孔径的载体，这样就会对接触时间有较好的均匀性。为了使得用这类载体制得的催化剂具有最好活性，活性组分应该能适当地分散在载体上。制备这类载体时，可以根据不同原料及产品性能要求，选择适宜的工艺条件采取多种制法。如氧化铝可以通过其晶体水合物或氢氧化物经共沉淀或不同热处理条件，制得具有不同晶相的氧化铝。

由上可知，载体的种类很多且对于不同的使用要求起着不同的作用，载体的孔结构、机械强度、物理性质都可能对催化剂的性能产生影响。所以，认真选择载体对于催化剂制备显得十分重要。选择载体时，可以从化学因素及物理因素两个方面加以考虑，如图 4-11 所示。

载体的物理性质若与要求的化学性质相协调，则载体的物理性质可能主要影响载体的选择。这时，机械强度、比表面积、孔隙率等参数都十分重要。

3. 催化剂的实验室制备

催化剂的主要组分及次要组分选定后，就可进入实验室制备阶段。图 4-12 示出了固体催化剂的实验室一般制备过程。

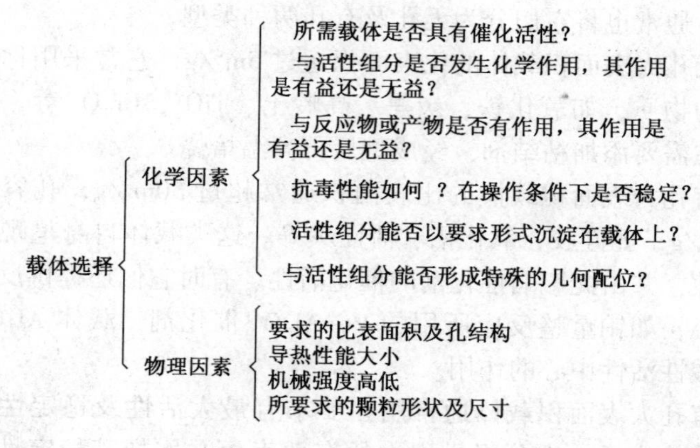

图 4-11　载体的选择方法

显然，实验室制备过程的要求与工业制备的要求是不一样的。这一阶段主要精力在于开发工艺过程所需要的一个具体催化

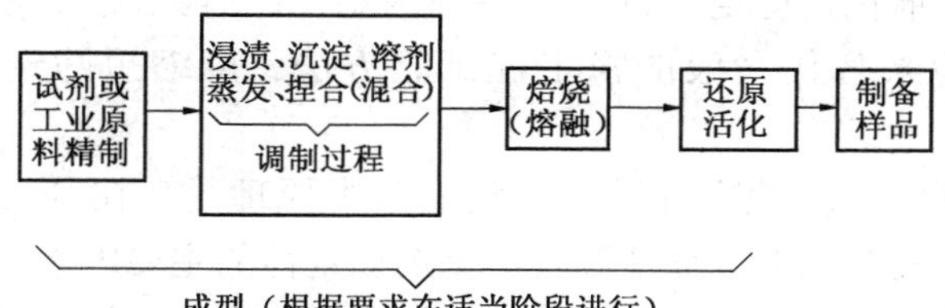

图 4-12　固体催化剂的实验室制备过程

剂样板，而不是催化剂的完善工业制法。催化剂制造一般采用实验室仪器及玻璃器具，因此它暂不考虑工业制造过程中会遇到的这样或那样的工程问题。催化剂生产需要的化工原料种类繁多，有的催化剂对原料要求苛刻，在实验室制备阶段，多数原料采用试剂级，如使用工业原料，往往要对原料进行认真精制，并对催化剂制备条件进行很严格的控制，且要求能重复制得所要求的催化剂物性。

4. 实验室活性评价

对筛选确定的、用于某一类型反应的催化剂的性能作进一步考察，就是实验室活性评价。对于催化剂的开发研究来说，活性评价装置就像眼睛一样重要。人们总希望它能够正确反映出催化剂的本来面目，从而引导催化剂的研制和生产顺利进行。常用的实验室评价反应器类型及它们的性能特点，已在第二章中介绍。催化剂的实验室活性评价是一更深入、细致、全面系统了解催化剂性能的过程，评价的主要项目是活性、选择性。评价催化剂的工艺条件，主要包括反应温度，压力、接触时间、反应气配料比等。为了获得重复的实验数据，通常都希望在恒温条件下进行反应，但在反应伴有强烈放热或吸热的情况下，想获得无轴向及径向温度梯度的恒温段是比较困难的。

一个催化剂在实验室评价中获得较为满意的活性、选择性结果后，通常还需考虑催化剂的稳定性。考察催化剂稳定性是一项既困难又耗费人力、物力、时间的工作。具体做法是在活性评价装置上，在模拟的工艺生产条件下长期运转以考察催化剂性能变化。由于催化剂稳定性试验的各种困难，已有人应用“催速”稳定性试验来替代一般的稳定性试验方法，以缩短筛选催化剂时间。

所谓“催速”稳定性试验方法的基本原理是：在分析催化剂失活原因的基础上，抓住影响催化剂稳定性的主要因素，使之强化以加速失活作用的进程，从而缩短稳定性试验时间。因为不同反应过程和不同类型的催化剂其失活的原因和机理不同，因此“催速”稳定性试验的具体做法也不相同。例如，重油或渣油加氢脱硫催化剂的失活主要是由于重金属(Ni 和 V)的沉积及沥青质在催化剂上结焦造成。因此，在改进和开发这类催化剂时，用含重金属和沥青质极高的油做评价原料，就可达到“催速”效果。

4-3-4　试制催化剂

由实验室决定了催化剂的制备基本工艺及催化剂配方中各个参数对成品性能的影响后，就为下一阶段的催化剂试制提供了设计数据。

将实验室成果放大到中间试验或工业生产，是催化剂开发真正开始收效之时。可是，将由每批数十克至数公斤的实验室规模，扩大到每批几十以至数百公斤的规模时，选择合理的工艺条件是十分重要的问题。在第三章中已经介绍了催化剂的主要生产方法。在试制催化剂时，必须认真找出实验室和工厂之间的差别，认真选择混合、沉淀、过滤、洗涤、浸渍、干燥、焙烧等单元操作条件。在试制工作中首先应该注意到，扩大生产的催化剂的主要质量指标(如活性、选择性、强度和稳定性等)应该达到实验室水平，而且每批产品质量有较好的重复性；其次，要考虑到工业生产时应尽可能降低生产成本并减少环境污染的要求。

在选择制备工艺条件时，应该注意到，化学组成是决定催化剂性能的主要因素。但对相同的化学组成，制造方法不同，其催化性能也会有很大影响，这是因为制造方法会改变催化剂的化学结构和物理结构，而且这种内在联系有时还十分复杂，不容易明确鉴别。以催化剂的机械强度为例，如图 4-13 所示，它有许多因素会影响强度高低。

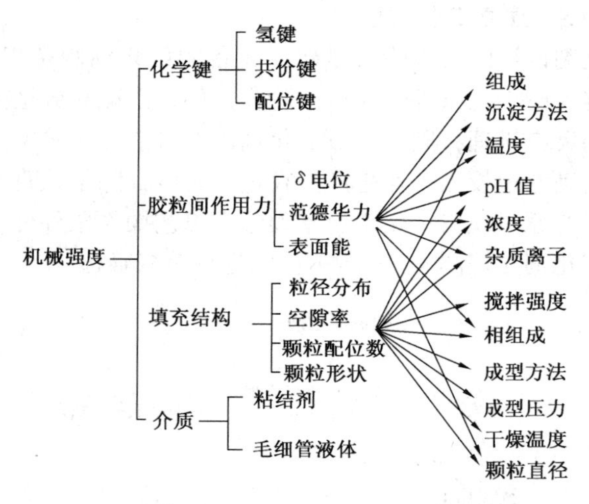

图4-13 制备方法对催化剂机械强度的影响

在试制催化剂过程中，经常会出现产品性能重复性不好的现象。这时应从两方面找原因，第一个原因与制备工艺选择无关，主要是由于质量检测及控制手段不完善或由于操作人员不熟练等原因造成的。这时，只要加强质量检测工作，提高操作水平就可以得到改进。第二个原因是选择的工艺条件及单元操作设备不妥当引起的。一般说来，所选择的工艺参数范围越窄，制备的产品质量越高、重复性就越好；反之，则重复性差。可是，选择的工艺参数范围越窄，会使工艺过程和设备复杂化，控制精度提高，生产投资费及操作费用增加。此外，催化剂原料选择也是影响性能重复性的一个原因。在实验室中，为了排除干扰，可以使用试剂等纯净原料，而在扩大生产时，就应该使用工业原料，因为工业原料与试剂的价格相差几倍甚至几十倍以上。而且从供应来源看，大量纯净原料要在市场上购得也是困难的。使用工业原料时，其杂质能否在选择的工艺条件中降低到最低限度是设计时必须考虑的，因此原料杂质对催化剂性能的影响情况必须认真作试验。

4-3-5　建立工艺过程

催化剂设计的最终阶段是建立完备的催化剂制备工艺过程，确定最佳反应工艺条件。在这一阶段，如果已能充分地了解所开发工艺的反应机理，则大多数催化剂都有可能在实验室及中间试验基础上满意地投入工业生产。在这一阶段，除了认真确定催化剂各种生产原料规格、生产设备型号及工艺操作条件外，对初次生产的催化剂先按图 4-14 所示步骤进行考核筛选。

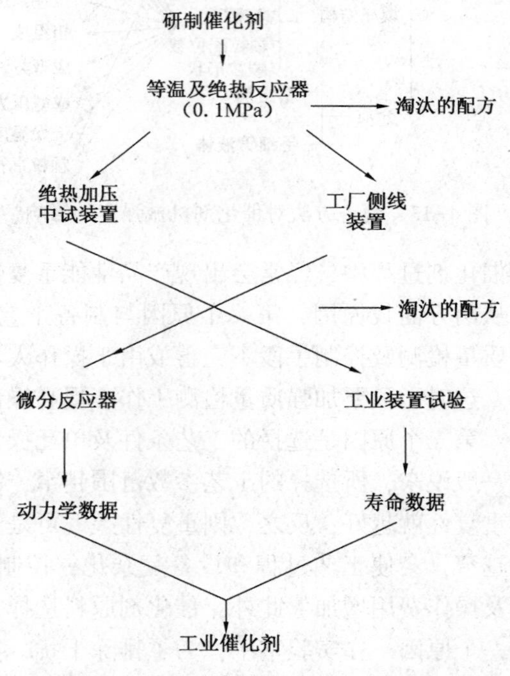

图 4-14　工业催化剂筛选步骤

一般对在常压下进行初步筛选后有希望的配方，在中间试验或工厂侧线经受更严峻的考验(必要时还可在加压下进行)，以获得基本的动力学数据及寿命数据，同时在确定的各种操作条件下获得中毒方面的数据。

工厂侧线装置的寿命试验是催化剂暴露于“实际”气体的唯一方法。有时，这些气体可能会含有某些影响催化剂性能的痕量杂质。

除了对催化剂的活性、选择性进行考核以外，这一阶段还应进行机械强度试验。因为工业催化剂必须具有良好的机械强度才能保证长期运转。

为了考察反应介质和温度对催化剂强度的影响，有时对样品先进行苛化处理再测定其压碎强度。例如，对 4A 及 5A 分子筛，除了用一般方法测定压碎强度外，还测定其沸水强度。方法是取一定数量活化后的成型产品，放到沸腾水中煮沸 2h，然后把试样取出，计算其破碎的、有裂纹的和未发生变化样品的比例，再将未发生变化的样品干燥后再测定其耐压强度。

经过中间试验或工厂侧线装置及强度试验筛选得到优质催化剂后，反应形式及最佳工艺条件也随之而定。筛选得到的催化剂也就可推广应用于工业装置中。

上面简要地介绍了催化剂设计的一般程序。实际上催化剂设计并不只有一种途径，同时还必须对各个阶段中的试验结果和正确评价进行适当的反馈。特别是设计中的反馈周期，从各种观点看，实验室的试验都是必要的，而且试验结果可供作修改设计的基本概念。如果试验表明反应路径 A 通常会导致生成比反应路径 B 更理想的产品系列，则可将设计工作加以调整，并把主要精力置于 A 路线上。

如前所述，催化作用是一种十分复杂的现象，因而按特定要求作的一项试验，可能由于没有考虑到第二因素而得到错误结果。有时往往在接近设计终末过程而发现某种逆反应更具吸引力。可见在各个阶段中反馈的重要性。

应该指出，催化剂设计还处于发展之中，在现阶段，催化剂的实验室研制和试验仍十分重要且占有主导地位。在开发新催化剂体系时，现在正处在已知领域和未知领域的边界上，在设计阶段，无论是制备、评价、工艺及分析测试都要紧密合作，才能缩短开发周期。由于计算技术的迅速发展，现在已能利用电子计算机设计催化剂了。

4-4 甲基丙烯酸催化剂的应用开发

4-4-1 催化剂开发目的

以甲基丙烯酸甲酯(MMA)为主原料的甲基丙烯酸树脂是一种具有优良透明度和独特耐候性的合成树脂，近年来在光盘、光导纤维等高技术领域中有着大量需求。除此以外，甲基丙烯酸甲酯还广泛用作聚氯乙烯改性剂、涂料，乳胶、高级酯和其他精细化学品领域。

自 1937 年英国 ICI 公司实现甲基丙烯酸甲酯工业化以来，虽然经历了几十年时间，但仍一直沿用丙酮氰醇法生产，这在合成化学的产品中可以说是一个特例。之所以产生这种情况，是因为随着石油化工发展，作为丙酮氰醇原料的氢氰酸和丙酮的供应很充足，丙酮氰醇法生产甲基丙烯酸甲酯的经济效益极高的缘故。

但是，一方面，由于氢氰酸毒性强，丙酮氰醇法不可避免的废酸处理等环境污染问题日益严重，人们期望用新的工艺技术来代替丙醇氰醇法。另一方面，为了有效利用 C_4 馏分，异丁烯又是最合适的原料，所以考虑利用异丁烯合成甲基丙烯酸甲酯的新方法。日本触媒化学工业公司，是以直接气相氧化技术为基础制造各种有机酸的公司，它在 20 世纪 70 年代初期已确立了丙烯氧化制丙烯酸酯工业技术。以与 C_3 氧化相类似的 C_4 直接氧化法合成甲基丙烯酸甲酯为主要目标，并开始进行催化剂的设计与开发工作。

4-4-2 催化剂设计及开发经过

1. 假设反应机理

异丁烯存在于石脑油裂解的丁烷-丁烯馏分抽掉了丁二烯后残余的 C_4 馏分中。残余 C_4 馏分是主要由约 45%的异丁烯、约 37%的正丁烯和约 16%的丁烷组成的混合气体。目前作为化工原

料利用的残余 C_4 馏分的利用率还较低，人们关注着它的有效利用。由于丙酮氰醇法面临的种种问题使甲基丙烯酸甲酯成本提高，所以提出以残余 C_4 馏分中的异丁烯为起始原料制取甲基丙烯酸甲酯的新工艺路线，这种方法的反应过程如下：

$$\text{残余}C_4\text{馏分}\begin{cases}\xrightarrow[\text{水合}]{H_2O} CH_3-\underset{CH_3}{\overset{CH_3}{\overset{|}{\underset{|}{C}}}}-OH\text{（叔丁醇）}\\[2ex] \xrightarrow{\text{分离}} CH_2=\overset{CH_3}{\overset{|}{C}}-CH_3\text{（异丁烯）}\end{cases}$$

$$\text{异丁烯（或叔丁醇）}\xrightarrow[\text{催化氧化}]{O_2} CH_2=\overset{CH_3}{\overset{|}{C}}-CHO\text{（甲基丙烯醛）}$$

$$CH_2=\overset{CH_3}{\overset{|}{C}}-CHO\xrightarrow[\text{催化氧化}]{O_2} CH_2=\overset{CH_3}{\overset{|}{C}}-COOH\text{（甲基丙烯酸）}$$

$$CH_2=\overset{CH_3}{\overset{|}{C}}-COOH + CH_3OH\xrightarrow{\text{酯化}} CH_2=\overset{CH_3}{\overset{|}{C}}-C\begin{matrix}\nearrow\!\!\!\!=O\\ \searrow OCH\end{matrix}$$

（甲基丙烯酸甲酯）

在上述反应中，当异丁烯用作合成甲基丙烯酸甲酯的原料时，无论是以叔丁醇或是直接以异丁烯的形式分离出来并不困难。而最后一步酯化工艺是用酸催化剂将甲基丙烯酸和甲醇反应，这也是比较成熟的工艺。所以将 C_4 直接氧化制甲基丙烯酸甲酯的主要技术困难是氧化工序，也就是将异丁烯(或叔丁醇)先经气相催化氧化生成甲基丙烯醛，然后甲基丙烯醛再气相催化氧化生成甲基丙烯酸。在前后两段氧化反应器中，使用不同的催化剂，这些氧化催化剂的性能决定了新合成法的经济性。

2. 设定目标

设定目标是一项十分重要的工作。所谓设定目标是由原料出发要做成什么，选择什么样的反应器形式，要求达到的目的收率等。

这种催化剂开发的目标设定实例如表 4-12 所示，由于日本触媒化学工业公司对 C_3 直接氧化法催化剂的研究和工业化应用有许多经验，积累了很多技术数据，可以利用现有的许多信息资料，所以可以缩短和简化研究周期，制订出较为可行的目标。

表 4-12 催化剂设定目标

① 确立 C_4 催化氧化制甲基丙烯酸甲酯的工艺过程；
② 气相氧化关键步骤甲基丙烯醛的转化率接近 100%；
③ 气相氧化关键步骤甲基丙烯酸的收率在 60%(摩尔)以上；
④ 采用固定床反应器，前后两段直接反应方式；
⑤ 前后反应段空速达到 $1000h^{-1}$左右；
⑥ 催化剂使用寿命要超过一年

3. 催化剂开发程序

根据以上催化剂设定目标，该公司所进行的催化剂应用开发程序如图 4-15 所示。其中所经历的时间顺序大致如下。

1972 年——开始进行前期准备及催化剂基础研究。

1976 年——在实验室前期研究基础上，开始放大到前后两段反应器直接氧化的模试规模，大约为实验室规模的 20~30 倍，主要验证前后段催化剂性能、使用寿命及发现存在问题，制定实用催化剂制备方法。

1980 年——开始进行中试，其规模为实验室的 500 倍。通过中试更进一步暴露了过程中存在的各种问题，确定了直接氧化的各种最佳操作条件，最终确立实用催化剂制造技术。

1982 年 5 月——年产 15000t 的生产装置开工，进一步改进催化剂，进行生产考核，提高时空收率。

1984 年 7 月——年产 40000t 大型生产装置开工。

从上述催化剂开发程序看出，从基础研究到工业化为止大致花费 10 年时间。

4. 实验室、模试及中试开发过程

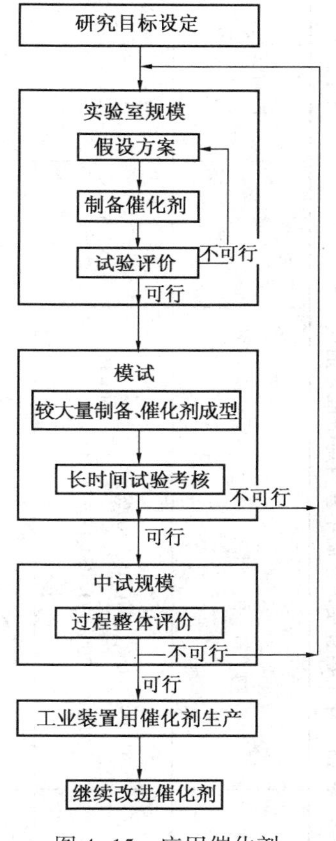

图 4-15　应用催化剂开发程序

由图 4-15 可见，催化剂开发主要经历实验室、模试及中试三个阶段，这也是最费精力的过程。下面简单介绍催化剂在这三个阶段的开发情况。

（1）实验室规模筛选催化剂

① 前期准备工作。催化剂开发研究的前期准备是测定反应原料 C_4 成分及甲基丙烯醛的爆炸范围和测定氧化生成物甲基丙烯醛与甲基丙烯酸的自动氧化反应。这种测定数据主要为设定反应操作条件及设计模试装置提供依据。例如，在催化剂筛选时，在需要大量供氧的工艺条件下，即使催化剂活性及选择性都很好，可是由于发生异常的燃烧反应或存在爆炸的危险性，在放大阶段就不能采用这种工艺条件。

② 催化剂筛选。在开始研究催化剂配方时，曾试图用与该公司 C_3 氧化催化剂相类似的钼、铁、铋系催化剂进行 C_4 氧化的实验室小试。实验结果表明，催化剂初活性及选择性还可以，但活性不能保持，下降很快，因此对催化剂体系要重新进行研究。这一阶段研究的重点是找出一个活性高、选择性好、使用寿命长，高沸点芳香族副产物少的催化剂配方。

异丁烯直接气相氧化制丙烯醛筛选出的适用配方如表 4-13 所示。

表 4-13　异丁烯直接氧化制甲基丙烯醛催化剂

催化剂组成	物料配比	反应温度/℃	异丁烯转化率/%	甲基丙烯醛选择性/%
Co-Fe-Bi-W-Mo-Si-Ti-X X=碱金属或碱土金属	$iC_4^=$ 1%~10%，H_2O 10%~60%， N_2 20%~70%，O_2 5%~18%	250~450	92.5	78~84
Co-Fe-Bi-W-Mo-Si-K-P 4∶1∶1∶2∶10∶1.35∶0.2∶0.1	$iC_4^=$∶空气∶H_2O= 4∶51∶45(体积比)	295	96	73
Co-Fe-Bi-Mo-Si-Ca-P 4∶1∶1∶12∶1.35∶0.1∶0.05	$iC_4^=$∶空气∶H_2O= 4∶51∶45(体积比)	290	97.2	91.1
Co-Fe-Bi-W-Mo-Si-Ti 4∶1∶1∶2∶10∶1.35∶0.3	$iC_4^=$∶空气∶H_2O= 5∶55∶40(体积比)	310	93.5	81.5

从异丁烯两步氧化经甲基丙烯醛生成甲基丙烯酸的过程看，第二步氧化即甲基丙烯醛氧化为甲基丙烯酸是开发工作关键而又最困难的一步。因为这一步氧化是很复杂的反应，如催化剂活性过高，甲基丙烯醛将完全氧化为 CO_2 和 CO，或生成乙酸和丙酮等大量副产物。所以也是很多研究者未能实现工业化的主要原因。

开始研究时也采用丙烯醛氧化催化剂，由应用 Mo、V 复合氧化物催化剂开始，但是催化剂活性、选择性均低，判断不能作为实用催化剂，从而停止了对该体系催化剂的研究。从过去的经验知道，活性低但选择性高的催化剂比活性高但选择性低的催化剂有前途。从 1970 年下半年开始公布的许多 Mo、P 系催化剂专利得到启发，这种催化剂体系为具有笼型结构的杂多酸。因此判断本研究中钼磷酸体系可能作为实用催化剂，并以此为基础进行集中探索。

在探索研究中，除了对催化剂组成进行反复试验以外，在改善催化剂活性、选择性、寿命的同时，还谋求改善工业催化剂必要的成型性、机械强度及催化剂重复性。

通过实验室的工作，阐明了甲基丙烯醛即使在无催化剂时，在 320℃ 以上就有显著自动氧化作用使其分解为其他产物，因此反应器必须在甲基丙烯醛和氧在与催化剂接触前不使之提前混合，即不能预先混合，而应将两种气体分别直接投入反应器。研究中还发现，有 1/5 以上甲基丙烯酸在氧和 Co-Mo 催化剂存在下，在 350℃ 以上裂解成为丙酮和 CO_2，甲基丙烯酸选择性低是由于连续氧化反应。这种连续氧化反应取决于催化剂的制备方法、反应温度、接触时间和进料气中物料的浓度等因素。

（2）模试　在实验室催化剂筛选基础上，模试采用所设想工业装置的反应器和催化剂，选择异丁烯或叔丁醇为原料，前、后段反应器直接反应的形式，反应器内的气体线速度大致与工业装置条件相接近，模试用催化剂的数量为实验室规模的

20~30倍。模试试验的主要考核目的是：①证实实验室筛选得到的催化剂活性、选择性、寿命及产物收率；②预测用作实用催化剂的各制备环节；③如果候选催化剂符合预期效果，确定最佳反应条件；④从反应工程角度求取有关数据，根据这些考核目的，在模试过程中要测定实用催化剂的比表面积、孔容、细孔分布、机械强度等有关物理化学性能。完善模试制备催化剂的各个环节，如催化剂中间体制备、成型、干燥、焙烧等单元操作的最佳工艺条件。模试制得的催化剂性能应能重复实验室制备的结果。

（3）中试　催化剂完成实验室筛选和模试，也还只能算开发工业催化剂的开始，要把这种催化剂推向工业生产还有很长的历程。实验室筛选催化剂主要包括催化剂活性组分、载体及制备方法研究，侧重于化学和物化研究。在中试过程，除了重复模试常规参数，如温度、压力、空速外，既要考虑催化剂本身制备的工程问题，还要考虑到工业原料及杂质的影响、反应器的选型、结构及优化等问题。

一般来说，开发一种新的工业催化剂，在化学与工艺方面有许多成熟的经验和规律可循，但一些工程问题，除了一些简单反应外，往往没有现成规程可循，而必须在实际考察中选择最佳方案。

在甲基丙烯酸催化剂的中试阶段，在验证催化剂性能的同时，应着重解决的问题是：①确定如何防止前段反应器出口气体中甲基丙烯醛发生自动氧化的方法；②证实前后段反应器直接反应方式的可能性，各段反应器中催化剂的选择性和产品收率；③研究前后段反应生成的 $C_{1\sim4}$ 醛、脂肪酸及焦油状物质的回收方法。

在中试进行了1~2年时间后，基本上完成了前述实用催化剂开发程序及催化氧化系统工艺过程。最后应用在工业装置上的催化剂性能如表4-14所示。

表 4-14　工业催化剂性能

项　　目	前段催化剂	后段催化剂
反应温度/℃	340~370	270~330
C_4 转化率/%	>98	—
甲基丙烯醛转化率/%	—	80~85
甲基丙烯醛选择性/%	>83	—
甲基丙烯酸选择性/%	>2	>80
催化剂使用寿命/a	>3	>2

4-5　组合催化技术及其应用

4-5-1　组合催化技术的应用程序

组合催化技术是一种将组合化学原理应用于催化剂的设计、筛选、评价、表征等方面，并能对大量催化剂样品进行研究的方法，是近期出现的一种新型催化剂技术。

所谓组合化学，是一种将化学合成、计算机辅助分子设计、分析化学、仪器检测及机器人技术等合为一体的合成技术。它可以在很短时间内将选定的不同结构的化学原料和中间体，作为分子基础模块用共价键系统地、反复地进行连接，从而衍生大批相关的化合物，形成化合物库，同时进行性能测试，筛选出有目标性(或活性)的化合物(或称靶子物)。这样可免除某种化合物的单独合成及结构性能测定，简化了发现具有目标性能化合物的过程。因此，组合化学也成为目前化学领域内颇为活跃的前沿之一。

近来，许多催化剂开发者日益意识到传统的研究技术在催化剂制备、筛选、性能评价甚至在催化反应操作因子的优化等方面存在许多不确定性，希望通过更有效的方法或技术来加快催化剂研发过程。

组合催化技术可以将结构及性能不同的催化剂基础模块经反复连接，制备数目众多的相关催化剂或化合物，也称为合成库，然后进行鉴定、性能筛选，得出一组具有目标(或期望)催化特性的催化剂。就组合方式而言，可以是相似组合、相异组合或类比组合；而就组合的单元而言，可以是二元、三元或多元组合；就组合的原则而言，应采用可操作性原则、创造性原则、最佳配置原则及经济节约性原则等。也即新组合的催化剂系统应该是一种最佳体系，而且在现实条件下又是可操作的系统，并在整体性能上优于未组合之前的体系。

至于对化学反应起催化作用的方式，可以是化学催化剂(如金属氧化物催化剂、酸碱催化剂、过渡金属催化剂等)，也可以是能量催化剂(如光催化、电催化、微波等)，还可以是生物催化剂(如淀粉酶、脂肪酶等)，将这些催化方法组合运用，可以协同作用，优势互补，使以往难以发生或速率很慢的反应变得容易进行，既能得到很高的选择性和转化率，还能制得高性能的目的产物。例如，利用光催化的 TiO_2 净化废水的催化体系，就是利用光催化和半导体 TiO_2 的催化作用相结合的一种体系。它是采用多种催化方式组合而应用于催化过程的一个典型例子。又如，利用低温放电等离子体催化耦合脱除烟道气中 SO_2 的耦合脱硫过程也不同于传统的催化技术，它可以看作是化学催化与电催化相结合的一种反应过程，通过化学催化与电催化作用的二者优势互补，利用低温放电等离子体的能量提供脱硫反应所需的活化能，使得平常化学催化剂做不到的常温催化还原 SO_2 为单质硫的反应成为可能。

通过组合化学技术发现和优化催化剂的大致程序如表 4-15 所示。首先是涉及目的反应物所需催化剂的认定，这就要收集各类有潜在可能的催化剂前体，采用组合方式合成与筛选，找出可进一步研究开发的领头前体。同时考虑活性、选择性、寿命等因素进一步优化筛选，在此基础上所采集的信息参数，作为催化剂工业应用所必需的技术支撑。

表 4-15 组合催化技术应用程序

序号	应用程序	样品数/个
1	对实验室制备催化剂目标前体(靶子物)的认定	
2	初次筛选出领头的催化剂母体	10^4 个化合物(或样品)候选鉴定
3	二次优化筛选(活性、选择性、机械强度、使用寿命等)	5000 个化合物(或样品)
4	三次筛选过程优化(小试评定)	100 个化合物(或样品)
5	进一步过程优化(中试检测)	1~10 个化合物(或样品)
6	工业应用	选取 1 个催化剂用于生产装置

4-5-2 高速筛选技术

到目前为止，将组合化学引入催化研究中，特别是多相催化作用，其主要技术难度在于开发适宜的筛选技术，而不是对催化剂本身的改进。因此，高速筛选技术在组合催化技术中占有十分重要的地位。近期常使用的高速筛选评价反应器有以下几类：

(1) 红外温度记录技术　由于多数催化反应是放热的，催化剂本身会存在“热点”，而对目标反应而言，活性最高的催化剂的产率必然是最高的。所以，反应过程中的温度变化较大，在筛选过程中，通过红外照相技术，就可识别活性最好的催化剂。由于该技术能精确地检测出低到 0.1K 的温度变化，即使所用催化剂样品量很小，其测定结果也是有效的。

(2) 荧光酸碱测试技术　这是将反应产生的 H^+ 转换成荧光信号所进行的一种检测技术。例如，在直接甲醇燃料电池阳极催化剂的筛选中，通过将阳极反应产生的 H^+ 转换成荧光信号，所测得的最强荧光信号的材料，就显示最好的催化活性。采用这种方法，可对数百种由 Pt、Ru、Ir、Rn、Os 等金属元素组成的二元、三元或四元合金催化剂库进行筛选，获得具有最好催化活性的合金催化剂组成。

（3）共振强化多光子离子化技术　它是使用紫外激光，并对反应产物有选择性地离子化，然后利用电极对离子进行检测，以此来鉴别产物分子。操作时将反应气体通过每个催化剂试样点，同时用紫外激光束在试样上方的空间通过，通过调节波长，有选择性地将反应生成物离子化，并由安装在试样上方，靠近紫外光束的微电极进行监测，从而可将有催化活性和无催化活性的试样区分出来。这种技术的选择性好、误差小，但要求不同的分子要具有不同的离子势，从而可选择性地加以区分。例如，对于环己烷脱氢制苯反应，采用这种技术对负载于 $\gamma\text{-}Al_2O_3$ 的 Pt、Pd、In 三元合金催化剂的筛选是十分有效的。

除了上述技术外，扫描质谱技术、X 射线散射技术、气相色谱技术等也可用于筛选工作。

第五章　催化剂的使用和保护

如前所述，催化剂是一种高科技产物，基本原料所占成本并不太高，但研究开发及生产费用所占比率较高。工厂的有效操作很大程度上取决于催化剂的使用情况，所以实际操作经验的积累十分重要。对各类以吨计的石油化工产品而言，催化剂使用量以千克计算。它在生产成本中所占比率很小，根据工艺条件虽有所差异，一般所占比率约为0.5%~1%。但是催化剂的好坏却会对生产效益产生巨大影响，有时，转化率只要提高或降低1%，就会对产品产值产生数十万以至数百万元的影响。催化剂效能的正常发挥与许多因素有关。因此，石油化工企业的技术管理者应充分了解催化剂的使用条件，深入了解催化剂的特性及反应器工艺操作条件，以使催化剂保持良好的活性、选择性及较长的使用寿命。有时，管理人员往往比较重视新装置验收、操作人员培训、设备检验等，但对催化剂的处理没有应有的重视，从而贻误开车或因催化剂原因被迫停车，需要全部或部分更换新催化剂。

5-1　催化剂实验室成果推向工业生产及催化剂订购

5-1-1　从实验室成果推向工业生产

石油化工领域使用的催化剂，大多是固体催化剂。催化剂的实验室开发工作大都由一些化工公司、高等院校及石油化工科研单位所承担。它们承担的研究可能是新工艺过程开发的一部分，或者是对现今生产用催化剂的一种改进。

一旦实验室开发已获成果需要进行工业生产时，就必须作出决定，究竟自己生产新催化剂，还是和催化剂生产厂签订协议一起开发以至最终制出合乎工业要求的催化剂。如果从经济角度考虑，后一种选择比较明智。因为催化剂生产所用单元操作涉及范围很广，包括混合、沉淀、浸渍、干燥、过滤、粉碎、成型、还原、焙烧等。催化剂生产厂常有完善的设备及操作经验，能在较短时间内，更经济地将新催化剂推向工业化，如与催化剂开发人员自己生产催化剂相比，则成功希望更大。

假若选定与催化剂生产者进行联合开发，双方就应尽早对下列事项进行了解及磋商：①可行性分析；②实验室开发中催化剂制备有良好的重复性；③中试规模放大——模拟“比率”影响及工业制备装置的某些关键操作；④原型催化剂(一种工业设备生产的催化剂)的生产、规模及产品规格；⑤长期供货协议及双方保密协议。

通常和催化剂生产厂的初步接触是在实验开发工作完成之后，只有到那时，实验室程序的大量重现，包括过程参数的全面研究才能使催化剂的发明得以证实，标准制备程序得以确定，全面表征催化剂的一组规格及分析检测程序得以建立。

一般情况下，由于实验室研究人员不清楚工业生产催化剂所需的设备类型及大小，也不了解高纯原料的价格和资源，对催化剂生产可能会造成的污染及对职业安全等有关问题也考虑得很少。鉴于这种原因，在开发阶段而不是在开发完成后，让催化剂生产厂参加到催化剂开发项目中来进行长期合作也许更为有利。许多问题及早磋商容易得到解决，经济上损失也较小。也就是说，与生产厂在催化剂开发初期，即催化剂制备最终确定之前的阶段进行磋商，生产厂就有可能根据自己的催化剂生产经验，提出改进的制备方案，以消除或减少某些问题带来的不利影响。

例如，假定实验室开发的制备工序中涉及一种沉淀过程，而制定的条件并不是所有组分能沉淀完全，一般在沉淀以后的工序是过滤，不完全沉淀意味着滤液中会含有一定量的这些化合物。如果这些组分中含有 Ni、Cr、V 等类重金属，那么在排放前必须将它处理到含量为 1μg/g 或更低。而这种处理往往是十分费时和费钱的。针对这些问题，催化剂生产厂可能会提出下述方案：

① 实验室开发时是否能够选择更适宜的原料及沉淀剂，或者改进沉淀条件使所有组分都能沉淀完全，从而不必处理排放物。

② 过滤的单元操作能否用其他操作——如喷雾干燥来代替，因为这种操作能回收全部组分，从而完全消除废料排放。

技术开发协议一旦生效后，催化剂发明者就开始向生产厂揭示催化剂发明详情，进行全部技术交底。生产者为了完成从实验室开发到工业化生产，应该先后进行下述工作：

① 生产厂应该先在本厂实验室内重复发明者在实验室内的制备程序，制造出一种满足全部规格的样品。要做到这一点并不是想象的那么容易。因为实验室设备各种各样，试验人员和工序的不同都会影响最终结果，催化剂生产厂完全有必要向自己和客户证明，客户实验中所完成的工作能够在生产厂的实验室内重现，只有做到这一点，生产厂才可开始检验工艺过程，开始将实验室制备步骤转变为工业化现实。

② 下一重要步骤是将实验室结果放大到中间试验或半工业试验，这是催化剂生产厂的催化剂开发专长真正开始收效之所在。

将实验室发明推向工业化的放大过程中，催化剂生产厂需要考虑许多事情。为此，必须设法找出实验室和工厂间的差别。例如，在催化剂生产中最常用的一个步骤——将一种溶液加到另一种溶液中去以生成沉淀的操作，在实验室情况下，溶液是从一个小烧杯倒到另一个烧杯中去，很可能产生一瞬间混合。在 20～40L 或 40L 以上的工厂规模，一种溶液用泵送入另一溶液，产生的混合作用显然在时间上有滞后作用。这种差异有可能成为影响产品性能的因素。

又如干燥是催化剂制备常用的单元操作。实验室内，干燥操作方便，将试样在傍晚前置于干燥箱内，待次日晨上班时取出即可。这种10多小时干燥作业是实验室极为平常的操作。可是在工厂中，长时间干燥消耗能量较多，所以在放大时，对干燥时间也需要重新验证，因为干燥速率常对催化剂的物理性质如孔容、堆密度等产生明显影响。

其他如生产时所处理溶液的腐蚀性、各种工艺参数(温度、压力、pH值等)的容许范围、三废处理及排放等，也是放大过程应认真对待的项目。

③ 一旦完成放大试验，确立了催化剂的工业制造程序，下一步通常是在原型设备中生产。原型设备的规模尽可能和工业规模接近，许多情况下，应采用和以后在工厂中使用的同样设备。因为这是使双方确信催化剂能在工业规模按要求的质量标准生产出来的唯一途径，制造的工艺过程能够得到确认和控制。原型设备运转结束，催化剂生产厂才能对催化剂的确定价格提出报价。原型设备运转一旦完成，并为用户鉴定满意后，就可实现工业化批量生产。

在投入生产后，催化剂开发人员和生产厂在工艺过程的各个步骤还需继续进行交流，对生产初期阶段及以后阶段的产品质量共同进行测试评价，以确保催化剂预期的成本、质量和产量。

5-1-2　订购催化剂

上面介绍的是催化剂发明者与生产厂共同协作将实验室成果开发为工业化成果的过程。另一种情况是催化剂使用者只是根据本厂工艺需要向催化剂生产厂订购催化剂。

向厂家订购催化剂时，有时由于保密或其他某种原因不能明确提出使用目的时，催化剂生产厂只能提供多种催化剂，由使用者多次试用，这样做又费时，收效也不太大。如果在订购催化剂时能向厂家告知反应种类(如加氢、氧化、异构化等)、反应器型式(固定床或移动床等)、是液相或气相反应等，同时能更详细地提供催化剂需要的形状、孔容、比表面积、强度，以及要求的活性、选择性、使用寿命等有关数据，催化剂生产厂就有可能提供更适用的催化剂，见效也就更快。

同一名称的催化剂，会有许多工厂生产，如骨架 Ni、Cu-Cr 等催化剂。即使在一个生产厂或公司中，同一名称的催化剂也备有多种，以供使用者复杂多样的要求。所以，为了得到适用催化剂，一定要与生产厂密切进行技术合作。

前面已经介绍，催化剂与只要符合一定规格就有市场的其他大规模生产的化工产品不同，它必须在实际工作条件下长时期运转中能保持优异性能才有工业应用价值。为了满足用户要求，催化剂生产厂一般都规定了质量控制项目，对原料、产品的物性和化学组成进行分析测试。而对用户来说，为了保证产品质量，也应该对催化剂的重要物理、化学性能进行抽样检测，并在购货合同上双方确认某些性能指标要求。例如，乙烯氧氯化制二氯乙烷催化剂的规格要求如下：

外观：黄绿色微球

铜含量：(5±0.5)%(质)

铁含量：<0.1%(质)

Na_2O 含量：<0.1%(质)

比表面积：(150±20)m^2/g

孔容：(0.35±0.05)mL/g

堆密度：(0.9±0.1)g/mL

粒度分布：0~30μm　8%~15%(质)

　　　　　<45μm　35%~45%(质)

　　　　　<80μm　85%~94%(质)

磨损指数：<2%/h

反应条件：流化床，反应压力：0.2MPa

　　　　　反应温度：220~225℃

5-2　催化剂的装填和使用

5-2-1　催化剂的搬运与储存

目前，催化剂一般是用铁桶或纤维板桶包装，装满桶的质量在30~250kg之间，桶内有一塑料袋以防止催化剂吸收空气中的水分而受潮。金属桶可以户外存放，但应注意防雨和防污。如长期存放，或使用非金属桶，就应储放在室内，并注意防潮，桶盖要盖严。

催化剂应尽量轻轻搬运，严禁摔、滚、碰、砸。金属桶包装时，虽然外皮比较结实，但内衬塑料袋易在摔、滚时破裂。人工搬运时应使用运桶手车、起桶杠等。装卸重量较大的桶时，最好使用小型移动吊车或升降叉车搬运。

一般说来，如果桶内塑料袋未破损，催化剂不与空气接触，就可保存很长时间。如果桶和塑料袋在运输过程中破裂，那就不能长期储存。所以，送入仓库储存时要检查包装的完好程度，对有破损的应及时更换包装或尽早使用。

催化剂是否受潮一般可从颜色变化看出来。如乙烯氧氯化制二氯乙烷催化剂，新鲜的未受潮的催化剂是黄绿色微球，如果受潮就变为淡绿色，严重受潮时会结块变硬。这时应再经干燥或其他处理方可使用。

5-2-2 催化剂的过筛与装填

新出厂的催化剂经过严格过筛，粒度大小是符合用户要求的。但由于运输过程中包装桶受到各种撞击，会产生一些碎粉，所以在装填之前，特别是固定床催化剂，在运送过程中产生过多细粉时，通常要经过某种方式的过筛。简单的过筛方法是将催化剂通过一个由适当大小网眼制成的倾斜溜槽。或者是在催化剂倒入装料斗时，用一压缩空气喷嘴将细粉吹掉，也可使用简单的人工过筛。一般不再使用振动筛，因为强烈振动及摩擦会造成催化剂更多的破碎及损失。当然，运输距离短、碰撞不多时，装填前就不必再筛分了。

催化剂往反应器内装填，操作虽然简单，但装填状态好坏却会对反应操作造成很大影响。固定床催化剂装入反应器时，首先应注意不要将催化剂在过高(不应高于0.6~1m)处自由落下。催化剂落下而无严重损坏的距离与催化剂的形状及强度有关。球形催化剂强度较差，条状或有角片剂较之更能经受得住坠落。其次要注意催化剂在反应床内填充均匀。不要采用将全部催化剂倒进反应器堆成一堆后再耙平的装填方法，这样做会使催化剂产生分级散开的趋向，较大粒度的催化剂滚向边缘，而细小粒子留在中心，导致分布不匀。

催化剂在反应器内的不均匀分布会造成床层差压不同，影响气体分布及催化剂的利用。举一个容易理解的例子，假设A、B两个相同的反应器并联使用，催化剂装填高度相同，但反应器A的催化剂空隙率比反应器B要高20%。当气流通过两个反应器时，气流的比值与空隙率之比值成六次方的关系，这就意味着77%的气体通过反应器A，而反应器B只有23%的气体通过，从而造成两个反应器的气流分布极不均匀。

反应器中催化剂的不均匀装填及气流分布不匀，还会导致操作上产生局部高温。如对乙烯中的乙炔进行加氢反应时，由于催化剂填充不匀，在气流慢的区域就会发生局部升温。

装填宽床层催化剂时要特别小心，因为在很大截面上要使催化剂均匀是比较困难的。如上所述，用耙平法分散催化剂不是太好的方法，最好能选用轻便的小型输送机来分散装填宽床层内的催化剂。

均匀填充的一种简便方法是使用一个装于加料斗的帆布袋。帆布袋装满催化剂并缓慢提起，使催化剂有控制地流入床层。同时控制帆布袋使催化剂卸在床层各个部位。

催化剂装填前应先称重，装填完毕后应计算填充重量并测定压力降，对于管式反应器，所有各管的压力降应在平均值5%左右范围内变化。压力降数值偏高，表明催化剂有破裂，需卸出后过筛重装；压力降偏低，表明催化剂装填过松，可采用振动的方法调整。

5-2-3 催化剂还原和氮封

催化剂在反应状态必然要求有高活性，但在运输、储存过程为了稳定和安全起见，则要求呈非活性状态。所以，相当一部分催化剂在出厂时是以高价的氧化物形态存在，未呈催化活性。在催化剂装入反应器后，进入使用状态前先要用氢气或其他还原性气体还原成为活泼的金属或低价氧化物。还原操作对催化剂的活性、选择性、强度及使用寿命都有显著影响，所以催化剂生产厂一般对需要还原的催化剂，应提供详细的还原操作条件。

同其他反应一样，催化剂还原也有反应平衡及反应动力学问题，也有还原方向、程度和速度等问题。温度、压力、空速及还原气组成等参数都会对还原效果产生影响。

1. 还原温度

每一种催化剂都有特定的开始还原温度、最快还原温度及最高允许还原温度。从化学平衡的角度看，如果催化剂的还原是一种吸热反应，提高温度有利于催化剂还原，如合成氨催化剂，通常是以 Fe_3O_4 的形式供货的，使用时必须将 Fe_3O_4 还原为金属铁。正常催化剂是用合成气或氢气按下述反应式还原：

$$Fe_3O_4+4H_2 \longrightarrow 3Fe+4H_2O-142\times10^3J$$

这是一个可逆的吸热反应，提高温度，平衡向右移动，有利于催化剂彻底还原，提高温度还有利加快反应速率。曾有人作过估算，对颗粒为 200～300 目的合成氨催化剂还原时，在 485℃ 还原，只需几十小时就可达到 100%还原度；而在 450℃ 还原则需 100 天才能达到 100%还原度；如果温度低到 400℃，则需 10 年时间。显而易见，温度提高可以大大缩短还原时间。但温度过高，容易引起催化剂微晶烧结、比表面积下降、活性下降。合成氨催化剂在 550℃ 以上操作活性就会损失，所以还原时要求将温度维持在低于 500℃。

相反地，如果还原是放热反应，提高温度就不利于彻底还原，所以要注意控制温度。例如，CO 低温变换用的 CuO—ZnO 催化剂还原时，CuO 还原热达到 88kJ/mol。还原时会放出大量热量，而铜又对温度十分敏感，极易烧结，这就要求严格控制还原温度。温度超过 280℃ 会很快发生烧结而引起比表面积和活性损失，通常认为最高操作温度为 250℃，催化剂还原温度不超过

230℃。通过用氮气等惰性气体稀释还原气体，降低还原气体的氢含量，使催化剂有控制地缓慢加热而被还原。

2. 还原气组成及空速

一般催化剂多用氢气还原，有些催化剂则用不同种类气体还原，所得效果就会不同。例如，用铜箔反复氧化和还原制备的铜催化剂，在分别用 H_2 和 CO 还原氧化铜而制得的两种金属铜，用 H_2 还原的催化剂活性要优于用 CO 还原的催化剂活性。原因是氢气的导热率远大于一氧化碳，使用氢气作还原剂比较容易散热，从而减少催化剂因再结晶而引起比表面积下降。

同一种还原气，因组成含量或分压不同，还原后催化剂的性能也是不同的。一般还原过程对还原气的组成要求都十分严格而且也比较复杂。在用氢气还原时，对一些催化剂可以用含有一氧化碳、水汽的氢气，如变换催化剂的还原；而用氢气还原合成氨催化剂时，则要控制水汽及一氧化碳的含量。至于重整催化剂对于水汽要求则更加严格。尤其是双金属重整催化剂还原时要采用“干氢”，也就是在还原时要求严格控制氢气中水汽的含量，因为氢气中水汽高时，会使催化剂上的氯容易流失、酸功能下降、活性组分分散度变坏，造成催化剂活性损失。

还原气的空速及压力也能影响催化剂还原质量。所谓空速是指单位时间通过单位体积催化剂的气体流量(标准状态下的体积)。催化剂还原是从颗粒的外表面开始的，然后向内扩散，如还原氢气的空速越大，即流过催化剂的氢气量也越大，使气相中水汽浓度降低，从而加快还原时生成的水从颗粒内部向外部的扩散速度，减少水汽效应，提高还原速度，有利于还原反应完全。

还原气体的压力能改变还原速度，对还原是分子数减少的反应，压力变化还会影响还原反应的平衡移动方向，提高压力可以提高催化剂的还原度。

3. 催化剂组成和颗粒度

催化剂的组成与催化剂的还原行为有关。加有载体的氧化物比纯氧化物料所需的还原温度要高些。例如负载于载体的 NiO

比纯粹的 NiO 显示出较低的还原性。金属含量较高的负载型催化剂，在由氧化物还原成金属的过程中会使强度降低。一般来说，焙烧后催化剂中可以还原的组分体积含量低于 50%时，其结构是一连续整体；而当可还原性组分含量高于 50%时，该催化剂的结构是由可还原组分和载体共同构成，它在还原时会出现明显裂痕而使强度下降。

催化剂颗粒的粗细也是影响还原效果的一个因素。在还原过程中，无论是扩散控制或是化学反应控制，颗粒度都会对还原过程产生影响。如对合成氨催化剂还原时，粒度为 0.6~1.20mm 的催化剂还原时所得催化剂相对活性为 100%，而改用粒度为 6.7~9.4mm 的催化剂还原所得相对活性只为 20%左右。显然，小粒度催化剂还原后活性高。这是由于在催化剂床层压力降许可的情况下，使用颗粒细的催化剂，可以减轻水分对催化剂的反复氧化、还原作用，从而减轻水分的毒化作用。颗粒越大，上述反复氧化-还原作用越严重，活性下降也越严重。

还原后的催化剂一般很容易与氧接触产生氧化作用。当不用时，要隔绝空气，用惰性气体覆盖。氮是最常用的覆盖气体，因其含氧量可低于 10×10^{-6}，所以通常是十分有效的。如氮气含氧量高于 100×10^{-6} 时，就要注意催化剂可能被急剧地氧化而受损害。

反应器使用含氮或其他惰性气体覆护时，要特别注意操作人员安全。当反应器内含氧量达不到 21%时，严禁人员进入反应器，一些事故发生就是疏忽了这种情况而引起的。

5-2-4 反应器操作

催化剂可以说是石油化工工艺过程的心脏，催化剂的好坏，其影响面是很大的，从原料的质量、反应器操作，到副产物处理，以及后加工深度、三废排放等都与催化剂性能密切相关。工业上总要求高活性催化剂能有效地运转，但对一种催化剂来说，除了应知道它的活性及选择性外，还应了解反应速率控制步骤。工业反应器操作条件不同，就会使整个床层的传热、传质情况不同，从而使催化剂活性和选择性发生很大变化。

1. 反应器类型

石油化工多相催化反应中，以固定床反应器使用最多，其优点主要有：

① 反应器结构简单，操作容易、投资少；

② 催化剂颗粒形状和大小可在较宽范围内选择；

③ 催化剂磨损少，一次通过的转化率高，有利于未反应原料循环使用；

④ 允许空速波动范围大，接触时间可以大幅度变化，无论快速和慢速反应都可适用。

固定床反应器也有一定的缺点，这些缺点是：

① 由于催化剂一次填充在反应器内，所以它不适宜使用寿命短或需进行频繁再生的催化剂；

② 沿催化剂床层的轴向和径向难免会产生温度梯度，所以不适用于允许温度范围极小的化学反应；

③ 当催化剂床层或空速大时，反应器压力降增大，动力消耗也就增加。

为了解决上述问题，在反应器结构设计及催化剂填充方式上采取了许多技术措施，采用了不同结构形式的反应器。常用的有：单层绝热反应器、多段绝热反应器、列管式反应器、热交换型反应器、径向反应器等。

另一类重要反应器是流化床反应器，它使用细颗粒催化剂，与固定床催化剂不同的是，操作时床层中的催化剂颗粒悬浮在反应气体中，产生不规则的激烈运动，整个催化剂床层像沸腾的水那样，有类似流体自由流动的性质。与固定床反应器相比，流化床具有以下特点。

① 流化床采用粒径 20~150μm 的微球催化剂，操作时粒子处于流化状态，有利于物质扩散，提高催化过程的总速度；

② 流化床内温度均匀一致，可在很大程度上使反应在接近最适宜的温度下进行，尤其对放热反应，能提高反应速率和产品

收率；

③ 流化床对使用寿命短或需要频繁再生的催化剂特别有利，便于催化剂的更换和再生。

流化床技术的主要缺点是由于催化剂颗粒处于激烈的运动气流中，因互相碰撞而易造成磨损破碎。所以催化剂的耐磨性是流化床催化剂能否成功地应用到工业中去的关键因素之一。在催化剂制备中，为提高催化剂耐磨性，考虑到在流化床中可以采用更适宜的操作温度和改善催化剂内表面利用率来提高反应速率，所以在许多情况下，流化床宁可选择比固定床活性低的催化剂。

2. 气-固催化反应速率控制步骤

在实际工业催化反应中，催化剂在反应器中所体现的活性和选择性主要受以下三个因素影响：①催化剂的化学组成，②催化剂的宏观物理化学性质，③反应器工艺操作条件。

在催化剂投入反应器后，前两种因素显然是固定的，对一种催化工艺来讲，反应器工艺操作条件也是可通过实验事先验证确定的。可是，在实际工厂操作中，工艺操作条件会受各种因素制约，所以要充分认识反应器操作条件对催化剂活性和选择性所产生的影响。工艺操作条件的变化主要体现在反应传质、传热性能的改变。在大规模工业生产中，催化剂选择性即使发生百分之几的变化，也会对工厂经济效益产生巨大影响，而传热、传质过程控制的好坏，却可使催化剂活性、选择性产生成倍甚至几十倍的改变。许多实例告诉我们，如果不清楚传质、传热过程对催化过程的影响，就不能正确开发制备催化剂，同时也很难使用好催化剂。

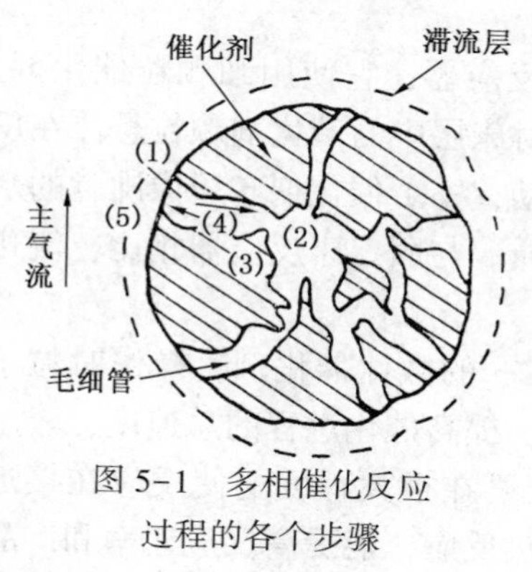

图 5-1　多相催化反应过程的各个步骤

气体在多孔固体催化剂上的反应，大致可分为以下 5 个步骤，如图 5-1 所示。

① 反应物从气流主体穿过催化剂颗粒外表面的气膜，扩散到催化剂颗粒外部表面；

② 反应物从催化剂颗粒外表面向颗粒内部毛细管中扩散，并被吸附在催化剂内表面上；

③ 反应物在催化剂表面上发生反应；

④ 反应生成物在催化剂表面上脱附，并通过催化剂的毛细管扩散到催化剂颗粒的外表面；

⑤ 生成物从催化剂颗粒外表面穿过气膜扩散到主气流中。

在上述五个步骤中，第①和第⑤两个步骤称作外扩散过程。第②和第④两个步骤称作内扩散过程。第③是在催化剂表面上进行的化学过程，也称作表面反应过程。外扩散和内扩散过程是物理过程，而催化反应是化学过程。

在多相催化反应过程中，如果各个步骤相对比较，外扩散最慢，阻力最大，以致总的过程速度由外扩散过程所决定，即反应速度受外扩散控制，这个区域称作外扩散区。如果比较起来内扩散较慢，阻力最大，以致总的过程速度由内扩散过程所决定，即反应速度受内扩散控制，这个区域称作内扩散区。如果比较起来，外、内扩散过程都进行较快，而是表面化学反应最慢，则认为反应速度是受化学反应控制，这个区域就称为化学动力学区。

对一个多相催化反应来说，如果反应物分子能及时传递到催化剂内孔纵深处，在纵深区的反应物浓度等于颗粒外表面和气流中的浓度时，那么反应就会在化学动力学区进行。如果反应物在催化剂外表面的浓度小于气流中的浓度，而且在孔的纵深处趋于零时，则化学反应只在催化剂的外表面上进行，其速度由外扩散速度决定，这意味着只有催化剂的外表面被利用，催化剂利用程度不高。如果反应物在催化剂外表面的浓度等于气流中的浓度，但大于孔内纵深处的浓度，这时催化剂一部分内表面没有被充分利用，反应速度就决定于反应物向内部扩散的速度。

实际上，反应到底在哪个区域中进行，受哪种步骤控制，除受催化剂化学组成、颗粒大小、孔结构等影响外，还取决于反应物浓度、温度、压力、空速等操作因素。

例如，催化剂活性越高，反应速度越快，因而更易产生外扩散阻碍。温度升高，则所有过程的速度都会加快，但化学反应速率增长要比扩散速率增长快得多。因而升高温度有利于反应向外扩散区过渡，降低温度则有利于向化学动力学区过渡。催化剂颗粒大小对反应在哪个区域进行也有影响。催化剂颗粒越小，反应物在气流和在表面的浓度差越小，所以减小催化剂颗粒也有利于过程由外扩散区向化学动力学区过渡。

实际上，除外扩散控制区、内扩散控制区和化学动力学控制区外，过程还有可能在过渡区域内进行。上面所说的由外扩散区向化学动力学区过渡，其含义是反应总速率既不完全受外扩散过程控制，也不完全受化学动力学控制，总的过程速率在这两者之间，它大于外扩散过程的速率，而小于化学动力学过程的速率。

5-3 催化剂失活及防止措施

在研究催化作用的早期就发现催化剂在使用过程中会发生活性衰减现象。作为催化剂用户，从经济效益考虑，总希望催化剂使用寿命长些。实际上，不论何种催化剂都不能永久使用，在使用过程中会因许多因素而失活。所以，对工业使用的催化剂，要求活性下降缓慢，也即长时间运转后，活性及选择性不低于特定值。如果低于这个值就说明催化剂已失活，需更换催化剂。工业催化剂的使用寿命一般为几个月至几年，少数也有高达十几年的。表 5-1 给出一些工业催化剂的使用寿命示例。

表 5-1 一些工业催化剂的使用寿命

工艺过程	催化剂	催化剂寿命/a
甲醇空气氧化制甲醛	Fe 及 Mo 氧化物	1
乙烯氧化制环氧乙烷	Ag	12
氨氧化制丙烯腈	Bi、Mo 的氧化物-SiO_2	1~3
苯空气氧化制顺酐	V、Mo、Bi 的氧化物-Al_2O_3	3

续表

工艺过程	催化剂	催化剂寿命/a
丁烯、丁二烯氧化制顺酐	V、P 的氧化物-TiO_2	1~1.5
萘空气氧化制苯酐	V 的氧化物，K_2SO_4-SiO_2	5
邻二甲苯氧化制苯酐	V 的氧化物，K_2SO_4-SiO_2	3
乙烯、乙酸氧化制乙酸乙烯酯	Pd	3
汽油重整	Pt · Re-Al_2O_3 · Cl_2	3
C_4 异构化(正丁烯→异丁烯)	Pt-SiO_2 · Al_2O_3	2
乙苯脱氢制苯乙烯	Fe 的氧化物-K 盐	2
NO_x 还原(NH_3，高温)	Fe 的氧化物	1

5-3-1　催化剂的活性下降趋势

在第二章中已介绍过关于催化剂寿命的概念。催化剂在使用过程中，由于热和各种物质的作用，使催化剂的组成、结构会渐渐发生变化，催化剂的活性点及催化性能也由此而产生劣化，这就是催化剂寿命的本质。

对工业催化剂来说，“耐用”的含义是相对的，它受技术经济指标的制约。由于催化剂有时在十分恶劣的环境中操作，随着其性能(活性、选择性、机械强度)的劣化，反应原料单耗增加，产品中不纯物增多，催化剂产生粉碎致使反应床层压力降增高，这样就必然要相应提高产品精制、提纯和动力消耗等费用。因此，催化剂性能劣化，原料费用和操作费用都会上升，如果费用上升的部分大于或等于更换催化剂的价格和所需费用，则催化剂达到了耐用的终期。

固体催化剂的活性下降趋势可用图 5-2 所示的寿命曲线表示。它可分成三个阶段，阶段Ⅰ是初始高活性期，也就是活性不稳定阶段。经过一定诱导期后达到稳定期，也即阶段Ⅱ，在阶段Ⅱ中有相当长时间

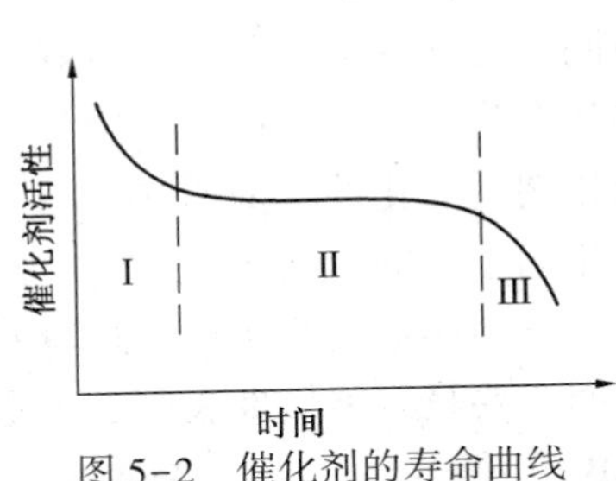

图 5-2　催化剂的寿命曲线

内活性保持不变，也就是工业催化剂的使用期。随着使用时间增长，催化剂因吸附毒物、粉碎等原因导致催化剂严重失活，就进入阶段Ⅲ，达到衰化期。在阶段Ⅰ，往往由于操作条件波动较大，难以稳定操作。所以先将高活性部位通过预处理过程后使其过渡到阶段Ⅱ进行实际操作。

考察催化剂的活性下降情况，可将反应了一定时间的催化剂与新鲜催化剂进行对比分析，检查催化剂的物理形态、比表面积、孔结构、组成分析、元素分析等方面的变化；利用X光衍射、电子显微镜以及其他研究催化化学的各种物化测试仪器进行种种测定，详细研究催化剂上发生的变化，在对比研究的基础上加以综合分析，判断确定催化剂劣化原因。根据不同劣化原因，采取相应对策，就可延长催化剂使用寿命。

5-3-2　催化剂的中毒现象

中毒这个名词曾一度用来描述所有形式的催化剂失活。实际上，这种描述是不确切的。催化剂失活是由多种原因造成的。所谓催化剂中毒，是指催化剂的活性、选择性由于少量外来物质存在而下降的现象，而这些少量外来物质则称作催化(剂)毒物。

引起催化剂中毒的原因很多，毒物的种类也各种各样。例如，在催化剂使用过程中，反应原料中所含的杂质或毒物吸附在活性中心上，或者与活性中心起化学作用而使活性中心毒化；催化剂表面被其他物质的物理覆盖或细孔堵塞等。因此，在工业生产中，对一定反应来说，了解哪些是催化毒物，对防止催化剂中毒、延长使用期限是十分重要的。然而，反应不同，毒物种类也不同，对同一催化剂，只有联系到它所催化的反应类型时才能明确什么物质会引起中毒，因为毒物不仅指催化剂而言，而且也与催化剂所催化的反应有关。表5-2示出了一些催化反应中引起催化剂中毒的毒物示例。

就金属催化剂来说，最容易中毒的催化金属如表5-3所示。它们主要是元素周期表中的第Ⅷ族元素以及与它们密切相联的第ⅠB族元素(Cu，Ag，Au)。这些金属大多数用于作加氢及重整反

表 5-2　一些催化剂的毒物

催化剂	反应	毒物
Ni，Pt，Pd，Cu	加氢，脱氢	S，Se，Te，P，As，Sb，Bi，ZnHg，Pb，NH_3，Me_2S，吡啶，O_2
Ni，Pt，Pd，Cu	氧化	铁的氧化物，砷化物，银化物，乙炔，H_2S
硅酸铝、硅酸镁，活性白土	烃类分解，烷基化，异构化，聚合	喹啉，有机碱，水，重金属
Cr_2O_3—Al_2O_3	烃类芳构化	H_2O
Pt—Al_2O_3，Pd	汽油重整	硫的化合物
V_2O_5，V_2O_3	氧化	砷化物
Ag	氧化	CH_4，C_2H_6
SiO_2—Al_2O_3	裂化	吡啶，喹啉，H_2O，重金属化合物，碱性有机物
Co	加氢裂解	NH_3，S，Te，Se，P 的化合物
Fe，Co	Fisher 合成	S，蜡
Co	羰基合成反应	S
Fe	合成氨	S 的化合物，O 的化合物，Cu，Cl_2，P 等
Pd	甲酸分解	砷的化合物
Pt—Al_2O_3	汽车尾气净化	Fe，Cr，Cu 等

表 5-3　最容易中毒的催化金属

Fe	Co	Ni	Cu
Ru	Rh	Pd	Ag
Os	Ir	Pt	Au

应的催化剂。能使这些金属催化物中毒的主要毒物有以下几类：①元素周期表第 VA 及ⅥA 族元素及其化合物，这些元素包括 N、P、As、Sb、O、S、Se、Te；②多种有催化毒性的化合物，如汞、铅的化合物；③含有多重键的分子，如一氧化碳、氰化物以及吸附性强的有机物分子。

从中毒现象看，毒物能比较疏松地吸附在催化剂上，它可以用某些方法去除或者很容易被纯的反应物移去，这样活性也就容易得到恢复。例如，在合成氨反应中，H_2O、CO 及 CO_2 均是毒物，在存在大量的氢和活泼的催化剂时，它们都会迅速转化为 H_2O。如果催化剂在这些毒物作用下操作时间很短，用纯气体操作时，催化剂的活性可以完全复原，这是暂时性中毒，或叫作可逆中毒。另一种是永久性中毒，或叫作不可逆中毒，这时毒物能牢固地化学吸附着，而且稳态很低，这种毒物往往很难去掉，或者即使消除毒物来源，活性恢复也很慢。如合成氨反应中，硫和磷等可能会生成比氧化物更为稳定的表面化合物，催化剂中毒后，活性即使恢复也十分缓慢。可逆中毒与不可逆中毒的差别可用图 5-3 所示的催化剂活性与使用时间的关系来说明。

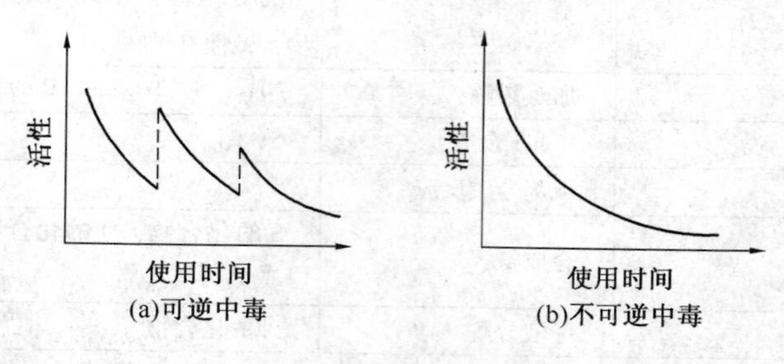

图 5-3　可逆中毒与不可逆中毒的区别

5-3-3　催化剂失活原因

对于长效催化剂的开发及寿命预测，了解催化剂失活的原因是十分必要的，但在实际工作中寻找催化剂失活的原因及应采取的对策却十分困难。催化剂用户都知道，催化剂失活对工业生产很重要，在生产中虽然要对催化剂的活性进行监测（如对其温度分布情况进行测量），但监测结果不一定就能反映出催化剂失活发生的原因。加上催化反应种类很多，所涉及的面又广，所以，在寻找失活原因、提出延缓催化剂性能劣化的措施时，实验室研究及考察仍是不可缺少的手段。

固体催化剂的失活原因，大致可以分成四种类型：一类是活性衰减，它是由于催化剂在制备时夹杂少量杂质或由于反应中存在少量杂质所引起的，这种情况就是上面所说的中毒。毒物通常以强的吸附键吸附在催化剂活性表面上；第二类大都发生在催化剂具有较大比表面积的情况，反应时由于晶体长大或烧结而损失活性，反应温度越高，过程的快速进行可导致熔剂的形成，并堵塞催化剂的细孔；第三类由于催化剂原料或反应物中的某种成分与催化剂发生反应，引起催化剂化合形态及化学组成发生变化，从而使催化剂发生失活现象；第四类由于外界条件的急剧变化引起催化剂结构形态，如外形、粒度分布、活性组分负载状态等发生变化，而引起催化剂活性的损失。

1. 因中毒引起催化剂的失活

（1）化学吸附引起的中毒　化学吸附引起的中毒可能是最重要的中毒类型，毒物可能是催化剂制备时原料混入的杂质、管路中的污物、泵的油沫，也可能是反应物中所含的有害杂质。它使催化剂失活的主要原因是由于活性点吸附毒物后使活性位置转变成钝性的表面化合物，从反应角度看，它会有害地影响催化剂的电子态。当活性点吸附毒物而引起催化剂表面不均匀状态时，它又可分为两种情况：一种情况是假设活性表面实质是均匀的，活性的降低与活性点吸附毒物后引起的钝性表面所占分数成比例；第二种情况是吸附的毒物量虽然比覆盖催化剂总的活性表面少得多，但由于毒物可能只选择性地吸附在高活性的活性部位上，只要有少量毒物就可以很快降低催化剂活性。

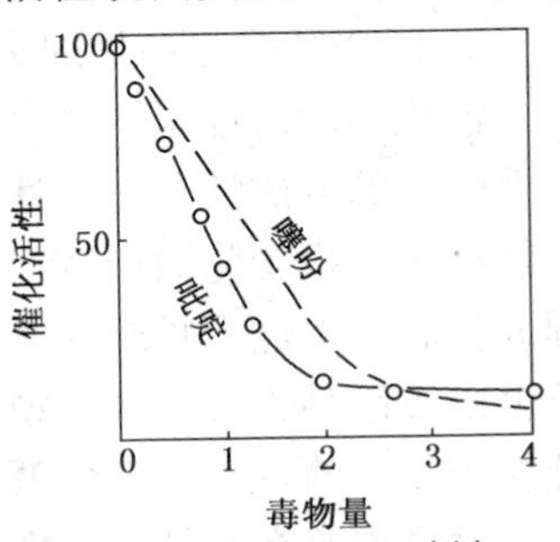

图 5-4　毒物对环己烯加氢催化剂活性的影响

吡啶：10^{-5}（摩）；

噻吩：10^{-6}（摩）

很多实验表明，在毒物浓度比较小时，催化剂的活性与毒物的浓度呈线性关系，如图 5-4 所示。环己烯在 Pt 催化剂上进行液相加氢反应，当毒物浓度较少时，催化剂活性随毒物浓度增加而很快下降，以后则缓慢下降，也即毒物初加入时的效应比后加入时所引起的效应大。

（2）选择性中毒　催化剂在过量催化剂毒物作用下虽然失去了对某反应的活性，但仍能很好地保持别的反应活性，这种中毒称作选择性中毒。石油化工反应的一个特点是，在同样的反应条件下，常常伴随有许多副反应。选择催化剂时不仅要考虑其活性，而且要注意选择性。

例如，乙醇在 ThO_2 催化剂上的分解反应可能同时发生下面两种反应：

$$C_2H_5OH \begin{cases} \nearrow C_2H_4 + H_2O \\ \searrow CH_3CHO + H_2 \end{cases}$$

如果在反应气体中加入少量水蒸气或乙醛可显著抑制生成乙烯的反应。少量的氯仿却能使脱氢反应中毒，而使前一反应加速，如果氯仿浓度较大时，两种反应都可能被毒化。

工业上的催化裂化催化剂，由于粗柴油中含有重金属（Fe、Ni、V 等）而损失选择性，这些金属，即使含量甚微，也会因它们所产生的脱氢作用而减少汽油产量，增加不需要的副产物。

2. 因烧结引起催化剂失活

催化剂的活性主要取决于其化学组成，但催化剂的内表面及活性金属的分散情况对活性也有很大影响。一般情况下，活性往往随比表面积变化而产生变化。有些催化剂在制备时需经焙烧处理或在高温下经受长时间操作。在高温下，固体催化剂较小的晶粒可以重结晶为较大的晶粒，这种现象叫作烧结作用。烧结是一种相当复杂的过程，会降低比表面积、使晶格不完整性减少或消失，这是因为在烧结过程中可能连续或同时发生多种类型的物质迁移。从机理上看，烧结有以下两种类型：

一是比表面积减少，这种情况发生在催化剂受高温时，微晶之间发生粘附，使相邻微晶之间搭接成架，也即由微小颗粒粘附聚结成大颗粒，从而使比表面积急剧下降，细孔直径增大，孔容减少。

二是晶格不完整性减少，制备的催化剂通常都存在位错或缺陷等晶格不完整性，在这些晶格不完整部位附近的原子由于有较高的能量，容易形成催化剂的活性中心，而在催化剂发生烧结时能产生新的介稳表面或使不稳定表面消失，并在扩散阶段发生晶形转变，使晶格不完整性减少或消失，结晶长大，结构稳定化，造成催化剂活性部位显著减少。

图 5-5 及图 5-6 是发生上述两种不同烧结情况的例子。图5-5给出的是用离子交换法制备的负载在硅酸铝上的钯催化剂，在氧化性气氛(空气)中进行焙烧处理时，加热温度与苯加氢反应的催化活性、钯的比表面积及晶格缺陷的关系。由图可见，随着热处理温度的升高，活性与钯的比表面积几乎成比例地减少，但钯的晶格缺陷几乎不变，表明在焙烧过程中，发生了第一种烧结情况，即比表面积减少而晶体的晶格不完整性不发生变化。催化剂的活性降低是由于钯晶粒长大、比表面积减少所引起。

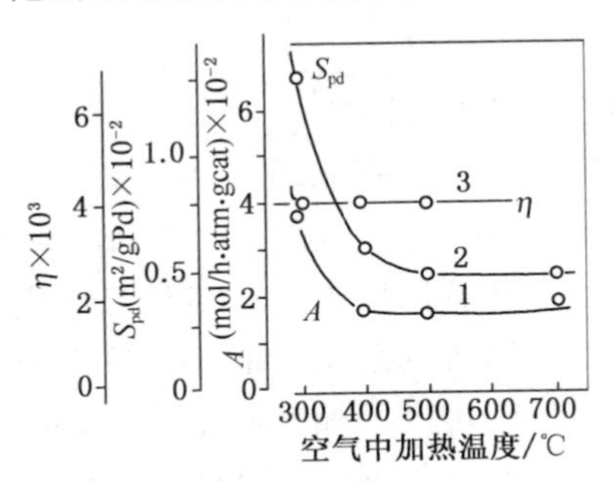

图 5-5　负载在 SiO_2—Al_2O_3 载体上的钯催化剂，其焙烧温度(空气中)与活性(A)、Pd 比表面积(S_{pd})及 Pd 晶格缺陷(η)的关系

1—苯加氢反应的活性曲线；2—钯的比表面积；3—钯的晶格缺陷

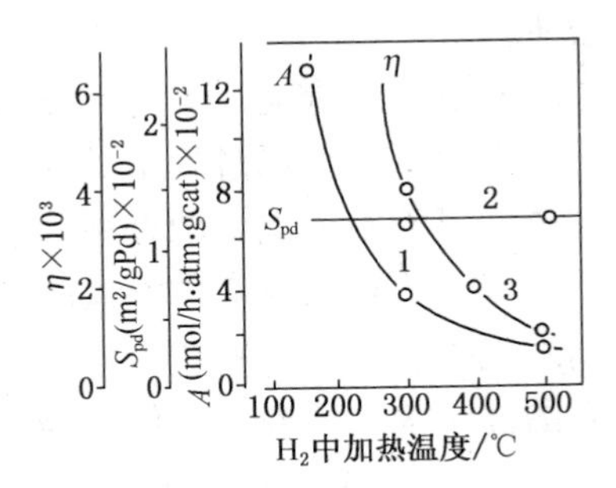

图 5-6　负载在 SiO_2—Al_2O_3 载体上的钯催化剂，其还原温度(H_2 中)与活性(A)、Pd 比表面积(S_{pd})及 Pd 晶格缺陷(η)的关系

1—苯加氢反应的活性曲线；2—钯的比表面积；3—钯的晶格缺陷

图 5-6 表示对用同样方法制备的催化剂进行焙烧处理后，在还原气氛（H_2）中进行热处理时，加热温度与催化剂活性、比表面积及晶格缺陷的关系。从图中看出，随着加热温度升高，催化剂活性下降，但钯的比表面积却并不减少，这时活性减少是由于钯的晶格不完整性减少所致，其烧结属于第二种情况。

金属和金属氧化物之类的固体催化剂，通常以微晶形式（<50nm）存在，当反应温度超过它们熔点一半时特别容易发生烧结，有些甚至在熔点的 1/4～1/5 时就去烧结。当催化剂活性组分是一种熔点较低的金属时，常需加入适量耐温材料的晶体，它们起着间隔体的作用，阻止容易烧结的金属互相接触。

金属的升华热和杂质的存在也会影响烧结。升华热小的金属通常容易引起烧结，因它容易呈原子状态，发生蒸发和引起表面扩散，使得大晶粒析出，而杂质的作用则通过改变熔点高低而影响烧结。如果混入的杂质使熔点降低，就会使烧结加速，比表面积下降。反之，如果杂质起到高温间隔体作用，反而能防止烧结发生。

3. 因化合形态及化学组成变化引起的失活

催化剂在使用过程中其化合形态及化学组成经常会改变。这种改变可能由于以下两种原因所致：

（1）原料及反应物混入的杂质，或者反应生成物本身与催化剂发生了反应。原料或反应物原料中所含的杂质与催化剂反应引起的催化剂失活现象称作化合物生成中毒。例如在汽车排气处理时，使用负载在活性氧化铝上的 CuO 催化剂进行 NO_x 处理时，燃料油所含的 S 会使尾气产生 SO_2，SO_2 氧化生成 SO_3 后与 CuO 反应生成 $CuSO_4$，载体 Al_2O_3 也会变成 $Al_2(SO_4)_3$，这样催化剂的活性就显著降低。显然，这种失活是由于化合物形成所致。

反应物也会发生类似情况，形成新化合物使催化剂失活，例如硫化钴催化剂在室温下使 CO 氧化成 CO_2 时，催化剂会逐渐转变成不活泼的硫化钴使活性下降。反应物或反应生成物引起催化剂活性下降的现象也称作阻滞作用，它们虽不是杂质，但一种反应的分子被强烈吸附而覆盖大部分催化剂表面时，会阻止对另一种反应分子的吸附。例如用亚硫镍催化剂进行 CS_2 的催化加氢时，反应就会受到 CS_2 的阻滞作用，这是由于硫的化合物在催化剂上的吸附作用比氢强得多之故。

（2）催化剂受热或周围气氛使催化剂表面组成发生变化。这种现象的发生又可分成以下几种情况：

① 催化剂在反应时活性组分部分发生升华。例如，用氧化钒-氧化钼作催化剂进行苯氧化制顺酐时，氧化钼在反应过程中会逐渐因升华而消失，这种现象导致催化剂的失活。

② 因反应气氛而使催化剂表面组成发生变化。例如 NO_x 还原用 Ru 催化剂，由于被废气中的 O_2 氧化使 Ru 变成 RuO_4 而升华消失，致使催化剂失活。

③ 因催化剂细孔被杂质或毒物堵塞。假设催化剂的细孔被杂质或毒物堵塞，反应物就会被阻止而不能进到催化剂内表面，那些外表面较小而内表面较大的粒状或丸状催化剂就容易发生这种现象。

④ 因载体与活性组分的固相反应。实际上，上面所说的烧结现象也是一种表面固相反应。这里所说的固相反应是指催化剂内部的固相反应，与液相反应及气相反应相比，固相反应更为复杂，它涉及传质、晶体结构、晶体生长过程和晶粒大小等方面的因素。一般来讲，浸渍法制备的催化剂，由于活性组分与载体只是一种简单的物理接触，所以在反应条件下只是两个接触面可能发生固相反应，使活性组分部分发生转变。而共沉淀法制备的催化剂，根据制备条件及反应条件不同，在反应条件下发生固相反应时，有可能破坏催化剂内部及表面的均匀性，在表面形成惰性物质，从而使催化剂活性下降。例如，负载在 Al_2O_3 上的 Ni 及 Cu，在反应加热时，由于活性组分及载体发生固相反应而生成铝酸盐，从而使催化剂的加氢活性降低。

⑤ 反应或分离操作时催化剂化合形态的变化。这种情况的

例子也很多，例如催化氧化反应所用的氧化钒催化剂，当钒原子价变成五价时，其选择性就显著下降。

4. 因形状结构变化引起的失活

所谓形状结构变化是指催化剂在使用过程中，由于各种因素而发生的催化剂外形、粒度分布、活性组分负载状态以及机械强度等发生的变化。这些形状结构的变化可以通过一定的物化测试方法进行鉴定。形状结构的变化也是使催化剂失活的一种原因，引起这些变化的主要原因大致有以下各点。

（1）催化剂受急冷、急热或其他机械作用引起催化剂破坏及强度降低　在反应时由于升温、降温过快或由于停电等原因引起催化剂急冷，急热时，导致催化剂的破碎：装填时下落距离过高也会发生催化剂的显著破损；放热反应激烈，反应热又来不及排除时，催化剂局部过热时也会影响催化剂的使用寿命。同时因热胀冷缩及机械摩擦作用也会使负载在载体上的活性组分发生剥落，使催化剂失活。

（2）因污塞引起催化剂形态结构变化　污塞通常指催化剂上炭沉积的形成。烃类及一些有机化学反应，常会在催化剂上形成不挥发的沉积物，这些沉积物可能是在高温下因有机物分解而形成的一般类似于煤烟或焦炭状的物质，或者是由于在较低温度下聚合形成的树脂状物质，这种沉积物覆盖在催化剂表面上使催化剂失活。但积炭引起催化剂的失活现象，往往可以通过燃烧的方法使催化剂再生。

除了炭质沉积引起的污塞以外，反应物所带入的固体覆盖在催化剂表面。例如，水煤气转化反应用的氧化铁催化剂就可能受反应气体中带入的微粒尘埃覆盖表面，使其活性下降。

（3）因催化剂成型时所加入的粘结剂挥发及变质而引起颗粒间粘接力降低　固体催化剂通常用造粒或挤条等方法成型时，往往使用各种粘结剂，使催化剂具有足够的强度，如果粘结剂选择不适当，或者在高温下粘结剂挥发流失，催化剂颗粒就会丧失粘结力而粉碎。

5-3-4 延长催化剂寿命的方法

催化剂失活的原因多种多样，而且往往是各种因素综合的结果，上述四种失活原因，或是单独发生，或是同时发生，情况比较复杂，所以，延长催化剂寿命的方法也要从综合的角度出发来考虑。

1. 除去原料中的有害杂质

如上所述，与催化剂主要组分结合得很牢固或者以化学吸附形式存在的杂质，都应该加以除去。

混进催化剂的毒物主要来自生产原料、反应器材料(如衬铅容器带入)、输送容器(装料桶等)。工业催化反应经常使用各种气体，实验室使用的气体大部分采用钢瓶气体，所以很少对催化反应带来不利影响，因而对气体的精制不需太用心，而工厂中使用的气体大部分是用各种鼓风机及空压机输送的，这些机器使用的润滑油会受热汽化而混在气体中，如附着在催化剂表面上就会使催化剂的活性下降。

催化反应所用的液体及固体物质，除了考虑纯度以外，更重要的是考虑是否含有催化剂毒物。例如，区别化学药品和医药药品时，前者是按纯度分成等级的，而后者却不是严格控制纯度，而是严格控制对人体有害物质的含量。同样，反应物中催化剂毒物的含量如果高于允许含量，就不能用作反应原料。所以，当实验室成果向工业生产转化时，往往必须验证工厂所用原料能否得到和实验室相同的结果。

原则上讲，减少杂质产生的中毒效应可采取下述几种方法：

① 对反应原料进行净化处理以使其中所含杂质的浓度降低，这样杂质的致毒作用就可以减少。

② 使用保护反应器，以便在物料进入到主反应器之前有选择地除掉毒物。

③ 设计能够减小中毒效应的反应器。例如设计反应区只占床层的很小一部分，通常在这一反应区内会发生失活作用。在这个区域失活之后，反应又将在催化剂床的下一个区域内进行。这

样就需使用足够长度的反应器以便获得适当的催化剂寿命。

2. 防止发生烧结

一般来说，金属催化剂易产生烧结，而氧化物催化剂不易出现烧结。金属催化剂在其熔点以下就可出现烧结现象，烧结起始温度为金属熔点的1/4~1/7。表5-4给出了一些加氢催化剂所用金属的熔点。

表5-4　加氢催化剂所用金属的熔点

金　属	熔点/℃	金　属	熔点/℃
Cu	1083	Ru	1950
Ni	1453	Rh	1966
Co	1492	Ir	2455
Fe	1535	Os	2500
Pd	1555	Re	3167±60
Pt	1773.5		

以Cu为例，其熔点虽然高于1000℃，但从170℃左右就开始出现烧结现象。在制备Cu催化剂时，如在氢气流中于150~160℃下还原不含添加物的氧化铜，则放出的还原热可使催化剂表面温度高达200℃以上，这已达到烧结温度。为了减少烧结，应降低氢的流速和添加难还原的金属氧化物，如氧化锌作助催化剂。加至氧化铜中的氧化锌，可以阻碍还原热的传导，防止催化剂表面温度过高引起的烧结。

添加载体也可以防止发生烧结，如在氧化镍中加入作载体的硅藻土，可制得高活性催化剂；若不加硅藻土，则在还原过程就会出现烧结现象。

在使用过程中，防止催化剂烧结的有效方法是防止催化剂在反应中过热。例如，对直径小于50mm的反应管，可将其置于高沸点有机化合物、盐浴或金属浴等传热介质中，保持适当的温度，从而避免发生烧结。

3. 防止树脂状物质的沉积

在伴有聚合或缩聚的反应中，生成的高分子物质和炭质树脂状物质，容易沉积在催化剂上，而使催化剂失活。多数情况下，用溶剂洗涤很难使其恢复活性。为恢复活性，通常用高温处理或焙烧法，有时使用这些方法仍不能恢复活性。

易生成高分子物质的反应有加氢、脱氢、脱水及卤化等。防止生成高分子物质的方法之一是改善催化剂层的热传导。在多数场合，仅用此法也是不够的，通常还要使反应平稳进行。例如，在加氢反应中，可用过量的氢来减少高分子物质的生成，混入少量水蒸气则可防止高分子物质粘着在催化剂上。在不允许混入水蒸气的场合，可在一天内中断 1～2 次反应，将水蒸气导入催化剂层，或通 1～2h 空气，这时的温度宜比反应温度高50～200℃。

在放热反应中，如能在液相中进行，则生成的高分子物质不容易粘着在催化剂上，如不能在液相中进行，用氮气或其他气体稀释，可防止催化剂表面过热和高分子物质粘着在催化剂上。卤化反应的放热量大，所以容易析出树脂状物质。为了防止产生这种现象，可用氮气或其他气体稀释和降低卤素的流速，也可在液相中进行卤化反应。

在脱氢和脱水之类放热反应中，催化剂料层内部温度往往过低，这会促进树脂状物质的形成，为防止其粘着在催化剂上，可将反应物预热，使反应层内部能很好加热。

4. 合理使用催化剂

一般来讲，固体催化剂的活性点位于其暴露的表面上，也就是说，暴露表面存在的亚稳态的各种晶体缺陷和晶格不完整是有希望起催化作用的。所以，选择的反应条件不致使暴露表面的结构崩溃是十分重要的。

有些催化反应并不在整个催化剂料层中均匀地发生。如以钴或铁为主体的催化剂，由一氧化碳和氢气合成石油时，新催化剂的反应区集中在催化剂料层的前面部分。集中产生的反应热使这部分催化剂温升很高，催化剂出现烧结，同时又在原料气中硫化物作用下生成金属硫化物，并粘着炭状树脂物。催化剂处于这种恶劣条件下操作，活性会明显下降。经历一段时间后，最靠前的催化剂料层上的反应就近乎结束，参与反应的催化剂层长度几乎为全长的10%，其后的催化剂层几乎不参与反应。随着反应进行，反应区逐步向前推移。因此，如果催化剂层短，催化剂更换次数就要增多，所以必须要有一定长度的催化剂层。

5. 选用适当的材质

反应设备的材质必须根据物料性质及工艺操作条件选择，这已是一种常识，但对催化反应，还必须进一步考虑材质对催化剂所产生的影响。

反应用高压釜经常用铅作密封填料，但铅会使铂族催化剂中毒。这时，就需改用铜或铝作填料，或者最好采用不加填料的反应器。

一氧化碳接触镍及铁时，会生成羰基化合物，它不但会侵蚀高压釜，还会使催化剂中毒，所以，在合成甲醇的装置中，用铜或黄铜作内衬，管材用铜管或有铜套管的钢管。在合成氨装置中，因为不能用铜，所以要严格除净一氧化碳，以防止侵蚀反应设备和使催化剂中毒。

6. 除去粉尘及润滑油

粉尘附着在催化剂表面，也会使催化剂活性下降。如粉尘中含有催化剂毒物，它还会与毒物有协同作用，除使催化剂活性下降外，还会使床层压力损失升高。有些粉尘可以使用高流速气体或用筛分离等物理方法除去。使用吹扫法时要注意，在输入空气达到所需温度期间，不能输入要处理的气体。如在所需温度以下输入处理气体，则在催化剂上会附着许多物质，一旦燃烧，则产生高温，对催化剂和反应器都会有损伤。

在润滑剂中，润滑脂对催化剂的影响最为严重，所以用于催化反应的输气机不能用润滑脂润滑，对催化剂没有毒害作用的润滑剂是水溶性黏性物质，如甘油、一缩二乙二醇等。除去气体中润滑剂烟雾物的方法有不少，如用高沸点有机溶剂洗涤、活性炭吸附、超声波等，但这些方法均难以除尽，较好的方法还是使用不加润滑油的输气机或使用易除去的润滑油。

7. 其他方法

催化剂种类繁多，涉及面广，在不同场合引起催化剂活性下降的原因有不同主次之分，所以要根据反应条件及催化剂结构本性，结合反应速度研究，了解引起催化剂失活的支配因素，找出解决办法。例如，有些催化剂在使用过程会因蒸发而损失，如果能经常补充蒸发损失的催化剂组分，催化剂活性也就能长久保持。像丙烯氧化制丙烯醛的 $SeO_2 \cdot CuO$ 催化剂，补充微量的 Se 可长久保持催化剂的活性。

除此以外，在生产中要注意防止停电、停水，在运输中要防止激烈震动及阳光直照。尤其对长期连续操作的气相催化反应，如因停电、停水及其他事故引起输气机停止运行，即使短时间，也会明显降低催化剂的活性。

5-4 催化剂再生

如上所述，催化剂的失活是工业催化的一个重要特点，催化剂长期使用，活性必然会下降，因此在开发一种工业催化剂时，必须考虑再生的可能性。催化剂经运行一定时间后，因积炭等原因造成催化剂活性及选择性下降、转化率降低、产品分布变坏，因此必须不断地用空气把沉积在催化剂表面上的焦炭烧掉，使催化剂的活性和选择性恢复原来的水平，这种操作过程就称作催化剂再生。

当催化剂活性降低到某一程度时再继续运行，在经济上就不合算了。这种失活催化剂究竟是进行再生还是更换废弃，在很大程度上由经济因素所决定。当催化剂的寿命很长且价格便宜时，可以换新催化剂，但如经再生能得到与新催化剂相同的活性、选择性，那么进行再生连续使用乃是上策。

5-4-1 烧焦的化学反应

再生烧焦时，催化剂上结炭越多则燃烧越快，因此要再生的催化剂进入再生器后，起初焦炭烧得很快，随着焦炭减少，燃烧速度渐渐变慢。如果要把催化剂上的结炭全部烧尽，就需要很长时间和很高温度，而且再生器也要制作得很大，在经济上不合算。所以工业生产装置再生后的催化剂，有时还会含有少量的炭。

烧焦再生过程是一种氧化过程，可用燃烧方法或通水蒸气反应（$C+H_2O \rightarrow CO+H_2$）除去积炭。用燃烧方法时，是利用空气中的氧把焦炭中的碳和氢分别氧化成 CO_2、CO 及 H_2O，同时放出大量热量，化学反应式如下：

$$C + O_2 \longrightarrow CO_2 + 34 \times 10^6 J/kg \text{碳} \quad (1)$$

$$C + \frac{1}{2}O_2 \longrightarrow CO + 10.3 \times 10^6 J/kg \text{碳} \quad (2)$$

$$2H + \frac{1}{2}O_2 \longrightarrow H_2O + 120 \times 10^6 J/kg \text{氢} \quad (3)$$

1kg 碳燃烧成 CO_2 比燃烧成 CO 放出热量要多 2.3 倍，燃烧 1kg 氢比燃烧 1kg 碳变为 CO_2 所放出的热又多 2.5 倍。所以燃烧产物中 CO_2/CO 比值越大，焦炭中 H/C 比越大，总的放热量就越多，在其他条件相同时，再生温度也就越高。

根据 X 射线衍射研究表明，一般催化剂上约 50% 的炭沉积物是以准石墨结构存在的，其余部分可能包含有单环芳烃、脂肪族化合物及多环芳香族化合物等。积炭的组成式在 $C_1H_{0.4}$ 至 C_1H_1 之间变化。这表明沉积物中有大量的 H 存在，因此在其氧化过程中不仅有 CO_2 和 CO 放出，而且还有相当数量的水蒸气生成。燃烧尾气（烟气）中除了燃烧生成的 CO_2、CO、H_2O 以外，还有空气中原来所含的氮气。氮是惰性气体，在再生过程中不发生化学变化，数量保持不变。

5-4-2 操作条件对再生效果的影响

催化剂的再生是通过烧掉催化剂颗粒孔隙中的含炭沉积物而完成的，实际上它是燃烧的一种特殊情况。燃料（即积炭）是在反应过程中形成并沉积在催化剂的多孔基体中，在再生中通过氧化反应使积炭变成燃烧气体而从催化剂基体中除去。因此，催化剂的孔结构就如同一个储藏器，焦炭可在其中沉积然后又被除去。在理想操作中，孔结构应当是保持不变的。然而，焦炭沉积物的燃烧过程与像煤块燃烧那样的反应是不同的，在煤块燃烧中孔结构是不断改变的。所以，为了尽可能保持催化剂的孔结构，恢复原先活性，再生操作要注意掌握好各种控制条件。

（1）再生温度　温度越高，燃烧速度越快。催化剂上的焦炭在450℃就可燃烧，但在此温度下，燃烧速度过慢，所以一般掌握在600℃左右操作。实际操作温度要根据催化剂稳定性而定，稳定性好的催化剂，再生温度可选高些。温度过高，容易引起CO在稀相中燃烧，甚至使催化剂表面呈赤热状态，导致颗粒内部超温，床层传热困难，使催化剂发生烧结而降低活性。

（2）床层氧分压　氧分压越高，烧焦越快。氧分压与氧浓度和操作压力有关，等于二者的乘积。再生气是空气时，氧浓度是入口空气和出口烟气中氧含量的对数平均值。入口含氧量即空气中的氧浓度，是常数，为21%（体）。出口烟气含氧量是操作变数，含氧量过高容易引起二次燃烧，含氧量过低，燃烧不完全，也易发生炭堆积现象。

（3）催化剂含炭量　催化剂含炭量越多则燃烧速度也越快，但再生目的是除掉结炭，所以在操作上不能用提高含炭量作为加快烧焦的手段。

（4）停留时间　一般来说，催化剂在再生器内停留时间越长则烧焦越多，再生后催化剂含炭量也越低。

（5）再生方式　常见的催化剂再生方法有器内再生，也即催化剂仍留在反应器中的再生法。另一种是器外再生，它是将失活催化剂送到专用再生器中再生的方法。器外再生的优点是：①改善催化剂与再生气体的接触效果，使得温度控制正确，再生更完全；②可消除由于再生排出气体所产生的任何大气污染问题；③再生后的催化剂可过筛除去细粉。

常用的再生设备有固定床、移动床及流化床。采用什么设备结构取决于许多因素，其中一个重要因素是催化剂活性下降速度。当催化剂活性下降较慢，例如允许半年或一年以上时间再生时，可采用固定床再生。固定床再生设备投资少、操作简单。对反应周期短需进行频繁再生的催化剂，就需采用移动床或流化床连续再生。由于移动床或流化床再生，需要两个反应器分别供反应和再生用，所以设备投资高、操作也复杂。但连续再生法能使催化剂始终保持新鲜表面，因而提供了催化剂充分发挥效能的条件。

5-4-3　固定床再生器

1. 静态炉

静态炉再生器和马弗炉类似，把要再生的物料放在容器(通常为尺寸不同的盘)中，置于大炉膛内。将物料加热到足够高温以便在一段时间内完成再生过程。再生时不用或很少用吹扫气。这种再生方法，操作简单、劳动强度大，再生效果较差。

2. 固定床再生器

这种再生器实际上就是固定床反应器，由于再生是在反应器内进行，所以再生设备与工艺采用的反应设备并无差异。图 5-7 给出固定床再生过程示意图。催化剂放在再生器内不动，反应和再生过程交替地在同一设备中进行，属于间歇操作。为了使整个装置能连续生产，就需要用几个反应器轮流地进行反应和生产，而且再生时放出大量热量还要有复杂的取热措施。所以，这种再生方式的设备结构也比较复杂，生产能力不大，操作比较麻烦。

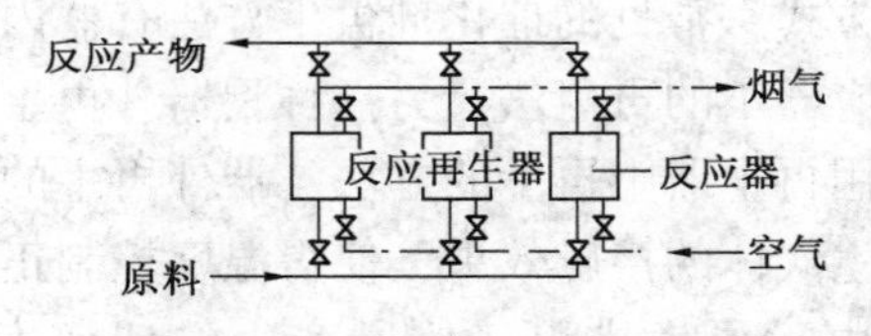

图 5-7　固定床再生过程示意图

5-4-4 移动床再生器

1. 旋转窑式

这种类型再生器有两种类型，即直火加热旋转窑和间接火加热旋转窑。直火加热旋转窑的主体是单壳旋转筒形容器，安装成长度方向与水平成30°角。转筒内设有挡圈，用来减慢催化剂从进口(转筒高端)向出口(低端)的滚动速度。再生气流和催化剂移动方向为逆向变速流动。转筒外壳用燃气火嘴直接加热。进出口气体温度可通过调节燃气火嘴加热量来加以控制。

间接火加热旋转窑的主体是一个双层圆筒形容器，其长度方向也与水平方向成30°角。内筒与直火式类似。两个圆筒间的空间用燃烧气体或蒸汽加热。有时，也可在内筒壳体钻许多小孔，让热气进入筒内并与滚动的催化剂接触。再生气从内筒低端进入，与运动的催化剂呈逆向流动。

2. 移动带式

这种再生器的主体容器是一个大型固定的矩形绝热箱体，如图5-8所示。容器内为能进行变速移动的连续不锈钢网带。整个再生装置可分成四个不同区段，每个区段内，在不锈钢网带上下装有数目不等的单独空气进口。每个区段也都有各自的排气口，在网带下部装有一定数量的喷燃器，每个喷燃器又可分别在不同温度下燃烧。工作期间，催化剂床温可连续监测。待再生的物料经振动加料器加至移动带上，料层厚度可在0.5~5cm范围调节。当物料通过每个加热区段时，在特定的空气和惰性气体浓

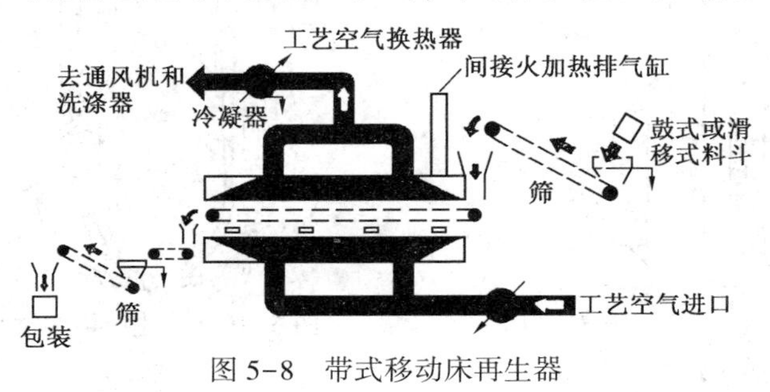

图5-8 带式移动床再生器

度条件下进行再生操作。这种再生器的主要优点是：料层厚度及停留时间可以调节，再生温度可通过喷燃器方便地进行调节。

3. 气升管式

图 5-9 为这种再生器的示意图。催化剂在反应器和再生器内靠重力向下移动，速度很缓慢，反应和再生过程分别在不同的两个设备中进行，并循环流动。其特点是生产连续化，设备磨损小，固-气比可自由变化。

5-4-5　流化床再生器

催化裂化是石油加工的一种主要方法。催化裂化流化床反应器是连续再生型的典型装置。催化裂化是靠催化剂的作用，在一定温度(460~530℃)下使原料油经过一系列化学反应，裂化成轻质油产品。反应过程除生成油和气体外，还生成一部分焦炭，这些焦炭沉积在催化剂的表面上，在反应几分钟到十几分钟后，催化剂的活性就由于炭的沉积而下降。因此，必须不断地用空气把沉积在催化剂表面上的焦炭烧掉，以恢复它的催化作用。裂化反应是吸热反应，烧焦是强放热反应，所以用两个设备分别进行反应和再生。图 5-10 是再生器和反应器并列放置在两个轴线上的并列式流化催化裂化装置示意图。预热过的原料与新鲜高活性催化剂一起进入流化床反应器，在一定反应温度及空速下进行裂化

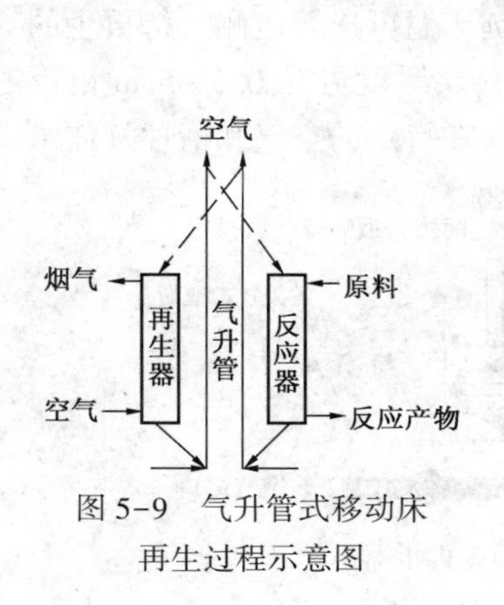

图 5-9　气升管式移动床再生过程示意图

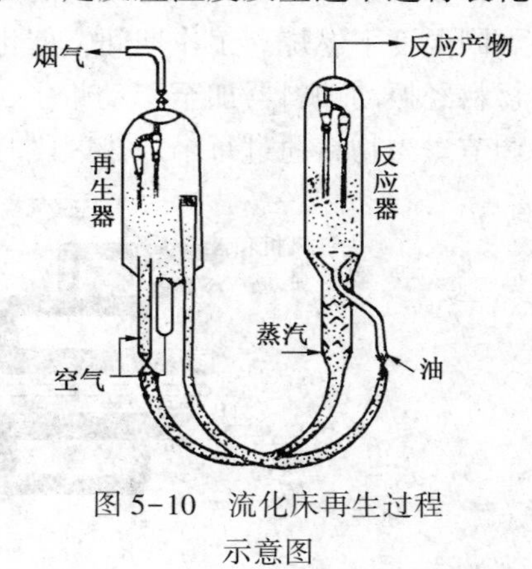

图 5-10　流化床再生过程示意图

反应，反应后的油气经二级旋风分离器导出。反应后催化剂由于炭在表面上沉积而使活性下降，催化剂通过汽提段经 U 形管送入流化床再生器，用空气烧去积炭以恢复催化剂的活性，烟气也经二级旋风分离导出。

流化床再生器的主要特点是装置处理量大，经济上更有利；工艺过程及主要设备结构简单，操作方便。

5-5　催化剂的积炭及其抑制

在烃类反应中，催化剂表面的积炭几乎是一种不可避免的现象，只是积炭程度有快有慢，积炭过多，就会导致催化剂失活。为了使反应能继续正常进行，就需对催化剂进行再生。显然，积炭越快，催化剂的使用周期就越短，再生就越频繁，导致设备利用率降低、能源消耗增大，产品成本提高。由于积炭是石油化工催化反应中普遍存在的现象，因此研究催化剂表面积炭的原因、影响积炭的因素及如何抑制积炭，对于延长催化剂的使用周期、提高经济效益，无疑是十分重要的。

5-5-1　影响催化剂积炭的因素

催化反应进程中，催化剂表面的积炭是一个包含多种化学反应的复杂过程。积聚在催化剂表面的炭，实际上是一种高碳氢比、结构极其复杂的多环化合物。其中一部分是相对分子质量较大的物质，碳氢比很高，不能用有机溶剂抽提出来；另一部分为相对分子质量较低的化合物，碳氢比较低，与焦油类似，可用有机溶剂抽提出来。

如前所述，烃类催化反应随着反应时间增长，催化活性一般都会不同程度地衰减，在正常情况下，失活是由于催化剂表面积炭所致。积炭量随着反应时间的延长而增多。产生积炭的原因很多，主要是由于反应温度过高、原料不纯、催化剂表面酸性等所致，促使吸附在催化剂表面上的烃类化合物发生聚合、歧化以及氢转移等反应。所以，随着积炭量增多，催化剂的比表面积、孔容及表面酸度也会相应降低，催化剂活性逐步减少。当积炭量达到饱和值时，催化剂活性也就基本丧失。

1. 反应原料的影响

烃类反应中，如果原料不纯，其中所含的杂质，如不饱和烃、酚类、金属有机化合物和水等，会导致催化剂表面积炭或积炭速率增加。当反应原料中不饱和烃含量增加时，特别是环戊烯和环戊二烯之类物质极易受热缩聚成双环戊二烯并进一步缩聚、氢转移等反应而生成焦炭。

原料组成主要是指反应混合物中几种反应物的配比或原料中有无稀释剂存在。一些芳烃在沸石分子筛催化剂上进行异构化反应时，有无稀释剂的加入及加入量的多少，对于催化剂使用周期有较显著影响。反应原料中适量加入某种稀释剂，有降低积炭速率、延长催化剂使用寿命的作用。

2. 操作条件的影响

操作条件影响催化剂表面积炭的诸因素中，有反应温度、质量空速、原料气组成等。其中反应温度的影响最为重要。因为有机转化反应中常伴随副反应的发生，脱水、脱氢、加氢和卤化反应都是容易产生副产高分子物质的反应类型。所以反应温度升高，不仅会使主反应速率增加，而且也会使副反应速率相应提高或副反应增多。随着反应速率相应加快，最终导致积炭速率提高。在气相中进行的一些加氢反应，在高温部位会生成像炭一样的树脂状物质，由于它很难气化，这些树脂状物质就附着在催化剂表面上。又如，芳烃在沸石分子筛催化剂上进行异构化反应时，随着反应温度提高，起初活性虽然提高，但副产物的种类及数量将随反应温度提高而增多，致使催化活性衰减得很快，其使用周期要比低反应温度时短得多。这表明提高反应温度会加快积炭速率。对于一些气相多相催化反应，积炭速率会随空速提高而增大。

3. 催化剂的影响

在多相催化反应中，催化剂的宏观结构（如孔径、孔结构和比表面积等）、晶粒大小及表面酸性等也会影响积炭速率。

催化剂的孔径和孔结构影响积炭速率，尤以沸石分子筛更为显著。如X型和Y型等沸石，骨架中有大于晶孔的笼子存在，笼内具有较大的自由空间，可允许体积较大的过渡态分子形成，生成的大直径过渡态分子有可能成为焦炭积聚于笼内。另外，笼内较大的自由空间有利于大分子（如多环芳烃）的生成，这些化合物很难从孔径较小的孔道中扩散出去，从而进一步发生一系列反应而导致积炭。因此，可以说这种笼子常常是积炭的部位。一般认为，沸石所含笼的尺寸比通道孔口尺寸大时会导致晶体内部结炭。对于ZSM-5沸石分子筛催化剂来说，因它有特殊的孔道结构，其孔径介于小孔和大孔沸石之间，属于中孔沸石。骨架结构中没有大于孔道的笼子（空腔）存在，因此在烃类催化反应中限制了来自副反应的大的缩合分子的形成，使催化剂积炭的可能性减少。同时，由于这种沸石孔口的有效形状、大小及孔道的弯曲，阻止了庞大的缩合物的形成和积累。所以，这种沸石分子筛催化剂的抗积炭能力很强。

沸石分子筛催化剂的晶粒大小，对催化剂表面积炭也有显著影响。小晶粒ZSM-5沸石催化剂的积炭速率要比大晶粒ZSM-5沸石慢得多，这是因为小晶粒的沸石孔道长度很短，扩散阻力相应减小，反应物和产物分子易于从孔道中逸出，孔内不易积炭。相反，分子在大晶粒沸石中，需要经过较长的路径才可以扩散出来，扩散阻力增加，分子间发生缩合变为大分子的可能性增加，导致积炭速率增快。

5-5-2　积炭速率的抑制

如前所述，积炭会造成催化剂失活。为了使反应能继续正常进行，必须用空气或氧气对催化剂进行再生。如果催化剂表面积炭很快，使用周期很短，频繁再生不仅降低设备利用率、增大能耗，从而使产品成本升高、经济效益减少。所以，在催化剂实际使用过程中，可以根据影响积炭速率的因素，采取相应措施来抑制积炭。

1. 对反应原料进行提纯或加入稀释剂

反应前要对原料采取蒸馏等纯化措施，尽可能除去易导致积炭的不饱和烃、酚类及金属有机化合物等杂质。

缩聚反应是导致积炭的重要步骤，如果事先在反应原料中加入对反应无影响的某种阻聚剂，使导致积炭的缩聚反应不能发生，这样就可对积炭产生抑制作用。

对于某些催化反应，可在反应原料中加入不与催化剂发生反应的惰性溶剂作为稀释剂，使反应物浓度降低，从而使反应物分子与易导致积炭的强酸中心的接触机会减少，使歧化、缩聚等反应不易发生，因此催化剂表面积炭的可能性减少。

2. 采用最佳反应条件

如上所述，反应温度的提高会导致副反应增多和积炭速率加快。因此，在保证有较高催化活性及选择性前提下，应尽量使用较低的反应温度，这是抑制积炭极为有效的方法。有时因操作不当，催化剂短时处于超温状态，也会使催化剂受到损害。

在多相催化反应中，使用适宜的气体作为反应原料载气，有利于减缓积炭现象。在相同空速的情况下，如果不用载气，原料分子将会与催化剂表面有较长的接触时间，接触时间增加易于导致积炭的副反应产生。如果使用载气，可缩短反应物分子与催化剂表面的接触时间，从而降低积炭速率。载气的种类对积炭程度也有明显影响，例如，在沸石分子筛上进行的芳烃异构化反应，若以 H_2 作载气，无论催化活性和活性稳定性都比用 N_2 作载气好。

3. 使用抗积炭能力强的催化剂

对于多相催化剂而言，活性中心主要是由催化剂的内表面所提供。以沸石分子筛或其他多孔性物质作为催化剂时，反应物分子通常是经过扩散进入孔道内部，生成的产物分子再从孔中扩散逸出。如果催化剂骨架中有大于孔道的空腔存在，就易于积炭，在空腔内生成的大分子无法从较小的孔道中扩散出去，逐渐积累，再转化成焦炭堵塞孔道，所以这种催化剂的抗积炭能力就很弱。由此得到启示，选用或合成像上述 ZSM-5 沸石那样具有无笼的筒形孔道分子筛作为催化剂，就会具有很强的抗积炭能力。

如果催化剂的孔道比反应物或产物分子直径大得多，孔道内有较大的自由空间，有利于大的缩合分子的形成和积聚，就会使积炭的可能性增加。所以应该选用或合成孔径与反应物、产物分子直径相当的结晶物质作为催化剂，这样，大的多环分子的形成将受到严重的空间限制而不可能发生，对积炭表现出很大的阻力。

此外，一些催化剂的酸强度分布与其主活性组分的化学组成、结构、载体性质及助催化剂等有关。对于沸石分子筛催化剂来说，表面酸性还与所交换的阳离子种类、数量、化合价有密切的关系。用某些化学物质改性处理，也可调变沸石催化剂的表面酸性，从而改变积炭速率。

5-6 废催化剂回收

近来，由于石油化学工业的迅速发展以及污染控制方面所消耗的催化剂量急剧增加，同时也由于催化剂平均使用寿命相对来说比较短的缘故，造成了废催化剂的数量也大幅度上升。据估计，全世界每年产生的废催化剂约为 0.5~0.7Mt。

有些催化剂失活后可以再生，但每次再生后，原有的活性都会有所损失。这种损失的程度取决于再生条件及催化剂使用期所引起的失活程度。在有的情况下，催化剂可再生三次或更多次，而在某些场合，根本就不能再生。当预期再生后催化剂的活性低于可接受的程度时，就要安排对废催化剂加以处理。

钼、钴、镍、钒等金属是催化剂的常用活性组分，但这些金属也大量用于制造合金、颜料及其他化学品，因此需要量每年都在增长。由于经济上的原因，回收诸如铂、钯、铼、铑等贵金属的废催化剂，已有几十年历史。特别是近来，回收贵金属废催化剂的要求日益增高，其主要原因是业已获得改进的回收工艺、废催化剂中金属组分或其纯盐的价格日益增长，以及出于对环境污染问题的考虑。由于回收产品有很高的价值，所以装置的回收费用也可以提高。

从工业发展、金属资源及环境保护的角度考虑，废催化剂的处理和回收是势在必行的一项工作。据不完全统计，全世界每年消费的催化剂数量约为800kt(不包括烷基化用的硫酸与氢氟酸催化剂)，其中炼油催化剂约占52%，化工催化剂约占42%，其他为环保催化剂。我国工业催化剂年耗量约70kt，其中化肥催化剂约占30kt。其中Fe、Al、Ni、Co、Cu、Mo、Si、Zn、V等金属的回收量在万吨以上，而贵金属Pd、Pt、Ag的回收数量也达数十吨至几百吨；这些回收的金属可用于新催化剂制造、耐热合金生产以及许多专用化学品的生产。

为了有利于废催化剂的处理和回收。无论是催化剂研究单位、生产厂或用户都要逐渐认识到废催化剂回收的重要性和社会经济效益，并从下述方面认真考虑。

（1）催化剂在实验室开发阶段，除了选择一种工艺所需要的性能好的催化剂以外，还必须全面考虑到资源和排污控制，使用后怎样回收。

（2）使用催化剂的工厂，在排放的废催化剂中如夹杂其他不同类型的金属和某些其他杂质，就会给回收工作带来困难。所以，在排放废催化剂时，也要注意清理环境，仔细预防外界物质混入，废催化剂应存放在专门地点，并加以覆盖。

（3）催化剂用户、生产厂以及催化剂回收厂对产生的废催化剂量，回收技术开发的进展以及回收的经济效益评价并不是都完全了解的，这样常使回收工作无法及时进行。因此，有必要建立一个信息网，提供每种废催化剂的最近信息。

（4）目前，一些废催化剂的最佳回收技术已可回收催化剂中存在的所有金属，但废催化剂回收到的金属价格波动较大时，也会影响到回收的经济性。因此，为了使回收工作在经济上稳定而明显有效，应该建立废催化剂的集中回收处理装置，从而改进废催化剂的分配结构和增加储量，以便于进行集中回收。

（5）有时由于经济和技术上的原因，废催化剂必须储放在地下。有些废催化剂回收方法还有待于技术开发或对现有技术的改进，因此也需要在某些地方建立废催化剂地下储放处。

（6）过去回收处理废催化剂都是由一些小企业进行，因为回收的数量较小，而且类型又较多，回收技术也不多，主要着重于贵金属废催化剂。但随着石油化工的发展，脱硫、脱砷及烃类氧化等所用催化剂数量已大大增加，随之产生的废催化剂量也急剧上升，因此有必要建立有一定规模的正规回收工厂，既能提高回收经济效益，又能随时处理或回收用过的催化剂。

目前，企业竞争日趋激烈，无论从技术经济上或环境保护上考虑，废催化剂的回收利用问题，不仅应提到企业经营的议事日程上，而且还应得到社会诸方面的重视。特别是在提倡清洁生产实现零排放生产的今日，新催化剂的开发研究工作应与开展废催化剂的回收利用技术同步进行。

第六章 重要石油化工催化剂

6-1 催化裂化催化剂

6-1-1 催化裂化发展简况

炼油工业最早出现的加工工艺是热裂化，它是通过高温使重质油裂解为轻质油品的工艺。由于热裂化产品安定性差、汽油辛烷值不高，所以很多地方已为催化裂化所取代。催化裂化是靠催化剂的作用在一定温度(460~550℃)条件下，使原料油经过一系列化学反应，裂化成轻质油产品。它具有装置生产效率高、汽油辛烷值高、副产气中含 C_3 ~ C_4 组分多等特点。目前，催化裂化是炼油厂中提高原油加工深度，生产高辛烷值汽油、柴油和液化气的最重要的一种重油轻质化工艺过程。

催化裂化起初采用固定床的方法，片状催化剂放在反应器不动，反应和再生过程交替地在同一设备中进行，由于生产操作麻烦，能力又小，因此很早就被淘汰。以后针对催化剂需要不断连续再生的特点，20 世纪 40 年代又出现了移动床的方法，催化剂改用小球形，生产能力比固定床有明显提高，但对处理量在 800kt/a 以上的大型装置，移动床在经济上远不如流化床优越，因此，现代的大型催化裂化装置都采用技术先进的流化床，采用的是直径为 20~100μm 的微球状催化剂。

我国自 20 世纪 60 年代建立第一套流化催化裂化装置并相应地实现硅铝微球催化剂的工业生产开始，70 年代初成功开发了分子筛催化裂化催化剂并实现了工业化，接着建成了提升管催化裂化工业装置，使催化裂化工艺技术上了一个台阶。80 年代以来，又开发了适于加工重质原料的裂化催化剂和工艺技术装备。目前，我国催化裂化技术的发展更鲜明的是以重油催化裂化为特色，加工能力已超过1.4亿吨，占原油加工比重超过35%，这一比例在世界各国中应属最高。大多数装置掺炼常压渣油和减压渣油。由催化裂化装置生产的汽油和柴油分别占全国汽油和柴油成品总量的75%和35%。所以，催化裂化是我国生产运输燃料最重要的装置。

6-1-2 催化裂化反应机理

催化裂化与热裂化的机理不同，烃类的热裂化是按游离基机理进行，而催化裂化是按正碳离子反应机理进行。热裂化时C—C键发生均裂：

$$C : C \longrightarrow C \cdot + C \cdot \tag{1}$$

在催化裂化时，在催化剂的作用下使C—C键发生异裂，生成离子：

$$C : C \longrightarrow C^{+} + C :^{-} \tag{2}$$

催化裂化所用原料油由烷烃，烯烃和芳烃等组成，因此主反应为：

烷烃裂化：

$$C_nH_{2n+2} \longrightarrow C_mH_{2m} + C_pH_{2p+2} \tag{3}$$

其中，$n=m+p$.

烯烃裂化：

$$C_nH_{2n} \longrightarrow C_mH_{2m} + C_pH_{2p} \tag{4}$$

芳烃裂化：

$$ArC_nH_{2n+1} \longrightarrow ArH + C_nH_{2n} \tag{5}$$

在催化裂化过程中还明显地发生异构化、氢转移、芳构化、烷基化、叠合与缩聚等副反应，后三类副反应会引起催化剂结焦，促使催化剂过早地失活。

催化裂化产品组成是：约40%～50%的汽油、20%～40%的柴油，并产生15%～30%的气体烃(主要由C_3～C_4组成，其中丙烯、丁烯和异丁烷占一半以上)。

6-1-3 催化裂化催化剂

1. 催化裂化催化剂的发展沿革

催化裂化催化剂有许多种，大致可分为三大类型，即天然白

土催化剂、合成硅酸铝催化剂及分子筛催化剂。催化剂的历史也是按这三类的顺序发展过来的。图 6-1 示出了催化裂化催化剂

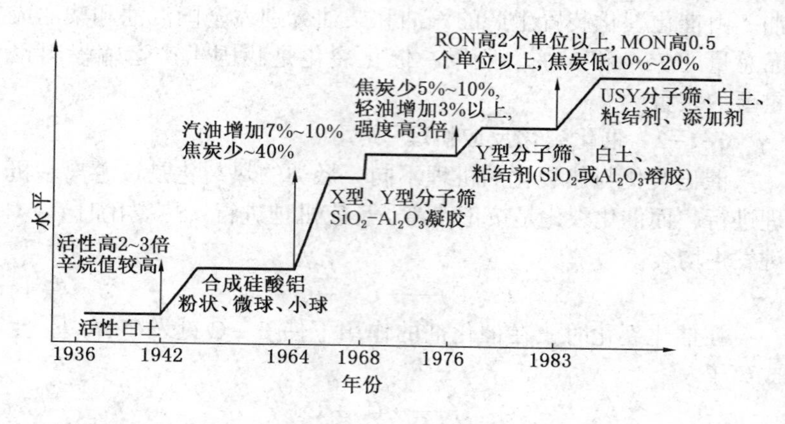

图 6-1　催化裂化催化剂的发展历程

RON—研究法辛烷值的缩写；MON—发动法辛烷值的缩写

的发展历程。在 70 多年的发展中，大致经历了五个变化较大的阶段。第一阶段是以人工合成硅酸铝代替天然白土，天然白土的主要成分也是硅酸铝，因为质量差，所以使用效果差。人工合成硅酸铝的使用，使催化剂的活性提高 2~3 倍，选择性明显改善。第二阶段是分子筛用作催化剂，这一技术上的突破使催化裂化的水平提高了一大步，汽油产率增加了 7%~10%，焦炭产率降低了约 40%，被誉为炼油工业的一次革命，这一阶段还包括了从 X 型到 Y 型分子筛的演变，使分子筛的质量上升了一个小台阶。有人把这一阶段的催化剂称为第一代分子筛催化剂。第三阶段是 20 世纪 70 年代中期以后，改变了载体的路线，采用了粘结剂和天然白土来代替合成的硅铝凝胶，这一阶段也使轻质油产率增加了 3%以上，催化剂的磨损强度提高了约 3 倍。第四阶段乃是 20 世纪 80 年代初以来，采用超稳 Y 型分子筛，提高了汽油的辛烷值，改善了焦炭选择性，也为重油催化裂化提供了更为合适的催化剂。有人将这一阶段的催化剂称为第二代分子筛催化剂。20

世纪 90 年代，又发展了含稀土的超稳分子筛、高硅 Y 型分子筛以及具有择形裂化性能的 ZRP 沸石分子筛。采用这些沸石分子筛的调配，制备出能更多掺渣油、抗金属污染能力更强的渣油裂化催化剂，多产轻烯烃裂化催化剂，高轻质油收率并多产柴油裂化催化剂，以及能降低汽油烯烃含量的裂化催化剂等。

2. 硅酸铝催化剂

硅酸铝是由氧化硅(SiO_2)和氧化铝(Al_2O_3)结合而成的复杂硅、铝氧化物，并含有少量结构水。纯粹的 SiO_2 或 Al_2O_3 都没有明显的催化裂化活性，只有它们以一定的比例结合后才有活性，而且含有适量水分会使活性大大提高。自从流化催化裂化工业化以来，直到 1964 年，基本上都是采用硅铝化合物作催化剂。白土催化剂是经过精制活化的天然白土，也叫作活性白土，它的化学成分主要也是硅酸铝，但杂质含量较大。合成硅酸铝也含有极少量硫酸根、氧化钠及氧化铁等杂质。

合成硅酸铝催化剂与天然白土催化剂相比，具有初活性好、生成汽油辛烷值高和机械性能好等优点。

制备合成硅酸铝催化剂一般采用能产生 SiO_2 及 Al_2O_3 的原料，通常用硅酸钠(水玻璃)和硫酸铝，先在一定温度及 pH 值下反应生成硅酸铝水凝胶，再经水洗过滤、干燥、焙烧等工序制得多孔催化剂产品。杂质含量多会影响催化剂活性及选择性，所以制备催化剂时要控制杂质含量。如含杂质铁会降低催化剂选择性，SO_4^{2-} 在反应和再生中会分解成 SO_2 及 SO_3 而腐蚀设备，碱金属氧化物则会降低催化剂活性。

我国于 1965 年开始使用国产微球形 $SiO_2-Al_2O_3$ 催化剂。图 6-2 所示为用分步沉淀法生产微球硅酸铝催化剂的基本工艺过程。

3. 分子筛催化剂

(1) 分子筛催化剂的使用特性　分子筛也是用含硅和含铝的原料制成的，化学成分与合成硅酸铝类似，但它们的制造方法不同。无定形硅酸铝是在一定的酸碱度溶液中合成的凝胶体，而分

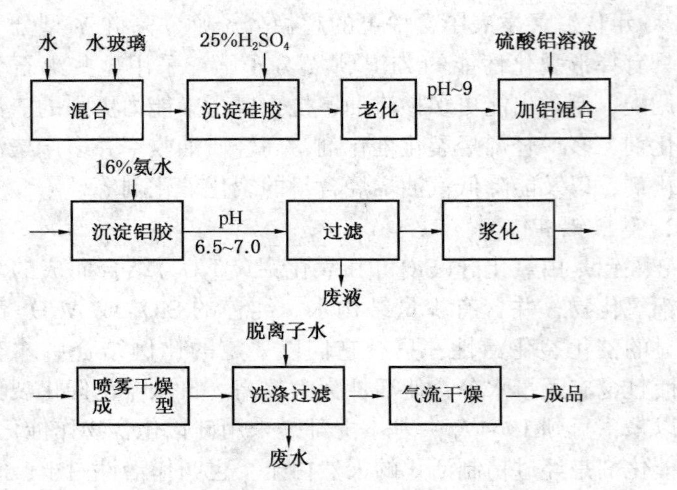

图 6-2　微球硅酸铝催化剂生产过程

子筛是在强碱性溶液中合成的结晶体，是一种晶体硅铝酸盐，具有有序和规则的孔道和孔腔，有可交换的阳离子，有时还根据阳离子的种类来称呼分子筛，如 NaA 型、CaX 型等。

分子筛的性能与其结构有关，它具有许多特性，如：

① 有很高的内表面积，比表面积可在 600~1000m^2/g，其表面由于晶体晶格特点而具有高度极性，因而对极性分子和可极化分子都有较强吸附力；

② 有完整的晶体结构和孔隙结构，孔的排列比较规则，直径大小也均匀，孔径为分子大小的数量级；

③ 分子筛经离子交换后，其酸性有较大变化，并显著改变其化学物理性能，呈现良好的催化性能；

④ 用不同制备方法容易制得各种不同结构和性能的分子筛，也能在很高温度下保持原有晶体结构。

由于分子筛具有上述特性，与微球硅酸铝催化剂相比，用作流化催化裂化催化剂时，具有以下优点。

① 对烷烃，环烷烃及芳烃侧链具有很高的裂化活性。在同样裂化条件下，用 $SiO_2-Al_2O_3$ 催化剂时，重馏分油转化率可达

70%~75%，而中馏分油的转化率只有 30%~35%；而使用分子筛催化剂时，二者转化率十分接近。分子筛属于酸性催化剂，活性高的原因是由于在合适反应条件下，表面酸中心发挥作用，有利于裂化反应进行。

② 选择性好，能获得高产率的汽油。分子筛催化剂不易裂化芳烃环，而对烷烃、环烷烃、芳烃的烷烃侧链具有较好的裂化选择性。这是由于分子筛具有择形特性。因为其入口孔径较小，分子面积大的芳烃环不易进入活性中心部位而被裂化。

③ 氢转移、环化和芳构化活性高。稀土离子交换的分子筛催化剂对氢转移、环化和芳构化的活性大大超过硅酸铝催化剂，因此得到的裂化汽油辛烷值较高。

④ 具有择形特性。在选择不同制备条件下，可生产出具有不同大小孔隙结构的分子筛晶体，使某些类型分子较难进入活性中心的孔穴内，而不发生反应。例如，ZSM-5 型分子筛催化剂能选择性地让正构烷烃和带长链的异构烷烃进入孔穴结构内进行裂化反应，且可阻止缩合多环芳烃在孔道中形成和积累。

(2) 分子筛催化剂的发展沿革　第一个工业化的分子筛催化剂是 X 型分子筛，因为 X 型可以直接用水玻璃合成，大规模工业化生产比较容易和经济，而 Y 型在当时用水玻璃难以直接合成，需要用硅溶胶等较昂贵的原料。后来，Mobil 公司和 Grace 公司分别发明了导向剂法，使得用水玻璃也可以直接合成较高硅铝比的 Y 型分子筛。这一发明，使分子筛更新改型，质量水平上升了一大步。

X 型和 Y 型分子筛同属八面沸石类，其晶格结构相似，但 Si/Al 比不同，X 型的 $SiO_2/Al_2O_3<3.0$，而 Y 型则>3.0。Si/Al 比高，热稳定性较好，耐酸性也好。1968 年后，X 型即被 Y 型所代替。

用稀土(RE)来交换 NaY 分子筛上的 Na，其裂化活性相对于其他是最高的。因此，多年以来，分子筛催化剂大多数是稀土 Y 型的，只是在制备过程上的不同而有所区别，例如交换后进行焙烧，称 CREY；交换后不焙烧的为 REY；交换中减少一些 RE 而被 H^+ 所顶替者为 REHY 等。这类分子筛自 1968 年起一直延续下来，广为应用。

以后，随着汽油少铅或无铅化提上日程，超稳 Y(USY) 型分子筛便步入催化裂化的舞台。USY 是一种改性的 Y 型分子筛，通过脱 Al 补 Si，提高分子筛骨架上的 Si/Al 比，并使结构重排而更趋稳定，减少酸中心密度。用这种分子筛作催化剂能减少氢转移反应，提高汽油中烯烃含量及辛烷值，减少焦炭产率，并可提高轻油收率和增加处理量。

由于 USY 型分子筛催化剂具有良好的选择性，生焦率低，其对瓦斯油裂化的生焦量要比 REY 低 10%~20%。实践表明，生焦率降低 5%，将带来下述好处：降低再生温度 14℃左右，提高转化率 1%~2%，可多裂化渣油 3%左右。因此，USY 型分子筛催化剂不但用于提高汽油辛烷值，也很适用于掺渣油的催化裂化。

4. 催化裂化催化剂载体

在分子筛引入催化剂前，酸性白土或无定形硅铝本身就是催化剂，并无活性组分和载体之分。分子筛出现之后，由于其活性太高无法单独使用，同时也由于它本身难于制成符合强度要求的微球，故采取将其均匀分散于 SiO_2/Al_2O_3 胶体之中。这样，SiO_2/Al_2O_3 胶就成为催化剂的载体。它既起稀释活性的作用，又提供机械性能。而当时 SiO_2/Al_2O_3 已是成熟的催化剂，有现成的生产线，所以很容易使分子筛催化剂工业化生产。这一工艺一直延续到 20 世纪 70 年代中期。

由于人们对环境控制的日益严格，要求催化装置减少粉尘；同时石油危机之后，要求催化裂化进一步提高轻油产率，并掺炼渣油。面对这种形势，催化剂制造公司采取对策：①提高催化剂的磨损强度和堆积密度；②提高再生温度，降低再生剂含炭量以提高活性；③改善反应选择性，降低焦炭产率。

实践表明，SiO_2/Al_2O_3 凝胶做载体，存在以下问题：①粘结性不够，强度不好；②堆积密度低，对提高旋风分离器效率不利；③新鲜剂比表面积大，细孔大，而运转后平衡剂比表面积大大下降，细孔消失，造成部分分子筛封闭其中，降低活性；④SiO_2/Al_2O_3 本身有活性，并已被证明选择性不好，所以才被分子筛所代替，它在分子筛催化剂中仍占有绝大部分（85%～90%），这样就冲淡了分子筛应有的优越性。

针对以上问题可采取：①改有活性的载体为无活性或低活性载体；②用处理过的高岭土加硅（或铝）溶胶做粘结剂。这样裂化活性就全靠分子筛提供，因而使选择性得到改善。同时因为溶胶的粘结性比凝胶好，磨损指数大大改善，加上白土的骨架密度大，堆积密度也大为提高，而比表面积和孔体积降低，结构稳定性好，减少了细孔的封闭现象，同时改善了汽提性，减少了油气在再生器中烧掉的量。这一改进可以说是载体（也是催化剂）发展中的一项突破性改进。20 世纪 70 年代中期以后，世界上所有催化裂化公司都普遍采用这一技术路线。

由于 Y 型分子筛的孔道自由直径只有 $7.5\times10^{-4}\mu m$，而减压瓦斯油分子直径约为 $25\times10^{-4}\mu m$，渣油分子为 $25\times10^{-4}\sim15\times10^{-3}\mu m$，这些大分子要进入分子筛孔内反应显然是困难的。为了增加重油的转化，仅靠分子筛的外表面是不够的。因此，20 世纪 80 年代中期以后，将载体进一步改进，由载体提供一定的活性，先将大分子进行一次裂化，断裂成中分子后进入分子筛二次裂化。但是载体的活性也要加以控制，孔径大小和表面积要适宜，避免因为它的活性而影响选择性，增加焦炭产率。为此，在原来“惰性”载体的基础上，有控制地添加一定量的活性组分，并针对原料油性质和产品分布的要求，调节分子筛和载体活性的比例。

5. 配合催化剂用的助剂

目前，为了配合催化裂化催化剂的使用，开发了多种助剂，如助燃剂、钝化剂、辛烷值助剂等。表 6-1 所示为一些助剂的性质和作用。

表 6-1　一些助剂的性质和作用

助剂名称	组成特点	作用
助燃剂	Pt、Pd/Al_2O_3 等	将再生烟气中 CO 转化为 CO_2，减少空气污染，并降低再生剂碳含量和利用反应热
钝化剂	含锑或铋化合物以及其他非锑化合物	钝化渣油裂化催化剂上污染的金属镍
辛烷值助剂	含 H－ZSM－5 分子筛	择形裂化汽油中低辛烷值的直链烷烃等
吸收 SO_x 剂	含 MgO 类型化合物	在再生器中与 SO_x 反应生成硫酸盐，然后在反应器，汽提段中还原析出 H_2S，从油中回收硫黄，减少排入大气的 SO_x
渣油裂化助剂	含少量脱铝 Y 沸石，根据原料性质，含有不同量的活性载体	协助渣油催化剂裂化大分子
流化改进剂	细粉多的裂化催化剂	改善流化状态
增产丙烯助剂	特殊结构分子筛	增强小分子烷烃脱氢能力
降烯烃助剂	改性分子筛	增强氢转移活性及异构化能力

6-1-4　我国催化裂化催化剂开发及应用情况

随着催化裂化技术的发展以及对催化裂化产品分布、质量和清洁性等的要求日益提升，催化裂化催化剂的性能不断改进，产品品种不断更新换代。从催化剂制备上，大致可分为原位晶化催化剂、半合成和全合成催化剂等；从催化剂用途上可分为重油催化裂化催化剂、生产清洁催化裂化汽油的催化剂、专用工艺催化剂、催化裂解催化剂及催化裂化专用助剂等。

我国催化裂化研发机构主要有中国石化石油化工科学研究院和中国石油石油化工研究院兰州化工研究中心(原兰州石化研究院)。中国石化石油化工科学研究院开发的产品有 ZRP 分子筛、抗钒催化剂、MOY 分子筛、ZSP 分子筛、FMA 基质等的催化裂化催化剂。同时还开发了重油转化、降烯烃、多产低碳烯烃、多产柴油等多种工艺技术相配套的系列催化裂化催化剂。

中国石油石油化工研究院兰州化工研究中心从20世纪80年代开始，开发出具有重油转化能力的LB系列原位晶化型催化裂化催化剂。以后，围绕清洁汽油生产、重油深度加工、炼油化工一体化等核心炼油技术领域，又开发了LBO系列降烯烃催化剂、LCC系列多产丙烯催化剂和助剂、LHO重油降烯烃催化剂、LIP系列多产丙烯重油催化裂化催化剂、高沸石含量的原位晶化催化剂等。

6-2 催化重整催化剂

6-2-1 催化重整发展简况

催化重整是将低辛烷值(40~60)石脑油转化为高辛烷值汽油的有效手段，也是为石油化工提供芳烃原料的主要过程。催化重整是汽油在催化剂存在时进行的重整过程，它不只与高级汽油的生产有关，而且关联到石油化工的发展。由催化重整提供的苯、甲苯、二甲苯等芳烃经过各种催化加工制成的各种产品广泛用于塑料、橡胶、合成纤维、油漆、医药、染料等部门。无论是生产高辛烷值汽油或芳烃，在催化重整过程中，还副产大量氢气，可用于各种需要氢气的加氢工艺中。

最先实现工业化汽油重整过程是1931年开发的热重整，由于过程收率低，产品质量不好，未得到广泛应用。催化重整开发于1947~1949年，铂重整也在这时期问世。自此以后，各国都投入大量财力从事研究与改进，工艺不断革新，处理量日益增大，装置日趋大型化。1967年，美国雪弗龙公司开发的铂-铼双金属催化剂问世，使催化重整技术发生了革命性变化。由于双金属催化剂比单铂催化剂在催化性能方面，特别是稳定性有显著提高，自此以后，各公司相继研究了多种双金属及多金属重整催化剂。随着催化剂的革新，不仅使重整转化率、芳烃收率有了很大提高，而且降低了操作温度及压力，大大提高了重整装置的经济效益。

我国在20世纪50年代就开始催化重整工艺和催化剂的研究开发工作，1965年第一套催化重整工业生产装置在大庆建成投产，以后陆续建成几套单铂催化重整装置。70年代以后，在工业装置上陆续使用了自行研制的双金属及多金属重整催化剂。以后又研制成功了相应的连续重整、二甲苯异构化和歧化烷基转移催化剂及应用技术。目前我国重整装置基本上已实现了催化剂国产化。我国拥有半再生及连续重整等各种工艺的催化重整装置达63套，加工能力近20Mt/a。

6-2-2 催化重整装置的类型

根据催化剂的再生方式不同，重整装置一般采用下述三种类型：半再生式重整装置、循环再生式重整装置及移动床重整装置。

1. 半再生式重整装置

这是应用最广、建厂最多的一种催化重整装置。装置运转一定时间后，催化剂表面由于积炭等原因，活性不断下降，当活性下降到难以维持操作时，催化剂就需进行再生，这种工艺就属于半再生工艺。在反应周期开始，催化剂处于高水平条件下运转，随着运转时间的推移，活性逐步下降，积炭后催化剂进行再生。炼厂一般力图使装置在两次再生之间至少能运行六个月。

图6-3所示为半再生重整装置流程图。经预处理的原料与循环气体混合后进入加热炉，使其温度增至482~526℃，然后经过三个串联反应器；从最后的反应器出来的产品经过原料-流出物换热器后再进入闪蒸罐。在闪蒸罐中，液体产品从罐底排出而产品氢气与循环气体则从罐上部分离出来。液体产品再送至稳定塔中除去轻组分。催化剂因焦炭沉积而失活时，装置需周期性停车进行催化剂再生。

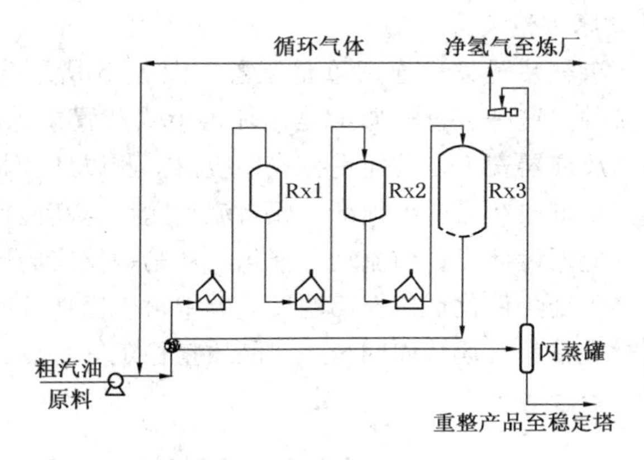

图 6-3　半再生式催化重整装置举例(Rx 为反应器)

2. 循环再生式重整装置

图 6-4 所示为这种装置的工艺流程。它与半再生式装置不同之处，在于它增加了一个反应器及旁路系统，这就允许催化剂在一个反应器中再生，而其他反应器中的催化剂则进行原料处理，增加的备用反应器也可用任何串联反应器来代替。这种设计的优点在于装置操作压力低，可得到 C_5 以上重整产品及氢气。

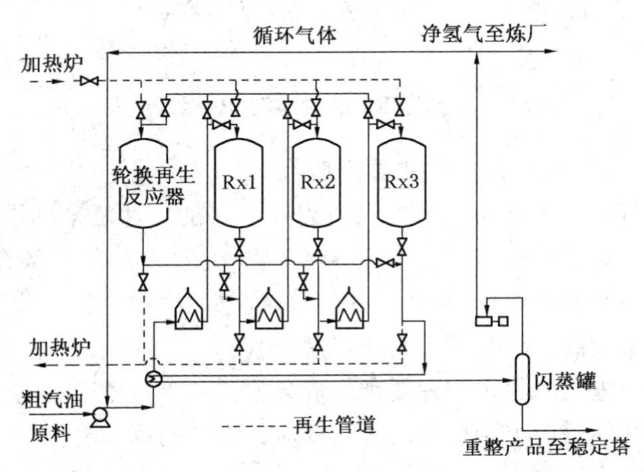

图 6-4　循环再生式催化重整装置举例(Rx 为反应器)

3. 移动床重整装置

移动床重整装置又称连续重整装置。图 6-5 所示为这种装置的工艺流程。这种装置实质上是循环再生式装置概念的扩展。除了第四个反应器安装在其他重叠式反应器一侧以外，其他反应器都是每一个堆放在另一个顶部。原料流动途径与其他重整装置相类似。反应器设计成径向流动，催化剂从第一反应器慢慢移向底部反应器。结焦催化剂送至第四反应器中再生后连续回到反应系统。连续重整具有运转周期长、产品质量稳定等特点，但它操作复杂，投资较大。

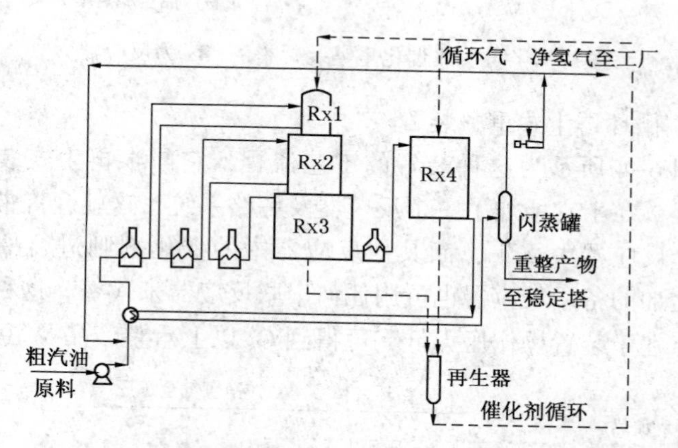

图 6-5　移动床重整装置举例（Rx 为反应器）

6-2-3　催化重整的主要反应

进行催化重整的原料是汽油馏分。它是一种复杂的混合物，里面含有烷烃、环烷烃及少量芳香烃，碳原子数一般都在 4~9 个。有一些原料烷烃含量特别高，称烷基原料油；另一些原料环烷烃含量较高，称为环烷基原料油。

由于重整原料是一种复杂的混合物，所以重整过程的化学反应是由几种反应类型组成的复杂反应，主要的反应有：

1. 六元环烷烃脱氢反应

$$\text{甲基环己烷} \underset{\text{催化剂}}{\overset{\triangle}{\rightleftharpoons}} \text{甲苯}(C_6H_5CH_3) + 3H_2 \tag{6}$$

这是速度较快的吸热反应，称为芳构化反应，反应后环烷烃转化成芳烃。大多数环烷烃脱氢反应是在重整装置的第一反应器中完成，反应是被贵金属催化剂所催化的。

2. 五元环烷烃异构化脱氢反应

$$\text{1,2-二甲基环戊烷} \underset{\text{催化剂}}{\overset{\triangle}{\rightleftharpoons}} \text{甲基环己烷} \rightleftharpoons \text{甲苯} + 3H_2 \tag{7}$$

这类反应的进行主要是靠催化剂的酸性(卤素)部分的作用，少部分是靠催化剂的贵金属部分的作用。五碳环的芳构化首先是部分脱氢，然后是扩环，由五碳环变为六碳的环烷，最后是脱氢芳构化，变成芳烃。

3. 烷烃脱氢环化反应

$$C—C—C—C—C—C \underset{\text{催化剂}}{\overset{\triangle}{\rightleftharpoons}} \text{甲苯} + 4H_2 \tag{8}$$

这类反应是由催化剂中的贵金属及酸性部分所催化，反应进行相对较慢，它将石蜡烃转化成芳烃，是一种提高辛烷值的重要反应。这一吸热反应经常发生在重整装置的中部至后部的反应器中。

4. 正构烷烃的异构化反应

$$C—C—C—C—C—C \underset{\text{催化剂}}{\overset{\triangle}{\rightleftharpoons}} CH_3\underset{|}{\overset{CH_3}{C}}HCH_2CH_2CH_3 \tag{9}$$

这类反应主要靠催化剂酸性功能的作用，反应进行相对较快。它是在氢气产量不发生变化的情况下，产生分子结构重排，生成辛烷值较高的异构烷烃。

5. 烃类加氢裂解反应

$$C_9H_{20}+H_2 \xrightarrow[\text{催化剂}]{\triangle} C_4H_{10}+C_5H_{12} \quad (10)$$

这类反应主要靠催化剂酸性功能的作用。这种相对较慢的反应通常不希望发生，因为它产生过多量的 C_4 及更轻的轻质烃类，并产生焦炭和消耗氢气。加氢裂解是放热反应，一般发生在最末反应器内。

6-2-4　催化重整催化剂

1. 重整催化剂的组成

重整催化剂大致由金属组分、酸性组分及载体三部分组成。

（1）催化剂的金属组分　金属组分是催化剂的核心，它决定着催化剂的活性好坏。重整催化剂的活性金属主要是元素周期表中的第Ⅷ族元素，最重要而常用的是铂。由于铂具有吸引氢原子的能力，因此对加氢、脱氢、芳构化反应具有催化功能。还可用两种金属作活性组分，这就是双金属催化剂，最好的第二种金属是铼，其次还有钯、铱等。用三种或三种以上的金属称为多金属催化剂。它们多是第ⅠB族和ⅥB族元素，如铅、锡、镓、铟、铊等。催化剂中添加第二金属铼后，可以大大提高活性和稳定性，促进铂的分散，降低铂晶粒增长速度，催化剂积炭量也比纯铂催化剂容许高3~4倍。目前应用最广的是铂-铼双金属催化剂。由于铂-铼催化剂中的铼为稀有金属，价格昂贵，供应也困难，所以出现了铂非铼双金属催化剂，表6-2示出了我国自主开发的重整催化剂的主要品种及性能特点。

表 6-2 催化重整催化剂主要品种及性能特点

项目 工业牌号	外观	外形尺寸/mm	金属组分/%	Cl 含量/%	HF 含量/%	载体	堆密度/(g/mL)	孔体积/(mL/g)	比表面积/(m^2/g)	适用装置形式
3701	乳黄色小球	$\phi1.5\sim\phi3.0$	Pt0. 52	1. 0	0. 31	$\eta-Al_2O_3$	0. 8	—	—	半再生式
3741	乳黄色小球	$\phi1.5\sim\phi3.0$	Pt0. 52 Re0. 32	0. 68	0. 28	$\eta-Al_2O_3$	0. 78	—	248	半再生式
3741-Ⅱ	乳黄色小球	$\phi1.5\sim\phi3.0$	Pt0. 36 Re0. 55	1. 6	—	$\gamma-Al_2O_3$	0. 81	—	206	半再生式
3752	乳黄色小球	$\phi1.5\sim\phi3.0$	Pt0. 6 Ir0. 1	1. 5	—	$\eta-Al_2O_3$	0. 76	—	268	半再生式
3861-Ⅰ	球形	$\phi1.4\sim\phi2.0$	Pt0. 37 Sn	—	—	$\gamma-Al_2O_3$	0. 53~0. 59	0. 55~0. 65	180~220	连续式
3861-Ⅱ	球形	$\phi1.4\sim\phi2.0$	Pt0. 58 Sn	—	—	$\gamma-Al_2O_3$	0. 53~0. 59	0. 55~0. 65	180~220	连续式

续表

项目 工业牌号	外观	外形尺寸/mm	金属组分/%	Cl 含量/%	HF 含量/%	载体	堆密度/(g/mL)	孔体积/(mL/g)	比表面积/(m^2/g)	适用装置形式
3932	条形	ϕ(1.4~1.6)×3~6	Pt、Re(等铂铼比)	—	—	γ-Al_2O_3	0.76~0.82	0.45~0.55	>180	半再生式
3933	条形	ϕ(1.4~1.6)×3~6	Pt、Re(高铼含量)	—	—	γ-Al_2O_3	0.76~0.82	0.45~0.55	>180	半再生式
3944	圆柱形	ϕ(1.4~1.6)×3~6	—	—	—	γ-Al_2O_3	0.76~0.82	0.45~0.55	>180	半再生式
3961	球形	ϕ1.4~ϕ2.0	Pt、Sn	含 Cl	—	γ-Al_2O_3	0.54~0.58	>0.70	180~220	半再生式、连续式均可用
CB-5	乳黄色小球	ϕ1.5~ϕ3.0	Pt0.47 Re0.30	1.40	—	γ-Al_2O_3	0.81	—	185	半再生式

续表

项目 工业牌号	外观	外形尺寸/mm	金属组分/%	Cl 含量/%	HF 含量/%	载体	堆密度/(g/mL)	孔体积/(mL/g)	比表面积/(m^2/g)	适用装置形式
CB-5B	淡黄色小球	φ1.5~φ2.5	Pt0.45~0.50 Re0.26~0.30	≥1.0	—	γ-Al_2O_3	0.72~0.80	0.48~0.60	>180	半再生式
CB-6	乳黄色小球	φ1.5~φ3.0	Pt0.28 Re0.26 Ti0.14	1.0~1.4	—	γ-Al_2O_3	0.57	—	189	半再生式
CB-7	淡黄色小球	φ1.5~φ2.5	Pt0.21 Re0.43 Ti0.10	1.0~1.2	—	γ-Al_2O_3	0.75	0.5~0.6	>180	半再生式
CB-8	淡黄色小球	φ1.5~φ2.5	Pt0.15 Re0.30	1.2	—	γ-Al_2O_3	0.75	0.5~0.6	180	半再生式
CB-9	淡黄色小球	φ1.5~φ2.5	Pt0.25 Re0.25	1.0~1.6	—	γ-Al_2O_3	0.78~0.87	0.45~0.55	180~220	半再生式
CB-11	淡黄色小球	φ1.5~φ2.5	Pt≥0.23 Re≥0.36	1.3	—	γ-Al_2O_3	0.73~0.78	0.48~0.60	>180	半再生式

注：生产厂为中国石油抚顺石化分公司催化剂厂、中国石化长岭分公司催化剂厂等。

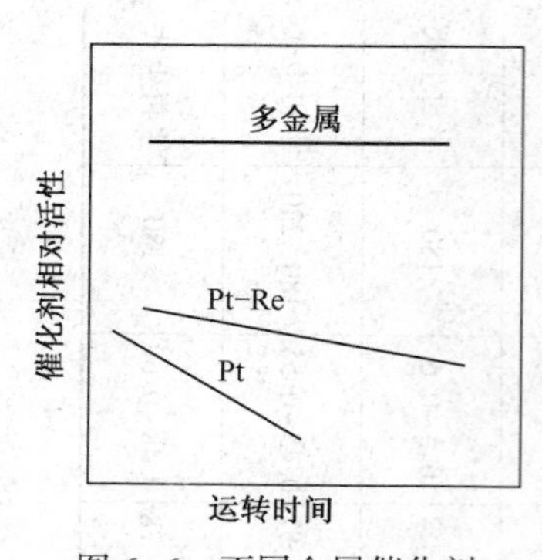

图 6-6　不同金属催化剂活性、稳定性的比较

添加第二金属产生的不利因素是它们存在严重的加氢裂解或氢解作用，使得运转时氢纯度和液体收率大大低于纯铂催化剂的情况。所以，以后又出现加入第三种金属的方法，它可以对前面两种作用进行调节，使催化剂比双金属具有更好的活性和选择性。图 6-6 给出了不同金属催化剂活性、稳定性的对比曲线图。可以看出，多金属催化剂的稳定性好，运转温度可以降低，可以延长运转周期，增加芳烃产率。

（2）催化剂的酸性组分　实践表明，重整催化剂只有金属组分时，催化活性是很差的，还需加进起助催化剂作用的酸性组分才具有更好的催化功能。酸性组分主要是添加氯或氟之类的卤族元素，它们起着增强氧化铝载体酸性功能的作用，也即增加催化剂异构化的作用。表 6-3 所示为铂催化剂的含氟量对甲基环戊烷生成苯的转化率的影响。当含氟量很低时，也即催化剂的酸性非常低时，只生成少量的苯。这时催化剂的异构化能力主要由氧化铝载体固有的酸性所提供。当含氟量由 0.05%增加到 0.50%时，甲基环戊烷生成苯的转化率随氟含量增加而直线上升。当氟的含量继续增大到 1%后，生成苯的转化率并不进一步提高，因为对于苯的生成来说已达到了平衡值。所以，过多的含氟量也是无益的。实践表明，适宜的卤素含量应为 0.4%～1.0%，比 Pt 含量稍高一些即可。

表 6-3　铂催化剂的含氟量对甲基环戊烷生成苯转化率的影响①

氟含量/%	0.05	0.15	0.30	0.50	1.00	1.25
苯产率/%	25.0	31.5	41.0	59.0	71.0	71.5

① 500℃，1.8MPa：催化剂 Pt 含量为 0.3%。

（3）催化剂载体　重整催化剂的载体常用的是氧化铝，也有采用硅酸铝及分子筛的。目前以使用氧化铝居多。

使用氧化铝载体又可分为γ-Al_2O_3及η-Al_2O_3两种类型，两者区别在于含结晶水多少不同。η-Al_2O_3具有初始表面积高的特点，常用作纯铂催化剂载体。η-Al_2O_3的酸性功能要比γ-Al_2O_3强。随着催化剂运转及再生，表面积开始减小。由于表面积的这种损耗，总操作寿命只限于几次循环。

γ-Al_2O_3的酸性功能不如η-Al_2O_3，但γ-Al_2O_3的热稳定性比η-Al_2O_3好得多，反复使用及再生，仍能保持较高的初始表面积。所以，用γ-Al_2O_3作载体的催化剂用作循环再生式重整装置的催化剂时，在失去相当多的表面积需更换以前，可进行数百次再生。通过适当调节催化剂的卤素含量，也能补充γ-Al_2O_3催化剂的酸功能不足。

2. 重整催化剂的毒物

由于原料预处理不好或含有污染物，会使操作过程中重整催化剂中毒。处理硫中毒失活的重整催化剂已给了工厂很多教训和经验，使在研制新型重整催化剂的同时必须重视重整原料预处理加工手段。

重整催化剂毒物的作用可分为暂时中毒及永久中毒。表6-4给出了常见重整催化剂毒物。引起暂时中毒的毒物一般为硫、氮及氯化物，造成永久中毒的毒物为铅及砷。

表6-4　常见重整催化剂毒物

暂时性毒物	永久性毒物
硫	铅
氮	砷
氯化物	

（1）硫　硫中毒一般是由于重整装置原料预处理体系不合适或操作失误所引起。一般来说，单铂重整催化剂允许原料硫含量为几个μg/g，但双金属重整催化剂一般要求硫含量小于1μg/g，有时要求小于0.2μg/g。硫能抑制催化剂的芳构化活性，影响催化剂的加

氢-脱氢功能，促进催化剂的裂化作用。硫也能与铂形成 Pt_2S 或 PtS_2 等化合物，也可与 Re 形成类似化合物，这些都是没有重整活性的惰性物质。不同的硫化物对催化剂毒化作用的强弱大致如下：

硫酚>二硫化物>噻酚>硫醚

将原料脱硫并连续送入脱硫原料，就可使硫中毒的催化剂活性损失得到恢复。通常可采用含 Cu 或含 Ni 的低温高活性脱硫剂脱除原料油中残留的微量硫化合物，使油品中硫含量达 0.5μg/g 以下或更低。

（2）氮　氮中毒也与原料预处理不当或操作失误有关。在重整反应系统中，氮会与氢形成氨，氨为碱性物质，因而中和了催化剂的酸性，形成氯化铵并夺走了催化剂上的氯化物，从而影响催化剂的酸性功能，减弱了催化剂的异构化及裂化功能。

由于原料中氮含量在原料处理前就较少，所以氮中毒的几率要比硫中毒低。一般认为氮中毒是暂时性中毒。氮中毒源排除后，通过连续送入原料可除去重整装置中的氮。这样也带来了催化剂中氯化物的损失，所以必须补充失去的氯化物。

（3）氯化物　催化剂氯含量应该维持在需要值上，但若原料油中氯化物含量过高，就会引起催化剂的双功能不平衡，并导致过多的加氢裂化，影响产品选择性。氯化物含量过高的表现是氢气产率减少，C_5^+ 以上收率降低，循环气流中的 HCl 含量增加等。通过往原料中加水或乙醇洗去过量的氯化物，可以部分消除原料含氯化物量高所产生的影响。

（4）铅　铅来源一般是由于原料受污染，或是由于使用装过含铅汽油的槽车或驳船运输原料而造成的。铅中毒的特征是第一个反应器中的催化剂活性降低，靠观察通过反应器的温度降的减少就可很容易检定出。当原料中的铅含量超过预处理装置的除铅能力时，进入重整装置的铅由于破坏催化剂的加氢-脱氢功能从而造成催化剂的永久失活。消除了铅中毒源后就可以抑制催化剂进一步失活，但已损失的活性已不能恢复。所以发生铅中毒时，往往需要更换聚积在第一反应器中的催化剂。对双金属重整催化剂而言，原料中允许含铅量为 10μg/g 以下。

（5）砷　砷对重整催化剂的中毒作用与铅相似，但催化剂对砷中毒的敏感性甚至比铅中毒更大。砷能与催化剂中金属铂作用，形成砷化铂合金，从而使铂失去活性；砷还能与酸性组分的卤素发生作用，破坏催化剂的正常组成。砷对催化剂的毒性也是永久性的。原料中允许砷含量为小于 1μg/g。

3. 重整催化剂的发展趋势

自 1949 年 UOP 公司开发出新的双功能铂催化剂后，催化重整装置所用催化剂均为双金属或多金属型，已经工业化的双金属、多金属重整催化剂主要有铂铼、铂铱和铂锡三大系列。近年来催化剂开发研究有以下特点及趋向。

（1）各国对 $\gamma-Al_2O_3$ 载体的使用进行了更深入的研究，重整催化剂上金属中心与酸性中心的匹配，是保证催化性能十分重要的环节。催化剂的酸性功能主要靠 Al_2O_3 载体提供，即在 Al_2O_3 表面上相邻近的 OH 基在焙烧过程中形成氧桥，通过极化作用，可以产生酸性，而有卤素（如 F、Cl）存在时，可加强极化作用，从而直接影响催化剂的酸性。此外对载体的改进，还表现在其具有纯度高、杂质含量低、孔分布适中等特性。

（2）随着载体 $\gamma-Al_2O_3$ 理化性能的改进和制备技术的进步，催化剂中贵金属含量逐步得以减少，我国自主开发的低贵金属含量的铂铼催化剂在降低铂含量的同时，改用高纯 $\gamma-Al_2O_3$，并对载体的制备及成型技术进行了改进，使催化剂的活性及稳定性进一步提高，不仅可用于制取高辛烷值汽油，也可用于生产芳烃。

（3）铂-铼系列催化剂得到进一步发展。在降低铂含量的同时，相继将铼/铂质量比从起初的 1.0 提高到 2.0 左右，且有进一步提高的趋势，从而大幅度提高了催化剂的稳定性，在较苛刻的条件下操作，可以提高重整油的辛烷值和产率。

（4）铂-铱系列催化剂自 20 世纪 70 年代初开发以来，几十年发展不大，应用情况报道也少，有被其他系列催化剂逐步取代的趋势。这主要是由于其反应性能不理想。虽然铂铱催化剂有较好的烷烃环化脱氢性能，抗硫性也较强，但铱本身的氢解性能较强，选择性较差，稳定性也不理想。

（5）铂-锡催化剂被广泛用于催化剂连续再生重整装置。这是由于铂-锡催化剂在低温高压下具有良好的选择性和再生性。近年来，为适应连续重整工艺操作苛刻度的提高和再生频率的增加，我国自主开发出新一代高活性、高水热稳定性的铂-锡连续重整催化剂。

（6）在组成上，重整催化剂的发展趋势是开发新的三金属催化剂体系，以进一步提高目标产物的选择性，提高重整生成油和氢的产率。

6-3　加氢精制催化剂

6-3-1　加氢精制的发展

加氢又称氢化，是指在催化剂作用下，分子氢在有机化合物的不饱和键上发生的加成反应。加氢技术最早起源于德国，在20世纪30~40年代，德国首先将加氢技术用于将固体燃料（煤）转化为液体马达燃料。美国则是最早将加氢技术应用于石油炼制过程中，在20世纪40年代末首先开发出催化重整技术。由于该技术可提供廉价的副产物氢气，从而大大加速了石油加氢精制技术的发展。

所谓加氢精制又称加氢处理，是各种油品在氢压下进行催化改质的一种统称。是在一定温度、压力、空速及氢油比等条件下，原料油、氢气通过反应器内催化剂床层，在催化剂作用下，将油品中所含的硫、氮、氧等非烃类化合物转化为相应的烃类及易于除去的硫化氢、氨和水。在石油加工的应用范围上，加氢精制技术几乎可涵盖大部分石油产品，如气态烃类、直馏及二次加工汽油及柴油、煤油、各种蜡油、石蜡、润滑油、常压及减压渣油等。这些油品均可选用合适的加氢精制工艺，制取相应的石油产品和石油化工原料。

我国加氢精制技术在石油炼制过程中的应用始于20世纪60年代中期，首先应用于催化重整原料的预处理，其目的是有效地脱除重整原料中微量的硫、氮、砷等杂质，以防止铂重整催化剂中毒，以后由于催化裂化及焦化装置在炼油厂的比重不断增大，为改善汽油、柴油的质量，加氢精制技术得到进一步发展。经过半个多世纪的发展，加氢精制过程越来越多地用于为下游工艺过程如催化重整、催化裂化、加氢裂化等提供优质进料或用于清洁油品(如低硫汽油、柴油等)的生产。如由高硫原油得到的减压馏分油经过加氢精制后作为催化裂化的原料，不仅可以减少由再生器烟气向大气排放的二氧化硫量，而且还可提高转化率、提高汽油收率，减少催化剂耗量及焦炭产率。我国部分炼油厂还采用加氢精制替代润滑油及石蜡等的白土精制，显著提高了产品质量。目前，加氢精制技术已构成现代石油炼制过程的重要加工单元过程，成为提升石油产品质量的必要手段。

6-3-2 加氢精制的主要反应

加氢精制的目的是将石油中各种非烃类物质含有的杂原子硫、氮、氧等分别转化为硫化氢、氨、水，有机金属化合物转化为金属硫化物而加以脱除。各种石油馏分加氢精制的主要反应有：加氢脱硫、加氢脱氮、加氢脱氧、加氢脱金属反应，以及烯烃和芳烃的加氢饱和反应。同时还会发生少量开环、断链及缩合等反应。这些反应一般包含一系列平行顺序反应，并构成复杂的反应网络。

1. 加氢脱硫反应

(1) 硫醇　硫醇加氢反应时，发生 C—S 键断裂。

$$RSH+H_2 \longrightarrow RH+H_2S \tag{11}$$

(2) 硫醚　硫醚加氢反应时，先生成硫醇，再进一步脱硫。

$$R—S—R+H_2 \longrightarrow 2RH+H_2S \tag{12}$$

(3) 二硫化物　二硫化物加氢反应时，首先发生 S—S 键断裂生成硫醇，再进一步发生 C—S 键断裂，脱去硫化氢。

$$(RS)_2+3H_2 \longrightarrow 2RH+H_2S \tag{13}$$

(4) 噻吩系　噻吩系加氢反应时，首先是杂环加氢饱和，然后是 C—S 键开环断裂生成硫醇，最后生成丁烷。

$$R\text{—(thiophene ring)} +4H_2 \longrightarrow R—C_4H_9+H_2S \tag{14}$$

2. 加氢脱氮反应

（1）非杂环氮化合物(如烷基胺)加氢脱氮

$$R—CH_2—NH_2+H_2 \longrightarrow R—CH_3+NH_3 \qquad (15)$$

（2）杂环氮化合物(吲哚、吡咯、吡啶、喹啉等)加氢脱氮

$$\text{N} \; +6H_2 \longrightarrow —C_2H_5 \; +NH_3 \qquad (16)$$

吲哚

$$\text{NH} \; +4H_2 \longrightarrow C_4H_{10}+NH_3 \qquad (17)$$

吡咯

$$\text{N} \; +5H_2 \longrightarrow C_5H_{12}+NH_3 \qquad (18)$$

吡啶

$$\text{N} \; +7H_2 \longrightarrow —C_3H_7 \; +NH_3 \qquad (19)$$

喹啉

3. 加氢脱氧反应

（1）环烷酸脱羧基或羧基转化为甲基的反应

$$—COOH \; +3H_2 \longrightarrow —CH_3 \; +2H_2O \qquad (20)$$

（2）酚类加氢脱氧反应

$$R— —OH \; +H_2 \longrightarrow R— \; +H_2O \qquad (21)$$

4. 烯烃加氢饱和反应

（1）单烯烃加氢

$$R—CH═CH_2+H_2 \longrightarrow R—CH_2—CH_3 \qquad (22)$$

（2）双烯烃加氢

$$R—CH═CH—CH═CH_2+2H_2 \longrightarrow$$

$$R—CH_2—CH_2—CH_2—CH_3 \qquad (23)$$

5. 芳烃加氢饱和反应

（1）萘加氢

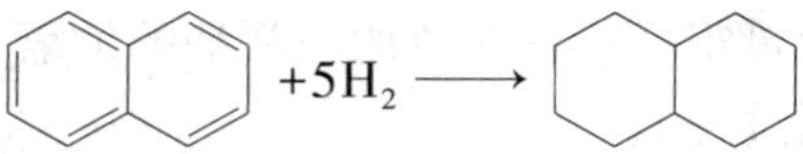

$$+5H_2 \longrightarrow \tag{24}$$

（2）菲加氢

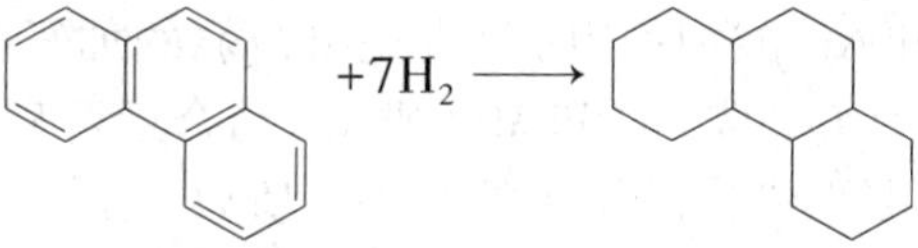

$$+7H_2 \longrightarrow \tag{25}$$

6-3-3　加氢精制催化剂的组成及应用

由于原料结构及组成的差异，加氢精制过程所用催化剂品种很多。按加工的馏分油类型不同，可分为轻质馏分油加氢精制催化剂、重质馏分油加氢处理用催化剂、石油蜡类及特种油的加氢精制催化剂及渣油加氢催化剂等，而按加氢精制的反应类型及侧重点不同，则可分为加氢脱硫催化剂、加氢脱氮催化剂、加氢脱金属催化剂及加氢饱和催化剂等。实际上，由于油品组成的复杂性，任何一种加氢精制催化剂，其加氢性能不会是单一或绝对的。在各种加氢精制反应中，其反应速率大体上有如下规律：

脱金属>二烯烃饱和>脱硫>脱氧>单烯烃饱和>脱氮>芳烃饱和

因此，在加氢精制过程中使用一种加氢脱硫催化剂时，在进行加氢脱硫反应的同时，也会发生对其他杂质的脱除，如脱金属、烯烃饱和及加氢脱氧等，只不过催化剂对加氢脱硫更显突出而已。

常用的加氢精制催化剂由两大部分组成，即金属活性组分及载体，金属活性组分一般可分为两类，一类是贵金属，如 Pt、Pd 等；另一类是非贵金属，如ⅥB 族的 Cr、Mo、W 及Ⅷ族的 Fe、Co、Ni 等，它们对各类加氢反应的活性顺序是：

加氢脱硫：Mo-Co>Mo-Ni>W-Ni>W-Co

加氢脱氮：W-Ni>Mo-Ni>Mo-Co>W-Co

加氢饱和：Pt，Pd>Ni>W-Ni>Mo-Ni>Mo-Co>W -Co

贵金属组分一般都有很高的加氢或脱氢活性，通常在较低的反应温度下即可显示出很高的加氢活性。但它们对有机硫化物、氮化物及硫化氢等十分敏感，易引起中毒而失活，加上价格又昂贵，仅用于硫含量很低或不含硫的原料油的加氢过程，或用于某些特殊催化加氢过程。

非贵金属由于价格较低，是加氢精制催化剂常用的活性金属组分。但 Co 和 Ni 单独使用时只表现出极弱的加氢脱硫及加氢脱氮活性，而只有 Co(或 Ni)和 Mo(或 W)结合后可显著提高 Mo 或 W 的活性，这是两者协同作用的结果。所以，加氢精制常用的金属活性组分有 Co-Mo、Ni-Mo、Ni-W 及 Ni-Co-Mo 等。Co-Mo 催化剂常用于石脑油馏分加氢精制，其脱硫活性高于 Ni-Mo 催化剂；Ni-Mo 及 Ni-Co-Mo 催化剂有较强的脱氮及芳烃饱和能力，多用于二次加工汽油、柴油等的加氢脱硫、脱氮过程。

载体在加氢精制催化剂中具有重要作用。单独存在的高度分散的金属活性组分，因受降低表面自由能的热力学趋向的推动，会发生强烈的聚集倾向，很易受温度升高而产生烧结，使活性快速下降。当将金属活性组分负载在多孔的载体上时，由于载体本身存在的热稳定性，以及对高分散性金属颗粒的移动和彼此接近起到阻隔作用，从而可减少或避免活性组分发生烧结，提高催化剂的热稳定性及使用寿命。

可选用的载体有活性氧化铝(γ-Al_2O_3、η-Al_2O_3)、活性炭、硅酸铝、分子筛、硅藻土等。其中又以 γ-Al_2O_3 是加氢精制催化剂更为常用的载体。其原因是氧化铝具有孔结构可调变性的特点，采用不同的制备条件，可以制备出具有不同的比表面积、孔体积、孔径分布及表面特性的载体材料。活性氧化铝具有高的比表面积及适宜的孔结构，可提高金属活性组分或其他助剂的分散度。制成的具有一定形状(如球形、三叶草形、条状等)的氧化铝还具有优良的机械强度及化学稳定性，适宜于工业过程使用。一般加氢精制催化剂都使用高比表面积的氧化铝，比表面积为 $200\sim400m^2/g$，孔体积为 $0.1\sim1.0mL/g$ 之间。而对某些反应要求氧化铝的比表面积要低于 $100m^2/g$ 时，其孔体积也相应较低，为 $0.1\sim0.3mL/g$。

表 6-5 国内一些加氢精制催化剂的主要物性及其用途

性质＼牌号	FH-40A	FH-40B	FH-40C	FH-98	FH-UDS	FV-10	FV-20	HDO-18	PIC802A/B
外观	三叶草	三叶草	三叶草	三叶草	三叶草	三叶草	三叶草	黄褐色条形	三叶草
粒度/mm	1.5~2.5	1.5~2.5	1.3~2.3	1.3~2.0	1.3~1.6	1.1~1.3	1.0~1.2	1.4~1.6	1.6
比表面积/(m^2/g)	≥200	≥200	≥260	≥120	≥210	≥150	≥170	≥170	≥180
孔容/(mL/g)	≥0.40	≥0.40	≥0.42	≥0.25	≥0.32	≥0.30	≥0.40	≥0.45	≥0.1
堆积密度/(kg/L)	0.75~0.85	0.75~0.85	0.75~0.85	0.80~0.88	0.87~0.96	0.85~0.95	0.65~0.75	0.70~0.80	0.60~0.90
颗粒径向抗压强度/(N/cm)	≥150	≥150	≥150	≥150	≥150	≥150	≥150	≥90	≥90
化学组分	CoO-MoO_3-NiO	CoO-MoO_3	WO_3-MoO_3-NiO-CoO	WO_3-MoO_3-NiO-CoO	WO_3-MoO_3-NiO-CoO	WO_3-MoO_3-NiO	MoO_3-NiO		Pt-Pd
用途	重整原料预加氢、直馏及二次加工轻质馏分油加氢	高硫重整原料预加氢、煤油加氢生产航空煤油	各类汽油、煤油加氢精制	二次加工劣质汽油柴油加氢精制	各类含硫柴油及其混合油的加氢精制	用于生产食品级石蜡及医药级凡士林	主要用于生产食品级石蜡和全炼蜡、医药级凡士林	用于脱除重整生成油中的烯烃	用于润滑油馏分异构脱蜡

目前工业上使用的加氢精制催化剂牌号有100种以上，它们的主要区别是金属组分及其相互之间的原子比不同，外观形状也有一些差别。表6-5所示为北京三聚环保新材料股份有限公司生产的加氢精制催化剂的主要物性及其用途。

6-3-4 加氢精制催化剂发展趋势

国内加氢精制催化剂的生产厂家及品种较多，它们所使用活性金属组分主要为非贵金属Ni、Co、Mo、W等，载体大多使用活性氧化铝。随着原油劣质化程度不断提高，对加工性能的要求也日趋苛刻，因而对催化剂性能的要求也进一步提高。为了提高催化剂活性，人们从活性金属组分、助催化剂及载体等方面进行大量探索，也提出了不同的活性中心理论。分析表明，只有那些几何特性和电子特性都符合一定条件的元素才能用作加氢催化剂的活性组分，W、Mo、Co、Ni、Fe、Cr、V等都属于具有未填满d电子层的过渡元素，同时它们都具有体心或面心立方晶格，因此它们均适用作加氢催化剂的活性组分。由于双金属比单金属组分加氢性能好，氢解能力强，因此工业用加氢精制催化剂大多采用双金属组分，且不同活性组分之间有一个最佳配比范围。

为了改善催化剂的活性、选择性及稳定性，在制备催化剂中，常需添加适量B、P、F、Mg、Zr、Ti等助催化剂。以调变催化剂的电子结构、晶形结构或表面性质等。

此外，为了提高催化剂的稳定性及机械强度，减少反应床层内的流体阻力，可将载体制成粒度较小的异形球或异形条，提高堆积密度和有利于扩散，降低压降。

6-4 加氢裂化催化剂

6-4-1 加氢裂化的作用

所谓加氢裂化是指在高温及高氢分压条件下，由于催化剂的作用，使烃类发生 C—C 键断裂反应，从而使大分子烃类转化为小分子烃类，使油品变轻的一种加氢工艺。它又可分为高压加氢裂化、中压加氢裂化及缓和加氢裂化，前者是指反应压力在 10.0MPa 以上的加氢裂化工艺，后二者是指反应压力在 10.0MPa 以下的加氢裂化工艺。

世界上首套现代加氢裂化装置于 1959 年在美国雪佛龙公司(Chevron)里奇蒙炼油厂投产，加工能力为 50kt/a。我国也在 1966 年通过自主研究设计，在大庆炼油厂建立了加工能力为 400kt/a 的加氢裂化工业装置。20 世纪 70 年代后期又引进了四套大型加氢裂化装置，使加氢裂化得到进一步发展。至 2006 年，我国加氢裂化装置(包括加氢改质，不包括择形裂化及择形异构化)已达到 27 套，总加工能力达到 31.81Mt/a。在工艺技术方面，开发出高压一段串联全循环和部分循环加氢裂化、高压一段一次通过加氢裂化、中压加氢裂化、中压加氢改质、缓和加氢裂化、加氢裂化-蜡油加氢脱硫组合技术、加氢降凝、中压加氢裂化-中间馏分油补充加氢精制组合技术等一系列加氢裂化新工艺；在催化剂方面，开发出可根据需要生产的无定形硅铝及分子筛催化剂，如可最大量生产石脑油的轻油型催化剂、最大量生产中间馏分油的高中油型催化剂、灵活生产石脑油和中间馏分油的灵活型催化剂、单段单剂最大量生产馏分油的催化剂等。

加氢裂化可加工原料范围很广，包括直馏汽油、粗柴油、减压蜡油、常压渣油、减压渣油以及其他二次加工得到的原料，如焦化柴油、焦化蜡油、催化澄清油、催化柴油及脱沥青油等。而加氢裂化所得产品品种多且质量好，可直接生产优质液化气、汽油、柴油、喷气燃料等清洁燃料及轻石脑油等优质石油化工原料。所以，加氢裂化已成为现代重油深度加工的主要技术之一，也是使重质油料通过裂化、加氢、异构化反应转化为轻质油品或润滑油料的重要二次加工方法。

6-4-2　加氢裂化催化剂的组成及分类

加氢裂化催化剂具有加氢、脱氢及酸性功能，常称为双功能催化剂。加氢功能通常由贵金属(Pt、Pd)或非贵金属(W、Mo、Ni、Co等)及其氧化物或硫化物提供；酸性功能则由无定形硅铝或分子筛载体所提供。在双功能催化剂作用下，非烃化合物进行加氢转化，烷烃及烯烃进行裂化、异构化、环化等反应，环烷烃发生异构化及开环等反应。

1. 加氢裂化催化剂的组成

加氢裂化催化剂主要由具有加氢、脱氢功能的金属活性组分及具有裂化功能的酸性载体两部分所组成。可通过对这两种组分的功能进行适当调配，以达到对不同裂化原料及产品的要求。

金属活性组分主要是周期表中ⅥB族的Mo、W及Ⅶ族的Co、Ni、Pt、Pd等。这些金属的加氢活性强弱顺序为：

Pt、Pd>W-Ni>Mo-Ni>Mo-Co>W-Co

Pt及Pd虽具有最好的加氢活性，但由于价格较高，并且对硫的敏感性很强，一般只在两段加氢裂化过程无硫、无氨气氛的第二段反应器中使用。W、Mo、Ni在催化裂化催化剂中用量较大，一般用作主催化金属，如在以中间馏分为主要产品的单段法加氢裂化工艺中，普遍采用以Mo-Ni或Mo-Co组合的催化剂；而以润滑油为主要产品时，则常采用W-Ni为主要组合的催化剂。

酸性组分是裂化活性的主要来源，其酸性的强弱依次为分子筛、无定形硅铝、氧化铝，并将它们通称为酸性载体。按它们提供酸性的结构，又可分为晶形及无定形两种类别，前者以分子筛为主，后者以氧化铝及无定形硅铝为代表。一般情况下，分子筛可比无定形硅铝或氧化铝提供更多的酸性中心和更强的酸性。正因为这一作用，使用分子筛可以适当降低操作温度及压力，使反应在更缓和的条件下进行。由于酸性载体具有促进 C—C 键的断裂及异构化的作用，有时也将分子筛与无定形硅铝调制成复合型酸性载体，通过调配两者的比例，以适用于多产汽油或多产中间馏分油的加氢裂化工艺。

除了金属活性组分及酸性载体外，在制备加氢裂化催化剂时还适量加入一些助剂，以调变催化剂的孔结构，提高催化剂的活性及选择性。如加入少量 Si、B 有利于金属活性组分的分散，使其更好地转化为 Ni-Mo-S(或 Co-Mo-S)活性相；加入 P、Ti 可抑制高温时生成尖晶石结构，从而防止活性大幅度下降；加入 F 可提高催化剂的酸性等。

大多数加氢裂化催化剂的制备，是在基本确定了最终催化剂的某些物化性质(如比表面积、孔体积、孔径分布、酸性等)后，先制备出符合性能要求的载体，然后再浸渍加氢金属的盐溶液，再经干燥、焙烧制得成品催化剂。也有少量加氢裂化催化剂则是将载体与金属所有组分经共沉淀方法来制取。

2. 加氢裂化催化剂的分类

加氢裂化催化剂品种繁多，按金属组分不同，分为贵金属催化剂及非贵金属催化剂两大类。贵金属催化剂以 Pt、Pd 为主；非贵金属催化剂以 W、Mo、Co、Ni 为主，可以是单组分、双组分或三组分，多数为 Mo-Ni、W-Ni、Mo-Co 等双组分催化剂。

按酸性载体不同，可分为无定形及晶形两类催化剂。前者的酸性组分主要为无定形硅铝或改性氧化铝；后者的酸性组分主要为分子筛，如 Y 型分子筛、β 分子筛、ZSM 型分子筛、SAPO 系列分子筛等。

按操作压力不同，可分为高压加氢裂化催化剂、中压加氢裂化催化剂(其中包括中压加氢裂化催化剂、缓和加氢裂化催化剂、中压加氢改质催化剂及劣质柴油加氢提高十六烷值用催化剂等)。

按所采用的工艺流程不同，可分为单段催化剂、一段串联的裂化催化剂、两段法中的第二段催化剂、三段法中的第二段催化剂等。

按生产目的产品不同，可分为液化气型催化剂、石脑油型(或轻油型)催化剂、中油型催化剂、高中油型催化剂及重油型催化剂等。

按催化剂形状不同，加氢裂化催化剂又可分为固体催化剂及浆液催化剂。

6-4-3 加氢裂化催化剂的主要品种及性能特点

一套加氢裂化装置所使用的催化剂主要有(加氢)保护剂、加氢精制催化剂及加氢裂化催化剂。使用(加氢)保护剂的目的是：改善被保护催化剂的进料条件，脱除机械杂质、胶质、沥青质及金属化合物，防止杂质将被保护催化剂的孔道堵塞或将活性中心覆盖，延长被保护催化剂的运转周期。加氢精制催化剂又可分为前加氢精制催化剂及后加氢精制催化剂两类，前者的作用是脱除杂原子(主要是S、N、O等原子)化合物、残余的金属有机化合物、饱和多环芳烃，从而延长加氢裂化催化剂的使用寿命；后者的作用是饱和烯烃，脱除硫醇，提高产品质量。而加氢裂化催化剂的作用是将进料转化成希望的目的产品，并尽量提高目的产品收率及质量。在加氢裂化装置中可能同时使用上述三种催化剂，也可能只使用加氢精制催化剂及加氢裂化催化剂。这时，加氢精制催化剂则兼有保护剂及加氢精制催化剂的双重作用。

目前，国内研制开发成功并用于工业生产的加氢裂化催化剂主要是非贵金属类催化剂。表6-6所示为加氢裂化催化剂的主要品种及性能特点。

表 6-6　加氢裂化催化剂主要品种及性能特点

工业牌号	外形	活性组分	载体	加工原料①	目的产品	主要特点	生产厂
3924	圆柱条形	Mo-Ni-P	分子筛	VGO、CGO、LCO 等	喷气燃料、柴油、部分石脑油	灵活生产中间馏分油和部分石脑油	抚顺石化研究院、抚顺石化公司石油三厂催化剂厂
3825	圆柱条形	Ni-Mo	分子筛	VGO、CGO、LCO 等	喷气燃料、柴油、化工石脑油、乙烯料	轻馏分油型催化剂	
3882	圆柱条形	Ni-W-P	分子筛	VGO	乙烯料、催化裂化进料、柴油、少量石脑油	缓和加氢裂化催化剂	
3901	圆柱条形	Ni-W	硅铝-分子筛	VGO、CGO	最大量柴油、喷气燃料、部分石脑油	最大量生产中间馏分油，柴油产品凝点低	
3903	圆柱条形	Ni-W	硅铝、分子筛	VGO、CGO、LCO 等	喷气燃料、柴油、部分石脑油	灵活生产中间馏分油和部分石脑油	
3905	圆柱条形	Ni-W	分子筛	VGO、CGO、LCO 等	喷气燃料、柴油、化工石脑油、乙烯料	轻馏分油型催化剂、抗氮性好、中压、产气少	
3912	圆柱条形	Ni-W	分子筛	VGO	喷气燃料、柴油、乙烯料、部分石脑油	单段加氢裂化催化剂，具有高灵活性	
3934	三叶草形	Ni-W-Mo	特制	VGO、DAO、溶剂精制油	润滑油料、柴油、部分石脑油	润滑油加氢处理，加氢功能强，活性适中	

续表

工业牌号	外形	活性组分	载体	加工原料①	目的产品	主要特点	生产厂
3935	三叶草形	Ni-Mo-W	特制	VGO、DAO、溶剂精制油	润滑油料、柴油、部分石脑油	润滑油加氢处理、加氢功能强，活性提高	抚顺石化研究院、抚顺石化公司石油三厂催化剂厂
3955	圆柱条形	Ni-W	分子筛	VCO、CGO、LCO等	化工石脑油、喷气燃料、柴油、乙烯料等	轻馏分油型催化剂，耐氮性强	
3971	圆柱条形	Ni-W	硅铝-分子筛	VGO、CGO、LCO等	喷气燃料、柴油、部分石脑油	灵活生产中间馏分油和部分石脑油、有高抗氮性	
3973	圆柱条形	Ni-W	SiO_2-Al_2O_3	VGO	柴油、喷气燃料、部分石脑油及润滑油料	最大量生产柴油及喷气燃料，也可生产润滑油料	
3974	圆柱条形	Ni-W	硅铝-分子筛	VGO、CGO、LCO等	喷气燃料、柴油、部分石脑油	最大量生产喷气燃料及柴油，灵活性大	
3976	圆柱条形	Ni-W	硅铝-分子筛	VGO、CGO、LCO等	喷气燃料、柴油、石脑油	灵活生产中间馏分油和石脑油，高抗氮性，高活性，高灵活性	

续表

工业牌号	外形	活性组分	载体	加工原料[①]	目的产品	主要特点	生产厂
FC-12	圆柱条形	W-Ni	硅铝-分子筛	VGO、LCO	柴油、乙烯料、部分石脑油	可按中油型或轻油型方案灵活生产，在中高压下均有优异加氢裂化性能	抚顺石化研究院
FC-14	圆柱条形	W-Ni	硅铝-分子筛	VGO、CGO、LCO 等	柴油、喷气燃料、乙烯料、部分石脑油	单段加氢裂化催化剂，最大量生产中间馏分油	抚顺石化研究院、抚顺石化公司石油三厂催化剂厂
FC-16	圆柱条形	W-Ni	硅铝-分子筛	VGO、CGO、LCO 等	柴油、喷气燃料、部分石脑油	高活性，多产中间馏分油，尤多产低凝柴油	
FC-18	三叶草形	Ni-W	硅铝-分子筛	LCO	柴油、少量石脑油	劣质柴油加氢提高十六烷值	
FC-20	圆柱条形	W-Ni	硅铝-分子筛	VGO、CGO	柴油、少量石脑油及喷气燃料	最大量生产中间馏分油、多产低凝柴油、成本低、高中油选择性	抚顺石化研究院
FC-24	圆柱条形	W-Ni	分子筛-助剂	VGO、CGO、LCO、HCO 等	化工石脑油、喷气燃料、柴油、乙烯料	轻馏分型催化剂，液收高，重石脑油选择性好，高容硅能力	抚顺石化研究院、抚顺石化公司石油三厂催化剂厂
FC-26	圆柱条形	W-Ni	硅铝-分子筛	VGO	喷气燃料、柴油、兼产重石脑油及尾油	最大量生产中间馏分油，催化剂活性高、选择性好	

续表

工业牌号	外形	活性组分	载体	加工原料①	目的产品	主要特点	生产厂
ZHC-01	圆柱条形	Ni-W	分子筛、SiO_2-Al_2O_3	VGO	喷气燃料、柴油、乙烯料、部分石脑油	单段加氢裂化催化剂，高灵活性	抚顺石化研究院
ZHC-02	圆柱条形	Ni-W	SiO_2-Al_2O_3	VGO	柴油、喷气燃料、乙烯料、部分石脑油	单段加氢裂化催化剂，高中油选择性	抚顺石化研究院、抚顺石化公司石油三厂催化剂厂
ZHC-04	圆柱条形	Ni-W	分子筛、SiO_2-Al_2O_3	VGO	柴油、喷气燃料、部分石脑油	单段加氢裂化催化剂，高活性，高中油选择性	
CHC-1	圆柱条形	W-Ni	分子筛、Al_2O_3	VGO	柴油、部分石脑油、尾油	催化剂堆比小，孔体积大，高活性，高中油选择性	大庆石化公司研究院

① VGO—减压瓦斯油；CGO—焦化瓦斯油；LCO—轻循环油；HCO—重循环油。

6-4-4 加氢裂化催化剂发展趋势

加氢裂化催化剂是由酸性组分和加氢脱氢组分相匹配的双功能催化剂。常见匹配模式有非贵金属(Mo、W、Ni、Co等)或贵金属(如Pt、Pd)/无定形硅铝、非贵金属或贵金属/沸石分子筛、非贵金属或贵金属/无定形硅-铝加适量沸石分子筛等。其中载体除负载活性金属组分外，还起着提供酸性的作用。它们以无定形硅-铝和沸石分子筛为主。无定形硅-铝的硅铝比高，酸性强，改变硅铝比可以调变产品分布；沸石分子筛由于其酸性和结构特点，它比无定形硅-铝的活性高、寿命长。而且使用沸石分子筛作载体时，反应温度比无定形硅-铝可低得多，从而可显著提高操作的灵活性。近来，有许多有新型结构的沸石分子筛被用于加氢裂化催化剂，如介孔分子筛、杂原子分子筛、层柱分子筛、可变价元素杂原子分子筛、超细微粒分子筛等，起着调节加氢裂化催化剂酸性功能的关键组分，其他引入加氢裂化催化剂的新材料还有层状金属氧化物、杂多酸、固体超强酸等。

6-5 甲苯歧化和二甲苯异构化催化剂

6-5-1 甲苯歧化催化剂

1. 甲苯的综合利用途径

在石油馏分催化重整和热裂化过程中，可以得到大量苯、甲苯、二甲苯和碳九(C_9)等芳烃原料。芳烃是现代石油化工三大合成(合成纤维、合成塑料及合成橡胶)的基本原料之一，相比之下，甲苯和碳九芳烃的用途不如苯及二甲苯广泛。随着三大合成材料的发展，对苯和二甲苯的需要量增长很快，而甲苯则绝大部分用作汽油、溶剂和染料，用作其他化工原料的场合则不太多。碳九芳烃虽然也用于耐热性涂料和树脂等方面，但用量却比甲苯少得多。根据不同沸程的石油馏分和加工方法，甲苯和碳九芳烃的含量一般占芳烃总质量的40%~50%。为解决苯和二甲苯的供需平衡并考虑到甲苯的综合利用，对甲苯化工利用的主要趋向有：

① 研究开发甲苯制苯和二甲苯的新工艺替代投资和耗能较高的旧工艺，如以蒸汽脱甲基法代替临氢脱甲基法制苯，以新的歧化、甲基化工艺选择性合成对二甲苯等。

② 研究甲苯代替苯或二甲苯为原料直接合成有机产品(如甲苯合成苯乙烯、苯酚、对苯二甲酸等)的新方法。

③ 探索在染料、医药、农药和树脂等工业中的新应用方向。

其中，甲苯歧化是20世纪60年代后期为解决苯和二甲苯供需平衡而开发的一种新工艺。此法由于不生成甲烷而代之以生成有价值的二甲苯产品并具有耗氢量少、操作条件较缓和等特点，在美国和日本等国先后实现了工业化。以后各种歧化工艺方法及催化剂先后获得开发应用。

2. 甲苯歧化的反应历程

烃的歧化系指烃分子间或分子内的烷基转移并导致组成分子的原子数改变的过程。它可分为两类：①烯烃歧化；②芳烃歧化。在酸性催化剂作用下，甲苯、乙苯、混合二甲苯等多可发生歧化反应。甲苯歧化通常是指二分子甲苯在酸性催化剂作用下进行气相反应生成一分子苯和一分子二甲苯。

$$2\,C_6H_5CH_3 \longrightarrow C_6H_6 + C_6H_4(CH_3)_2 \qquad (26)$$

$\Delta H = 837\text{J/mol}$ 甲苯(800℃)

主要副反应是生成的二甲苯歧化生成甲苯和三甲苯，以及甲苯脱甲基生成苯：

$$2\,C_6H_4(CH_3)_2 \rightleftharpoons C_6H_5CH_3 + C_6H_3CH_3(CH_3)_2 \qquad (27)$$

$$C_6H_5CH_3 + H_2 \rightleftharpoons C_6H_6 + CH_4 \qquad (28)$$

当有三甲苯存在时，即与甲苯进行烷基转移反应生成二甲苯，或者二分子三甲苯歧化生成一分子二甲苯和一分子四甲苯。

$$C_6H_5CH_3 + CH_3C_6H_3(CH_3)_2 \rightleftharpoons 2\ CH_3C_6H_4(CH_3) \quad (29)$$

$$2\ CH_3C_6H_3(CH_3)_2 \rightleftharpoons CH_3C_6H_4CH_3 + CH_3C_6H_2(CH_3)_3 \quad (30)$$

3. 甲苯歧化催化剂

（1）金属卤化物催化剂　这类催化剂主要有 $AlBr_3-HBr$、$AlCl_3-HCl$、BF_3-HF 等。反应是在较低温度（100℃左右）的液相中进行。氢卤酸属质子酸，主要用以改变卤化物的酸性，起到共催化作用。这类催化剂的作用按配合物机理进行。由于液相法产品均为混合二甲苯，需有复杂而庞大的混合二甲苯分离装置和异构化装置，所以这种方法在工业上应用不多。

（2）固体酸催化剂　它主要包括硅铝胶和合成沸石两类。前者有 $SiO_2-Al_2O_3$ 及 $Al_2O_3-B_2O_3$，这类催化剂的活性与添加金属氧化物的种类、$SiO_2-Al_2O_3$ 的比例和制法以及酸度等有关。由于使用这类催化剂时常会产生许多副反应，所以未能工业化而被合成沸石（分子筛）所取代。

较早的甲苯歧化工业化过程有日本东丽公司的 Tatorary 法。该法第一套工业装置于 1969 年 10 月投产，采用固定床、温度 350~530℃、压力 1~5MPa、催化剂 T-81 为氢型丝光沸石，寿命为 1.5~2 年。反应产物非芳烃损失<2%（质），芳烃总收率>97%（质）。另一工业过程为美国 Atlanatic Richfield 公司的 Xylene-Plus 法，1968 年 10 月工业化。该法采用流化床，催化剂连续再生，过程连续，催化剂为非贵金属改性的沸石。芳烃总收率可达 95%~97%。所得混合二甲苯中邻位占 24%，间位占 50%，对位占 26%。

以后，美国 Mobile 公司发展了用 ZSM-4 新型沸石催化剂（称 AP 催化剂）的低温歧化法（LTD 法），Mobil LTD 法的操作条件为：温度 260～316℃、压力 4.6MPa、质量空速 $1.5h^{-1}$、不临氢。ZSM-4 沸石催化剂对甲苯歧化反应具有很高的活性和选择性，歧化选择性比八面沸石、丝光沸石高 4～167 倍，催化剂寿命在 1.5 年以上。反应产物非芳烃损失<0.3%（质），苯和二甲苯总收率在 95%（质）以上。

Mobil 公司进一步将 ZSM-5 沸石催化剂用于甲苯歧化反应也获得了良好的结果，在不临氢或低氢油比条件下，催化剂仍然能保持很高的稳定性。但用 ZSM-5 为催化剂也只能生成混合二甲苯，优越性还不显著。所以，Mobil 公司又大力开发了甲苯选择歧化制对二甲苯工艺，反应产物是苯和二甲苯，二甲苯中对二甲苯含量高达 98.2%，因此可以省去异构化工艺，简化分离过程，大大缩短了工艺流程。

国内开发应用的甲苯歧化催化剂，主要有上海石油化工研究院开发的 ZA-3、ZA-93、ZA-94 系列及 HAT-095、HAT-096、HAT-097、HAT-098、HAT-099 系列催化剂。

甲苯选择歧化是以改性的 ZSM-5 沸石为催化剂。沸石改性的目的在于改变 ZSM-5 沸石的孔道大小或孔口大小，使甲苯歧化反应时比对二甲苯分子直径大的间二甲苯或邻二甲苯不易在沸石孔道中生成，或不易从沸石的孔口扩散到反应物中，这样就达到了选择性生产对二甲苯的目的。表 6-7 所示为经磷、镁或磷镁改性的 ZSM-5 沸石的甲苯歧化结果。可以看出：只用磷改性的 ZSM-5 沸石的催化剂活性较低，用镁改性的催化剂活性有所提高，这两种催化剂所得到的产物仍是混合二甲苯。而用磷、镁两种元素改性的 ZSM-5 沸石催化剂，活性及选择性都大为提高，且所得产物仅为对二甲苯。例如含 P9.2%和 Mg3.0%的 ZSM-5 沸石催化剂，在 600℃、质量时空速率（WHSV）为 3.5 时，甲苯转化率为 24%，二甲苯中对二甲苯的含量高达 98.2%。所以采用这一过程可以大大简化对二甲苯分离步骤，节省分离投资和操作费用。

表 6-7 某些改性 ZSM-5 沸石催化剂的甲苯歧化结果

催化剂	反应温度/℃	WHSV	甲苯转化率/%	二甲苯中的含量/%		
				p-	*m*-	*o*-
P-ZSM-5 (3.5%P)	550 600	2.1 2.1	0.3 0.8	67 50	33 37	— 13
Mg-ZSM-5 (11.5%Mg)	550 600	3.5 3.5	15.8 23.6	74.3 70.4	20.2 23.3	5.4 6.3
P、Mg-ZSM-5 (9.2%P，3.0%Hg)	550 600	0.5 3.5	32.5 24	91.2 98.2		
P、Mg、ZSM-5 (7.4%P，4.2%Mg)	500 600	0.5 3.5	32 27.2	82 85		
P、Mg-ZSM-5 (5.4%P，8.5%Mg)	550 600	0.4 3.5	30.6 18.2	40 85.5		
P、Mg-ZSM-5 (3.4%P，5.2%Mg)	475	3.5	11.6	96.5		

4. 甲苯选择歧化的反应机理

按照择形催化——分子筛效应的原理，只有当反应物的分子、产物的分子小得能够自由出入孔道时，仅需要较小过渡态时反应才能顺利进行。NaZSM-5 沸石的孔道有两种：一种近似圆形，孔径为$(5.4\pm0.2)\times10^{-4}$ μm；另一种为椭圆形，孔径长轴为$(5.7\sim5.8)\times10^{-4}$ μm，短轴$(5.1\sim5.2)\times10^{-4}$ μm。而苯、甲苯、对二甲苯的分子直径均为7.0×10^{-4} μm，间二甲苯、邻二甲苯的分子直径各为7.6×10^{-4} μm。沸石改性时，当用某种直径的离子调节 ZSM-5 的孔径，使得沸石孔径变大，只有苯、甲苯和对二甲苯等较少分子能自由出入，而间、邻二甲苯通行受到阻碍，那么反应就具有较高的对二甲苯选择性。发生选择歧化的反应机理可通过下述反应来解释：

$$\text{C}_6\text{H}_5\text{CH}_3 + \text{H}^{\oplus}\text{Zeol}^{\ominus} \rightleftharpoons [\text{H},\text{CH}_3\text{-C}_6\text{H}_5]^{+}\ \text{Zeol}^{\ominus} \qquad (31)$$

$$[\text{H},\text{CH}_3\text{-C}_6\text{H}_5]^{\oplus} + \text{CH}_3\text{-C}_6\text{H}_5 \rightleftharpoons \underset{(a)}{[\delta^{+}\ \text{H},\text{CH}_3 \cdots \text{H}\ \delta^{+}\text{-CH}_3]} \qquad (32)$$

$$(a) \longrightarrow \text{C}_6\text{H}_6 + [\text{H},\text{CH}_3\text{-C}_6\text{H}_5^{\oplus}\text{-CH}_3] \qquad (33)$$

$$\text{Zeol}^{\ominus}\ [\text{H},\text{CH}_3\text{-C}_6\text{H}_5^{\oplus}\text{-CH}_3] \longrightarrow p\text{-CH}_3\text{C}_6\text{H}_4\text{CH}_3 + \text{H}^{\oplus}\text{Zeol}^{\ominus} \qquad (34)$$

$$2\,\text{C}_6\text{H}_5\text{CH}_3 \longrightarrow \text{C}_6\text{H}_6 + p\text{-CH}_3\text{C}_6\text{H}_4\text{CH}_3 \qquad (35)$$

对歧化反应有效的沸石催化剂含有强的质子酸中心(H^+)，由于受芳烃环的π电子云所吸引，沸石形成的质子H^+Zeol^-攻击甲苯分子(反应31)，使得C-甲基键变弱(反应32)，然后甲基开始向第二个甲苯分子转移(反应33)。由于反应是在ZSM-5沸石孔内发生，对应的位置是芳环中最合适、受到阻碍最小的位置，因此对位的位置最有可能被攻击。然后质子从质子化了的二甲苯转移到催化剂的阴离子中心，释出产物对二甲苯，同时催化剂再生形成新的酸中心(反应34)。最后，选择歧化反应完成(反应35)。

从表6-7也可看出，高空速、高温度、低转化率有利于获得高的选择性。

6-5-2　二甲苯异构化催化剂

1. 二甲苯的异构化

工业上二甲苯的来源有四种途径，即催化重整油、裂解汽油、甲苯歧化和煤焦油，前三者来自石油原料。工业二甲苯有三种异构体，即邻二甲苯、间二甲苯和对二甲苯，一般还含有少量乙苯。表 6-8 所示为不同来源的二甲苯异构体分布示例。在这些异构体中，对、邻二甲苯需要量较大，差不多占工业上所需二甲苯异构体总量的 95%以上，但它们在二甲苯中的含量却不到 50%。反之，间二甲苯目前在工业中用途不多，而在混合二甲苯中的比例却接近 50%。因此，二甲苯的分离要同异构化配套，以便互相转化，获得所需要的各类二甲苯。

表 6-8　不同来源的二甲苯异构体组成分布　　%

组　成	重整油	裂解汽油	甲苯歧化	煤焦油
乙　苯	15	30	无	10
对二甲苯	20	15	26	20
间二甲苯	45	40	50	50
邻二甲苯	20	15	24	20

工业上采用的二甲苯异构工艺技术有临氢异构及不临氢异构两种类型。

（1）临氢异构　它采用氢气保护异构化催化剂活性，因此副反应少，对二甲苯转化率高，催化剂使用周期长，但需用氢气及氢压缩机，动力消耗相应较高。

临氢异构又可分为采用贵金属催化剂和非贵金属催化剂两种。采用贵金属催化剂时，乙苯也参与异构化，因此 C_8 芳烃总收率高，并能最大限度生产二甲苯。贵金属催化剂虽然成本高，但可省去乙苯分离费用，是广泛采用的路线。

非贵金属催化剂临氢异构的特点是催化剂比较便宜，只有贵金属催化剂的 20%，氢气消耗也只有贵金属催化剂的 1/8~1/4，芳烃产率为 96%~98%，但乙苯不参与异构化反应。

（2）非临氢异构　催化剂一般采用 $SiO_2-Al_2O_3$ 等，价格便宜，反应压力低，设备简单，操作安全，但乙苯不参与反应，需事先加以分离，催化剂再生频繁。

此外，也有采用 BF_3-HF 催化剂的工艺，将间二甲苯从混合二甲苯中分离出来，同时 BF_3-HF 又可作为液相异构化催化剂，可将任意量的间位或邻位二甲苯转化为对二甲苯。

上述几种方法目前都有采用，究竟选用哪种有利，需根据原料性质、产品需求、氢气来源等各种因素而决定。

2. 异构化催化剂

（1）贵金属催化剂　这类催化剂都是双功能催化剂，在氢压下进行反应，同时能将乙苯转化为二甲苯，是增产对二甲苯的有效方法。反应过程中副反应少，再生周期长。催化剂的金属组分有铂-镓、铂-铼、铂-铱、铂-铱-镓等，载体用硅酸铝、氧化铝、分子筛等。促进异构化的酸性功能一般与载体有关，也可用添加卤素等酸性组分来促进催化剂的酸功能。除了双金属及多金属催化剂外，也有采用沸石分子筛载 Pt 或 Pd 的异构化催化剂。

（2）非贵金属催化剂　这类催化剂无论是临氢的结晶沸石或不临氢的无定形硅-铝都不能将乙苯转化为二甲苯。它又分成两种类型。

① 无定形硅-铝催化剂。这类催化剂价廉易得，反应在常压气相中进行，反应过程不需要临氢，所以设备简单，但副反应较多，催化剂一般反应 20h 左右就需要再生。而经水或蒸汽处理过的硅-铝催化剂由于降低了比表面积、扩大了有效孔径，从而更有利于异构化反应。

② 结晶硅-铝催化剂。采用结晶硅-铝作异构化催化剂时，反应在氢压下进行的较多，但也有不用氢压的。即使在氢压下，耗氢量也较少，而且一次通过的收率比用无定形硅-铝催化剂要高。如使用 H 型丝光沸石作异构化催化剂，不但可以抑制副反应，而且催化剂使用寿命较长。

含有机铵阳离子的结晶硅铝酸盐沸石 ZSM-4 催化剂与无定形硅-铝催化剂相比，具有更高的活性，异构化反应可在温度较低的液相中进行。由于液体反应物对催化剂表面沉积的反应聚合物有溶解和冲洗作用，可使催化剂保持高的活性和选择性，催化剂寿命可达 2 年以上。

与贵金属催化剂相比，ZSM-4 沸石催化剂在不临氢条件下仍保持其活性。这样就避免了使用贵金属组分，同时也不会因加氢裂解而造成芳烃损失，几乎不生成气体和非芳烃产物，不需要氢循环和气体分离，产物分离也简单。

(3) 择形分子筛催化剂　一般来说，二甲苯异构化过程中对二甲苯(或包括邻二甲苯)是需要的目的产物。其余的组分则在系统内循环反应。为了获得最大收率的目的产物，必须设法减少二甲苯在反应中的损失。在二甲苯异构化的过程中，一般不可避免地伴随发生着歧化反应。因此对异构化来说，主要的损失发生在生成甲苯及三甲苯的歧化反应上。

由 Mobil 公司开发的 ZSM-5 沸石择形催化剂，就在于它能把二甲苯异构化的同时很少发生歧化反应。图 6-7 列出了不同沸石对二甲苯异构化速度常数 k_i 与歧化速度常数 k_d 的比值。从数值上可见，ZSM-5 具有很高的异构化选择性。这是由于沸石催化剂的孔道限制了双分子反应的发生。ZSM-5 沸石催化剂除具有ZSM-4沸石催化剂的优点外，还可以把二甲苯混合物中的乙苯同时转化，这就无需为防止循环二甲苯中乙苯的高浓度积累而事先进行复杂的乙苯分馏。

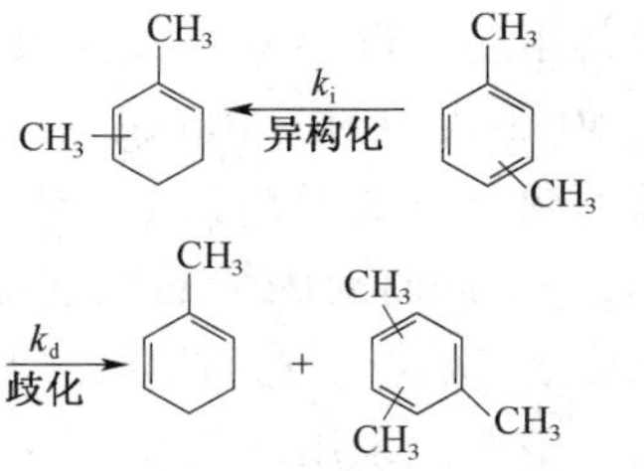

图 6-7　二甲苯的异构化及歧化

注：催化剂　k_i/k_d ZSM-5　1000

毛沸石　70　丝光沸石　10~20

国内开发的二甲苯异构化催化剂，主要是由中国石化石油化工科学研究院开发的 SKI 系列双功能催化剂和新型 RIC-200 系列催化剂，其中后者已达到国际水平。

6-6 选择加氢除炔烃催化剂

6-6-1 裂解气除炔烃的方法

催化加氢是有机催化反应中最基本而又较为简单的一类反应。在石油的加工、精制中许多反应都和加氢、脱氢及一些相关的反应有关。自从发现镍的催化加氢活性以来，在短短的几十年里催化加氢技术得到了迅速发展。加氢催化剂经历了由骨架金属催化剂、负载催化剂、均相配位催化剂到非均相配位催化剂的发展过程。随着石油深度加工和精细化工发展的需要，选择性催化加氢是实际生产中越来越需要解决的课题。例如双烯烃及多烯烃的选择氢化、不饱和醛(及酮、酸、酯等)的选择性还原等。

在石油烃高温裂解生成乙烯和丙烯的过程中，裂解气中含有约 2000~5000μg/g 的炔烃气体，这些炔烃严重影响烯烃的质量及其用途。近年来，聚合级乙烯中乙炔的含量逐年降低，20 世纪 50 年代为 50~100μg/g，60 年代为 10~20μg/g，到目前则要求乙炔含量低于 5μg/g，对于某些特定的过程甚至要求含量低于 2μg/g。同时对丙烯的纯度也日益严格，丙炔、丙二烯的含量要求低于 5μg/g。这就需要采用适当的方法除去裂解气中的炔烃。

工业上采用的脱炔方法主要有选择催化加氢法及溶剂吸收法，其次还有低温精馏法、氨化法及乙炔铜沉淀法等。

溶剂吸收法的特点是能回收高纯度乙炔，因而适用于乙炔含量较高的烯烃气体使用，一般使用丙酮为熔剂。这种方法适用于规模较大、又想回收得到乙炔的烯烃工厂。

低温精馏法采用特殊设计的精馏塔，能从 C_2 馏分中除去微量乙炔，使乙炔含量达到 10μg/g 以下。

乙炔铜沉淀法是用低价铜盐的碱性水溶液与气体中乙炔形成乙炔铜沉淀，然后将此浆状沉淀物加热处理，再分别回收低价铜溶液和乙炔。该法也可使乙炔含量降低至 10μg/g 以下。氨化法是在裂解气中通入含量为裂解气量约 10% 的氨，使炔烃与氨反

应生成 α-或 γ-甲基吡啶的状态将其除去，反应是在 300℃左右、3.6MPa 压力下进行，使用负载在氧化铝上的氯化锌作催化剂。炔烃含量可由 0.25%降低到 0.001%。

由于石油炼制工业的发展，催化加氢技术也得到了越来越广泛的应用。由于选择加氢具有生产能力大、能量利用合理及催化剂用量少等特点，所以成为现代乙烯工厂应用最广泛的除炔烃方法。

6-6-2 前加氢和后加氢

选择加氢除炔烃是在催化剂存在下，选用适当的压力及反应温度进行的。在乙烯生产过程中，加氢除炔烃又可分为前加氢和后加氢两种。

前加氢是在气体分离之前将裂解气脱除二氧化碳、硫化氢等酸性气体后进行加氢。这时加氢反应器入口的气体中除含乙烯、丙烯外，还含有甲烷、乙烷、丙烷以及大量过剩氢气。后加氢是将裂解气中的氢、甲烷等轻质馏分分离后，对 C_2 馏分、C_3 馏分分别进行加氢。这时，烯烃浓度已达 80%~99%，加氢所用的氢气需由外部供给。

前加氢催化剂主要分镍、钴、钼和钯系。由于加氢气体中杂质含量较多，易使钯催化剂中毒，故使用非钯催化剂较多。但随着钯催化剂的不断改进，加上钯催化剂选择性好、乙烯损失少、催化剂用量少、寿命长，且可在较低温度下操作等优点，因而也有不少工厂使用钯系催化剂。

在石油化工发展初期，裂解原料多为乙烷、丙烷，当时前加氢流程占重要地位，因为前加氢可使流程简化、能量利用合理，又不用外供氢气，因此只要采用适宜的催化剂即可正常生产。但是，随着裂解原料的重质化，裂解气中含 C_4 烯烃的量增加，而在采用前加氢时可使丁二烯损失掉 60%左右，同时重质烃类物质也影响催化剂的活性，使产品质量不稳定。前加氢存在的另一问题是不能完全除去甲基乙炔和丙二烯。因此，新建的许多烯烃厂大都采用后加氢除炔烃的方法，这是由于后加氢具有以下

优点:

① 从系统外按需要量加入氢气，所以反应选择性高；

② 脱除乙炔外，丙炔和丙二烯含量也可脱除至 10μg/g 以下，乙烯损失可忽略不计；

③ 原料气杂质少，催化剂使用寿命长；

④ 同时适用于处理炔烃浓度高的烯烃。

6-6-3 乙炔催化加氢中的化学反应

在对裂解气 C_2 馏分中的乙炔进行催化加氢时，可能发生的反应有:

主反应 $$C_2H_2+H_2 \xrightarrow{k_1} C_2H_4 \tag{36}$$

副反应 $$C_2H_2+2H_2 \xrightarrow{k_2} C_2H_6 \tag{37}$$

$$C_2H_4+H_2 \longrightarrow C_2H_6 \tag{38}$$

$$mC_2H_2+nC_2H_4 \longrightarrow \text{低聚物} \tag{39}$$

在较高温度时还可能发生裂解反应:

$$C_2H_2 \longrightarrow 2C+H_2 \tag{40}$$

$$C_2H_4 \longrightarrow 2C+2H_2 \tag{41}$$

$$C_2H_4 \longrightarrow CH_4+C \tag{42}$$

上述反应均为放热反应。反应(36)是希望进行的反应，而反应(38)则使乙烯损失。例如，乙烯损失为 0.5%时，对一个年产 300kt 乙烯装置来说，每年损失就达 1500t。此外，副反应产生的聚合物覆盖在催化剂表面会导致催化剂活性下降。因此，催化剂的选择性具有十分重要的意义。

反应(36)及(37)的热力学数据如表 6-9 所示。由表可知，从热力学的观点来看，炔烃比烯烃易于加氢；但从化学平衡考虑，$k_2 \gg k_1$ 表示 C_2H_2 进一步加氢生成 C_2H_6 比加氢生成 C_2H_4 的可能性要大得多。但另外也可看到，尽管乙炔加氢为乙烯的平衡常数随温度的升高而迅速下降，但在工业条件下，在反应温度不太高时，对百万分之几要求的乙炔含量来说仍远离平衡，也即乙炔加氢成乙烯的反应不受平衡的限制。

表 6-9　乙炔加氢生成乙烯及乙烷的反应热效应和平衡常数

温度/K	反应热效应 ΔH/kJ/mol		化学平衡常数	
	反应(36)	反应(37)	$k_1=\frac{[C_2H_4]}{[C_2H_2][H_2]}$	$k_2=\frac{[C_2H_6]}{[C_2H_2][H_2]^2}$
300	-174	-312	3.37×10^{24}	1.19×10^{42}
400	-177	-316	7.63×10^{16}	2.65×10^{28}
500	-180	-320	1.65×10^{12}	1.31×10^{20}

6-6-4　加氢除炔烃催化剂

1. 金属活性组分

炔烃加氢时既需要有很高的加氢速度，又要求很好的选择性，裂解气中只含有质量分数为数百$\times10^{-5}$的炔烃，既要求很快脱除炔烃而使烯烃保持不变，同时又要避免乙炔发生聚合副反应。

催化加氢反应的特点是催化剂上的活性中心能使不饱和烃吸附、活化，尤其是使 H_2 分子中牢固的 σ 键松弛、断裂而形成吸附的 H 原子，然后彼此化合、解吸。因此催化剂表面应该有形成金属-氢(M-H)等吸附键的能力。但这种吸附键不能过分牢固，且要求相当活泼，以保证彼此间发生作用。所以，加氢反应催化剂常是过渡金属元素及它们的化合物。其中以周期表Ⅷ族、ⅠB 族的 Cu、Ⅶ族的 Re 及ⅥB 族的 Mo、W 等最为常用。

对于炔烃加氢的选择性来说，一些金属的选择性顺序为：

Os、Ir、Pt<Rh、Ru<Fe、Co、Ni<Pd

其次序基本上和反应产物烯烃从表面上脱离的难易程度相同。而炔烃在各类金属上的聚合活性为：

Cu>Ni、Co、Fe>Rh、Pd>Pt、Ir

同时考虑这几方面因素可得出，炔烃加氢催化剂的活性组分，最优先考虑的是 Pd，其次为 Ni。Pd 催化剂的另一特点是随着反应进行，乙炔浓度很低时，炔烃加氢选择性也不会随转化率的增加而变低。

如 C_2 馏分气相加氢除乙炔催化剂的 Pd 含量为 0.03%～0.05%(质)。除 Pd 以外，还加有少量 La、Ti、K、Nb 等助剂。

通常钯催化剂都是载体浸渍 $Pd(NO_3)_2$ 或 $PdCl_2$ 溶液后，再经400~500℃焙烧后制得的。

2. 催化剂载体

载体的作用是增加 Pd 的利用率，提高催化剂的稳定性及选择性。加氢反应性能与载体的性能有很大关系。例如 C_2 加氢除炔烃催化剂要求载体具有较大的孔容、孔径，比表面积在 $50m^2/g$左右。C_2 馏分加氢催化剂多数采用球形或齿球形催化剂，其优点是：制备工艺简单，球形产品在反应器中装填均匀，流体阻力小。为制得符合性能要求的催化剂，选择并制备合适的载体是关键步骤之一，同时要注意下述几个制备步骤：①制备孔容大、堆密度适中的氢氧化铝胶；②先用适宜的成型方法进行载体成型；③对成型载体进行适当热处理，制成具有适当比表面积的晶相为 $\alpha-Al_2O_3$ 的球形载体。

3. 影响选择加氢反应性能的主要因素

（1）反应强度　由于乙炔加氢是放热反应，所以反应温度对催化剂的活性和选择性影响较大，加氢反应温度一般为 50~160℃。一般来讲，催化剂活性随温度升高而增加，主副反应速率均加快。因此对乙炔选择加氢存在最佳温度范围，在此范围内乙炔能全部加氢而副反应又少。温度过高，催化剂选择性下降，并促进聚合物大量生成，随之污染催化剂，缩短催化剂再生周期。因此，工业上希望催化剂尽可能在低温下保持高的活性。通常是在保证出口气乙炔浓度合格的最低温度下开始操作，随着活性下降，逐渐提高入口温度，其目的是保持出口气体中乙炔含量不变。

（2）乙炔含量　C_2 馏分中一般含有 0.2%~2.0%的乙炔，加氢后尾气中乙炔含量要求低于 5μg/g。乙炔浓度高，反应热量大，床层温度上升，因此需将部分产品循环稀释入口气体。此外，乙炔浓度高、催化剂负荷增大，就需适当降低空速。

（3）氢分压　乙炔加氢的主、副反应是由于催化剂表面吸附氢和烃类而进行的，因此催化剂加氢活性和选择性与表面吸附 H_2 量有关，在常温下，1 体积的 Pd 能溶解 700 倍体积以上的

H_2，而且随着氢分压的升高而增加。氢分压高，催化剂活性高，乙烯也随加氢而损失；氢分压低，产生聚合物多，一般采用的氢炔比为1.5~5。

（4）空速　空速加大，单位体积催化剂生产能力随之增加，但空速过大会缩短接触时间。要完全脱除乙炔就需相应提高温度，但这不利于催化剂的选择性。所以，空速的选择取决于反应温度、乙炔浓度及催化剂的活性。一般采用的空速范围为2000~7000h^{-1}。

（5）原料气中的杂质　原料气所含杂质如硫化物、CO、O_2等也会影响加氢反应。硫化物应控制在5μg/g以下，含量过高会引起催化剂中毒。

CO是乙炔选择加氢的重要缓和剂，其根据是Pd对乙炔的吸附性最强，CO其次，而对乙烯的吸附最弱。当催化剂表面未被乙炔全覆盖时，CO就可优先吸附，而将乙烯排斥在活性位置以外，从而提高催化剂选择性。但催化剂吸附过量的CO时也会使催化剂中毒，这种中毒现象是暂时性的，只要停止通入含CO的气体，催化剂活性就会慢慢恢复。通常控制原料气中CO含量为50μg/g以下。

氧的存在能促进乙炔聚合，因此须控制在1μg/g以下。

国内开发应用的碳二馏分选择加氢催化剂主要有中国石化北京化工研究院研制的BC-1-037、BC-2-037、BC-H-20A、BC-H-20B及BC-2-003等类型。

6-7　环氧乙烷催化剂

6-7-1　发展概况

环氧乙烷是重要的石油化工产品，在乙烯系列的产品中其产量一般仅次于聚乙烯而居第二位，主要用于生产乙二醇，它是聚酯树脂和薄膜的原料，其次用于生产乙氧基化合物、乙醇胺、乙二醇醚、二甘醇、非离子表面活性剂等。环氧乙烷还有许多重要衍生物，这些衍生物对许多工业，特别对轻纺工业来说是极为重要的产品和加工助剂，也是进一步合成其他产品的中间体。由于环氧乙烷用途广泛，20 世纪 60 年代以来，环氧乙烷的市场需要量逐年增长。

环氧乙烷是 1859 年由伍尔兹(Wurtz)首先发现的。1937 年以前，工业上制取环氧乙烷仍以氯醇法为主。但在 1931 年，兰黑尔(Lenhor)在 375℃左右用硬质玻璃管，在无催化剂存在下用氧或空气作催化剂，将乙烯转化成环氧乙烷、甲醛、甲酸、乙二醛、CO、CO_2 和水。这是乙烯直接氧化制环氧乙烷的一个开端。到 1933 年，莱福特(Lefort)采用银催化剂，使乙烯经催化氧化制成环氧乙烷、CO_2 和 H_2O。这一发明为以后的乙烯直接氧化法奠定了基础。

第二次世界大战以后，美国科学设计公司(S. D.)发展了空气法乙烯直接氧化制环氧乙烷工艺，逐渐取代了传统的氯醇法，致使世界环氧乙烷的生产能力大幅度增长。

6-7-2 环氧乙烷生产方法

1. 氯醇法

这是生产环氧乙烷最早的工业方法，首先氯与水反应生成次氯酸：

$$Cl_2+H_2O \rightleftharpoons HCl+HOCl \tag{43}$$

接着，乙烯与次氯酸反应而生成氯乙醇：

$$CH_2=CH_2+HOCl \longrightarrow CH_2Cl \cdot CH_2OH \tag{44}$$

下一步反应是氯乙醇与弱碱反应生成环氧乙烷：

$$CH_2Cl \cdot CH_2OH+\frac{1}{2}Ca(OH)_2 \longrightarrow \underset{\diagdown \; O \; \diagup}{CH_2 — CH_2} +\frac{1}{2}CaCl_2+H_2O \tag{45}$$

实际上并不能按以上反应理想进行，操作稍有不当，就会使副反应增加，影响产品收率。特别在上述反应过程中，副产二氯乙烷极难避免，环氧乙烷收率不高。本法现已不在工业上应用。

2. 乙烯直接氧化法

它是乙烯在含银催化剂存在下，经气相高温直接氧化生成环氧乙烷、H_2O、CO_2，同时含有少量甲醛及乙醛。

主反应：

$$C_2H_4+\frac{1}{2}O_2 \xrightarrow{Ag} C_2H_4O+106.8kJ/mol \tag{46}$$

副反应：

$$C_2H_4+3O_2 \longrightarrow 2CO_2+2H_2O+1421.8kJ/mol \tag{47}$$

$$C_2H_4O+\frac{2}{5}O_2 \longrightarrow 2CO_2+2H_2O+1314.7kJ/mol \tag{48}$$

$$C_2H_4+\frac{1}{2}O_2 \longrightarrow CH_3CHO \tag{49}$$

$$C_2H_4+O_2 \longrightarrow 2HCHO \tag{50}$$

从反应中可以看出，乙烯高度氧化和环氧乙烷进一步氧化都可生成 CO_2 和水。甲醛也是由乙烯氧化生成的，而乙醛则是由环氧乙烷分子重排所产生。

从上述反应也可看出，副反应的反应热是主反应的 10 倍以上，所以在工业装置开发中，提高反应的选择性就显得十分重要，即使提高 1%的选择性都会带来重大的经济效益。20 世纪 70 年代初期，催化剂选择性一般为 67%~70%，80 年代已提高到超过 80%，有人认为，选择性在理论上的极限值为 85.7%。但目前的最高选择性已达到 86.5%，甚至超过了 90%。因此有人认为目前科学家还没有确切无疑地证明乙烯直接氧化为环氧乙烷的选择性受局限于此，并提出了一些新的反应机理。这就更增加了人们对这项技术研究的兴趣，并重点对工艺条件及催化剂进行了改进。

6-7-3 环氧乙烷催化剂的基本组成

环氧乙烷催化剂包含四个基本组成部分，即金属银活性组分，载体，对增加活性、选择性、延长寿命有促进作用的助催化剂及可抑制完全氧化而又不明显降低环氧乙烷生成速度的抑制剂。

1. 金属银活性组分

银是乙烯氧化的极好催化剂，所有实用环氧乙烷催化剂都以银为基础，含银约为12%~15%。呈微细状分散的纯银或发亮的低表面积金属银箔都是极不稳定的。高表面积纯银粉在高温氧化时会发生烧结。所以用纯银作催化剂时，由于反应时会发生银粒子聚集，因此收率、选择性及生产能力都会降低，且催化剂性能也迅速下降。目前基本上已公认，只有银一种活性组分的催化剂不是生产环氧乙烷的良好催化剂。

显然，在生成环氧乙烷的催化反应中，银是最佳活性组分的原因还未彻底清楚。目前较为人所接受的一种理论是用催化剂表面上的活性过氧态 O_2 来解释环氧化作用，即在所需反应条件下，银具有在其表面形成过氧态 O_2 的能力。

根据环氧乙烷生成的过氧态氧机理，可对有关可能达到的选择性极限值加以推断。如：

$$Ag+O_2 \longrightarrow Ag \cdot O_{2,吸附} \quad (51)$$

$$Ag \cdot O_{2,吸附}+C_2H_4 \longrightarrow Ag \cdot O_{吸附}+C_2H_4O \quad (52)$$

如果上述反应发生6次，那么第7个乙烯分子将用来消耗掉剩余的吸附原子态氧，以使银表面又能自由地再接受分子氧。

$$6Ag \cdot O_{吸附}+C_2H_4 \longrightarrow 2CO_2+2H_2O+6Ag \quad (53)$$

这种理论认为，从键能平衡考虑，氧不能自气相中将 $Ag \cdot O_{吸附}$ 再生而变成 $Ag \cdot O_{2,吸附}$。所以，按这种机理推断，催化剂的选择性极限值为6/7或85.7%。目前，选择性的实验值已超过80%，这种机理到底是否正确，还待进一步实验证实。

2. 催化剂载体

载体的化学性质和物理性质对催化剂性能影响很大，虽然有的专利提出用非载体的银催化剂，但在反应温度下纯银易烧结失去活性，因而工业上不能使用。工业上最常用的载体是 $\alpha-Al_2O_3$，国际上的商品银催化剂一般都用纯氧化铝载体。载体的比表面积、孔容及孔分布影响载体上银颗粒的大小，因而影响最终催化剂的性能。比表面积高的载体（$3\sim100m^2/g$）制成的催化剂，活性及选择性一般都不好。因为反应产物环氧乙烷难以从小孔内扩散，脱离表面速度慢，加上散热不好，易造成环氧乙烷的连续氧化。但载体的比表面积过小，银颗粒分散不好，活性也会受影响。近几年来，高效环氧乙烷银催化剂通常采用的载体比表面积为 0.30～0.50m^2/g，孔容为 0.20～0.30mL/g，催化剂的选择性在 80%～83%之间。

除了氧化铝作载体外，还可使用富铝红柱石、碳化硅及氧化硅作载体，但都不如氧化铝使用普遍。

3. 助催化剂

（1）碱金属作助催化剂　早期添加碱金属是为了除去银上的阴离子沾污物，如氯化物、硫化物及硫酸盐等，另外还起着粘结作用，使银混合物与催化剂载体更好地粘结一起。以后发现，添加一定比例的碱金属作助催化剂制得的催化剂，在寿命、活性、选择性方面都有明显提高。碱金属 Cs、K、Na、Li 都可作助催化剂，其中尤以铯是提高银催化剂选择性的一种较好助催化剂。碱金属助催化剂的添加量一般为 0.005%～0.5%（质）。

（2）钡、铊、锡、锑及稀土金属作助催化剂　钡是银催化剂中用得最普通的助催化剂之一，主要作用是有利于银的分散。加热时防止银粒烧结，能明显地提高催化剂的活性和稳定性。对使用比表面积很低的陶瓷型载体来说，添加钡的作用更为明显。钡可以乳酸钡或乙酸钡的形式加入乳酸银浸渍溶液中，浸渍时和乳酸银一起进入载体中，加热时转化成钡的氧化物或碳酸盐。除钡以外，添加铊、锡、锑及稀土金属作助催化剂对提高银催化剂选择性也有一定作用。

4. 抑制剂

实践表明，在银催化剂中添加少量金属卤化物或有机卤化物具有抑制乙烯完全燃烧的作用。如在工业生产的原料气中加入百万分之几数量级的 1,2-二氯乙烷或氯苯，可使催化剂选择性大增。在一般负载型银催化剂中只要加入 0.1～0.2μg/g 的二氯乙烷，选择性可由 50%提高到 60%～65%。选择性提高的原因是由于加入的抑制剂使吸附氧的键能发生变化，防止 O_2^- 进一步解离为 O^-。

6-7-4 环氧乙烷催化剂的制备方法

将活性组分银分散在载体上通常有两种方法：一种方法是将不溶性银化合物沉淀在载体外表面上，这种方法常称作涂层法或沉淀法。另一种方法是用可溶性银化合物使载体内表面也达到饱和，这种方法称作浸渍法。

1. 涂层法

这是将用作活性组分的不溶性银盐以湿式状态随适量添加剂加至载体上，一边转动一边加热直至获得均匀涂层的方法。不溶性化合物沉淀所用的银化合物有氧化银、碳酸银及草酸银。用适当的阴离子钠盐从硝酸银中沉淀不溶性银化物，将它们洗到不含阴离子及阳离子为止。也可使用 $Ba(OH)_2$ 之类其他含阳离子化合物来进行沉淀，但沉淀的不溶性银盐必须充分洗净阳离子。涂层法可使催化剂有较高的银含量和较高的初活性，但使用过程中易造成催化剂银的损失，银屑有使反应管压力降增加的趋势。一般使用几个月后催化剂选择性会明显下降，所以，目前工业用催化剂大多采用浸渍法制备。

2. 浸渍法

这种方法是将预先加工处理好的载体在乳酸银或硝酸银等浸渍液中浸泡。有时还要采用真空操作，然后排去多余的溶液。将浸渍过的载体干燥及热分解，以使银配合物分解。图 6-8 所示为浸渍法制备环氧乙烷银催化剂的工艺示例。

（1）载体制备　载体是以刚玉（$\alpha-Al_2O_3$）为基料，加入硅铝胶粘结剂、核桃炭扩孔剂、MgO 助熔剂后经混料、捏合、挤条，再于 60~150℃ 干燥后，于 1200~1700℃ 焙烧，制得具有一定孔容、孔分布和比表面积的载体。

（2）浸渍　载体确定以后，催化剂的制备工艺条件和配方对催化剂的性能起着重要作用，尤其对比表面积小于 $0.1m^2/g$ 的陶瓷型载体，催化剂的配方和制备工艺尤其显得重要。

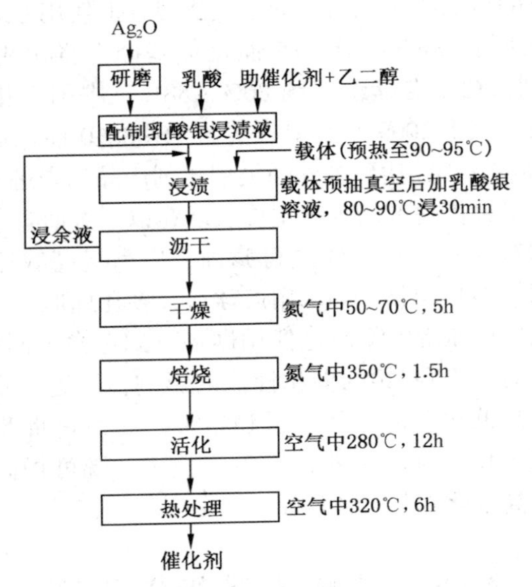

图 6-8　环氧乙烷银催化剂制造工艺

一些专利指出，载体先浸 3%～10%(质)的乙二醇，然后再用乳酸银溶液浸渍，可提高催化剂的活性和稳定性，同时使银和载体之间的粘结也比较牢固。载体预抽空后再加浸渍液，有利于浸渍液进入小孔，提高浸渍效率。

(3) 热处理　浸渍好的催化剂先在一定温度下进行干燥和焙烧，让水蒸气蒸发，乳酸银分解，然后再进行活化使银转化成活性银。活化后的催化剂进一步在更高温度下热处理能提高催化剂强度及使用稳定性。

6-7-5　环氧乙烷催化剂发展方向

随着环氧乙烷需求增加和工业的发展，催化剂的研发也随着更新换代，发展至今已形成三代主要的银催化剂。一代催化剂为选择性 75%～82% 的高活性催化剂；二代催化剂的选择性为 82%～85.7%；三代催化剂选择性高于 85.7%。我国环氧乙烷用银催化剂的性能已达到国际先进水平。继中国石化上海石油化工研究院开发的银催化剂在引进的空气法装置上使用之后，燕山石化公司也在原有 YS-4、YS-5 催化剂基础上推出更高性能的 YS-6催化剂，初始选择性达到 86%~88%。中国石化北京化工研究院燕山分院于 2009 年研制成功的 YS-8810 催化剂，其最高选择性达到 89%，已达到国外同类催化剂产品的先进水平。

目前，对银催化剂的改进主要表现在以下方面：①对载体进行改进。如对 $\alpha-Al_2O_3$ 载体进行修饰，适当提高载体的比表面积。或对载体形状调整，如采用齿球形、多孔柱形、环形等，以进一步降低床层压降。②改进使用助剂。如考察不同助剂(包括阳离子、阴离子等)对银的催化性能的影响，以进一步抑制副反应发生，提高催化剂的选择性及稳定性。③改进催化剂制备技术。采用连续化、自动化催化剂生产技术，既可提高银的利用率，又可提高催化剂的整体质量。

6-8　乙酸乙烯酯催化剂

6-8-1　乙酸乙烯酯的生产方法

乙酸乙烯酯又称醋酸乙烯酯、醋酸乙烯，是重要的石油化工中间产品。乙酸乙烯酯的主要用途是制造乙酸乙烯酯聚合物和共聚物，用于油漆、胶黏剂、纺织品上浆及纸张涂层等。聚乙酸乙烯酯水解制成的聚乙烯醇除大量用作纺织品上浆料和黏合剂外，还用来生产维尼纶纤维。

由于能源危机和环境保护的压力，人们要寻找节约能源和减少环境污染的方法。在机械制造行业中，用黏合剂胶接代替金属铆接既省力又省工，很受用户欢迎，这种需要促进了黏合剂的发展。用乙酸乙烯酯制造的乳胶可以用水为溶剂、热熔胶可以不使用溶剂，这样就避免了有机溶剂对环境的污染。

乙酸乙烯酯和其他单体，如丙烯酸、乙烯和氯乙烯等制成的共聚物具有优良的性能。如乙酸乙烯酯和丙烯酸的共聚物比纯聚丙烯酸乳胶漆质量更好，还可制作各种性能的不干胶。乙酸乙烯酯和乙烯的共聚物使聚乙烯薄膜的透明度大为改善，用作纸张涂层及包装材料具有更好的性能。

目前世界上生产乙酸乙烯酯的方法主要是乙炔法及乙烯法。

1. 乙炔法

乙炔法的反应如下：

$$CH \equiv CH + CH_3COOH \xrightarrow[\text{约 200℃，常压}]{\text{催化剂}} CH_3C(=O)OCH{=}CH_2 \tag{54}$$

催化剂除乙酸锌-活性炭外，也有采用乙酸镉、硅酸锌等作活性组分，硅胶作载体。

乙炔法工业上采用气相流化床生产。该法具有操作简便、收率高、设备投资少等优点。在 20 世纪 60 年代以前，乙炔法是生产乙酸乙烯酯的主要方法，但由于能源价格上涨，乙炔原料来源困难和成本较高，随着石油化工的发展，可提供价廉易得的乙烯，使乙酸乙烯酯生产逐渐由乙炔法转向乙烯法。70 年代几乎所有新建乙酸乙烯酯厂都采用乙烯法。

2. 乙烯法

乙烯法又可分为液相法及气相法两种。

(1) 乙烯液相法　液相法是将乙烯和氧的混合气在 2~4MPa 压力下，通入溶有催化剂的乙酸溶液中进行反应：

$$CH_2{=}CH_2+CH_3COOH+\frac{1}{2}O_2 \xrightarrow[\text{110~130℃, 3~4MPa}]{PdCl_2-CuCl_2-NaOAc-LiOAc} CH_3C(=O){-}OCH{=}CH_2 + H_2O \tag{55}$$

反应实际上分为两步：

① 在钯盐和乙酸碱金属盐催化剂存在下，乙烯和乙酸生成乙酸乙烯酯，并析出金属钯：

$$CH_2{=}CH_2 + Pd^{2+} + 2CH_3COO^- \longrightarrow$$

$$CH_3\overset{\overset{O}{/\!/}}{C}{-}OCH{=}CH_2 + Pd^0 + CH_3COOH \tag{56}$$

② 析出的钯同时被溶液中的铜盐氧化，而氧气则被还原的铜氧化：

$$Pd^0 + 2Cu^{2+} \rightleftharpoons Pd^{2+} + 2Cu^+ \tag{57}$$

$$2Cu^+ + 2H^+ + \frac{1}{2}O_2 \rightleftharpoons 2Cu^{2+} + H_2O \tag{58}$$

液相法因设备腐蚀严重、技术经济效益较差而被气相法所取代。

（2）乙烯气相法　乙烯气相氧化合成乙酸乙烯酯的反应按下式进行：

$$CH_2{=}CH_2 + CH_3COOH + \frac{1}{2}O_2$$

$$\xrightarrow{\text{催化剂}} CH_3\overset{\overset{O}{\|}}{C}{-}OCH{=}CH_2 + H_2O \tag{59}$$

主要副反应有：

$$CH_2{=}CH_2 + 3O_2 \longrightarrow 2CO_2 + 2H_2O \tag{60}$$

此外，反应还生成微量乙醛、乙酸乙酯及高聚物等。

这种方法是德国拜耳公司及美国 USI 公司(美国 National Distillers 公司的子公司)几乎同时开发的，均在 1963 年初各自独立拥有专利权，称为 Bayer 法及 USI 法。这两种方法的工艺流程相似，但催化剂各有特点。Bayer 法催化剂为负载于硅胶上的钯和金(还含乙酸钾)，反应压力为 0.8MPa，夹套加热水温度为 140～180℃，催化剂寿命为一年左右。USI 法催化剂为负载于氧化铝上的钯、铂(还含乙酸钠或乙酸钾)，生产能力较低，催化剂寿命可达二年半以上。反应压力为 0.15～0.25MPa，温度 125～145℃。由于 Bayer 法生产能力大，各国新建厂多数采用 Bayer 法。

6-8-2 乙烯气相氧化制乙酸乙烯酯催化剂

1. 催化剂制备方法

硅胶负载钯、金、乙酸钾(或钾、钠混合乙酸盐)的催化剂制法如下。

先用碳酸氢钠溶液将氯钯酸、氯金酸混合液的pH值调至一定范围，再用粗孔小球硅胶载体浸渍；接着用碳酸氢钠溶液在较高温度下浸泡，将半成品进行老化；经用碳酸氢钠为介质的碱性溶液还原后洗掉氯离子，再在碱金属乙酸盐中浸渍，经干燥后即制得催化剂。

2. 催化剂的活性组分

(1) 钯　钯的含量及其在载体表面上的分散度对催化剂活性有很大影响。一般来说催化剂活性随钯含量的增加而提高，但考虑到金属钯的昂贵和资源缺少，权衡催化剂成本以及考虑高活性下的反应热除去问题，需将钯含量控制在一定范围之内。

载体表面钯的分散度对活性影响与通常的规律相反，高分散度的钯其活性很低。当钯分散度减小时，其活性迅速增加，经过最大值而后减少。这是由于载体表面有乙酸和水的吸附层的存在，分散度过高的钯被乙酸和水的吸附层覆盖而不易与气态反应物乙烯和氧接触，使其活性下降。

所以，要使催化剂有较高的活性，必须注意催化剂制备过程中防止钯的流失而保持高含量的钯，而且使载于载体表面的钯有合适的分散度而不致被乙酸-水吸附层所淹没。要具有最佳活性，就必须注意使用适宜的制备步骤及条件，控制好浸渍液的酸度、浸渍条件及老化时间等。

(2) 金　只含金的催化剂是没有活性的，而不含金的钯催化剂活性也不高。当钯含量在一定范围内时，催化剂活性随金含量的增加而提高。

一般来说，Pd、Au大部分浸载于多孔载体的近外表面部分，外表面负载的Pd、Au比深入内部的Pd、Au多得多时，催化剂活性高，反应气体与催化剂活性组分的接触面积大。

3. 助催化剂

钾和其他金属盐类是促进乙烯气相氧化制乙酸乙烯酯的助催化剂。催化剂不含这类助催化剂时活性很低。其中碱金属乙酸盐比其他金属的乙酸盐有更高的活性。一般情况下，增加乙酸钾(或钠)的含量有利于提高催化剂活性，而且乙酸钾含量对活性增大的影响还与钯含量有关，钯含量较低时，其促进作用相应较小。

乙酸钠在反应时较乙酸钾更易流失而影响催化剂寿命。乙酸钾在反应中钾以缔合方式离解乙酸，促进从吸附乙酸上脱氢并减弱乙酸钯中的钯-氧键。所以，钾盐的引入有利于乙酸乙烯酯的生成。

4. 催化剂载体

硅胶、氧化铝、硅酸铝、活性炭、尖晶石及离子交换树脂等都可用作催化剂载体，但工业化报道的催化剂主要采用硅胶及氧化铝。据报道，乙酸和水均能与载体(硅胶或氧化铝)发生反应，而且乙酸比水更易和载体反应，而氧或乙烯和载体之间则不发生反应，而硅胶则应有更好的耐酸稳定性。使用 Al_2O_3 作载体一般经过特殊处理，因普通 Al_2O_3 不耐乙酸腐蚀。由于载体起着分散钯和改变乙酸和水的吸附性质的作用，所以选用载体的孔结构对催化剂活性有一定影响。而以球形载体制备工艺较为成熟，使用也最广。

由上海石化化工事业部和上海石化科技开发公司共同研发的CTV系列催化剂是国产乙酸乙烯酯催化剂的代表，具有活性高、成本低的特点，替代进口催化剂。

6-8-3 乙烯气相氧化制乙酸乙烯酯催化反应机理

对于乙烯气相氧化制乙酸乙烯酯的催化反应机理，不同研究者的看法至今尚未统一，而根据下面提出的催化反应机理所得到的速度方程与实验值比较相符。

① 乙烯离解吸附在钯上形成乙烯-钯配合物，并脱去一个 H：

$$C_2H_4+Pd \rightleftharpoons \underset{Pd}{\overset{H}{}}\!\!\!\!\!\!\!\!\!\!\!\!\!\;\;\;\;\;\;\;\;\;\; C{=}C(H)(H) \tag{61}$$

② 氧在钯上发生离解吸附：

$$O_2+2Pd \rightleftharpoons 2Pd—O \tag{62}$$

③ 乙酸在钯上发生缔合吸附：

$$CH_3COOH+Pd \rightleftharpoons Pd—CH_3COOH \tag{63}$$

④ 在吸附氧存在下，钯从缔合吸附的乙酸上脱氢：

$$PdCH_3COOH+PdO \rightleftharpoons Pd—OCOCH_3+Pd—OH \tag{64}$$

⑤ 离解吸附的乙酸和离解吸附的乙烯结合而生成乙酸乙烯酯：

$$\begin{gathered}Pd—OCOCH_3+CH_2=CH—Pd \rightleftharpoons \\ Pd—CH_2\cdot CHOCOCH_3+Pd\end{gathered} \tag{65}$$

$$Pd—CH_2CHOCOCH_3 \rightleftharpoons Pd+CH_2=CHOCOCH_3 \tag{66}$$

⑥ 吸附的氢和离解吸附的氧作用：

$$Pd—OH+Pd—H \rightleftharpoons Pd—H_2O_{(吸附)}+Pd \tag{67}$$

$$Pd—H_2O_{(吸附)} \rightleftharpoons Pd+H_2O \tag{68}$$

⑦ 副反应是某些离解吸附的乙烯及乙酸和离解吸附的氧反应生成 CO_2。CO_2 主要是由乙烯氧化而成：

$$CH_2=CH—Pd+PdO \rightleftharpoons Pd—CO_{2(吸附)}+Pd—H_2O_{(吸附)} \tag{69}$$

$$Pd—H_2O_{(吸附)} \rightleftharpoons Pd+H_2O \tag{70}$$

$$Pd—CO_{2(吸附)} \rightleftharpoons Pd+CO_2 \tag{71}$$

$$Pd—OCOCH_2+Pd-O \rightleftharpoons Pd—CO_{2(吸附)}+Pd—H_2O_{(吸附)} \tag{72}$$

$$Pd—H_2O_{(吸附)} \rightleftharpoons Pd+H_2O \quad (73)$$

$$Pd—CO_{2(吸附)} \rightleftharpoons Pd+CO_2 \quad (74)$$

6-9 苯酐催化剂

6-9-1 苯酐的生产方法

苯酐是现代大规模有机合成工业中最重要的产品之一，是生产增塑剂、聚酯树脂、醇酸树脂以及染料、医药和农药的重要原料。其衍生物如酯、蒽醌、邻氨基苯甲酸、酰亚胺等，经再深入的衍生，还可制出大量种类繁多、性能各一的化学品，广泛用于化工、电子、机械、纺织和食品等工业。用苯酐制备的聚氯乙烯增塑剂占世界产量的60%左右。所以，随着聚合物工业的迅速发展，苯酐的需求量也日益增长。

1. 生产苯酐的原料

直至20世纪60年代，生产苯酐的惟一原料是萘，萘来自煤焦油，故原料来源受到一定限制。随着石油化工的发展，来自石油的石油萘、邻二甲苯都可用作苯酐的原料，特别是邻二甲苯，由于价格较低、容易运输、氧化选择性高及所得产品纯度较高等原因，目前有90%以上的苯酐是由邻二甲苯为原料生产的。此外，也可以使用催化裂化轻柴油、高温裂解焦油的重质部分、甲基萘与二甲基萘的混合馏分进行氧化制取苯酐，但由于收率较低，实际用于工业生产的原料还只有萘和邻二甲苯。

2. 苯酐生产方法

目前世界上生产苯酐的方法分为气相法和液相法两种。在气相法中又分为固定床气相法和流化床气相法。

（1）气相法

① 以萘为原料的萘氧化法。

主反应：

$$C_{10}H_8+4\frac{1}{2}O_2 \longrightarrow \underset{苯酐}{C_8H_4O_3}+2CO_2+2H_2O \quad (75)$$

副反应：

$$C_{10}H_8+\frac{3}{2}O_2 \longrightarrow \underset{\text{苯醌}}{C_{10}H_6O_2}+H_2O \tag{76}$$

$$C_{10}H_8+9O_2 \longrightarrow \underset{\text{顺酐}}{C_4H_2O_3}+6CO_2+3H_2O \tag{77}$$

$$C_8H_4O_3+7\frac{1}{2}O_2 \longrightarrow 8CO_2+2H_2O \tag{78}$$

深度氧化反应：

$$C_{10}H_8+12O_2 \longrightarrow 10CO_2+4H_2O \tag{79}$$

② 以邻二甲苯为原料的邻二甲苯氧化法。

主反应：

$$C_8H_{10}+3O_2 \longrightarrow \underset{\text{苯酐}}{C_8H_4O_3}+3H_2O \tag{80}$$

副反应：

$$C_8H_{10}+O_2 \longrightarrow \underset{\text{甲基苯甲醛}}{C_8H_8O}+H_2O \tag{81}$$

$$C_8H_{10}+7\frac{1}{2}O_2 \longrightarrow \underset{\text{顺酐}}{C_4H_2O_3}+4CO_2 \tag{82}$$

$$C_8H_{10}+2O_2 \longrightarrow \underset{\text{苯酞}}{C_8H_6O_2}+2H_2O \tag{83}$$

深度氧化反应：

$$C_8H_{10}+10\frac{1}{2}O_2 \longrightarrow 8CO_2+5H_2O \tag{84}$$

目前工业上使用的气相催化氧化法包括低温低空速、高温高空速及低温中空速固定床法及流化床法。其基本工艺是将萘或邻二甲苯气体与空气混合通过反应床，在 360~500℃ 的温度范围内进行氧化反应，具体反应温度及空速取决于催化剂的性能。所生成的苯酐气体与过量的空气从反应器出来后进入冷凝器。而从流化床反应器出来的苯酐气体经过过滤装置后再进入冷凝器使大部分苯酐冷凝。冷凝下来的粗苯酐再经过热熔处理几小时，使部分苯二甲酸变为苯酐。低沸点杂质如顺酐、苯甲酸等则部分蒸发，经冷凝器回收，然后再经化学处理，使高沸点杂质萘等缩聚或分解，然后进行真空蒸馏提纯。

以邻二甲苯为原料气相氧化法生产苯酐的工业装置迄今为止只限于固定床，流化床工艺至今还未能取得工业化，主要关键因素是尚未找到适合流化床使用的催化剂和解决设备腐蚀和杂质过多等问题。

以邻二甲苯为原料的气相固定床催化剂，按反应条件不同，又大致可分为三种类型：

① 高温高空速催化剂法。这是反应温度为450~460℃、空速6000~7000h^{-1}、采用V-Cr、V-Nb、V-Mo及V-W等催化剂的方法。

② 低温低空速催化剂法。这是反应温度为360℃、空速1500h^{-1}、采用V_2O_5-K_2SO_4-TiO_2催化剂的方法。

③ 低温中空速催化剂法。这是反应温度为400℃左右、空速3000~5000h^{-1}、采用V_2O_5-TiO_2催化剂的方法。

以萘为原料生产苯酐，工业上有固定床法和流化床法，但以流化床法为多。

我国自20世纪50年代中期开始苯酐生产，采用以萘为原料的流化床技术，装置规模一般为万吨以下。随着我国石油化工的发展，80年代末期苯酐生产逐渐转向以邻二甲苯为原料，除引进的大型苯酐装置外，国内自行开发的中小规模(5kt/a、10kt/a、20kt/a)装置在全国各地普遍建立。

(2) 液相法　液相法是以邻二甲苯为原料、乙酸为溶剂、乙酸钴为催化剂、溴化钾为助催化剂，用多级反应器在150~250℃、0.1~1MPa压力下进行反应。制得苯酐后，经结晶、脱水、连续蒸馏提纯苯酐产品。

这种方法的优点是反应温度低、副反应少、操作平稳。缺点是对普通材质腐蚀严重，设备需用不锈钢，设备投资及催化剂费用都较大。

6-9-2 苯酐催化剂

1. 邻二甲苯气相氧化制苯酐催化剂

(1) V-Ti 系催化剂　最初用于邻二甲苯氧化制苯酐的催化剂是熔融的五氧化二钒，尽管该催化剂使用寿命长达 10 年且具有较高的选择性(约为理论值的 70%左右)，但它的致命缺点是不适合在原料体积空速高的情况下使用。1968 年，BASF 公司开发的载有 V_2O_5-TiO_2 基础涂层的球形颗粒催化剂，是目前固定床中运用最多的一类催化剂。

苯酐催化剂毫无例外都采用 V_2O_5 作主要活性组分，但单组分的 V_2O_5 供[O]活性较大(但熔融 V_2O_5 例外)，深度氧化严重，对苯酐的选择性较低，所以一般都采用多组分体系，对钒基表面的电子结构加以调整。

V_2O_5 的晶体结构由不定键长的 V-O 键组成，如图 6-9 所示。由于最长的键 $V-O'_I$ 比其他键弱，V_2O_5 晶体有沿着 001 面裂开的倾向；当 V-O′键裂开，最短的 $V-O_I$ 键就暴露在外表面。根据红外光谱研究，认为 $V-O_I$ 具有双键的特征，它比其他的 V-O 键活泼，在催化反应中起着重要作用。

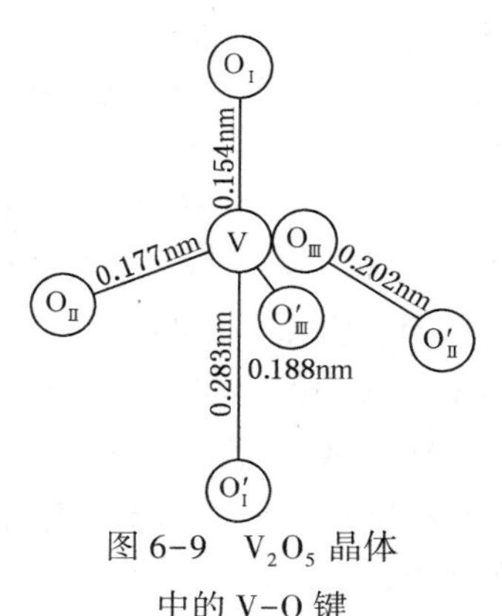

图 6-9　V_2O_5 晶体中的 V-O 键

TiO_2 有三种晶形，热力学稳定性以金红石型为最好。工业催化剂的 TiO_2 一般采用锐钛矿型，它在一定温度下也要转变成金红石型，而 V_2O_5 的存在能促使这种相转变。

工业上用的 V_2O_5[1%~15%(质)]+TiO_2[99%~85%(质)]催化剂，在气相氧化制苯酐时具有很高的选择性与稳定性。差热分析及热重分析表明，V_2O_5 中加入 TiO_2 后，发生了 $V_2O_5 \rightleftharpoons V_2O_5+\frac{\delta}{2}O_2$ 的反应，V_2O_5 失重的极大点，也相当于 V_2O_5-TiO_2

催化剂的选择性最佳值(图 6-10)。所以，TiO_2 加入对 V_2O_5 的改性除提高 V_2O_5 的分散度和增加有效表面积外，还改变了 V 的电子性质。TiO_2 与 V_2O_5 作用后可以使 V-O_1 键松动，使部分 V^{5+} 变为 V^{4+}，有利于形成稳定的 V^{4+}/V^{5+} 比例。V^{4+} 增加意味着脱氢中心数目增加，当 V^{4+} 达到一定比例时，脱氢中心与供[O]中心耦合，发挥协同作用，呈现良好的催化活性。

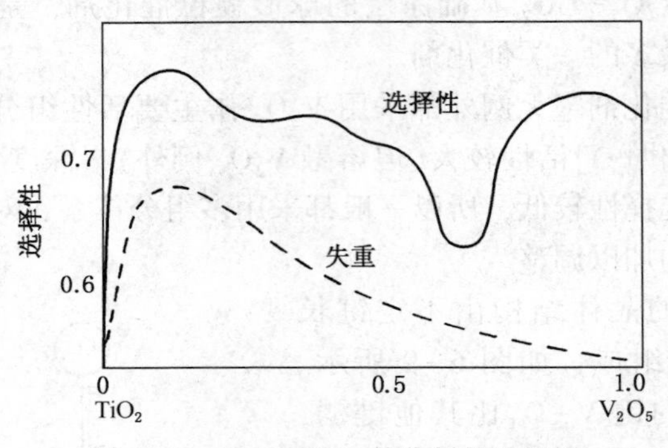

图 6-10　V_2O_5-TiO_2 催化剂的选择性与 V_2O_5 失重的关系

(2) V-Mo 系催化剂　它是高温高空速型固定床催化剂，如 V-Mo、V-W、V-Cr 系催化剂。

Mo、W 的最高价态比 V 高，相应的氧化物酸性比 V_2O_5 强，在一定的比例内，可能交联杂多酸。V 还能与 MoO_3 及 WO_3 形成固溶体，产生部分低价态 V^{4+}，对 V_2O_5 的氧化性起促进作用。

这类催化剂的特点是高温时活性很高，适用于高温高空速反应，生产能力较高，可减少深度氧化反应发生。但缺点是高温下邻苯二甲酸分子趋于更活泼状态，C-C 骨架易破坏，引起苯酐选择性下降。

为了提高苯酐的收率和质量，使工艺朝着高负荷、低能耗的方向发展，目前主要从技术上改进苯酐生产工艺，改善催化剂使用性能，提高催化剂负荷。在技术上有“60 克工艺”“80 克工艺”和“100 克工艺”。我国北京化工研究院从 20 世纪 70 年代就开始邻二甲苯气相氧化制苯酐的固定床催化剂研究。从 80 年代至今，先后开发了具有低盐浴温度和高收率的催化剂，如 BC-239 型、BC-249 型和 BC-269 型等系列苯酐催化剂。先后用于国内多套工业装置上，取得良好的效果，可替代同类型的进口催化剂。

为提高邻二甲苯进料量，使催化剂向着高负荷、高收率方向发展，催化剂的改进重点是解决活性和选择性的矛盾，既要保证邻二甲苯的转化率，又使苯酐有较高的收率。因此，对催化剂的改进主要集中在以下方面：①加入碱金属、碱土金属及其氧化物、稀土元素等；②对载体组成及性质进行改进；③改进催化剂制造工艺等。

2. 萘气相氧化制苯酐催化剂

(1) 固定床催化剂　固定床催化剂又可分为高温高空速型及低温低空速型两类。高温高空速型催化剂可以 V_2O_5-K_2SO_4-Al_2O_3 为代表，它是在温度高于 400℃、空速大于 $3600h^{-1}$的条件下参与反应。要求催化剂在此高温下提供数目较多而活性较高的供[O]中心，因此反应接触时间短、生产能力高。缺点是产品中杂质含量高，且催化剂活性组分易受高速气流冲击而脱落。

低温低空速型催化剂以 V_2O_5-K_2SO_4-SiO_2 为代表，一般反应温度为 370~400℃，空速在 $1000h^{-1}$左右。

V_2O_5-K_2SO_4 催化剂的活性主要归结于两种因素：一是削弱 $V-O_I$ 键，二是增加有效活性中心数。V_2O_5 加入大量 K_2SO_4 时，熔点会降低，熔融时能发生下述快速反应：

$$V_2O_5+4K_2SO_4 \rightleftharpoons 2KV(SO_4)_2+3K_2O+2[O] \qquad (85)$$

不仅供[O]中心数目较多、活性较高，而且可以在较低温度下供给活性氧。所以，这类催化剂在低温低空速下具有较好的催化剂活性，副反应较少，产品纯度高。操作中为了防止催化剂中的 SO_2 流失，需在反应过程中往原料中添加一定量的硫。

(2) 流化床催化剂　流化床催化剂需耐磨性好，以减少细粒子的产生及催化剂损失，所以必须采用耐磨损强度较好的物质作为载体。为防止活性组分剥落，载体又必须是多孔性，对活性组分有较强吸附性，此外，催化剂的粒度分布要有利于流化。一般流化床苯酐催化剂都采用 SiO_2 作载体。常用的催化剂是 V_2O_5-K_2SO_4-SiO_2。流化床由于受到极限流化速度与带出流速的限制，一般在较低空速下操作，接触时间较长。因此，只要催化剂能在较低温度下提供较多供[O]中心、活性适度，就可获得较高的苯酐收率。

6-10 顺酐催化剂

6-10-1 顺酐的生产方法

顺丁烯二酸酐简称顺酐，又名马来酸酐或失水苹果酸酐，是一种重要的有机化工原料，广泛用于生产不饱和聚酯树脂、涂料、农药、医药、润滑油添加剂及食品添加剂等。它的衍生产品1,4-丁二醇、γ-丁内酯及四氢呋喃等也是工业上不可缺少的原料。

顺酐自1933年工业化生产以来，1955年美国科学设计公司所开发的固定床苯氧化制顺酐工艺一直是顺酐生产的主导技术。截至1980年，世界顺酐生产能力的60%采用科学设计公司的固定床苯氧化工艺。而从20世纪70年代中期开始到80年代初，美国的顺酐生产公司迫于美国环保局新的苯排放低标准规定的压力，以及阿拉伯国家实行石油禁运引起苯价上涨和正丁烷转变成化工产品的低成本吸引力等，开始大规模地转向以正丁烷为原料的顺酐生产。1983~1986年美国首先完成了以苯为原料的工厂全部转换成正丁烷固定床法。其后多数国家也紧跟仿效。当前，世界各国生产顺酐都用丁烷、混合 C_4 及苯为原料。除因正丁烷运输困难和仍需运转一段时间的老装置生产外，新建装置一般均不采用以苯为原料的生产路线。目前我国顺酐生产极大部分为苯氧化法，正丁烷氧化法所占比例较少，但发展趋势明显。

6-10-2 苯氧化制顺酐

用苯的气相氧化法生产顺酐的历史悠久，由于1919年发现了五氧化二钒(V_2O_5)催化剂，美国从1933年，日本从1952年开始工业生产。世界上苯氧化法生产顺酐主要采用固定床工艺。其主反应为：

$$C_6H_6+4\frac{1}{2}O_2 \longrightarrow C_4H_2O_3+2H_2O+2CO_2 \quad (86)$$

主要的副反应有：

$$C_6H_6+7\frac{1}{2}O_2 \longrightarrow 6CO_2+3H_2O \quad (87)$$

$$C_6H_6+1\frac{1}{2}O_2 \longrightarrow C_6H_4O_2+H_2O \quad (88)$$

苯的氧化是平行和串联反应同时并存，为抑制生成的顺酐进一步深度氧化为CO和CO_2，必须选择性能优良的催化剂。

苯氧化的催化剂，早期是采用负载于浮石上的V_2O_5催化剂，其后开发了$V_2O_5-MoO_3$系催化剂，而现在都使用$V_2O_5-MoO_3$系催化剂，其中掺合了适当比例的各种其他金属组分。表6-10所示为一些专利的催化剂组成示例。

表6-10 苯氧化制顺酐催化剂举例

催化剂	反应温度/℃	原料浓度/%(体)	顺酐收率/%(质)
V_2O_5/浮石	300~700	0.8	72
$V_2O_5-MoO_3/\alpha-Al_2O_3$	475~540	0.6	62~80
$V_2O_5-MoO_3-P_2O_5/TiO_2$	380	0.86	84.2
$V_2O_5-MoO_3-P_2O_5-Na_2O-MeO/\alpha-Al_2O_3$ (Me：Zn、Cu、Bi、Co)	450	0.95	85
$V_2O_5-MoO_3-P_2O_5-Na_2O-MeO/\alpha-Al_2O_3$ (Me：Co、Ni、Ca、Fe)	405	1.25	101
$V_2O_5-P_2O_5-WO_3-Na_2O-MeO/\alpha-Al_2O_3$ (Me：Mg、Ca、Zn、Ti、Mn、Ni)	410	0.95	86.7
$V_2O_5-MoO_3-VO_2-Ag_2O-Ag_3PO_4/\alpha-Al_2O_3$	470	0.69	94.5
$V_2O_5-WO_3-P_2O_5/TiO_2$	380	0.65	98

早期研究认为苯氧化制顺酐反应中，催化剂 V_2O_5 的作用属于氧化还原机理。所谓氧化还原是 V_2O_5 将苯氧化，而还原了的 V_2O_5 再由气相氧氧化而进行氧化还原循环，如下式所示：

$$\text{C}_6\text{H}_6 + V_2O_5 \longrightarrow \begin{matrix} HC\text{—}C(=O)\text{—} \\ \| \qquad\qquad O \\ HC\text{—}C(=O)\text{—} \end{matrix} + V_2O_{5-n} \tag{89}$$

$$V_2O_{5-n} + \frac{n}{2}O_2 \longrightarrow V_2O_5 \tag{90}$$

以后，有的研究者以邻二甲苯生成邻苯二甲酸酐的氧化反应为例，通过 X 射线衍射分析，比较了氧化反应后反应管中各位置上的催化剂组成。从中发现催化剂的还原进行到 V_2O_4 时，催化剂的氧化能力几乎丧失殆尽。从这些结果推断，在 V_2O_5 上进行的氧化反应，实际上是晶体结构很相似的 V_2O_5、V_6O_{13}间进行的氧化还原循环：

$$V_2O_5 \rightleftharpoons \frac{1}{3}V_6O_{13} + \frac{1}{3}O_2 \tag{91}$$

从而从微观角度说明了氧化还原机理。

与单纯的 V_2O_5 催化剂相比，V_2O_5-MoO_3 复合催化剂在活性和选择性方面都显得更为出色。表 6-11 所示为不同催化剂的性能比较。由表可见，单独用 MoO_3 时活性很低，而在 V_2O_5 中加入 MoO_3 后，无论催化活性及选择性都有显著提高。产生这种现象的原因是因 V_2O_5 具有 n 型半导体的性质，当加进 MoO_3 后，MoO_3 固溶在 V_2O_5 中，V_2O_5 晶格中的 V^{5+}被 Mo^{6+}所取代，放出部分氧，并产生氧的晶格缺陷，增强了 n 型半导体的性质，从而增强了接受电子的能力，活性也就提高了。

国内研制开发的苯氧化制顺酐催化剂，主要有北京化工研究院研制的 BC-118 高效环状催化剂，具有运行负荷高、导热性能好、床层阻力低等特点。

表 6-11　不同催化剂的性能比较

催化剂类型	反应温度/℃	原料浓度/%(体)	顺酐收率/(%)(质)
V_2O_5	450	0.80	43.5
MoO_3	500	0.75	3
WO_3	450	0.80	28.5
V_2O_5-MoO_3(1：0.55)	435	0.80	72
V_2O_5-WO_3(1：0.34)	450	0.74	55

6-10-3　丁烯氧化制顺酐

碳四馏分作为石油炼制和石油裂解的副产品，用来代替苯作生产顺酐的原料，具有来源丰富、价格便宜的优点。表 6-12 所示为石脑油裂解所得碳四馏分的大致组成。从化学结构看，碳四烃具有与顺酐相同或相近的分子骨架，它们的结构式如下所示：

表 6-12　碳四馏分组成　　%质

名　　称	粗碳四	抽余碳四	正丁烯馏分
丁二烯	43	—	—
异丁烯	27	47	20
1-丁烯	16	27	65
2-丁烯	9	17	
丁烷等	5	9	15
合计	100	100	100

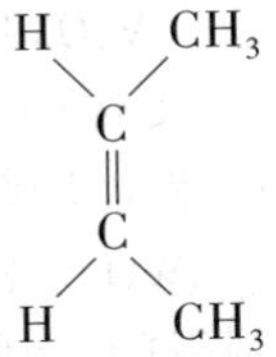

顺 2-丁烯 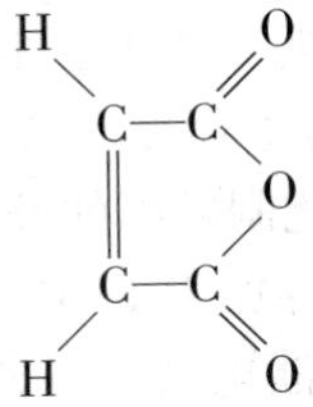　　　顺酐

所以由碳四烃合成顺酐时，不像苯那样要损失掉1/3的碳原子。所以以碳四馏分为原料要比苯合理，其关系如表6-13所示。然而也应看到，与苯相比，碳四馏分是副产品，作为顺酐原料一般不会给予特别精制，其组成和数量容易受到裂解原料性质及工艺条件的影响。所以碳四馏分组成较苯复杂，副反应也复杂。

表6-13　顺酐生成反应

反应式	理论收率/(t顺酐/t原料)
$\underset{(丁二烯)}{C_4H_6}+2.5O_2 \longrightarrow \underset{(顺酐)}{C_4H_2O_3}+2H_2O+1143kJ$	1.81
$\underset{(丁烯)}{C_4H_8}+3O_2 \longrightarrow \underset{(顺酐)}{C_4H_2O_3}+3H_2O+1314.7kJ$	1.74
$\underset{(苯)}{C_6H_6}+4.5O_2 \longrightarrow \underset{(顺酐)}{C_4H_2O_3}+2H_2O+2CO_2+1850.6kJ$	1.26

丁烯氧化制顺酐的主反应为：

$$C_4H_8+3O_2 \longrightarrow C_4H_2O_3+3H_2O \tag{92}$$

副反应为：

$$C_4H_8+5O_2 \longrightarrow 2CO+2CO_2+4H_2O \tag{93}$$

同时生成乙醛、呋喃、乙酸及丙烯酸等副产物。

丁烯氧化制顺酐催化剂与苯氧化催化剂不同，最佳催化剂是以V-P为主组分、加入其他元素作助催化剂所制备的各种催化剂。表6-14所示为丁烯氧化制顺酐催化剂。在丁烯氧化制顺酐的催化剂研究中发现，只用V_2O_5作催化剂时，顺酐收率只有12%~15%，而使用苯氧化的V_2O_5-MoO_3作催化剂时，顺酐收率也不高，而在V_2O_5中加入P_2O_5时，丁烯的氧化活性下降而生成顺酐的选择性明显上升，其原因是在V_2O_5中加入P_2O_5后减弱了V_2O_5自身的酸强度，从而抑制了丁烯的C-C键断裂。所以，目前丁烯氧化制顺酐的催化剂中，性能较好、应用较广的是以V-P为基础，再加入Cr_2O_3、MoO_3、WO_3、K_2O、Li_2O、ZnO、Cu_2O、TiO_2等助催化剂加以改性而制得的。制备方法不同，其最大的V/P比也不同，一般来说，活性组分V与P的适宜原子比为(1∶1)~(1∶6)。

表 6-14　丁烯氧化制顺酐催化剂

催　化　剂	反应温度/℃	接触时间/s	顺酐收率/%(质)
$V_2O_5-P_2O_5/\alpha-Al_2O_3$	485	0.72	88.5
$V_2O_5-P_2O_5/SiO_2$	390	0.50	89
$V_2O_5-P_2O_5-WO_3/TiO_2$	395	1.90	105
$V_2O_5-P_2O_5-Li_2O/\alpha-Al_2O_3$	490	3	93
$V_2O_5-P_2O_5-Cu_2O-Li_2O/\alpha-Al_2O_3$	440	0.77	92
$V_2O_5-P_2O_5-WO_3-Fe_2O_3/TiO_2$	490	0.89	107

丁烯氧化制顺酐是 1962 年实现工业化的，开始采用的是固定床工艺。日本三菱化成公司于 1970 年在世界上第一个采用流化床工艺生产。该公司的催化剂是将含 V_2O_5 的草酸溶液、磷酸、活性促进物质、载体(硅溶胶)的水性浆液经喷雾干燥成型为微球状，然后再经焙烧制成。

近来，由于碳四馏分主要成分丁二烯、1-丁烯及异丁烯的应用日益广泛、原料价格提高，所以丁烯氧化制顺酐的方法正在失去对苯氧化法的优越性。

6-10-4　丁烷氧化制顺酐

丁烷资源丰富，价格便宜，一般只有苯价格的 1/2 左右，每吨丁烷的顺酐理论收率为 1.68t，高于苯的 1.26t，略低于丁烯的 1.74t。丁烷无致癌或其他严重毒性，其最大允许浓度为600μg/g，而苯则为 10μg/g。丁烷存在于炼厂气、油田伴生气及石油裂解气中，因此，从资源、价格、环境保护和产品理论收率等方面看，都为以正丁烷为原料生产顺酐提供了广阔的发展前景。

与苯和碳四烯烃相比，丁烷更难氧化，反应条件较苛刻，顺酐收率较低。所以，开发高活性催化剂是关键所在。

丁烷氧化制顺酐的反应式是：

$$C_4H_{10}+\frac{7}{2}O_2 \longrightarrow C_4H_2O_3+4H_2O \qquad (94)$$

这一过程的反应机理通常认为是：

$$CH_3—CH_2—CH_2—CH_3 \xrightarrow{-H} CH_2=CH—CH_2—CH_3 \xrightarrow{-H} \tag{95}$$

$$CH_2=CH—CH=CH_2 \xrightarrow{[O]}$$

$$\begin{array}{c} HC=CH \\ | \qquad\quad | \\ H_2C \quad CH_2 \\ \backslash \;\; / \\ O \end{array} \xrightarrow[{[O]}]{-H} \begin{array}{l} \qquad\quad O \\ \qquad\quad // \\ HC—C \\ \| \qquad\quad \backslash \\ \| \qquad\quad\; O \\ \| \qquad\quad / \\ HC—C \\ \qquad\quad \backslash\backslash \\ \qquad\quad O \end{array} \tag{96}$$

其中丁烷脱氢要比丁烯脱氢困难得多。从上述机理看出，丁烷氧化成顺酐是连续脱氢及异构化过程。因此，选择丁烷制顺酐的催化剂应具有较强的脱氢能力和异构化能力。

如上所述，顺酐最初采用苯氧化法生产。此法随着历史发展而变迁，在一段时期又曾采用以丁烯为原料的方法。在环境限制严格的美国苯氧化法已完全停止应用，而正丁烷氧化制顺酐方法，因其技术及催化剂的明显优越性而使产品成本大幅度下降，得到迅速推广应用。表 6-15 所示为丁烷氧化法的主要工业发展过程。

表 6-15 丁烷氧化法的主要工业发展过程

年份	公　司	项　目
1972	Chevron	发现结晶性 P/V/O 催化剂
1974	Monsanto	苯氧化法向丁烷原料转换
1976	Amoco	新建丁烷氧化法装置
1980	SD	丁烷氧化法开始发许可证
1980	Denka	苯氧化法装置向丁烷原料转换
1982	Sohio/UCB	流化床丁烷氧化法中间试验
1982	Lummus/Alussisse	同上
1984	Monsanto	固定床大型丁烷氧化法工业装置开工
1989	三井石油化学，东洋曹达/新大协和	流化床大型丁烷氧化法工业装置开工

丁烷氧化制顺酐的催化剂是在丁烯氧化制顺酐的催化剂的基础上发展起来的。主要催化体系可分为 Co-Mo 系、V-Mo 系及 V-P系三类。在其中可添加各种金属氧化物作助催化剂，以构成三元、四元及五元等催化体系。

（1）Co-Mo 系催化剂　这是早期研究的一类催化剂，用于丁烷氧化制顺酐时，顺酐选择性只有 20%左右。收率低的主要原因是丁烷制顺酐需经连续脱氢和异构化以及与此平行的一系列副反应造成的。因此，为了提高催化剂对丁烷的脱氢能力，将脱氢催化剂 $CeCl_3$ 混入，构成 $Co-Mo-Ce/SiO_2$ 催化剂。这种催化剂对顺酐的选择性有明显提高。总的说来，这类催化剂由于顺酐收率较低，且由于氯化物存在，其腐蚀性严重，加上 Co 的来源及价格等原因，未能用于工业化装置。

（2）V-Mo 系催化剂　这是丁二烯氧化制顺酐的较佳催化剂，但用于丁烷时，效果很差，没有工业使用价值。也有在 V-Mo 系中加入第三组分的，一般来说，顺酐收率也只有 20%左右。

（3）V-P 系催化剂　迄今为止，无论是丁烯氧化反应或是丁烷氧化反应，V-P 系催化剂均是最佳催化剂。但两类催化剂差别很大，首先是丁烯氧化催化剂的 P/V 比要比丁烷氧化催化剂的 P/V 比高。其次是丁烯氧化催化剂常使用 $\alpha-Al_2O_3$ 等载体，且载体的比表面积都很低，而丁烷氧化催化剂几乎不使用载体。

Monsanto 公司早期使用的催化剂基本上是磷过量的正丁烯氧化催化剂，其 P/V 比约为 1.05。1973 年前使用的催化剂是将 V_2O_5 先用 HCl 还原成 $(VO)^{2+}$，再和 H_3PO_4 反应而制得。在 1976 年以后的专利中，由于设备腐蚀原因已不采用 HCl 作为 V_2O_5 的还原剂，而是采用 V_2O_5 和 H_3PO_4 的混合物在高压釜中热处理的方法。用这种方法，在热处理中，V_2O_5 和亚磷酸之间发生氧化还原反应：

$$2V^{5+}+P^{3+}\longrightarrow 2V^{4+}+P^{5+} \tag{97}$$

也即 V_2O_5 被还原成 $(VO)^{2+}$。

Chevron 公司在研制丁烷氧化催化剂时，将钒化合物、磷化合物在有机溶剂中反应而制成淡蓝色粉末，将其焙烧后变成结晶性化合物。这种焙烧得到的活性物质是单一的结晶相 [$(VO)_2P_2O_7$]，并命名为B相。其比表面积较大，甚至达7~50m^2/g，且发现这种结晶相对丁烷氧化制顺酐具有特别高的催化活性和选择性。其后出现许多有关B相及其前体物制造的改进专利。迄今为止，对于丁烷氧化反应尚未发现超过上述性能的V-P-O化合物。许多研究着重搞清丁烷活化机理与B相制造方法的关系，以及在V-P-O催化剂中加进百分之几的W、Ni、Cd、Zn、Bi、Li、Cu、V、Zr、Hf、Cr、Fe、Mn、La等作为助催化剂方能使B相安定化，从而进一步提高催化剂的活性。

世界上正丁烷氧化生产顺酐，大部分为固定床氧化法，而在近几年的新建装置中，由于Alusuisse公司与Lummus公司合作开发的流化床工艺比固定床投资可省15%~40%，且有反应温度均匀、单台反应器的生产能力高、顺酐收率高等优点而得到推广。

正丁烷氧化制顺酐固定床工艺中，正丁烷浓度一般为1.0%~2.0%(体)，反应温度为380~400℃，进口压力0.2~0.3MPa，工艺过程与苯固定床氧化相类似。Denka公司的固定床工艺，催化剂组成为P-V-Zr-Li，丁烷转化率为82.5%(摩)，顺酐选择性为66%~67.5%，顺酐收率为92%~94.5%(质)。

在顺酐生产中，以丁烯为原料的流化床氧化法最早由日本三菱化成公司开发，在开发丁烷流化床氧化时，在催化剂生产方面以及安全对策上遇到丁烯氧化法所没有的难度。例如，由于活性物种为结晶性物质，单独成型困难，只好使用硅溶胶那样的粘结剂性载体，即使这样，作为流化床催化剂仍不容易保证必要的机械强度及耐磨性。如果增加硅溶胶量虽然可以改善强度，但反应选择性却大大降低。所以，丁烷流化床氧化技术的开发比固定床晚得多。

6-10-5 顺酐催化剂发展趋势

在国际原油价格居高不下时，纯苯的价格也会大幅提高。所以，国际上有将正丁烷氧化法顺酐工艺取代苯氧化法的趋势。但由于资源和价格的不同，许多国家和地区的苯氧化工艺在相当时间内仍将继续存在。鉴于我国目前顺酐工艺的技术水平及发展状况，仍将在相当时间内立足于苯氧化法生产。但仍应不断提高苯氧化法生产的技术水平，降低污染及消耗。催化剂的使用及研发要向着高负荷、高收率方向发展，并解决催化剂活性和选择性的矛盾，提高苯的进料量，既要保证苯的转化率，还需使顺酐有较高的收率。但从顺酐技术发展趋势看，为了提高正丁烷资源的综合利用，苯氧化法会逐渐被正丁烷氧化法所取代。因此，企业也应做好苯氧化法向正丁烷氧化法转变的技术准备。

6-11 乙烯氧氯化制氯乙烯催化剂

6-11-1 氯乙烯单体生产方法的演变

聚氯乙烯是五大通用树脂之一，聚氯乙烯塑料制品占商品塑料市场的25%以上。各种聚氯乙烯软硬制品在建筑构件、包装、电气、家具、机械部件等部门都有广泛应用。聚氯乙烯由氯乙烯单体聚合而成。

氯乙烯单体(VCM)目前已发展成为大吨位的重要有机化工原料。VCM在工业上的主要应用是以聚合物的形式出现，即本身聚合或与其他单体共聚。在20世纪50年代，以VCM聚合生产PVC树脂约占其总产量的96%左右。目前，其主要用途也仍是用作生产PVC的单体。由于PVC生产成本中，VCM的生产费用要占60%~70%，所以，开发廉价生产VCM的工艺方法存在着明显的经济刺激。

VCM自20世纪30年代开始工业化生产以来，其制法日臻成熟，而且不断更新。其中最古老的方法是电石乙炔法，以后，乙烯、乙炔和乙烯、乙烷等方法先后出现。目前比较常见的VCM制法有以下几种。

1. 电石乙炔法

在第二次世界大战期间，德国、美国和日本既已用电石发生的乙炔为原料生产氯乙烯。目前我国对无乙烯供应地区仍采用这种方法进行生产，原料是乙炔和氯化氢，反应式如下：

$$CH \equiv CH + HCl \xrightarrow{HgCl_2} CH_2 = CHCl \quad (98)$$

这是气相催化反应，采用氯化汞载于活性炭或硅胶等载体的催化剂。反应温度为100～160℃，乙炔转化率可达99.5%，以乙炔计，其收率可达95%以上。产品氯乙烯纯度高达99%以上。

此法设备、工艺简单，投资少，产品纯度高，但耗电量大，原料成本高，同时还会产生汞污染。

2. 石油乙炔法

随着石油化工的发展，把石油或天然气高温裂解所得含乙炔的裂解气，先提纯到高浓度，然后再和氯化氢合成氯乙烯，采用的催化剂与电石乙炔法相同。该法基建投资费用较高，但最终产品成本要比电石乙炔法低。

3. 乙烯氧氯化法

随着石油化工的发展，乙烯远较电石乙炔价廉，因而出现这一方法。

这种方法共分三个步骤。第一步是乙烯和氯反应生成二氯乙烷：

$$CH_2 = CH_2 + Cl_2 \longrightarrow CH_2Cl—CH_2Cl \quad (99)$$

第二步是二氯乙烷裂解生成氯乙烯和氯化氢：

$$CH_2Cl—CH_2Cl \xrightarrow{\triangle} CH_2 = CHCl + HCl \quad (100)$$

第三步是为解决副产氯化氢问题，将裂解生成的氯化氢再与乙烯和氧(或空气)进行反应制得二氯乙烷：

$$CH_2 = CH_2 + 2HCl + \frac{1}{2}O_2 \longrightarrow CH_2Cl—CH_2Cl + H_2O \quad (101)$$

乙烯氧氯化工业化以来已有50多年的历史，目前采用该法生产VCM已占压倒性优势。

4. 联合法

这种方法是以乙烯经二氧乙烷生产氯乙烯的改进。二氯乙烷在裂解后所副产的氯化氢可以和乙炔反应生在氯乙烯。该法与乙炔法不同之处在于除采用较贵的乙炔为原料外，还有廉价的乙烯原料，因而总的成本要低于电石乙炔法，但由于此法仍需要用乙炔，所以随后就被乙烯氧氯化法所取代。

5. 烯炔法

此法系日本吴羽公司所开发并进行工业化，故也称吴羽法。它采用原油、石脑油或炼厂气为原料，在1500℃以上高温进行火焰裂解，得到一定比例的乙烯和乙炔。然后将这种混合气体为原料先进行氯化，乙烯和氯气反应生成二氯乙烷，然后将二氯乙烷热裂解得到氯乙烯和氯化氢，再将氯化氢和原料气中的乙炔反应生成氯乙烯。由于火焰裂解的裂解气中的乙烯和乙炔浓度较低，因此所得二氯乙烷、氯乙烯的分离、精制等步骤比较困难。

由于乙烯氧氯化法生产氯乙烯的技术优越和成本低廉，已成为目前世界上较为公认的技术经济比较合理的方法。20世纪70年代以后，各国新建厂大多采用该法，并采用氧化铝载氯化铜为催化剂。表6-16所示为我国引进乙烯氧氯化法生产氯乙烯单体的生产装置。

国外，生产乙烯氧氯化催化剂的主要厂商有美国的联合催化剂公司(UCI)、Stauffer公司、属于Engelhard公司的前Harshaw公司，西欧则有意大利的Ausimont及Montecrtini Tecnolgie公司，荷兰的AKZO等。国内生产乙烯氧氯化催化剂的单位有北京化工研究院、北京三聚环保新材料股份有限公司、辽宁海泰科技发展有限公司等。从发展趋势看，乙烯氧氯化以流化床工艺及纯氧法用催化剂销路看好。国内大多数引进装置所采用催化剂，仍使用进口催化剂。

表6-16　我国引进乙烯氧氯化法生产氯乙烯单体的生产装置

序号	生产单位	生产规模(10^4t/a)	技术来源
1	北京化二股份有限公司	8	氧氯化部分为美国BFG公司技术
2	北京化二股份有限公司	8	100单元为德国Vinnolit技术，其他国内技术

续表

序号	生产单位	生产规模($10^4t/a$)	技术来源
3	山东齐鲁石化氯碱化工股份有限公司	20	日本三井东压技术
4	山东齐鲁石化氯碱化工股份有限公司	37.6	德国 Vinnolit 技术
5	上海氯碱化工股份有限公司	20	日本三井东压技术
6	上海氯碱化工股份有限公司	10	德国赫司特技术
7	天津大沽化工厂	8	欧洲乙烯公司(EVC)技术
8	天津大沽化工厂	20	国内技术改造
9	锦西氯碱化工股份有限公司	8	德国 Vinnolit 技术
10	上海天原集团华胜公司	40	美国西方化学公司技术

6-11-2　乙烯氧氯化的工业生产过程

如前所述，乙烯氧氯化制氯乙烯单体的过程分为三步，其中，乙烯、氯化氢和氧气(或空气)进行氧氯化反应以生成二氯乙烷是氧氯化法制氯乙烯的最关键一步。自从20世纪60年代初期，各国竞相研究此法。自 Goodrich 公司1964年首先实现工业化生产后，现已有液相法、固定床气相法及流化床气相法等各种不同生产方法。

1. 液相法

这种方法由美国 Kellogg 公司所开发，它采用一种氯化铜水溶液，总铜量可在4.8~10mol的范围调节。乙烯、氯化氢和空气可以用喷嘴环方式鼓泡进入反应器，它必须使气体很快地分散进入液相以减少任何反应物在局部区域形成高浓度。反应是由乙烯和氯化铜先形成的配合物所产生的氯化亚铜，再与氧及氯化氢反应，具体反应式如下：

$$CH_2=CH_2+2CuCl_2 \longrightarrow CH_2Cl—CH_2Cl+Cu_2Cl_2 \quad (102)$$

$$Cu_2Cl_2+2HCl+\frac{1}{2}O_2 \longrightarrow 2CuCl_2+H_2O \quad (103)$$

因此，二氯乙烷的生产和催化剂氯化铜的再生同时进行。具体操作温度为177~182℃，反应压力1.7~2.5MPa，由于液相操作，温度容易控制，氯化氢单程转化率可达到99%，二氯乙烷选择性高于96 %。

这种生产方法的主要缺点是设备腐蚀性大，催化剂需不断再生，操作压力也比较高。

2. 气相固定床法

这种方法首先由Stauffer公司所开发，它是将氯化氢、乙烯及氧气(或空气)送至固定床反应器进行反应。反应器通常为互为串联的多级形式，这样可为高放热的氧氯化反应的控制提供更大的灵活性。反应器结构类似大型管式换热器，器内装有许多垂直小管，内装催化剂。管径的选择应考虑到反应温度不致于超过会使催化剂发生损害的程度。在大多数装置中，氯化氢及乙烯都送到第一级反应器中，而空气则分别通入各个反应器中。送至每级反应器中的空气量决定于反应温度、氧氯化效率及爆炸范围。在氧氯化过程中，由于每级反应器的操作条件不同，所以催化剂寿命也有所不同。处于苛刻反应条件下的第一级反应器中的催化剂，其寿命最短。后部两个反应器中的催化剂使用寿命一般为第一个反应器的1.5~3.0倍。

气相固定床法的反应操作压力一般为0.4~0.6MPa，反应温度可以是250℃或稍高一些。

3. 气相流化床法

Goodrich公司在1964年建成的第一个乙烯氧氯化法生产氯乙烯的工厂，所采用的方法是气相流化床法，而且采用加压流化床。加压操作可以增加生产能力，并且容易回收产品。这种方法，在生产和排空-回收系统中均采用空气作氧化剂以代替纯氧，因空气比氧气在供给价格上较为便宜。

另一个工业上有重要意义的气相流化床法，是美国匹兹堡玻璃板工业公司(PPG)在20世纪60年代早期实现工业化的方法。PPG法在本质上与Goodrich法有所不同，它不用空气而用氧气作氧化剂，而且反应器用多管式，由于氧化剂是氧气，所以反应器可以在非循环情况或不凝性排气循环下进行操作。循环操作允许在乙烯过量下操作，从而提高 HCl 转化率及二氯乙烷产品的纯度，但又不减少乙烯收率。

氧气法体系与空气法体系相比，具有以下优点。

① 采用氧气法原料气可以消除大量氮气排空，空气法装置所排放的气体量要比氧气法高 20~100 倍，排放气体量减少可使有害化合物破坏环境的现象大为减轻；

② 操作温度低，催化剂寿命长，副产物生成少，产品收率较高，副产物生成量大约为空气法的一半左右；

③ 氧气法体系采用乙烯大量过量，由于乙烯的热容量比氮气高，所以使用乙烯时的反应温度比用氮气时更为温和，氧气法的处理能力要比空气法多出 100%以上。

氧气法体系的主要缺点是增加氧气及循环气体压缩所需的费用。但由于氧气法体系的二氯乙烷产率较高及废气焚烧费用的节约补偿了氧气的费用，因此，对工业发达国家来说，由于经济因素及环境保护法规的严格，采用氧气法的技术日益增多。

6-11-3 乙烯氧氯化制二氯乙烷的催化剂体系

1. 催化剂活性组分

乙烯氧氯化制二氯乙烷的总化学反应式是：

$$C_2H_4+2HCl+\frac{1}{2}O_2 \longrightarrow C_2H_4Cl_2+H_2O \qquad (104)$$

所用催化剂活性组分一般都是氯化铜，常用氧氯化催化剂 $CuCl_2/\gamma\text{-}Al_2O_3$ 的制备方法一般也不复杂。在工业生产装置中，HCl 转化基本上是完全的，无论在固定床或流化床反应器中，二氯乙烷的选择性都较高。按乙烯计算的二氯乙烷收率超过 96%，而以 HCl 计算的收率超过 98%。常见的氯化副产物为1,1,2-三氯乙烷、四氯化碳、三氯甲烷、氯乙烷等。

早在乙烯氧氯化反应发现之前，Deacon 就已获得了运用氯化氢催化氧化反应的专利，并把它称之为 Deacon 反应。该反应需在

400~670℃下进行，而在400℃时催化剂中的$CuCl_2$便开始以相当大的速率气化，致使催化剂活性迅速下降、氯化氢的转化率降低、设备腐蚀严重，致使Deacon反应未能用到工业化生产上。

乙烯氧氯化反应机理，早期提出的也是Deacon。据认为该反应活性物质为$CuCl_2$本身，空气在较高温度下先氧化$CuCl_2$而产生氯，氯与乙烯加成生成二氯乙烷。后来，氧氯化反应并不需要很高的温度，而且催化剂本身也能与乙烯反应生成二氯乙烷，本身被还原为Cu^+，从而提出了配合-氧化-还原机理，即乙烯先通过与催化剂表面的Cu^{2+}配合而被活化，然后和周围的Cl^-结合而生成二氯乙烷。同时，Cu^{2+}本身被还原为Cu^+，周围的配位氯减少，HCl和空气的作用是给Cu^{2+}提供足够配位的氯，并使Cu^+重新氧化为Cu^{2+}，使催化剂复活，从而构成催化剂循环。

对空气法乙烯氧氯化反应来说，催化剂铜含量与初始乙烯转化率间的关系如图6-11所示。低铜含量的催化剂不但初始活性低，初始相对转化率也低，含铜1%(质)的催化剂，即使加大催化剂用量，含铜总量超过铜含量为3.5%的催化剂中的铜量，在同样反应条件下，仍很少有二氯乙烷生成。随着催化剂中铜含量逐渐增加，催化剂的初始活性逐渐增加，当铜含量达到8%(质)时，活性达到最大值。

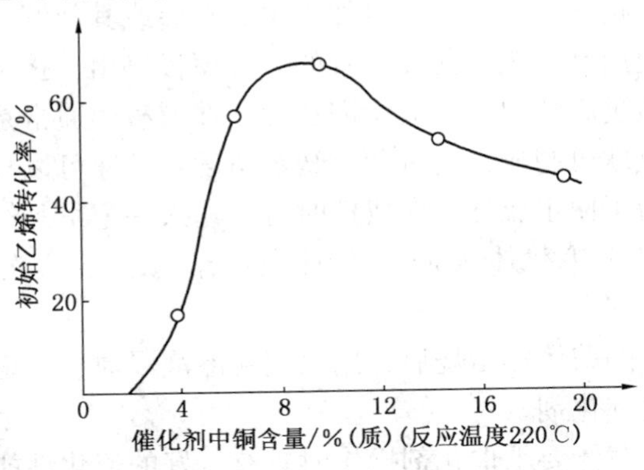

图6-11　催化剂铜含量与初始乙烯转化率的关系

2. 助催化剂

虽然氯化铜是乙烯氧氯化催化剂不可替代的活性组分，但添加其他少量助催化剂可使催化剂具有特殊性能。最常用的助催化剂是氯化钾，也可采用其他碱金属氯化物及稀土金属氯化物等。

添加氯化钾能抑制副产物氯乙烷的生成，并减少氯化铜的挥发。氯化钾加速催化剂表面氯原子的逸出速度，有利于提高催化剂选择性。由于氯化钾会降低催化剂对主反应的催化活性，因此添加量一般较低。如果在使用 KCl 时同时添加少量稀土金属氯化物，则比单独使用它们两个中任何一个时的效果更好。所以，一些有关乙烯氧氯化反应的催化剂专利，一般都使用两种碱金属或稀土金属氯化物作助催化剂。

3. 催化剂载体

乙烯氧氯化制二氯乙烷催化剂载体可以用氧化铝，硅-铝胶、硅藻土及活性炭等，但经常广泛使用的还是活性氧化铝。

常用固定床催化剂载体有片状、圆柱状及球状氧化铝，载体比表面积一般为 150~300m^2/g，载体必须具有较高的机械强度，才能使催化剂经受浸渍、干燥、装运、装填及反应操作所产生的磨耗。

片状载体是将氧化铝粉放在压片机中经压缩成型制得。为了防止成型片粘在压模上，可以加入少量石墨或其他润滑剂。圆柱状载体是使用挤出机经孔径适宜的多孔模板挤出，挤出的圆柱形条状物再通过旋转刀片切成所需长度。球形载体通常是将氧化铝粉经转盘成球机制成，通过调节转盘角度及转速可以控制球的直径大小。为了便于成球，在成球时可以喷入一定量黏结剂。从机械强度讲，片状载体表面光滑且强度最好、条状次之、球状较差。

成型好的载体经焙烧后，用氯化铜溶液浸渍、干燥后即制成乙烯氧氯化催化剂。

流化床载体要求催化剂操作时具有较好的流化性能，为此载体应具有以下性能：

① 对浸渍的氯化铜溶液有较强的吸附性，粒子间不发生粘结；

② 耐磨性好，从而减少反应时产生过多细粒子和造成催化剂损耗；

③ 粒度分布要利于流化。

由于氧化铝具有较好的耐磨性能，因此流化床用催化剂载体基本上都是微球氧化铝，它是将氢氧化铝滤饼经胶溶打浆后，再经喷雾干燥成型的方法制得具有一定粒度分布的微球氧化铝。典型的氧化铝载体，比表面积为 150~250m^2/g，并具有以下粒度分布：<30μm 8%~15%(质)；<45μm 35%~45%(质)；<80μm 85%~94%(质)。这类载体经高温焙烧，转变成 γ-Al_2O_3 后，再经氯化铜溶液浸渍、干燥后即制成催化剂。

6-11-4　乙烯氧氯化制二氯乙烷催化剂的制备过程

1964 年，美国 Goodrich 公司将它们的流化床乙烯氧氯化法实现工业化。该装置生产能力为每年 135kt 二氯乙烷。气相乙烯、HCl 及空气在流化床中发生反应，所用催化剂为载在氧化铝上的氯化铜。这种催化剂的制造关键是先经中和成胶制得有一定粒度分布的微球氧化铝载体，然后向载体上喷洒浸渍活性组分氯化铜，经干燥后即可制得催化剂成品。图 6-12 所示为浸渍法制备流化床用催化剂的基本过程。

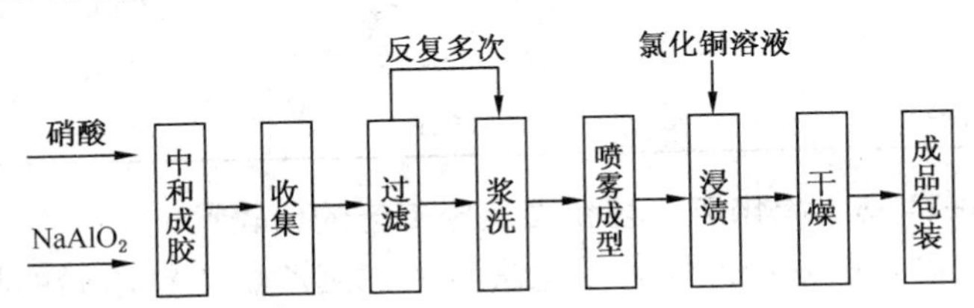

图 6-12　Goodrich 法催化剂制备过程

日本三井东压公司在 20 世纪 60 年代末期开发了用纯氧作氧气源的氧气法乙烯氧氯化技术。这种流化床催化剂采用共沉淀法制得。其制备过程如图 6-13 所示。三井东压催化剂的优点是利

用 $CuCl_2$ 共沉淀成胶，因此活性组分与载体之间的 Cu-Al 分布十分均匀，活性组分不怕脱落，催化剂的活性及选择性均较高。作为参考，表 6-17 所示为 Goodrich 催化剂与三井东压催化剂的基本物性比较结果。

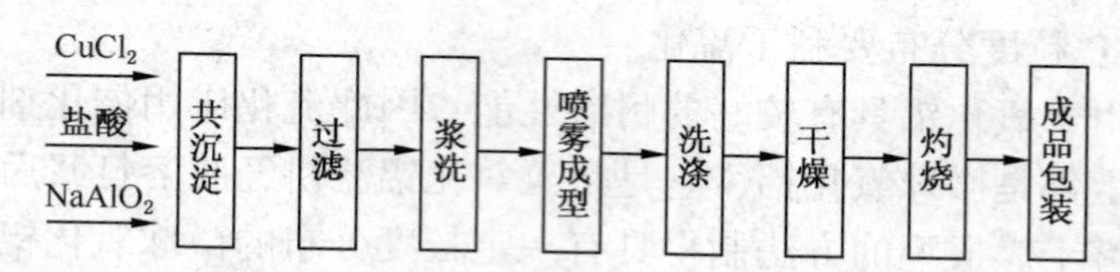

图 6-13　三井东压法催化剂制备过程

表 6-17　两种催化剂的物性比较结果

项　目	Goodrieh 催化剂	三井东压催化剂
外观	黄绿色微球	绿色微球
Cu 含量/%	5±0. 5	13±0. 5
Al 含量/%	>70	>70
Cl 含量/%	4. 75～5. 38	4. 4～5. 5
Na_2O 含量/%	0. 01～0. 1	0. 006～0. 08
堆密度/(g/mL)	0. 8～1. 0	0. 8～1. 1
比表面积/(m^2/g)	100～130	180～210
粒度分布/%(质)	<80μm 85～94	<90μm 85～94
	<45μm 35～45	<30μm 8～15
	<30μm 8～15	>90μm <10
平均粒径	55～60μm	60～65μm

6-11-5　流化床工艺和固定床工艺的比较

我国目前采用乙烯氧氯化法生产二氯乙烷或氯乙烯的技术，基本上都由国外引进。流化床乙烯氧氯化工艺首先由北京化二股份有限公司于 20 世纪 70 年代末引进；固定床乙烯氧氯化工艺首先由天津大沽化工股份有限公司于 1995 年引进投产。

流化床乙烯氧氯化工艺的国外主要专利商有美国西方化学公司、德国 Vinnolit 公司、日本三井东压公司、比利时索尔维公司。流化床反应器是一种利用气体通过催化剂颗粒层而使催化剂处于悬浮运动状态，并进行乙烯氧氯化反应的反应器。为了使流化反应正常操作，控制好原料(特别是氯化氢)进反应器的温度对维持稳定生产十分重要。一方面正常生产需确保将氯化氢加热至规定温度以上；另一方面，反应器停车时，必须将氮气加热到规定温度才能去吹扫管内残留的氯化氢，如氯化氢温度低于露点，就会对反应器造成腐蚀。在流化床反应器中，由于反应物及催化剂处于流动状态，因而传热效果比固定床好。

流化床工艺中，催化剂分离回收也是生产中重要一环，回收是通过氧氯化反应器内部的多级旋风分离器对反应气体夹带的催化剂进行分离。反应产物中二氯乙烷质量分数为98.9%，废水中 Cu^{2+} 质量分数为 1×10^{-6}，生产1t二氯乙烷的催化剂损失量为30g。与固定床相比，流化床反应器内部构件复杂，检修相对困难，一旦泄漏，床内催化剂均失效。

固定床乙烯氧氯化工艺的国外专利商为英国英力士公司(即原欧洲EVC公司)。固定床反应器为列管式反应器，操作条件要求反应器材质为耐腐蚀合金钢，列管及连接管要使用镍材，管板及封头为镍复合钢材质。乙烯氧氯化反应在2个或3个串联的反应器内进行，从一级反应器中出来的未反应乙烯再进入二级反应器继续反应。颗粒状催化剂装填在管板之间的立管中，通过在反应器壳程中产生的蒸汽来移去反应热。对于固定床工艺，控制好原料(特别是氯化氢)进反应器的温度同样十分重要。反应温度一般不高于316℃，以防副产品形成及催化剂失活，而且局部的热点会引起对镍管的冲击。固定床催化剂为2~15mm的颗粒，并堆积成一定高度，操作时不存在磨损和损失，催化剂消耗低，但是催化剂颗粒较大，装填复杂，有效系数较低，催化剂床层的传热系数较小，容易产生局部过热。

固定床反应器没有复杂内构件，结构较简单，检修容易，当有列管泄漏时，仅泄漏列管内的催化剂失效。反应器操作弹性较大，开停车方便。反应物不含 Cu^{2+}，粗二氯乙烷中的二氯乙烷质量分数大于98.8%，废水中Cu^{2+}质量分数小于0.1×10^{-4}，废气中不含氯。

因此，流化床乙烯氧氯化工艺与固定床工艺各有优缺点，其主要特性对比如表6-18所示。

表6-18 乙烯氧氯化法两种工艺对比

项目＼工艺	流化床工艺	固定床工艺
催化剂外形	微球状	颗粒状
反应温度	220~230℃	220~316℃
反应压力	0.2~0.3MPa	0.53~0.68MPa
反应器数量	1台	2台或3台
设备投资	反应器采用碳钢，内构件用不锈钢复合材料，投资费用低	反应器采用耐腐蚀合金钢，列管为镍材，管板及封头为镍复合钢材质，投资费用高
催化剂装填	装填简单，不需要稀料	装填复杂，需要稀料。各种浓度催化剂需装在反应器不同区域
床层压力降	压降低，呈流化状态，反应压力比固定床低	压降高，催化剂固定，床层阻力相对较大
传热性能	传热性能好，催化剂处于流化态，传热系数大，反应温度易控制，温度分布均匀，无热点	传热性能差，催化剂静止，床层传热系数小，易产生局部过热，出现热点而使催化剂失活
催化剂消耗	催化剂因磨损需适时补加新鲜催化剂	催化剂不磨损，无催化剂损失，但第一级反应器的催化剂大约每3年必须更换
反应物含Cu量	较高，反应物会夹带催化剂	较低，反应物夹带催化剂少
生产弹性	弹性小，为确保反应器内催化剂处于流化状态，须保证最低气压	弹性大，因催化剂静止，理论上对进气量没有最低要求

续表

项目＼工艺	流化床工艺	固定床工艺
检修难度	反应器内构件较多，结构复杂，检修困难	反应器内构件较少，结构相对简单，检修容易
循环气量	为使催化剂达到流动状态，需要气量大	循环气量小
副产蒸汽	中压蒸汽	高压蒸汽
维护保养费用	反应器内构件易磨损或腐蚀，维护保养费用高	因使用全镍固定床反应器，腐蚀性小，保养费用低，检修周期长

我国最早从国外引进的乙烯氧氯化装置采用流化床反应器，国内现有的十多套引进装置中，多数也采用流化床反应器，催化剂藏量为60~130t不等。流化床反应器采用微球形铜催化剂。根据反应器催化剂藏量及操作条件不同，每套装置每年都需补加数吨至几十吨新鲜催化剂。全国催化剂总耗量也在数百吨左右，但目前多数采用进口催化剂，催化剂全部国产化具有显著的经济效益。

6-12 乙炔法制氯乙烯催化剂

6-12-1 乙炔法合成氯乙烯的反应原理

聚氯乙烯(PVC)生产的关键技术之一是氯乙烯单体(VCM)的合成。合成氯乙烯的方法虽有多种，但目前世界上的氯乙烯合成技术主要为乙烯氧氯化法和乙炔氢氯法。20世纪70年代，国外基本上完成了PVC树脂生产原料路线由电石乙炔法向乙烯氧氯化法的转换。目前，乙烯氧氯化法已成为PVC树脂的主要生产方法，产量比例达93%左右。生产过程全部采用计算机控制，实现了自动化、大型化和高效率的安全生产。在我国，由于乙烯资源及价格问题，PVC树脂生产的原料路线仍以电石乙炔法为主，也即国内大多数厂家是采用电石乙炔法来生产氯乙烯。

电石乙炔法生产氯乙烯的反应原理是在氯化汞催化剂存在下，将电石水解精制后所得到的乙炔气与氯化氢发生加成反应直接合成氯乙烯：

主反应

$$CH\equiv CH + HCl \xrightarrow{HgCl_2} CH_2=CHCl$$

副反应

$$CH\equiv CH + H_2O \longrightarrow CH_3CHO$$

$$CH\equiv CH + 2HgCl_2 \longrightarrow ClCH=CHCl+Hg_2Cl_2$$

$$CH_2=CHCl+HCl \longrightarrow CH_3CHCl$$

上述反应是一种非均相反应，分为多个步骤进行，而以表面反应为控制步骤：

① 外扩散。乙炔、氯化氢向催化剂的外表面扩散。

② 内扩散。乙炔、氯化氢通过催化剂的微孔向内表面扩散。

③ 表面反应。乙炔与氯化氢在氯化汞活性中心反应生成氯乙烯。

④ 内扩散。氯乙烯通过催化剂的微孔向外表面扩散。

⑤ 外扩散。氯乙烯自催化剂外表面向气流扩散。

所以，上述主反应并不是一步完成，可能是由乙炔与氯化汞发生加成反应，先生成中间产物氯乙烯氯汞：

$$CH\equiv CH + HgCl_2 \longrightarrow ClCH=CH-HgCl$$

由于氯乙烯氯汞不稳定，和氯化氢反应生成氯乙烯：

$$ClCH=CH-HgCl+HCl \longrightarrow CH_2=CHCl+HgCl_2$$

6-12-2 乙炔法合成氯乙烯的工艺过程

目前，乙炔法合成氯乙烯主要采用列管式固定床反应器，反应器管径为 57mm，管壁厚度为 3.5mm。内装有平均粒径为 ϕ3mm×6mm 的条状 $HgCl_2$-活性炭催化剂。反应器分为两段：第一段装的是活性较低的催化剂；第二段装的是活性较高的催化剂。也即由第二段反应器更换下来的旧催化剂可用于第一段反应器。

操作时，将乙炔和氯化氢混合、脱水、预热后送入装有催化剂的列管式反应器，反应在常压下进行，列管外一般用加压循环热水(97～105℃)冷却，以除去反应热，并使床层温度控制在180℃以内。主要操作条件为：

反应器温度：130～180℃

C_2H_2：HCl(摩尔比)：1：1.05

新催化剂反应温度：≤180℃

空间速度：30～50h^{-1}

反应生成的粗氯乙烯气体依次进入水洗塔及碱洗塔，洗去气体中的氯化氢及二氧化碳。碱洗后的气体通过干燥塔后进行压缩、全凝、液化。所得液体氯乙烯通过低沸塔及高沸塔除去高沸物和低沸物后制得产品精氯乙烯。当乙炔转化率小于97%、氯乙烯选择性小于99%时，认为催化剂失活。

6-12-3　乙炔法制氯乙烯的催化剂体系

目前，用乙炔合成氯乙烯所用催化剂都是含汞催化剂，也即催化剂的活性组分主要为 $HgCl_2$，所用载体为高比表面积活性炭。根据反应机理研究发现，不负载于活性炭的纯 $HgCl_2$ 对氯乙烯合成反应并无催化活性，而不负载 $HgCl_2$ 的纯活性炭对合成反应只显示轻微的催化活性。只有当 $HgCl_2$ 负载吸附在活性炭时(比表面积达600～800m^2/g)，则显示出很高的催化活性。究其原因，目前还未明确的定论。而从一些实验结果可观察到以下现象：

① $HgCl_2$ 负载吸附在活性炭上后，其升华速度远比是结晶粉末状态时要小，也比负载吸附于活性氧化铝或硅胶载体上时要小。

② $HgCl_2$ 负载在活性炭上所制得的催化剂，对乙炔的吸附量在高温(100～140℃)以上时反而增大，而且随乙炔分压和含汞量的增加，这种趋势更为明显。

③ 对于同类元素的氯化物用作活性组分时，都显示出一定催化活性，但活性顺序为：$HgCl_2>BiCl_3>CdCl_2>ZnCl_2$。这些氯

化物的金属元素都具有充满的 d 电子和空着的 s、p 电子轨道，但接受电子和给予电子的能力是不同的。接受电子的能力为：Bi>Zn>Cd≈Hg，而给予电子的能力为：Hg>Cd>Zn>Bi。

④ 在活性炭表面，以含氧基团的形式，分别存在着酸性官能团(如—COOH)、碱性官能团(如—CH_2)和中性官能团(如醌型羰基)，而在活性炭的内表面存在着芳环等活性基团。

因此认为，由 $HgCl_2$ 负载在活性炭上所制得的氯化汞催化剂，用于乙炔与氯化氢加成反应时，其作用机理，应与 $HgCl_2$、活性炭、乙炔、氯化氢的电子结构，也即与它们间的接受电子或给予电子的能力有关。如乙炔分子中三键的 π 电子与汞原子的 p 轨道作用，容易形成汞盐中间配合物；氯化氢分子中氯原子 3d 轨道与汞原子的 5d 电子作用可以形成汞盐的中间配合物等。汞盐所表现出来的给予电子特性，也许是汞盐与其他盐类不同，所呈现有很高催化活性的原因。

制造氯化汞催化剂所用载体，通常是由低灰分的煤加工制成，并经 750~950℃ 高温水蒸气活化，以氧化成型后炭粒内部的挥发组分，使之形成许多发达的微细孔道，并具有巨大的比表面积。用于制造氯化汞催化剂的活性炭规格为：

颗粒尺寸：直径 3mm，长 4~6mm

比表面积：800~1000m^2/g

机械温度：>90%

苯吸附率：>30%

含水率：<1%

制造催化剂的活性组分 $HgCl_2$，在常温下为白色结晶粉末，熔点 276℃，升华温度 302℃(在此温度下，$HgCl_2$ 可直接升华形成)，可溶于水(如在℃时 100kg 水中可溶解 4. 3kg，20℃ 时为 6kg，100℃ 达到 56. 2kg)。氯化汞催化剂制造宜选用试剂级 $HgCl_2$，其纯度要求>99%。

催化剂的制备采用传统的浸渍法工艺。即先在溶解釜中配制好规定浓度的 $HgCl_2$ 溶液(温度维持在 85~90℃)，将其送至浸渍釜中待用。再将一定量的柱状活性炭载体投入浸渍釜中，以物理吸附的方式使 $HgCl_2$ 溶液吸附在活性炭孔道中，浸渍时间为 3～4h。浸渍结束后，将含水质量分数约为 30%的湿式氯化汞催化剂用热风干燥至含水质量分数≤0.3%，由此制得的催化剂产品规格为：

外观：黄色或黑色颗粒

颗粒直径：3mm×(4～6)mm

表观密度：0.6～0.7g/mL

氯化汞含量：8%～15%

活性炭含量：85%～90%

6-12-4 氯化汞催化剂的缺点及其改进

在乙炔法生产氯乙烯工艺中，氯化汞催化剂的活性及选择性都达到理想的效果，但在使用中存在较多的缺陷，主要表现在：①由于催化剂中汞离子是以物理吸附的形态负载在活性炭载体孔道内壁上，热稳定性较差，汞升华流失快，催化活性衰减也快，一般生产 1t 氯乙烯要消耗 1～1.4kg 的氯化汞催化剂，消耗相当高。而在 25t 体系的反应器内，前后 2 台反应器的总催化反应时间也不过 7000h。②生产中更换新的催化剂后，需养护 7～20d，会影响生产。③生产操作中因氯化汞的升华流失，会使汞盐随反应气体进入大气而污染环境，也会使部分汞盐进入产品中而造成危害。此外，反应过程中氯化汞被乙炔还原成金属汞，反应气经水洗后流入废水中造成水污染。④载体活性炭的机械强度低，易粉化，一般使用 3300～3500h 后就需筛分处理，不仅工作量大，劳动强度高，还影响正常生产时间。⑤催化剂失活后不能再生，失活的催化剂也会对环境引起污染。

因此，使用氯化汞催化剂而引起乙炔法制氯乙烯行业关注的主要原因有两条，从环保上讲，根据国家制定的《职业性接触毒物危害程度分级》，汞及其化合物危害程度分级偏于Ⅰ级（极度危害），对环境危害极大；而从资源上考虑，随着乙炔法制氯乙烯工业的产能增加及电池工业的发展，国内的汞资源已基本枯竭，每年需从国外进口汞。由于目前为未找到氯化汞催化剂的理想替代品，因此开发低汞或无汞催化剂是乙炔法生产氯乙烯得以生存的重要基础。

目前，国内已开发出一种低汞催化剂，这种氯化汞活性炭催化剂的汞含量5%~6.5%，但能显示出与通用氯化汞催化剂(汞含量10.5%~12.5%)相近的反应活性和选择性。但这种催化剂的制造过程复杂，成本较高，也还没有完全解决汞的污染及毒性问题，为此，以贵金属Pd、Au、Pt为活性组分的无汞催化剂的研发也在进行中，其反应性活性、性价比及反应器配套改进后的效果尚须工业化的检验。迄今为止，乙炔法生产氯乙烯，工业上仍以氯化汞催化剂占主要地位。

6-12-5 乙炔法生产氯乙烯工艺转型的环保效益

我国生产氯乙烯的工艺主要是乙烯氧氯化法和电石乙炔法两大类。乙烯氧氯化法主要是以石油乙烯为原料，采用核心技术大都是由国外引进，装置规模都很大。电石乙炔法是以电石为原料，主要采用国内开发的技术，生产规模大小不一，生产企业较多，但产能占国内主要地位。

近年来，面对严峻的环境保护形势和人民群众日益增长的环境保护诉求，从国家到地方越来越重视生态环境问题，只有高科技、高效益、低污染、环境友好的行业才能得到发展。下面是国内某个产能为400kt/a的乙炔法制氯乙烯企业，经搬迁及工艺转型，采用乙烯氧氯化法替代乙炔法生产氯乙烯后所产生的污染物对比(见表6-19)。

表6-19 工艺转变前后的污染物对比

项目	转变前 (乙炔法制氯乙烯)	转变后 (乙烯氧氯化法)	产生的污染物变化
原料	电石乙炔	石油乙烯	电石属于高耗能、高污染原料，乙烯属于清洁能源

续表

项目	转变前（乙炔法制氯乙烯）	转变后（乙烯氧氯化法）	产生的污染物变化
废气	主要为单体回收时产生的含氯乙烯尾气	有二氯乙烷精制尾气，裂解炉产生的烟气，氯乙烯聚合回收尾气，聚氯乙烯干燥尾气等	工艺改变前，产生的尾气经回收后通过烟囱直接排放；工艺改变后，尾气回收后，经配套的焚烧装置焚烧处理，达标后排放
废水	含电石泥废水	母液水、汽提废水、氧氯化废水、烟气洗涤废水	工艺转变前后，都对废水进行处理后排放，对环境危害较小
固体废物	汞催化剂、电石泥、高沸物	裂解产生的焦油、轻组分、重组分	工艺改变前主要产生对环境危害严重的汞催化剂及高沸物、电石泥等；工艺转变后，无汞催化剂废物产生轻组分及高组分也经焚烧处理

从表6-21看出，将乙炔法制氯乙烯工艺转变为乙烯氧氯化法后，从环境效益考虑，乙烯氧氯化法在以下几个方面优于乙炔法工艺：

① 从原料上，电石属于高污染、高能耗原料，原料改变为乙烯后，不仅可避免电石泥的产生，同时还可消除因电石粉碎所产生的电石粉尘。

② 乙烯氧氯化法工艺产生的尾气种类虽然比电石乙炔法要多，但乙烯氧氯化工艺装置对每一个产生尾气的环节都设置相应的回收装置，并设置焚烧单元对难以回收的尾气进行焚烧处理，尾气达标后才排放，大大减少对环境的危害。

③ 采用乙烯氧氯化法制氯乙烯后，企业彻底消除了对高污染汞催化剂的使用，节省大量废汞催化剂的处理费用。而乙烯氧氯化法使用的铜催化剂对环境污染影响很小，使企业的清洁生产水平大大提高。

随着我国煤制乙烯工业的快速发展，乙烯资源将会遍及我国石油乙烯缺乏的地区，因而随着环保法规的日益严格，估计一些乙炔法生产氯乙烯的企业将会逐渐转型为乙烯氧氯化法。

从现状来看，我国与世界其他国家在氯乙烯生产的投资方面的主要区别是我国绝大多数氯乙烯产能是基于乙炔法路线，与乙烯氧氯化法背道而驰。乙炔法技术依赖的原材料是我国拥有丰富而低成本的煤炭和电石。除了我国沿海以外，乙烯尚短缺，使用乙炔法路线可使 PVC 装置无需乙烯也可建设，这也是我国内陆地区发展 PVC 的关键之点。但生产乙炔的开放式电石炉造成空气污染，并产生副产品飞灰，以及有毒汞催化剂的使用及处理，都是很大的环境问题。而平衡乙烯氧氯化工艺仍是目前已工业化的、生产氯乙烯单体最先进的技术，它具有反应器特大、生产效率高、生产成本低、单体杂质含量少和可连续操作的特点，而且三废污染少、能源消耗低。因此，依据我国乙烯资源的多元化发展趋势，做好乙炔法向乙烯氧氯化法转变的技术准备也是十分紧迫和必要的。

6-13 甲烷氧氯化催化剂

6-13-1 甲烷氧氯化的发展

甲烷氯化物如一氯甲烷、二氯甲烷、三氯甲烷、四氯化碳等，是重要的有机工业原料，大量用于制造医药、香料、农药及用作溶剂、萃取剂、冷冻剂等。目前，工业上制造甲烷氯化物的方法主要采用甲烷热氯化法及甲醇法。

甲烷热氯化法的反应为：

$$CH_4+Cl_2 = CH_3Cl+HCl$$

甲烷和氯气的反应一般在 380~420℃下进行，反应分子比为 $CH_4/Cl_2=(6\sim10):1$。反应器采用内循环式、内蓄热式或绝热操作的管式反应器。此法具有反应速度快、设备结构简单、特殊材料用量少等特点。缺点是原料氯的利用率低，约有一半生成了盐酸，盐酸处理不当会造成环境污染。

甲醇法又称甲醇氢氯化法，是甲醇与氯化氢在催化剂作用下生成氯甲烷的方法，反应式为：

$$CH_3OH+HCl \longrightarrow CH_3Cl+H_2O$$

反应可在气相或液相中进行，气相法反应温度为 180～200℃，所用催化剂为活性氧化铝或负载在活性炭上的氯化亚铜；液相法的反应温度为 130～150℃，所用催化剂为氯化锌。

甲醇氢氯化法具有工艺简单、产品纯度高、没有副产品等优点，但甲醇成本较甲烷的成本要高得多。

早在 19 世纪中期，英国化学家 Deacon 发明以氯化铜为催化剂，用空气氧化氯化氢制备氯气的方法，解决了当时盐酸生产过剩的社会问题。以后，许多人将此法用于烃类氯化反应的研究，发现在此反应系统中添加乙烯或甲烷等作为氯的接受体，可以降低反应温度和延长催化剂使用寿命。并将 Deacon 法用于甲烷上，即用元素氯在氧气参与下，实现甲烷的氧氯化。

在 20 世纪 60 年代，美国 Lummus 公司对氧氯化技术进行工业开发，后与 Arnstrony Cork 公司建立了世界上第一套甲烷氧氯化生产氯甲烷的工业装置，反应温度 370～450℃，反应压力约 0.7MPa。采用连续循环的无机铜盐作催化剂，经过催化氯化、氧化氯化和脱氯化氢过程，生成氯甲烷，氯甲烷的收率以甲烷计为 75%～90%。该装置所用原料，除甲烷外，也可使用乙烷、丙烯及其他烃类；所用氯源可以是分子氯、氯化氢，甚至用废氯代烃，但因所用催化剂无机铜盐有强腐蚀性，因此必须采用新型结构材料，或用搪瓷作设备衬里以防腐蚀。

以后，随着石油化工的快速发展，脂肪烃氧氯化技术也随之得到快速进展，如乙烯氧氯化技术已广泛用于制造聚氯乙烯的单体氯乙烯，而甲烷氧氯化可生成一定比例的一氯甲烷和二氯甲烷，它们在催化剂作用下能转化成可用作液体燃料的烃类。一氯甲烷可偶联制取乙烯或经羰化生成乙酸。值得注意的是，甲烷氧氯化反应可以利用大量工业副产物氯化氢。在目前环保法规日益严格的形势下，这给氯化氢的综合利用提供了一条有效途径。而且按照热力学计算，甲烷的氧氯化比甲烷热氯化在热力学上更为有利。因此，采用类似于乙烯氧氯化的固定床或流化床技术，进行甲烷氧氯化具有工业及环保双重意义。

6-13-2 甲烷氧氯化反应

甲烷的化学稳定性很高，与强酸、强碱、强氧化剂及强还原剂等均不发生反应，但在适当条件和催化剂存在下，可发生卤代、氧化及热解等反应。在催化剂及一定温度和压力下，甲烷氧氯化主要生成一氯甲烷及二氯甲烷，也生成少量其他甲烷氯化物，反应式如下。

$$CH_4+HCl+\frac{1}{2}O_2 \longrightarrow CH_3Cl+H_2O$$

$$CH_3Cl+HCl+\frac{1}{2}O_2 \longrightarrow CH_2Cl_2+H_2O$$

$$CH_2Cl_2+HCl+\frac{1}{2}O_2 \longrightarrow CHCl_3+H_2O$$

$$CHCl_3+HCl+\frac{1}{2}O_2 \longrightarrow CCl_4+H_2O$$

与甲烷热氯化相似，甲烷氧氯化反应也是连续反应，反应产物的组成和分布除与原料分子比和反应温度有关外，也与催化剂活性组分及所用反应器结构型式有关。

6-13-3 甲烷氧氯化反应机理

氧氯化反应一般按 Deacon 法进行，其反应式为：

$$2HCl+\frac{1}{2}O_2 \xrightarrow{\text{催化剂}} H_2O+Cl_2$$

当采用 $CuCl_2$ 作催化剂时，Deacon 反应按以下机理进行：

$$2CuCl_2(s) \rightleftharpoons 2CuCl(s)+Cl_2(g)$$

$$2CuCl_2(s)+\frac{1}{2}O_2(g) \rightleftharpoons CuO\cdot CuCl_2(s)$$

$$CuO\cdot CuCl_2(s)+2HCl(g) \rightleftharpoons 2CuCl_2(s)+H_2O(g)$$

同时，也可发生如下反应：

$$CuCl_2(s)+\frac{1}{2}O_2(g) \rightleftharpoons CuO(s)+Cl_2(g)$$

$$CuCl_2(s)+2HCl(g) \rightleftharpoons CuCl_2(s)+H_2O(g)$$

（式中 s、g 分别代表固相及气相）

对于甲烷氧氯化反应，多数学者认为甲烷氧氯化反应是经过 Deacon 反应生成氯气后，再进行氯化反应；而反应动力学的研究认为，Deacon 反应是在催化剂的熔融体内进行，甲烷的氯化过程是在催化剂活性中心熔盐表面上进行。因此，在以 Cu^{2+} 为催化剂活性组分时，提出了甲烷氧氯化存在两种不同反应机理，即在高温时以气相链式反应为主，在低温时以熔盐上的表面反应为主。但也有少数研究者认为，甲烷的氧氯化反应并不经过 Deacon 过程，而是甲烷、氯化氢、氧气三种反应气体，在反应时按一定的顺序在催化剂活性中心表面，经吸附、脱附而形成中间产物。

铜盐是甲烷氧氯化反应的主要活性组分，铜也是一种易变价态的金属。Cu^+ 和 Cu^{2+} 在非熔融状态下可以相互转变。如在没有甲烷存在时，氧可使 Cu^+ 氧化成 Cu^{2+}，用氢气又可将其还原。在甲烷氧氯化反应条件下，含铜催化剂是处于熔融状态或是非熔融状态，铜都容易发生价态变化。反应过程中应该是 Cu^{2+}、Cu^+ 两种价态共存，所以，到底哪一种价态是催化剂的活性相，或者说在哪一种情况下催化剂有较高的活性、选择性及稳定性等问题，目前还无明确的定论。但要使催化剂具有较好活性，应有一个合适的 Cu^+/Cu^{2+} 比。

6-13-4　甲烷氧氯化催化剂体系

甲烷氧氯化一般采用以 $CuCl_2$ 为主活性组分的催化剂体系，所用助催化剂有 KCl、$MgCl_2$ 及稀土元素化合物，常用催化剂载体有 γ-Al_2O_3、TiO_2、SiO_2 及硅藻土等。作为参考，表 6-20 示出了不同反应器所使用的催化剂体系。

表 6-20 甲烷氧氯化催化剂体系

序号	催化剂体系	原料配气比		反应温度/℃	反应器型式
		CH_4/HCl	CH_4/O_2		
1	$CuCl_2-KCl-FeCl_3$	3.0	6.0	300~500	固定床
2	$CuCl_2-PbCl_2-LiCl$	2.1	1.7	300~450	固定床
3	$CuCl_2-KCl-CuCl-FeCl_3$	1.0	1.3	400~500	固定床
4	$CuCl_2-MgCl_2-R_2O_3$/分子筛	1.7	1.3	300~400	固定床
5	$CuCl_2-CuCl-KCl-CuOCl_2$	1.2	1.4	400~450	固定床
6	$CuCl_2-KCl/Al_2O_3$	0.53	0.32	430	流化床
7	$CuCl_2-KCl/Al_2O_3-SiO_2$	0.6	1.0	430~480	流化床
8	$CuCl_2-KCl(MgCl_2)-LaCl_3$	0.6~2.0	1.4~2.1	350~450	流化床
9	$CuCl_2-MgCl_2-CeCl_3/Al_2O_3$	7.2	1.0	450	流化床
10	$CuCl_2-KCl$-稀土氯化物/硅藻土	3~5	2~4	330~470	流化床
11	$CuCl_2-KCl$-稀土氯化物/$Al_2O_3-SiO_2$	1.6	3.5	400~460	流化床

在所用催化剂载体中，$\gamma-Al_2O_3$、TiO_2 与 $CuCl_2$ 有相互作用，可使 Cu^{2+} 更趋稳定，并可提高 $CuCl_2$ 的分散度，而 $CuCl_2$ 与 SiO_2 之间则无相互作用。

工业上，$CuCl_2$ 催化剂可方便地用浸渍法制得，氯化铜有较好的氧氯化作用，但它也是一种氯化剂，因此存在如下缺陷：①催化剂在高温易挥发，会造成 $CuCl_2$ 流失，从而使催化剂活性及寿命降低；②反应放热量很大，易产生热点，容易引起烃类、氯化物燃烧；③$CuCl_2$ 的用量较大，而且必须在高温下使用；④$CuCl_2$的腐蚀性很强，对反应设备的使用材质要求很高。

为了提高 $CuCl_2$ 催化剂的活性和选择性，降低上述缺点，在制备甲烷氧氯化催化剂时，往往采取以下措施：

（1）为了防止氯化铜因挥发流失，在催化剂制备时可加入适量碱金属或碱土金属(如K、Ca、Mg、Zn等)的氯化物。特别是采用 Al_2O_3 作催化剂载体时，一定的K/Cu比可以降低 $KCl-CuCl_2$ 的熔融温度，从而加速氯原子在催化剂表面的逸出速度。

(2) 为了提高催化剂活性，可以适当加入稀土金属(如Ce、La)氯化物作助催化剂。如 $LaCl_3$ 对 $CuCl_2-KCl$ 催化剂的活性和稳定性都有促进作用。而且同时使用KCl和 $LaCl_3$ 作助催化剂时，比单独使用它们两个中任何一个时的效果都好，这是因为 $CuCl_2-KCl-LaCl_3$ 三种组分之间存在着协同效应。

(3) 载体对甲烷氧氯化的活性和稳定性有重要影响。载体的孔结构应利于反应物分子在催化剂表面进行扩散和表面反应。载体不仅要具有合适的孔容和比表面积，而且要有足够的机械强度，用于流化床反应器时，要具有较好的耐磨性。

6-14 1,4-丁二醇催化剂

6-14-1 1,4-丁二醇的发展概况

1,4-丁二醇是链端有二个伯醇羟基的饱和 C_4 二元醇，是一种无色针晶或黏稠油状液体。主要用于生产四氢呋喃、γ-丁内酯以及吡咯烷酮等产品，是工程塑料、热固性和热塑性弹性体、弹性纤维、人造革和合成革、各种溶剂、医药中间体、黏合剂等的原料，是一种重要的化工中间体。

1,4-丁二醇的生产最早始于第二次世界大战期间，但未大规模生产。其后由于聚氨酯和聚酯树脂生产的逐渐发展，1956年美国GAF(General Ani line & Film Corp.)第一个工业装置投产。从20世纪70年代以来，聚氨酯，特别是聚对苯二甲酸丁二酯塑料的迅速发展，对1,4-丁二醇的需求大增。目前，生产1,4-丁二醇的工业路线已很多，如甲醛-乙炔法、顺酐法、丁二烯醋酸法、丙烯醛法等。图6-14所示为合成1,4-丁二醇各种可行的工艺路线。当前，1,4-丁二醇生产主要集中在美国、德国和日本等国。

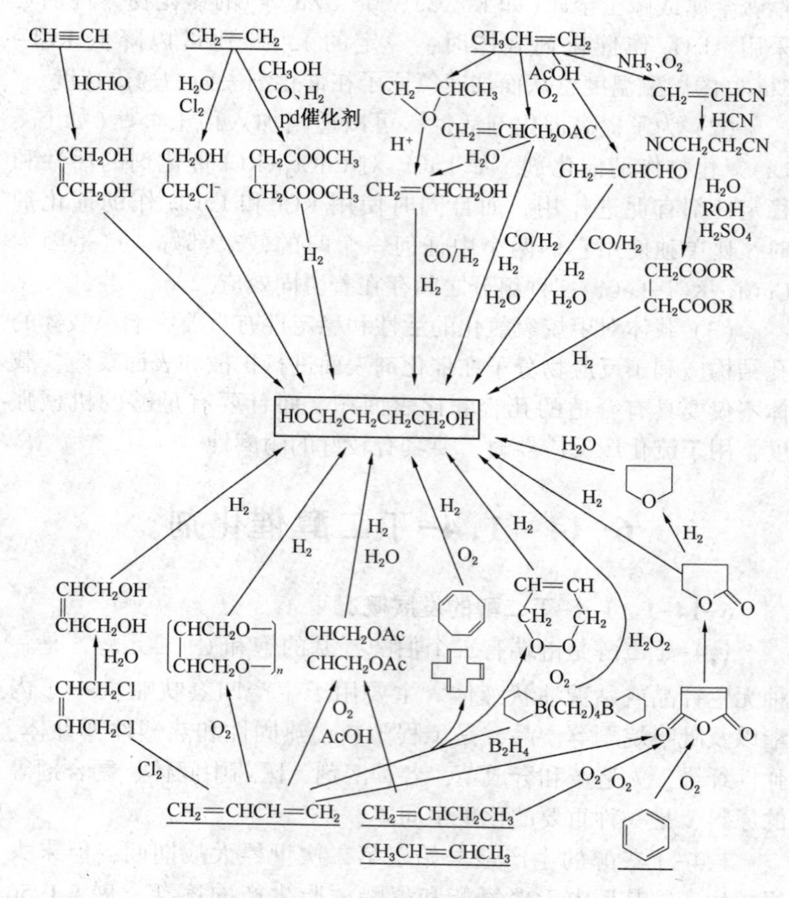

图 6-14　1,4-丁二醇合成系统图

6-14-2　1,4-丁二醇主要生产技术及有关催化剂

1. 以甲醛和乙炔为原料的 Reppe 法

此法以甲醛和乙炔为原料，在压力下反应先生成丁炔二醇，然后加氢为丁二醇。最早是由德国 Reppe 所开发，但未大规模生产。以后美国用此法大规模生产丁二醇，至今已有近 70 年历史，

目前仍然是生产丁二醇的主要方法。但因其生产成本高，环境污染严重，今后将逐渐失去竞争优势。此法主要分成以下两步进行。

（1）丁炔二醇的制备　甲醛与乙炔在 Cu-Bi 催化剂作用下进行乙炔基化反应生成丁炔二醇：

$$HC\equiv CH + HCHO \longrightarrow HC\equiv C—CH_2OH\text{(丙炔醇)} \qquad (105)$$

$$HC\equiv C—CH_2OH \xrightarrow{HCHO} HOCH_2—C\equiv C—CH_2OH \qquad (106)$$

（丁炔二醇）

当时德国曾用 20MPa 压力，现已可大大降低，可在 0.5～2.5MPa 压力下进行，反应温度为 90～110℃。

甲醛过量有利于生成丁炔二醇；甲醛浓度低时，则丙炔醇是主要产品。据称即使在最佳条件下，在制备丁炔二醇时仍必然有少量丙炔醇生成，它可以循环反应，或作为产品分离。丙炔醇是一种氯化烃溶剂的酸抑制剂和某些除锈剂的合成原料。

催化剂含 12%Cu 和 3%Bi，以氧化物的形式载于硅胶上，在甲醛存在时与乙炔反应生成乙炔化物。真实的催化剂是 1mol 乙炔铜与 1mol 乙炔组成的配合物 $CuC_2 \cdot C_2H_2$。这种配合物只有在乙炔气氛下才是稳定的，由于乙炔铜活性过高，常容易发生乙炔聚合生成聚炔，造成爆炸危险，因此催化剂中常加入铋，作为生成聚炔的抑制剂。使用的载体有硅酸镁等。

（2）丁二醇的制备　丁炔二醇的炔键很容易加氢，按所采用的加氢催化剂类型、pH 值及温度等条件不同，而生成不同的反应产物。如在 40～100℃ 使用 Pt 或载于多孔性载体上的 Ni 催化剂，在高压加氢时，主要生成饱和产物。丁炔二醇的加氢反应十分复杂，反应产品有丁二醇、丁烯二醇、4-羟基丁醛、正丁醇的四氢呋喃等。如果丁炔二醇在乙醇中用骨架镍加氢时，反应产品中有一半左右是顺丁烯二醇，其他还有反式丁烯二醇、丁二醇、丁炔二醇及二氢呋喃等。

工业生产中丁炔二醇加氢用 Ni-Cu-Mn 催化剂，30%~40%丁炔二醇的水溶液和氢气在 20~30MPa 压力下并流向下通过催化剂床，进入反应器时是 40℃，物料离开时为 130℃，加氢为高度放热反应：

$$HOCH_2C\equiv C-CH_2OH + 2H_2 \longrightarrow HO(CH_2)_4OH\text{(丁二醇)} \tag{107}$$

反应后经气液分离，先蒸去液体中的正丁醇，然后再分离掉水和其他组分，得到高纯度的丁二醇产品。

以后，美国 GAF 公司改进了传统的 Reppe 法，即乙炔和甲醛反应采用高活性催化剂，改进了反应热导出工艺，提高了甲醛进料浓度，以甲醛计转化率达到 98%，选择性为 95%，反应压力降低到 0.2MPa。丁炔二醇加氢采用两段低压加氢，第一段加氢反应温度为 50~60℃，反应压力为 1.4~2.5MPa，使用骨架镍作催化剂，第二段加氢反应温度为 100~150℃，反应压力为 10~20MPa，使用镍系催化剂。经改进后的丁炔二醇加氢工艺提高了丁二醇的收率和选择性。两段加氢丁炔二醇总转化率为 100%，丁二醇选择性为 95%。

2. 二氯丁烯法

这种方法首先由日本东洋曹达公司开发，此法是为了充分利用丁二烯氯化副产物 1,4-二氯-2-丁烯，它是氯丁二烯橡胶厂的中间产物。由 1,4 二氯-2-丁烯生产丁二醇可分为以下两步。

(1) 水解反应　1,4-二氯-2-丁烯经水解可生成 2-丁烯-1,4-二醇：

$$\begin{aligned}&ClCH_2-CH=CH-CH_2Cl + 2NaOH \longrightarrow\\&HOCH_2CH=CHCH_2OH + 2NaCl\end{aligned} \tag{108}$$

水解是实现本法的关键步骤，以前常用碱作催化剂，结果生成大量聚合物和 3-丁烯-1,2-二醇，使水解收率降低，无法实现工业生产。东洋曹达公司采用碱金属的脂肪族羧酸盐(如甲酸盐或乙酸盐等)作为催化剂，避免了上述困难，能高效地生成2-丁烯-1,4-二醇。

(2) 加氢反应　2-丁烯-1,4-二醇的加氢是在镍催化剂作用下于80～120℃下进行，反应压力低于3MPa：

$$HOCH_2CH{=}CHCH_2OH + H_2 \longrightarrow HO(CH_2)_4OH \qquad (109)$$

加氢过程与Reppe法的丁炔二醇加氢相似，容易进行。

3. 顺酐加氢法

此法为日本三菱油化公司所开发，从1963年开始研究，中试装置从1968～1970年运转了两年，以后建成了工业化装置。这种方法最早是发展用以生产γ-丁内酯和四氢呋喃的。当用以生产1,4-丁二醇时，必须严格控制反应条件，但多少都有副产γ-丁内酯生成，它可以循环加氢或作为产品：

$$\begin{array}{c} CHC{=}O \\ \| \quad\; \rangle O \\ CHC{=}O \end{array} + H_2 \longrightarrow \begin{array}{c} CH_2CH_2 \\ | \qquad\;\; \rangle O \\ CH_2C{=}O \end{array} \xrightarrow{H_2} \begin{array}{l} CH_2CH_2OH \\ | \\ CH_2CH_2OH \end{array} \qquad (110)$$

(顺酐)　　γ-丁内酯　　1,4-丁二醇

顺酐加氢法所用催化剂有Cu-Cr-Zn、Ni-Re、Cu-Cr及Ni-Mo等系列。

英国Davy Mckee公司开发一种顺丁烯二酸酯加氢工艺，采用铜系催化剂。据称加氢反应条件比顺酐加氢缓和，它是将顺酐先与一元醇进行酯化反应生成顺丁烯二酸酯，接着再加氢生成γ-丁内酯及1,4-丁二醇。以顺丁烯二酸酯为原料时，其转化率为95%～98%，γ-丁内酯、丁二醇的选择性为98%。其反应如下：

$$
\begin{array}{l}\text{CHC}(=\text{O})\\ \|\quad\ \ \text{O}\\ \text{CHC}(=\text{O})\end{array} + 2C_2H_5OH \longrightarrow \begin{array}{l}\text{CHC}(=\text{O})\text{—O—}C_2H_5\\ \|\\ \text{CHC}(=\text{O})\text{—O—}C_2H_5\end{array} + H_2
$$

$$
\longrightarrow \begin{array}{l}CH_2CH_2\\ |\qquad\quad \text{O}\\ CH_2C(=\text{O})\end{array} \xrightarrow{H_2} \begin{array}{l}CH_2CH_2OH\\ |\\ CH_2CH_2OH\end{array} \qquad (111)
$$

4. 丁二烯乙酰氧基法

这是以丁二烯为原料的方法，首先由日本三菱化成开发成功，可以任一比例联产 1,4-丁二醇和四氢呋喃。这种方法可分为以下三步。

(1) 乙酰氧基化反应　这种方法的关键是 1,3-丁二烯在乙酸存在下氧化生成 1,4-二乙酰氧基-2-丁烯：

$$
\underset{(1,3\text{-丁二烯})}{CH_2{=}CH{-}CH{=}CH_2} + \underset{(\text{乙酸})}{2CH_3COOH} + \frac{1}{2}O_2 \longrightarrow
$$

$$
\underset{(1,4\text{-二乙酰氧基 }2\text{-丁烯})}{CH_3COO{-}CH_2{-}CH{=}CH{-}CH_2{-}OCOCH_3} + H_2O \qquad (112)
$$

1,3-丁二烯乙酰氧基化反应先使用均相钯催化剂[$Pd(OAc)_2$-$CuCl_2$]于液相下反应，但因 1,4-二乙酰氧基-2-丁烯的选择性低，而未能工业化。另外也试用载钯催化剂在气相下反应，后因生成大量高沸物而附着在催化剂上，使催化剂很快失活，所以也不适宜作工业催化剂。三菱化成公司针对上述失败原因，从一开始研究就注意了 1,3-丁二烯的聚合问题，并致力于开发液相反应用催化剂，考察了 Sb、Ti、Te 和 Se 等金属助催化剂对 Pd 的促进作用。最后选择 Pd 为活性组分、Te 作助催化剂。在载体选择上，铝系载体对含乙酸的体系不适用，硅系载体在二乙酰基化反应中会产生大量副产物，最终选择活性炭作催化剂载体。

（2）加氢反应　1,4-二乙酰氧基-2-丁烯加氢后得到1,4-二乙酰氧基丁烷：

$$CH_2COO—CH_2—CH═CH—CH_2—OCOCH_2 + H_2 \longrightarrow$$

$$CH_3COO—CH_2—CH_2—CH_2—CH_2—OCOCH_3$$

（1,4-二乙酰基丁烷）　　（113）

加氢可用 Pd 或 Ni 催化剂，与通常的加氢过程相似，反应条件缓和、选择性很高。

（3）水解反应　1,4-二乙酰基丁烷水解是在约 50℃ 的离子交换树脂催化剂催化下进行，水解可生成 1,4-丁二醇及 1-乙酰氧基-4-羟基丁烷。后者经分离后再在离子交换树脂催化剂催化下，转化成四氢呋喃：

$$CH_3COO—CH_2—CH_2—CH_2—CH_2—OCOCH_3 + 2H_2O \longrightarrow$$

（1,4-二乙酰氧基丁烷）

$$HO—CH_2—CH_2—CH_2—CH_2—OH + 2CH_3COOH \quad (114)$$

（1,4-丁二醇）　　（乙酸）

$$CH_3COO—CH_2—CH_2—CH_2—CH_2—OCOCH_3 + H_2O \longrightarrow$$

$$CH_3COO—CH_2—CH_2—CH_2—CH_2—OH + CH_3COOH \quad (115)$$

（1-乙酰氧基-4-羟基丁烷）　　（乙酸）

$$CH_3COO—CH_2—CH_2—CH_2—CH_2—OH \longrightarrow \begin{array}{ccc} CH_2 & — & CH_2 \\ | & & | \\ CH_2 & & CH_2 \\ & \diagdown O \diagup & \end{array} + CH_3COOH$$

（四氢呋喃）　　（116）

由上式可见，改变水解条件，1,4-丁二醇和四氢呋喃的生成比例可在大范围内变化。

丁二烯乙酰氧基化与传统的 Reppe 法相比具有以下特点：①采用价格低廉的丁二烯为原料；②各反应工序使用高活性催化剂，反应选择性高、产品质量好；③生产过程不产生废水。

5. 烯丙醇氢甲酰化法

以丙烯为原料生产丁二醇有多种方法，主要由烯丙醇氢甲酰化技术，烯丙醇可由环氧丙烷异构化得到，烯丙醇在铑-膦催化剂作用下经甲酰化反应生成 4-羟基丁醛，最后经加氢得到1,4-丁二醇。这种方法由于丙烯原料价格低廉而易得，所以颇引人注意。但存在问题主要是：①生产流程较长；②醛化反应与通常的羰基合成相似，在反应中除生成目的产品外，还生成其他副产品，降低了目的产品的选择性。若副产品也能异构化或循环反应，此法也是很有发展前途的。

烯丙醇氢甲酰化法的反应历程如下：

$$CH_2{=}CH{-}CH_2OH \xrightarrow[\text{Rh 催化剂}]{CO/H_2}$$

$$\left\langle \begin{array}{ll} OHC{-}CH_2{-}CH_2{-}CH_2{-}CH_2{-}OH & \quad (\text{I}) \\ CH_3{-}\underset{\displaystyle CHO}{\underset{|}{CH}}{-}CH_2OH & \quad (\text{II}) \end{array} \right.$$

$$\xrightarrow[Ni]{H_2} HO{-}CH_2{-}CH_2{-}CH_2{-}CH_2{-}OH + CH_3{-}\underset{\displaystyle CH_2OH}{\underset{|}{CH}}{-}CH_2{-}OH \tag{117}$$

烯丙醇在催化剂 $HRh(CO)_2(PPh_3)_2$ 存在下，反应温度 50~80℃，压力 0.05~0.5MPa 进行氢甲酰化反应生成 4-羟基丁醛，选择性约 80%，其他副产物有丙醛、正丙醇、2-甲基-3-羟基丙醛等。反应产物经水连续萃取出，再以改性骨架镍为催化剂，保持 80~120℃，在适当氢压下进行加氢，定量地转化为1,4-丁二醇和少量正丙醇及 2-甲基-1,3-丙二醇。

所以，1,4-丁二醇的生产方法很多，其生产装置的发展趋势是建造能生产多种产品的一体化生产装置，从近期看，以正丁烷为原料的顺酐法由于生产成本低、技术先进有可能成为主导地位。

6-15 聚烯烃催化剂

6-15-1 烯烃的聚合方法

聚烯烃是烯烃类聚合物的总称，通常主要是指聚乙烯与聚丙烯的均聚物和共聚物。

聚乙烯是目前塑料工业中产量最大的一个品种，在一些塑料生产量较大的国家，聚乙烯的产量约占塑料总量的 1/4～1/3。2006 年全世界聚乙烯总产量达到 7110×10^4t 左右，而我国 2006 年的聚乙烯产量达到 599.3×10^4t。它可用于薄膜、拉伸带、管材、纤维及注射成型、中空成型等各个方面。聚乙烯主要分为两种：一种是低密度聚乙烯(LDPE)，多采用高压法生产；另一种是高密度聚乙烯(HDPE)，一般采用中压法和低压法生产。随着新型催化剂开发成功，低压聚乙烯的生产近来有了很大发展，低压法不但能生产 HDPE，又能生产 LDPE。并且发展到可生产另一种树脂，即线型低密度聚乙烯(LLDPE)。LLDPE 兼有 LDPE 和 HDPE 的许多优良性能，例如，具有优良的抗撕裂强度、抗张强度、耐穿刺性、耐环境应力开裂性、耐热性和耐低温性等，加上 LLDPE 生产工艺简单，装置投资少及能耗低，因此，世界许多国家都已进行大规模生产。

聚丙烯在聚烯烃树脂中虽占第二位，却是五大通用热塑性树脂中增长最快的品种。聚丙烯原料来源丰富、价格便宜，产品性能优良，具有重量轻、使用温度高、易加工、耐化学腐蚀、高频电绝缘性好、机械强度高等特点。聚丙烯树脂主要用作注射制品、纤维和薄膜，广泛应用于汽车、家用电器、食品包装、饮料容器、农用材料及建筑工程等领域。

乙烯除采用高温高压聚合，按自由基机理进行外，低压和中压聚乙烯、线型低密度聚乙烯、聚丙烯、乙丙共聚物等均采用配位催化体系，经配合聚合机理合成。配位催化体系经过几代更新，聚合活性已由初期的几百克聚合物/克催化剂，发展到目前上百万克聚合物/克催化剂。高效催化剂的进展，大大简化了聚烯烃的生产流程，已不再需要冗长的脱催化剂、稀释规回收等后处理工序，使设备投资、操作费用大为降低。因此，催化体系的研究近年来始终在高分子领域中十分活跃。催化体系的好坏不仅影响到生产的数量，还直接与聚烯烃的质量有关。很难想象对聚烯烃的开发可以脱离催化体系的研究。

虽然从生产流程及催化体系来看，聚烯烃生产方法可谓名目繁多，各大公司均有自己的专利技术，而按聚合体系相态和聚合方式不同，可将烯烃聚合方法归结为如图 6-15 所示的各类。图 6-16 给出了不同聚合方法所采用的反应器类型。

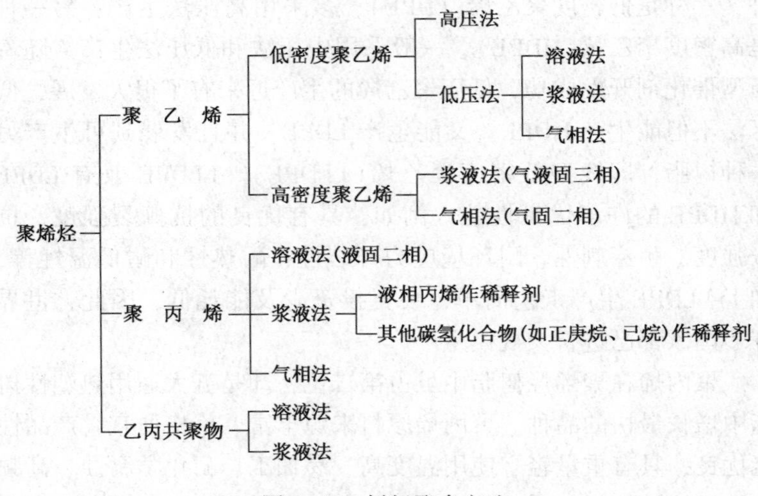

图 6-15　烯烃聚合方法

低压聚乙烯、聚丙烯及其共聚物最初均采用浆液法的搅拌釜式反应器进行生产，小批量法用间歇聚合，大规模生产均采用单釜或多釜串联的聚合。虽然近来环管反应器和气相法流化床等反应器有了很大发展，但目前大部分聚烯烃仍由搅拌釜式反应器生产。

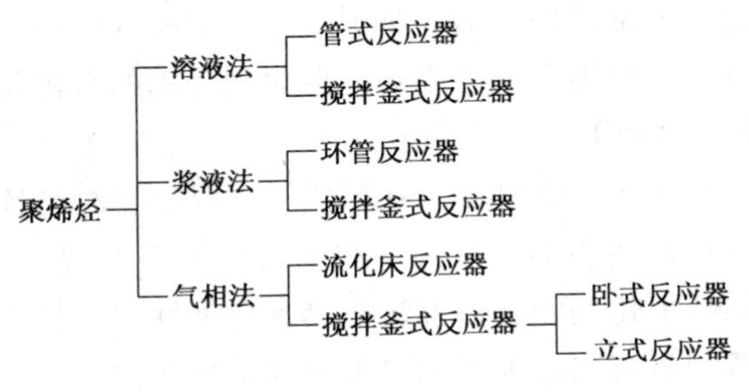

图 6-16　烯烃聚合反应器分类

然而，气相聚丙烯法与常规的浆液法及溶液法相比较，具有以下特点，而成为目前催化剂研究开发的重点。气相聚丙烯法的主要特点是：

（1）生产产品的品级范围宽　由于聚合反应是在无液体的丙烯气相下进行，所以容易控制产品聚丙烯的相对分子质量和共聚单体含量，因此产品的相对分子质量和共聚体含量比常规方法生产的范围宽，且可以缩短常给连续过程带来困难的品级转换的过渡期，降低不合标准产品的比例，而且只要改变反应器中的气体组分就可改变产品的组成。

（2）经济效益高　气相聚丙烯法工艺简单，只需聚合和造粒两步，不需要除灰分，省掉了溶剂回收、洗涤和干燥等工序，因此建设费用只需常规法的 60%～80%。因为没有除去无规聚丙烯的步骤，降低了单体的消耗，由此简化了工艺，节约能耗，所以生产费用也大大降低。

（3）操作安全　气相法反应时，反应器中包括丙烯在内的所有可燃烧物都呈气态，所以数量受到限制，因此，如果发生突然停电等故障时，只要将气体安全排出系统，反应会立即停止而不产生危险。

6-15-2　催化剂的制备方法

聚烯烃催化剂中主要是齐格勒-纳塔（Ziegler-Natta）催化剂，它们通常是周期表Ⅱ～Ⅲ族碱金属烷基化物与Ⅳ～Ⅷ族过渡金属盐的混合物。最常用的过渡金属盐是 Ti、Cr、V、Co 及 Ni 的卤化物和烷氧基化合物，最常用的助催化剂是铝的有机化合物，比较好的载体是 $MgCl_2$。

聚烯烃催化剂自 20 世纪 50 年代问世以来，经过各国共同开发研究，催化剂性能不断改善，制备技术迅速发展。一般来说，高性能聚烯烃催化剂的制造方法都具有专利性质，其核心技术均不公开。按制备方法的类型大致可分为下列 5 种：

（1）在载体表面进行化学定位　用这种方法制备的催化剂如：①$TiCl_4/Mg(OH)Cl$；②CrO_3/SiO_2；③$(C_5H_5)_2Cr/SiO_2$。

（2）生成双金属配合物　用这种方法制备的催化剂如：

① $MgCl_2 + 2TiCl_4 + 8POCl_3 \longrightarrow [Ti_2Cl_{10}]^{2-}[Mg(POCl_3)_6]^{2+} \cdot 2POCl_3$

② $2MgCl_2 + TiCl_4 + 7THF \longrightarrow$

$[TiCl_5(THF)]^-[Mg_2Cl_3(THF_6)]^+$（THF 为四氢呋喃）

③ $MgCl_2 + TiCl_4 + 4CH_3COOC_2H_5 \longrightarrow$

$TiMgCl_6(CH_3COOC_2H_5)_4$

（3）插入到载体的晶格缺陷中　例如将 $MgCl_2$、$TiCl_4$、对乙基甲苯一起球磨制成的催化剂。

（4）生成高表面积海绵　用这种方法制备的催化剂如：

① $TiCl_4 + Et_2AlCl \rightarrow \beta - TiCl_3 \cdot xEt_2AlCl_2$ $\xrightarrow{\text{异戊醚}}$ 处理过的固体 $\xrightarrow{TiCl_4}$ $TiCl_3 \cdot (EtAlCl_2)_{0.03}(\text{醚})_{0.01}$

② $Mg(OEt)_2 + TiCl_4 \longrightarrow [MgCl_2 \cdot Mg(OEt)_2 \cdot Mg(TiCl_6)]$

③ $Mg(OEt)_2 + TiCO{-}nC_4H_9)_4 + EtAlCl_2 \longrightarrow$ 三金属海绵

（5）用共沉淀法生成固态溶液　例如：

$EtMgCl + TiCl_4 \longrightarrow TiCl_3 \cdot MgCl_2 +$ 有机部分

表 6-21 所示为世界上一些著名石油化工公司代表性工艺所用的聚烯烃催化剂简况。

表 6-21　代表性聚烯烃催化剂

公司名称	催化剂组成及制备	催化剂或产品特征	工艺类型
1. 聚乙烯催化剂			
Phillips	沉积于硅胶上的异丙氧基钛，在815℃煅烧，再用二苯铬浸渍，催化剂含2.5%Ti 和0.5%Cr	高熔体指数树脂，SiO_2 催化剂中含有 Cr 和 Ti	环形反应器成粒
Phillips	有机镁氯化物加入烷基卤化物和烷基铝化合物中，再加入 $TiCl_4$，助催化剂为三乙基铝	10～60kg PE/gCat 300～6000kg PE/g Ti	环形反应器成粒
Du Pont	催化剂为 $TiCl_4$+$VOCl_3$ 掺合物，助催化剂为 $Al(iBu)_3$+$(nBu)_2Mg$	熔体指数 MI0.2～100 g/10min，ρ＝0.915～0.965 g/cm^3，相对分子质量分布窄	溶液，中压
Du Pont	四(2-甲基-2-苯基乙基)锆，不含卤素和烷基铝	高相对分子质量，高密度(0.960g/cm^3)，催化剂效率：15.5kg PE/g Cat	溶液，中压
CdF Chimie	$TiCl_3$ - Et_2AlCl (Al/Ti＝5)，240℃，156.9MPa，接触时间2min	ρ＝0.930g/cm^3	溶液，高压
CdF Chimie	三甲基硅烷醇和三甲基铝与 $TiCl_3$ 和1-己烯结合，置于庚烷悬浮液中	相对分子质量分布窄，催化剂效率：2～3kg PE/mmol Ti	溶液，高压
Dow	$(nBu)_2Mg$，Et_3Al 配合物溶于 lsopar E 溶剂，再与乙基铝的倍半氯化物反应，向反应物加入四异丙基钛酸酯，制得固体催化物	MI＝2.5～12g/10min，相对分子质量分布窄，催化剂效率：172kg/g Ti・h(98.1kPa)	溶液，低压
Dow	$(nBu)_2Mg$，Et_3Al 配合物溶于 Isopar E 溶剂，再与乙基铝的倍半氯化物反应，向反应物加入四异丙基钛酸酯，制得固体催化物，但还含有氯化镍	相对分子质量分布宽，催化剂效率：1000kg/g Ti (150℃，0.785MPa，20min)，ρ≤0.92g/cm^3，1-辛烯	溶液，低压

续表

公司名称	催化剂组成及制备	催化剂或产品特征	工艺类型
Union, Carbide	在250℃活化的SiO_2，用5%$(NH_4)_2SiF_6$和铬茂处理	催化剂效率：345kg/g Cr，$\rho=0.956g/cm^3$（95℃，1.96MPa）	气相，流化床
Union, Carbide	用硝酸铝浸渍SiO_2，然后用四异丙基钛酸酯浸渍，干燥，在850℃活化，然后再用双(三苯基)甲硅烷基铬酸酯处理	$\rho=0.949g/cm^3$，1-丁烯	气相，流化床
Union, Carbide	用铬茂和四异丙基钛酸酯浸渍干燥的SiO_2，干燥后用0.3%$(NH_4)_2SiF_6$处理，然后在300～800℃活化	催化剂效率：4900kg/g Cr，$\rho=0.920g/cm^3$（84℃，1.96MPa）	气相，流化床
Union, Carbide	$TiCl_4$和$MgCl_2$在THF中混合，将此催化剂混合物浸渍经三乙基铝处理过的多孔二氧化硅，在附加的三乙基铝存在下进行聚合	催化剂效率：500kg/g Ti(85℃，1.96MPa) $\rho=0.917\sim0.935g/cm^3$	气相，流化床
Union, Carbide	催化剂制备方法同上，用于制备乙烯-丙烯和1-烯的三元聚合物，4-甲基戊烯或1-辛烯能用来代替1-己烯	$\rho=0.915\sim0.930g/cm^3$，催化剂效率：2.7~2.8kg/g Ti	气相，流化床
Mitsui Petro-Chemicals	用$SiCl_4$处理$MgCl_2$-2-乙基己醇配合物的癸烷溶液，接着在120℃用$TiCl_4$处理，使用上述催化剂在三异丁基铝存在下进行聚合	催化剂效率：400kg/g Ti	浆液，己烷
Mitsui Petro-Chemicals	$MgCl_2$与$TiCl_4$球磨，在130℃用$TiCl_4$处理2h，此固体催化剂与三乙基铝一起用于固体催化剂	催化剂效率：573kg/g Ti（80℃，0.785MPa，3h）	浆液，己烷

续表

公司名称	催化剂组成及制备	催化剂或产品特征	工艺类型
Hoechst	$TiCl_4$ 和 $Mg(OEt)_2$ 在高沸点烃中加热至 90℃，接着用 $TiCl_4$ 处理，用三异丁基铝还原由此得到的固体，并与助催化剂异戊二烯基铝一起用于聚合	催化剂效率：306kg/g Ti	浆液，己烷
2. 聚丙烯催化剂			
BASF	用酯或醚改性的 $TiCl_3 \cdot 1/3AlCl_3$ 作催化剂，用2,6-二叔丁基对甲酚或其他高相对分子质量酯改性的 DEAC 作助催化剂	高产率，聚合物等规指数为 97%~99%	气相
BASF	用氯化苯甲酰处理 $TiCl_4$，然后与乙氧基镁一起加热，并与 TEA 和对茴香酸乙酯一起使用		气相
EIPaso	使用 Mitsui 的高性能催化剂 FT-I	催化剂效率：375~400kg PP/g Ti(66℃)	液体丙烯浆液法
Phillips	在丙烯存在下研磨 $TiCl_4$、苯甲酸乙酯和氯化镁或氯化锰，以制备固体化合物，它与三乙基铝-对茴香酸乙酯一起用于丙烯聚合	催化剂效率：155kg/g Ti · h(60℃) 等规指数为 96.7%(二甲苯)	液体丙烯浆液法
Phillips	研磨 $MgCl_2$ 或 $MnCl_2$ 与一种添加剂(如亚磷酸酯、酚、酮、硅烷醇、碳酸酯或胺)而制成载体，然后用 $TiCl_4$ 处理，并与三乙基铝和对茴香酸乙酯一起用于丙烯聚合	催化剂效率：700kg/g Ti (12kg/g Cat)(70℃/1.0h)，等规指数为 93.7%	液体丙烯浆液法

续表

公司名称	催化剂组成及制备	催化剂或产品特征	工艺类型
Mitsul Petro-Chemicals Montedison	无水 $MgCl_2$ 和苯甲酸乙酯一起球磨，并用 $TiCl_4$ 液体处理（80%，135℃），在三乙基铝和对茴香酸乙酯存在下，进行丙烯聚合	催化剂效率：113kg PP/g Ti，等规指数 94%	浆液，己烯
Mitsui Petro-Chemicals	无水 $MgCl_2$ 与庚烷、2-乙基己醇在 120℃下加热，然后在 120℃用苯甲酸乙酯处理，在 0℃下用 $TiCl_4$ 处理。此固体催化剂与助催化剂三异丁基铝、乙基铝倍半氯化物的混合物、对二甲苯一起用于聚合	催化剂效率：428kg/g Ti，等规指数 98.4%（70℃，0.686MPa）	浆液，己烷
Mitsui Petro chemicals	在 60℃用苯甲酸乙酯和 $SiCl_4$ 处理 $MgCl_2 \cdot 6C_2H_5OH$ 的加合物，接着在 130℃用 $TiCl_4$ 处理。此固体催化剂与三乙基铝和一种电子给予体结合起来使用	催化剂效率：485kg/g Ti，等规指数 97.6%	液体丙烯浆液法

6-15-3　齐格勒催化剂作用机理

如上所述，齐格勒催化剂一般是指一种第Ⅰ～Ⅲ主族元素的金属有机化合物和一种第Ⅳ～Ⅷ族过渡金属盐所组成的催化剂。烯烃聚合采用过渡金属钛化物及烷基铝或烷基铝的卤化物较多。一般认为烷基铝使钛化物烷基化，同时以卤素桥与金属桥键连接，如：

```
    Cl                R
  /    \            /   \
Ti      Al   或   Ti      Al
  \    /            \   /
    Cl                Cl
```

由于钛催化剂的有机中间配合物很不稳定，所以难以进行分离。而根据 α-$TiCl_3$ 晶体表面结构及量子化学计算，催化剂是先经烷基化形成活性物种，烯烃在活性物种上配位，然后插入金属-碳键或金属上的烷基顺式迁移到配位的烯烃上，使烷基增加二个碳。如此，配位与插入(或迁移)交替进行，使聚合链不断增长。由于β碳上的氢转移到过渡金属或配位的烯烃上，使聚合链终止，同时生成一种过渡金属氢化物或过渡金属烷基化物，重新开始一个链。在烯烃配位和插入反应之间存在着下面四中心过渡态：

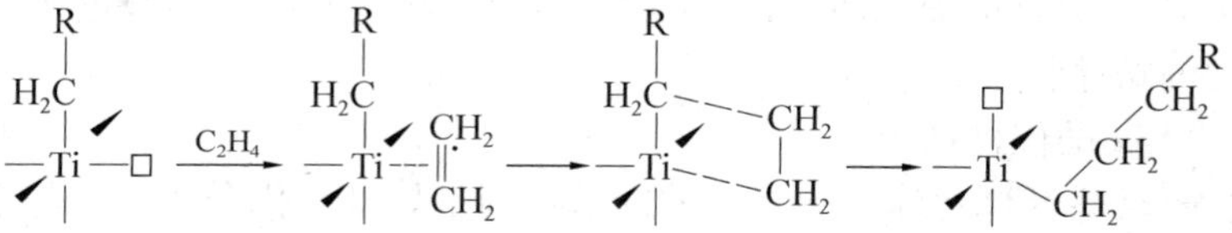

$$R{-}CH_2{-}Ti{-}\square \xrightarrow{C_2H_4} R{-}CH_2{-}Ti \cdots \begin{smallmatrix}CH_2\\ \| \\ CH_2\end{smallmatrix} \longrightarrow \left[\begin{smallmatrix}R{-}H_2C \cdots CH_2\\ | \qquad\quad | \\ Ti \cdots\cdots CH_2\end{smallmatrix}\right] \longrightarrow \square{-}Ti{-}CH_2{-}CH_2{-}CH_2{-}R$$

6-15-4　影响催化剂性能的主要因素

1. 中心金属及其氧化态

聚烯烃催化剂的中心金属一般是第四周期过渡金属元素，如Ti、V、Cr、Ni等，后来也发现第五周期的锆也可用作高活性的催化剂。确定中心金属也是选择催化剂的核心问题。

聚烯烃催化剂的主族金属有机化合物具有还原性，因此中心金属的氧化态在一些反应中是不断变化的。例如，在$TiCl_4$-$AlEt_3$体系中，Ti^{4+}、Ti^{3+}、Ti^{2+}可能同时存在，且随着时间的增长，低价态组分不断增加。当金属的氧化态降低，过渡金属的负电性增加，使金属-碳链更为极化，从而有利于烯烃的插入反应。就由$TiCl_4$与γ-Al_2O_3在庚烃中反应而制得的催化剂而言，Ti^{3+}和Ti^{2+}对乙烯聚合具有活性，Ti^{3+}对其他烯烃的聚合也具有活性，而Ti^{4+}的活性不太突出是由于大部分Ti^{4+}被还原到低价的Ti^{3+}、Ti^{2+}之故。所以，使用不同的催化体系和不同的聚合体系时，钛的氧化态对催化剂活性的影响是不同的。

2. 过渡金属配位体

中心金属确定以后，配位体的选择就成为控制催化剂活性和选择性的主要因素。配位体一般都是电子授体，它可以按化学计量值与过渡金属形成化合物或配合物，也可以在反应前直接加入，而且不一定是化学计量的，电子授体不限于直接与中心金属作用，有时也可以通过和助催化剂作用，间接影响中心金属的催化行为。配位体的作用通常是用它的电子效应和空间效应来解释，以哪种效应为主，要根据不同情况作具体分析。例如，使用球磨法制备的 $MgCl_2-TiX_4$[$X=N(C_2H_5)_2$、OC_6H_5、Cl 等]催化剂，在三异丁基铝存在下进行乙烯聚合时，催化剂的活性随 $N(C_2H_5)_2<OC_4H_9<OC_6H_5<Cl$ 顺序增加，和这些配位体释电子能力的顺序相反。

3. 助催化剂

聚烯烃催化体系中常用的助催化剂是烷基铝化合物。烷基铝在反应过程中主要起烷基化作用，生成活性物种，此外尚有链转移和还原等性能，它可以调节各基团反应的速率，甚至控制反应的途径。选择合适的铝化物可使催化剂活性呈数量级提高。使用 $TiCl_3$ 作主催化剂时，丙烯聚合速率随 $AlEt_3>Et_2AlCl>EtAlCl_2$ 顺序增加，但以 Et_2AlCl 的立体选择性最好，所以常选它作助催化剂。

4. 载体

烯烃聚合一般都采用多相的钛系催化剂，钛的有效利用率，根据不同制备条件和测定方法，估计在 0.1%~3%之间。催化剂负载后有利于钛的分散度。

经特殊处理的 $MgCl_2$ 是聚烯烃催化剂最常用载体，$MgCl_2$ 的使用可以提高催化剂活性。$MgCl_2$ 的晶格与 $TiCl_3$ 相似，它们的离子半径相近，Ti^{4+} 或 Ti^{3+} 为 0.68×10^{-4} μm，Mg^{2+} 为 0.65×10^{-4} μm，$MgCl_2$ 能提供最多的反应位置，从而提高催化剂活性。其他金属氯化物 MCl_x 也有用作载体的，影响催化剂活性的主要因素是这些氯化物中的金属 M 的电负性。Ti^{3+} 的电负性为 10.5，若 M 的电负性 <10.5，则这种氯化物为促进剂，若 M 的电负性 >10.5，则为抑制剂。此外，催化剂载体还对聚合速率及聚合物等规度有影响。

6-15-5 聚烯烃催化剂的新进展

20 世纪 80 年代末期，随着聚烯烃的需要量增加，许多公司及厂商都努力采用新技术和新工艺以开发新产品和提高经济效益。在 20 世纪 70~80 年代，聚烯烃催化剂的研究和开发工作主要集中于高活性和高度立体定向的 Ziegler-Natta 催化剂上。目前，一些公司进行的一些研究及开发工作已转向单活性茂金属催化剂。

催化领域的突破，在化学工作中特别是在聚合物领域是较为少见的现象，而茂金属单活性催化剂恰恰正是这样一种突破。这种催化剂不仅可使聚乙烯、聚丙烯，而且还可使聚苯乙烯的性能大幅度提高。有关茂金属催化剂的详情将在第八章中介绍。用茂金属催化剂生产的聚烯烃有独特的性能，能与工程聚合物相比拟，而且共聚单体能广泛使用较高级的 α-烯烃、二烯烃和二烯共聚单体。

茂金属催化剂的一个特征是可以高活性合成用 Ti 催化剂不能获得的相对分子质量分布和组成十分窄的聚合物。如含 1g 锆的均相茂金属催化剂能够催化 100t 乙烯聚合。

Dow 塑料公司在 Freeport、Texas 用一种获得专利的限制几何形状的茂金属催化剂体系开发了一种称作假无规乙烯/苯乙烯共聚物新型材料。聚合物中苯乙烯含量高达 50%，这种乙烯-苯乙烯共聚物新型材料在固态和熔融状态下有意想不到的弹性，可用于制取薄膜、泡沫塑料等制品。假无规聚合物既不同于典型的聚乙烯/聚丙烯共聚物的无规结构，又不同于嵌段结构，其乙烯单元能够按任何次序连接苯乙烯或其他乙烯类单体单元。

Exxon Chemical 公司正在销售一种采用茂金属催化剂制造的特低密度聚乙烯(VLDPE)，这是一类乙烯基的线型聚合物，它可以使用大于普通量的高级 α-烯烃共聚单体(丙烯、丁烯、己烯和辛烯)来制取，其密度达到 0.915~0.880g/mL。VLDPE 的线型主链保持了线型低密度聚乙烯的韧性和刚性，增加的短支链提高了聚合物的回弹性、柔软性及持续挠曲耐久性。这种新型材料的优异性能，使得其在管材、电缆、地膜、衬垫、包装及高尔夫球场衬里等方面具有广泛的用途。

在聚丙烯领域，日本三井东压公司开发了使用茂金属催化剂聚合的间规聚丙烯(SPP)批量生产技术。SPP为均聚物，仍保持与过去的聚丙烯无规物相同的柔软性及耐热性，但透明性增强。聚丙烯侧链是甲基，而SPP具有甲基沿着主链以相互不同的方向排列的结构。目前商品化的聚丙烯几乎都是等规聚丙烯，而用茂金属催化剂则可制得间规聚丙烯。间规聚丙烯质地柔软、透明、有光泽，具有良好的低温热封性能和抗震性，可替代聚丙烯共聚物、线型低密度聚乙烯及聚氯乙烯等材料。

但是，茂金属催化剂在价格及聚合物高相对分子质量化等方面还存在一定问题，如在原有大规模聚烯烃工艺中使用茂金属催化剂并非易事，面向实用化的课题还不少，在面对聚烯烃工业发展的强烈竞争中，有待进一步解决这些面临的课题。

在20世纪90年代后期，聚烯烃行业又出现了非茂有机金属烯烃聚合催化剂，其主催化剂的中心原子除了ⅣB族元素外，还包含几乎所有过渡金属，尤其是Fe、Co、Ni、Pd等元素。这类催化剂属于单活性中心均相催化剂。因而可按照预定目的有效地控制聚合物的链结构。

非茂金属单中心催化剂又可分为后过渡金属催化剂和非茂前过渡金属催化剂。配合物的配体种类有膦氧配体、二亚胺配体及亚胺吡啶配体等。催化剂组成除金属配合物外，还需加入助催化剂组成均相催化剂。这类催化剂的催化性能在许多方面已超越茂金属催化剂。所以，从烯烃聚合催化剂的发展来看，开发更高性能聚乙烯催化剂，如茂金属催化剂及非茂过渡金属催化剂是今后的趋势。

催化剂技术的进步，使人们对催化机理有了进一步的认识，不同催化剂的出现有助于更好地理解催化机理。尽管聚烯烃催化机理研究历史悠久，但如何运用现代分析测试手段和计算机模型认清催化机理，对聚烯烃催化剂的发展有重大意义。

6-16　甲醇合成烯烃催化剂

6-16-1　甲醇合成烯烃的发展

甲醇(CH_3OH)是重要的化工原料，也是性能优良的能源和车用燃料。在世界基础有机化工原料中，甲醇的消费量仅次于乙烯、丙烯、苯，居世界第四位。生产甲醇的原料可以是天然气、煤炭、渣油、乙炔尾气、焦炭及石脑油等，从 20 世纪 50 年代起，天然气逐步成为合成甲醇的原料，但我国天然气资源缺乏，国内天然气产业政策规定，天然气首先要保证民用燃料的供应，限制天然气资源用于新建化工甲醇装置。目前我国有 200 家左右的甲醇生产企业，极大部分的甲醇项目均为煤制甲醇路线。

低碳烯烃(乙烯、丙烯、丁二烯等)是石油化工的龙头，尤其乙烯产量是衡量国家经济发展水平的重要标志。目前，国内所用低碳烯烃的绝大部分来自轻油裂解。随着石油资源的日益缺乏，急需寻找替代能源。与石油资源相比，我国煤炭资源丰富，因此在我国实现以煤为原料先转化为合成气($CO+H_2$)，再经合成甲醇，由甲醇制乙烯、丙烯等低碳烯烃的工业化具有十分重要的战略意义。

早在 20 世纪七十年代，因发生“石油危机”，世界石油供应出现严重不足。因此，美国能源研究和开发委员会委托美国 Mobil 石油公司开发以合成气或甲醇合成汽油的技术。大约在 1976 年，Mobil 公司宣布从甲醇制汽油技术获得成功，所用催化剂为 ZSM-5 沸石分子筛。当时甲醇转化为烃类的总收率约为 95%，其中汽油约含 64%，$C_1 \sim C_2$ 烯烃约 7%，$C_3 \sim C_4$ 约 29%。由于甲醇制汽油(简称 MTG)过程中，烯烃是该反应的中间产物，因而 MTG 过程的出现也促进了甲醇制烯烃(简称 MTO)工艺的开发。自此以后，国外一些知名石油化工公司也都参与研究及开发

MTG 及 MTO 的工艺及催化剂。例如，在 20 世纪 70 年代，BASF、ICI、Hoechst 等公司开发出 Co、Mg、Mn、Ti、B、Zr、Sb 改造 ZSM-5 分子筛，并尝试 ZSM-34、ZSM-45、丝光沸石等用作 MTO 催化剂；在 80 年代，UCC 公司开发出 SAPO 系列分子筛，并发现 SAPO-34 可以有效地将甲醇转化为低碳烯烃。Lurgi 公司采用 ZSM 改性催化剂开发出 MTP 工艺；1992 年，UOP 公司和 Norgk Hydro 公司联合开发出 MTO 工艺，对催化剂的制备、反应条件、再生、能量利用等进行深入考察，并进行小型工业装置试验，在 1995 年宣布对外转让 MTO 技术。以后，ExxonMobil 公司也基于催化裂化经验从事 MTO 工艺开发，将 SAPO-34+Y_2O_3 混合催化剂用于 MTO 技术，据称能延长催化剂使用寿命和提高乙烯及丙烯的产率；2010 年 6 月 Lummus 公司承揽我国宁波禾元化学公司在宁波建设甲醇制烯烃装置和烯烃转化技术装置合同，提供技术转让和基础工程服务，其 MTO 装置设计年产 600kt 的乙烯、丙烯和正丁烯产品。

在国内，也有不少研究机构在开发 MTO 工艺及相关催化剂，如中科院大连化学物理研究所、中科院山西煤炭化学研究所、中国石化石油化工科学研究院、复旦大学、浙江大学、中国海洋石油总公司等。中科院大连化学物理研究所在用 SAPO 催化剂进行 MTO 试验的基础上，于 2004 年，和陕西新兴煤化工科技发展公司、中国石化洛阳石油化工工程公司合作，建成了首套万吨级工业试验装置，开展甲醇制烯烃工业试验，并将该工艺命名为 DMTO，2006 年获得成功，并通过技术鉴定。2014 年 6 月 16 日，采用 DMTO 技术的神华包头煤化工公司的煤制烯烃项目竣工验收，规模为 600kt/a 甲醇制烯烃。神华包头煤制烯烃工程也成为世界首套、全球最大的以煤为原料，通过煤气化制甲醇、甲醇转化为烯烃，烯烃聚合生产聚烯烃的大型煤化工项目。自此以后，国内其他公司也相继建成不少甲醇制烯烃项目，如宁波富德能源（原禾元）（MTO、650kt/a）、中国石化中原乙烯（MTO、200kt/a）、神华宁煤煤化工（MTP、520kt/a）、大唐多伦煤化工(MTP、470kt/a)等公司。

6-16-2 甲醇合成烯烃反应机理

甲醇是强极性有机化合物，有很强的溶解能力，能与多种有机溶液互溶，也可进行氧化、脱水、胺化、酯化及羰基化等反应。甲醇在高温和酸性催化剂(如 $\gamma-Al_2O_3$、ZSM-5)作用下发生分子间脱水生成二甲醚：

$$2CH_3OH \longrightarrow (CH_3)_2O+H_2O$$

甲醇分子中 C 原子和 O 原子的成键轨道为四面体结构的 sp^3 杂化轨道，相互重叠结合成 C—O 键。而 O—H 键是 O 原子的一个 sp^3 杂化轨道和 H 原子的 1s 轨道互相重叠，O 原子的两对未共用电子对分别占据其他两个 sp^3 杂化轨道。

甲醇经酸催化剂催化生成烃的过程大致由以下 3 个步骤组成：醚的生成、初始 C—C 键形成、发生氢转移的芳烃化。其中最后一个步骤包括烯烃缩合、环构化及在催化剂上的氢转移。这些反应步骤可以总结为：

$$2CH_3OH \underset{}{\overset{-H_2O}{\rightleftharpoons}} \underset{(\text{二甲醚})}{CH_3OCH_3} \xrightarrow{-H_2O} C_2^- \sim C_5^- \longrightarrow \text{石蜡烃、芳烃、环烷烃}$$

在上述反应步骤中，甲醇在酸催化剂作用下脱水生成二甲醚中间体的过程已获得大家共识，而关于如何生成第一个 C—C 键的说法则有多达 20 种理论，下面是一种关于中间体碳烯形成理论。

磷烯又称碳宾、卡宾，是典型的缺电子活性中间体($:CH_2$)，反应以亲电性为特征，其典型反应有：插入单键的反应，与烯和其他不饱和中心的加成反应、重排反应。

按照碳烯形成机理，碳烯是沸石上的甲醇通过化学吸附生成的表面甲氧基经分解而生成的：

$$\begin{array}{c} CH_3OH \longrightarrow :CH_2+H_2O \\ \Big\Updownarrow {\scriptstyle -H_2O} \\ CH_3OCH_3 \longrightarrow :CH_2+CH_3OH \end{array}$$

接着再生成乙烯、丙烯及丁烯等。

生成乙烯：$2:CH_2 \longrightarrow CH_2=CH_2$

生成丙烯：$CH_2CH_2+2:CH_2 \longrightarrow H_3C$—$CH_3$（三元环，顶点为 CH_3）

$\xrightarrow{\text{酸性中心}} CH_2=CHCH_3$

生成丁烯：$CH_2=CHCH_3+:CH_2 \longrightarrow H_3C$—$CH_2CH_3$（三元环，顶点为 CH_3）

$\xrightarrow{\text{酸性中心}} CH_2=CHCH_2CH_3 + CH_2=C(CH_3)CH_3$

而芳烃是由 C_2、C_4 和 C_5 烯烃二聚和环化生成，石蜡烃则由烯烃加氢生成，氢气则是由一些甲醇分解所产生。

但是，有关中间体碳烯生成的证据都是间接的。例如，通过在 ZSM-5 上采用没有标记的丙烷，从 ^{13}C 标记的甲醇分解中捕获活泼的 C_1 中间体，分析产物的异构体和同位素分布所得出的结果，活泼的 C_1 中间体是碳烯。生成丙烯是乙烯与碳烯（$:CH_2$）进行环化加成而生成环丙烷，环丙烷经异构化而得到丙烯。生成丁烯的机理也相类似。

6-16-3 甲醇合成烯烃工艺

甲醇转化为烃类是强放热反应，产生的反应热是随产品的分布而有所不同。如在 400℃时，以转化甲醇计算的反应热为 1510~1740kJ/kg，换算成绝热温升可达到 650℃，从而显著超过甲醇分解为 CO 和 H_2 的温度。因此，反应过程中如何控制和传出大量反应热是甲醇合成烯烃工艺首先要考虑的问题；其次是反应过程中会生成大量的 H_2O，甲醇分子生成一个—CH_2—单元，就脱掉一个 H_2O。由此产生的水蒸气易引起催化剂失活。

所以，自从 Mobil 公司开发出以 ZSM-5 沸石分子筛为催化剂的甲醇制烯烃技术以后，其他一些知名石油化工公司，如

Exxon、Lurgi、UOP/Norsk Hydro、Hoechst、BASF、Chevron、IFP等都对甲醇合成烯烃的工艺进行考察和研究，主要集中在如何降低能耗、减少操作费用、提高产品收率、抑制催化剂结焦等方面。并开发出采用固定床反应器的固定床工艺和采用流化床反应器的流化床工艺。

国内外早期开发的MTO工艺均采用固定床工艺。在固定床内调节绝热温升量常用的方法是用一种能吸收反应热量的气体稀释反应物料流，较适宜的是用反应物中的轻烃进行再循环，但在反应为强放热时，所需操作费用会很高。此外，甲醇制烯烃的催化剂因积炭会使催化活性衰退，需采用多台固定床反应器，反应和再生又必须切换操作，使过程复杂化。为了便于取走反应热和催化剂的失活再生，流化床工艺引起人们重视。采用流化床反应器可使反应、烧焦再生操作连续化，显著提高MTO的反应效率，因此，后期开发的MTO工艺大多采用流化床工艺。最具代表性的工艺是由UOP公司和Norsk Hydro公司合作开发的UOP/Hydro MTO工艺（图6-17）。

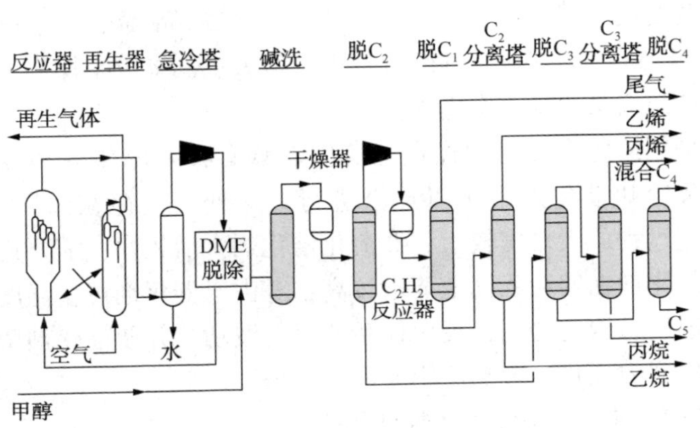

图6-17　UOP/Hydro MTO工艺流程图

UOP/Hydro 工艺是以乙烯及丙烯为主要产物，工艺装置分为反应段、催化剂再生段和产品回收段。反应段采用流化床反应器，所用催化剂为 SAPO-34。在 350~550℃及 0.1~0.3MPa 的反应条件下，将新鲜甲醇进料主要转化为乙烯、丙烯和 H_2O。乙烯和丙烯总收率约为 80%，如果包括丁烯，总收率可达到 90%，副产品有 C_1~C_4 石蜡烃、H_2、CO 及 CO_2 等。反应热是通过产生的蒸汽带出并加以回收。由于流化床条件和混合均匀的催化剂的作用，反应器几乎是等温的。

随着反应进行，流化床中的催化剂会形成一定数量的焦炭，为了维持催化剂活性必须进行清焦。这时可将失活催化剂送至再生段进行烧焦，在流化床再生器中采用空气燃烧除焦，除焦后的催化剂又回送到流化床反应器中，再生器排出的废气通过燃烧器以蒸汽的形式回收热量。

从反应器流出的产物经热交换后被冷却，大部分水冷凝后自产物中分离出来。产物经碱洗、干燥后进入产品回收段，该工段包括脱乙烷塔、脱甲烷塔、脱丁烷塔、C_2 分离塔、C_3 分离塔等。改变反应器操作条件，可使设计的乙烯/丙烯的产量比例在 0.75~1.55 之间变化，即既可按生产最大量乙烯方案操作，也可按生产最大量丙烯方案操作。

采用流化床工艺的优点是反应器具有良好的传热和温度控制，反应和催化剂再生可连续进行。这种工艺存在的缺点是：①工艺过程放大难度较大；②流化催化剂失活较快，需要连续再生，催化剂在磨耗强度上要求较高；③由于催化剂再生温度高于反应温度，因此会引起反应体系的温度波动，并使催化剂微球颗粒产生应力变化，影响使用寿命。

6-16-4 甲醇合成烯烃催化剂

在甲醇合成烯烃的开发过程中，对催化剂的筛选范围很广。目前，用于 MTO 技术所筛选出的催化剂主要是 ZSM-5 及 SAPO-34 两大类，它们各有其性质及特点。

1. ZSM-5 沸石分子筛

ZSM-5 沸石分子筛是 20 世纪 70 年代发展起来的新型沸石催化剂，是以 Zeolite Socony Mobil 缩写命名的 ZSM 沸石分子筛中的一员(关于 ZSM-5 沸石分子筛的结构参见本书 8-2-2)。它也是一种具有独特孔道结构的择形催化剂，其纵横孔道都是十元氧环，使 ZSM-5 的孔道只有直链和带有一个甲基的烷烃能够进入，较大的分子就不能进入，而且孔道结构中没有大于孔道的空腔存在，限制了大的缩合分子的形成，从而可减少催化剂产生积炭的倾向。即使用含碳物质沉积生成时，也可在常温或较高温度下燃烧除去，但内孔不易结焦。ZSM-5 的结晶密度大，结构稳定，并具有宽范围的硅铝比(SiO_2/Al_2O_3)。

沸石分子筛的一个重要催化特性是它具有固体酸性。这种酸性的产生如图 6-18 所示，在沸石的 SiO_2—Al_2O_3 骨架中，由于 Si 是四价，Al 是三价，因而需要在 Al 的位置上补偿电荷，它可在 Al 原子附近的阳离子进行补偿。在进行高温焙烧时，沸石就由铵型转变为 H 型(或称为氢型沸石，如 HZSM-5)，同时释出 NH_3，产生的质子位置即为 B 酸中心。类似原理，沸石也可获得 L 酸中心。沸石的酸性，在烃类裂化-异构化及甲醇转化为烯烃和芳烃的过程中起着重要作用。

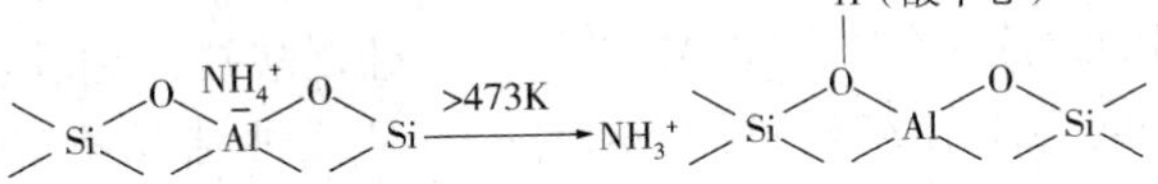

H(酸中心)

$$\mathrm{Si{-}O{-}\overset{NH_4^+}{\overset{-}{Al}}{-}O{-}Si} \xrightarrow{>473K} \mathrm{NH_3^+} \quad \mathrm{Si{-}\overset{H}{O}{-}Al{-}O{-}Si}$$

图 6-18　沸石 B 酸产生的示意图

在甲醇制烯烃的早期研究中，发现在大孔沸石上的反应常会得到大量芳烃和正构烷烃，而且大孔沸石上反应会快速结焦；小孔沸石只吸附直链烃类而不吸附带支链的脂肪烃和芳烃，孔径为 0.55nm 左右的 ZSM-5 是中孔沸石，其孔的几何形状阻止环状的稠环芳烃缩合物形成并进入孔道，从而可抑制焦炭生成。氢型沸石(HZSM-5)有较强的酸性，对甲醇制烯烃反应有很高的活性，但乙烯选择性较差，丙烯和 C_6^+ 芳烃的收率较高。

以后发现，使用金属或非金属杂原子对 ZSM-5 沸石分子筛进行改性，增加空间结构的限制，可以提高 MTO 反应中的低碳烯烃选择性。这样，许多公司采用在 ZSM-5 合成过程中引入金属离子，或用浸渍及离子交换的方法引入金属离子等手段来改进 ZSM-5 的性能。例如，在 MTO 反应时，用 0.5% Pd、4.5% Zn 和 10% MgO 改性后的 ZSM-5 催化剂，当甲醇转化率为 45%时，乙烯和丙烯的选择性分别达到 45%和 25%，而 HZSM-5 催化剂的乙烯收率只有 10%。又如含磷 ZSM-5 催化剂的乙烯、丙烯和丁烯总选择性可达 70%~80%以上；CsZSM-5 催化剂的烯烃选择性比 HZSM-5 高 10%~40%，从对杂原子 ZSM-5 催化剂的反应性能考察表明，即使金属杂原子的含量极少，对反应产物分布仍会产生影响。各金属对烯烃选择性的次序为：$Cs \approx Cr < V < Sc \approx Ge < Mn < La \approx Al < Ni < Zr \approx Ti < Fe < Co \approx Pt$。用于改性的金属或非金属，可以是一种或多种，如用 La 及 P 改性 ZSM-5 催化剂已用于 MTO 反应。

2. SAPO-34 非沸石分子筛

UOP/Hydro MTO 工艺所用的催化剂是 SAPO-34，是一种非沸石分子筛。ASPO-34 是 UCC 公司开发的、以 $AlPO_4$ 为基础的磷酸铝系分子筛(参见本书 8-3-3 有关章节)中的一员，与 ZSM-5 有不同的组成和结构。ZSM-5 是一种硅铝酸盐，拥有包含十元环开放孔的三维孔结构；而 SAPO-34 是一种结晶磷硅铝酸盐，孔径比 ZSM-5 要小，为 0.43nm。其强择形的八元环通道可抑制芳烃的生成。由于 SAPO-34 的孔道密度高、可利用的比表面积大，在作为 MTO 催化剂时，显示出较高的活性和选择性。此外，SAPO-34 还具有良好的吸附性、热稳定性和水热稳定性。它的晶内饱和水孔体积为 0.3mL/g，骨架崩塌温度达 1000℃，在 20%的水蒸气环境中，在 600℃下处理仍保持其晶体结构，这对于工业催化剂的再生操作十分有利。

与 ZSM-5 相似，在 SAPO-34 骨架上引入金属杂原子，不仅可改变其酸性和孔口大小，还能调节其催化性能，孔口变小可限制大分子的扩散，有利于提高小分子低碳烯烃的选择性，而酸中心强度的调变也有利于烯烃的生成。Ca、Ni、Co、Mo、Ba、Sr、K 等多种金属都可以用于 SAPO-34 的改性。SAPO-34 对乙烯的高选择性，使得它相对于 ZSM-5 具有更强的应用优势，作为参考，表 6-22 示出了 UOP/Hydro MTO 工艺采用 SAPO-34 和 ZSM-5 为催化剂时的产品组成分布。

表 6-22　MTO 技术采用不同催化剂时的产品组成分布示例

产品组成/% \ 催化剂	SAPO-34	HZSM-5
C_1^0	2.86	6.78
$C_2^=$	40.77	13.30
C_2^0	2.19	1.20
$C_3^=$	39.42	20.04
C_3^0	4.75	9.10
$C_4^=$	5.91	12.20
C_4^0	4.10	15.70
$C_2^= \sim C_4^=$	86.10	49.40
芳烃	0	8.30

SAPO-34 通常是用水热法合成。所用铝源是活性水合氧化铝，磷源为磷酸；两者以一定比例混匀后制成磷酸铝溶胶，然后加入硅源(如硅溶胶)搅拌均匀。最后加入模板剂(如四乙基氢氧化铵)均匀混合，将浆液调节至适当 pH 值下，在高压釜中于较高温度下进行常规的水热处理。目前采用的模板剂有数十种之多，不加模板剂很难制得符合作用要求的磷硅酸铝分子筛。模板剂通常以分子形式存在于分子筛晶体内部，或是以平衡骨架电荷的阳离子形式存在。不加模板剂则会得到无定形相或致密相的晶体。

工业用催化剂则是以 SAPO-34 为催化活性成分，再加入无机氧化物黏结剂(如氧化铝、二氧化硅、磷酸铝、氧化钛等)和填料基质(如高岭土、蒙脱石等)，浆液经喷雾干燥和适当温度下焙烧即制成SAPO-34催化剂。通常在催化剂中SAPO-34分子筛含量为40%，填料基质约为40%。产品应有合理的粒度分布和抗磨损性。因此，所用黏结剂的选择十分重要，它不仅能提高催化剂的抗磨损性，也且不影响催化剂的孔隙率和选择性。

第七章　环保催化剂

近几十年来，我国石油产量不断增长，以石油及其加工产品为基本原料的石油化工得到高速发展，它包含了数十个产业和数千种石油和化工产品，并且仍然处于发展变化之中。石油化工的发展，为人类生产和生活提供了衣、食、住、行等丰富的物质保障，但同时也产生了大量废弃物，使环境遭到严重污染和破坏。

概括起来，炼油及石化企业污染物的主要来源大致如下：

(1) 炼油工业及石化企业都是耗能大户，需要使用大量燃料，燃料燃烧产生的 CO_2、SO_2、NO_x 等都是污染大气的气体：CO_2 是温室气体，其直接后果是造成全球气候变暖；SO_2 及 NO_x 是形成酸雨的主要污染物之一。此外，排放的工艺气体中，也往往含有大量 CO_2 及其他酸性气体。

(2) 在目前所有的化工生产中，由于原料不纯或化学反应不完全，其原料不可能全部转化为产品，未反应的原料部分可回收再利用，而不能回收或利用的原料或副产品排放或废弃于环境中，会对环境造成污染。

(3) 炼油及石化企业都需要大量使用酸、碱、溶剂等多种化工产品，由于生产设备、管道等封闭不严、操作不当或储存及运输过程中不加注意而产生跑、冒、滴、漏，造成化工原料或产品泄漏，造成环境污染。

(4) 炼油及石化过程中都需大量冷却水。其冷却方式可分为直接冷却或间接冷却两种。采用直接冷却时，冷却水直接与被冷却物料接触，从而使水中带有化工物料，成为污染性物质；采用间接冷却时，虽然冷却水不与物料直接接触，但由于冷却水中加有许多化工助剂，排出后也会造成污染。

(5) 炼油及石化企业中使用着大量易燃、易爆、有毒和腐蚀性的物质，这些危险品如管理不当或生产中发生事故，就会发生火灾、爆炸、中毒等安全事故，并造成环境污染。

（6）炼油及化工生产中会副产一些有害废物，如酸碱渣、各种废催化剂、油罐残渣及废包装材料等，这些废物回收处理不当，会对水体、土壤等产生二次污染。

目前，在治理“三废”和保护环境的方法上大致可分为以下两类：一类是对已有排放污染源的处理，即所谓“末端”处理法，它是将排放污染源中的毒物降解成无毒的或毒性很小的物质，在其符合环境法规的要求后再行排放：另一类是所谓“清洁生产”。清洁生产曾采用不同的提法，如“少废无废工艺”“无废生产”“无公害工艺”“废物减量化”等。《中华人民共和国清洁生产促进法》中指明：“清洁生产是指不断采取改进设计、使用清洁的能源和原料、采用先进的工艺技术与设备、改善管理、综合利用等措施，从源头削减污染，提高资源利用率，减少或者避免生产、服务和产品使用过程中污染物的产生和排放，以减轻或者消除对人类健康和环境的危害”。清洁生产的核心内容是清洁的能源(如太阳能、风能、水能、地热能等)、清洁的生产过程和清洁的产品。尽量不使用有毒、有害的原料及溶剂，提高化学反应转化率，实现废弃物及毒物的零排放。然而，无论是采用“末端”治理法或清洁生产，都离不开催化剂的使用及创新。催化剂及催化工艺在解决环境污染过程中起着越来越重要的作用。

所谓环保催化剂是指用直接或间接的方法处理有毒、有害物质，使之无害化或减量化，以保护及改善周围环境所用的催化剂。目前的环保催化剂按其用途一般分为汽车尾气净化催化剂及工业环保催化剂两大类，它不包括涉及绿色化学工艺的催化剂。汽车尾气净化催化剂能将汽车运行过程中排放的有害气体，如烃类、氮氧化物及一氧化碳等直接转化成无毒的二氧化碳及水；工业环保催化剂主要包括工厂烟道气脱硫及脱硝用催化剂、硝酸尾气处理催化剂、挥发性有机化合物燃烧催化剂、废水湿式氧化处理催化剂、工业原料脱硫剂及脱氯剂等。工业环保催化剂品种很多，由于篇幅的关系，本章主要介绍用量较大、适用性较广的脱硫剂及脱氯剂。

7-1 脱 硫 剂

7-1-1 硫及硫化物的危害

硫在自然界中分布很广，约占地壳总质量的 0.048%。游离态的硫存在于火山喷口附近或地壳的岩层里。煤、石油及天然气中均含有硫。我国煤炭的平均含硫量为 1.02%左右，原油的含硫量在 1%左右，天然气中硫化氢含量在 1.5%左右，有机硫含量为 200μg/g 左右。以煤、焦为原料制得的水煤气及半水煤气中，H_2S 含量一般为 1~2g/m^3，少数可达 5~10g/m^3，其中有机硫占 10%左右，形态以 COS 为主。硫也是生物的重要营养元素，是某些蛋白质的组成元素。自然界中硫以元素硫、无机硫化物及有机态硫的形式存在，并形成硫的循环。

硫的氧化物中，最常见的是二氧化硫(SO_2)，为无色有强烈刺激性气味的气体，主要用于制造硫酸盐及亚硫酸盐，也用于生产洗涤剂、防腐剂及漂白剂等。SO_2 逸入大气中，对环境危害极大。大气未受到 SO_2 等气体污染时，降水中因溶有大气中的 CO_2 而微显酸性($pH \approx 5.6$)，大气中的 SO_2 及氮氧化物在一定条件下(如光照、氧化剂、水蒸气)经一系列化学反应会生成硫酸和硝酸，会伴随雨雪落于地面形成酸雨，对金属设备、建筑物等造成腐蚀；SO_2 对眼结膜和上呼吸道黏膜有强刺激性，吸入后有 40%~90%会进入血液分布于全身，可抑制细胞生长，与血中维生素 B_1 结合，影响机体新陈代谢。大气中 SO_2 平均浓度超过 0.28mg/m^3 时，城市居民中支气管炎发病率明显上升。

我国是世界上最大的煤炭生产和消费国，也是世界上少数几个以煤为主要能源的国家之一，我国排放的 SO_2 约有 90%来自于燃煤，大量燃煤及其他经济活动一起导致 SO_2 成为大气中最常见的酸性污染物。

硫的另一毒物是硫化氢(H_2S)，为无色、有臭鸡蛋气味的气体，比空气略重，可溶于水。硫化氢是神经毒物，空气中含硫化氢0.1%时，使人感到头痛、头晕和恶心，长时间吸入就会昏迷甚至窒息死亡。工业上，空气中 H_2S 限量为 $10mg/m^3$。生活垃圾及工业有机废渣在缺氧条件下会产生大量硫化氢，含硫煤燃烧、农药生产、煤气生产等都会排出含硫化氢气体。我国中小型合成氨厂多以煤或重油为原料，其中硫含量很高，除产生硫化氢外，还含有 COS、CS_2 等有机硫。硫化氢和这些有机硫化合物排放入大气或水体时，会对大气及水体产生污染，对动植物产生毒害作用。

硫及硫化物也是一些工业原料及产品的毒物。在加工含硫原油时，原油中硫化物相当大的部分通过二次加工会转化成 H_2S 进入到炼厂气中。炼厂气是炼油厂各加工装置所有副产气体的总和，一般约占原油加工量的5%~10%。炼厂气除可直接用作燃料外，也是生产高辛烷值汽油组分及石油化工产品更为宝贵的原料。而以这种含硫气体为原料生产汽油或其他石油化工产品如塑料、合成橡胶、纤维、溶剂、化肥、人造革、涂料、洗涤剂及合成润滑油等时，为了保证产品质量和避免所使用的催化剂中毒，对硫含量都有严格要求。即使将炼厂气作为燃料烧掉，有硫化氢存在也会引起设备及管线腐蚀，并污染大气和危害人体健康。

随着炼油及石油化工生产技术的发展，一些工艺过程，如加氢精制、制氢、催化重整、甲烷化、聚合、羰基合成、氨合成、甲醇合成等，正向节能、高效方向发展，并逐渐使用新型高效催化剂替代使用多年的催化剂。而这类高效催化剂对硫、砷等毒物限量提出了更高的要求。如硫化氢可使甲醇催化剂永久中毒。烃类转化催化剂、高温及低温变换催化剂、甲烷催化剂等各类催化剂中的活性组分都能与硫化氢反应生成金属硫化物，从而使催化剂活性下降、强度降低。即使毒物含量甚小，也会引起催化剂活性及选择性显著变化。表7-1所示为一些石油化工及化肥催化剂对工艺气中最低硫含量的要求。

表 7-1　一些催化剂的最低硫含量要求

催化剂类别	Pt、Pd、Rh 等贵金属催化剂	镍系催化剂	铁系催化剂	Cu-Zn 系催化剂
催化反应	加氢、脱氢、羰基合成	加氢、甲烷化	氨合成	甲醇合成、低变
吸硫量/%	0.1	0.4~0.6	0.1	0.2~0.4
中毒现象	活性、选择性明显下降	活性基本消失	活性明显下降	活性下降 35%~75%
容许含硫量/（mg/m^3）	<0.1	<0.1	<0.001	<0.1

此外，原料气中的微量硫化物也会影响及毒害工艺溶液。如制氨工业中脱碳铜洗液中的 Cu^{2+} 或 Cu^{+} 会与原料气带入的 H_2S 作用生成 CuS 及 Cu_2S 沉淀，不但会增加铜耗，还会破坏铜洗液的正常组成，降低铜液吸收 CO 的能力，所产生的 CuS 及 Cu_2S 沉淀还会堵塞设备及管道。

目前，我国大气污染状况十分严重，二氧化硫污染保持在较高水平，机动车尾气污染物排放总量在迅速增加，氮氧化物污染呈加重趋势。因此，国家对石油成品油、民用液化气的硫含量制定有严格的指标。随着环保法规的日益严格和产品质量的不断提高，煤化工、天然气化工、油田伴生气、炼厂气、石油化工气等的净化精度越来越高，对脱硫要求更趋严格。能源产品的清洁化、降低排放和保证下游工艺过程的顺利进行是各行业适应环境保护要求和可持续发展的必由之路。

7-1-2　煤炭转化方法

煤炭对环境的污染十分严重，这已成为影响中国经济社会发展的一个制约因素。而煤炭转化是实现煤炭高效洁净利用的一种重要途径。所谓煤炭转化是指用化学方法将煤炭转化为气体或液体燃料、化工原料或其他产品，它主要包括煤炭气化及煤炭液化两种方法。

煤炭气化是在一定温度及压力下，通过加入气化剂(空气、氧气或水蒸气等)，使煤转化为煤气的过程。所用原料煤可以是烟煤、褐煤、无烟煤。生成的气体成分包括一氧化碳、二氧化碳、氢气、甲烷及水蒸气等。气化介质为空气时，还带入氮气。气化过程中，煤中灰分以液态或固态废渣形式排出，所包含的硫主要以 H_2S 形式存在于煤气中。

煤炭液化是将煤炭在适当反应条件下转化为液体燃料及化工原料的过程。与石油相似，煤炭的主要元素成分也是碳和氢，两者的区别在于煤中的氢含量只有石油的一半左右，煤的相对分子质量大约是石油的 10 倍或更高。因此，理论上讲，要将煤转化为液态的人造石油，只需改变煤中氢元素含量，对煤进行加氢，使煤中碳氢比(11~15)降低到石油的碳氢比(6~8)即可实现。实际上，由于如何提高煤中含氢量的过程不同，从而产生下述不同的煤炭液化工艺。

1. 煤炭直接液化

这是在催化剂及溶剂作用下，将煤在较高温度(400℃)及压力(10MPa 以上)下进行加氢裂解转化为液体产品的过程。在煤液化过程中，催化剂起着加速反应速率、提高转化率及油收率、降低氢耗等作用。所用催化剂有铁系及镍钼钴系等，如 $Co-Mo/Al_2O_3$、$Ni-Mo/Al_2O_3$、$(NH_4)_2MoO_4$、FeS_2、$FeSO_4$、Fe_2O_3 等；溶剂在液化过程中起着溶解煤、溶解气相氢以使其向煤和催化剂表面扩散、供氧或传递氢、防止煤热解的自由基碎片缩聚等作用。所用溶剂应该是对煤有较大溶解能力、结构又与煤分子相近似的多环芳烃。实际选用的溶剂常是煤直接液化所得的中质和重质混合油，其主要组成是 2~4 环的芳烃和氢化芳烃。直接液化的产品需经固液分离，残渣可用于气化制氢。

2. 煤炭间接液化

这是以煤气化生成的合成气($CO+H_2$)为原料，在一定温度及压力下，在催化剂作用下定向地催化合成液体烃类燃料或化工产品的工艺过程。费托合成法及甲醇转化制汽油是典型的煤间接液化工艺，并已实现工业化生产。

费托合成法是以烟煤、褐煤为液化原料，先经煤的气化，制成以 CO 和 H_2 为主的煤气，再经过变换及气化，然后送入反应器中，在催化剂作用下生成汽油及烃类产物。所使用的催化剂有铁系、镍系及钴系等，近期又开发了 Fe ZSM-5、Zn ZSM-5、Cr ZSM-5 等催化剂。

甲醇转化制汽油是用煤气化所得合成气经催化合成为甲醇，然后再将甲醇转化成汽油。所用催化剂为 ZSM-5。甲醇在催化剂作用下先经脱水反应生成甲醇、二甲醚及水的混合物，含氧物进一步脱水得到轻质烯烃，再经聚合和环化形成各种石蜡烃、芳烃和环烷烃。ZSM-5 催化剂独特的性质可使甲醇转化为高辛烷值汽油，而不产生其他油类产品，也几乎不生成 C_{11} 以上的烃类。

3. 煤油共炼技术

煤、油共炼是将煤和石油渣油同时经催化加氢转化为轻、中质油，并生成少量 $C_1 \sim C_4$ 气体的工艺过程。是炼油工业渣油深加工及煤炭两段液化先进工艺技术的延伸及发展，是充分利用煤与渣油的协同效应提高油收率的一种先进技术。国外已开发多种煤油共炼工艺，通常采用流化床催化反应器，并使用高活性加氢裂化催化剂。作为原料的煤和渣油先与溶剂混合制成煤油浆，再送入加氢裂化反应器进行深度加氢和脱除杂质原子反应，生成轻、中馏分油。反应过程中，煤与渣油之间发生协同作用，煤促进渣油转化成更多的优质馏分油，而渣油中的重金属优先吸附沉积在煤灰表面上，从而减轻催化剂表面上的沉积，延长催化剂使用寿命。

目前，国家大力发展煤化工产业，而在煤炭气化及煤炭液化过程中，煤中的绝大部分硫进入煤气或转变为气相产物，小部分残存于灰渣中。煤气化中含硫组分包括硫化氢（H_2S）、羰基硫（COS）、二硫化碳（CS_2）、硫醇（CH_3HS）、硫醚（$CH_3—S—CH_3$）及噻吩（C_2H_4S）等。其中以 H_2S、COS 及 CS_2 为主，其他组分含量较少。由于 H_2S 一般占煤气中总硫量的 90%以上，而在石油炼制过程中，原油中的硫也以 H_2S 和其他硫化物的形式进入各气液物中，最终以 H_2S 的形式被脱除。故原料气的脱硫一般都是以脱除 H_2S 为出发点，但对其他含硫组分也有一定程度的脱除作用。因此，对于化石能源脱除 H_2S 也是脱硫技术及其产品的主要方向。

7-1-3 脱硫方法

脱除原料气中硫化氢的方法很多，大致可分为湿法脱硫及干法脱硫两大类。

1. 湿法脱硫

湿法脱硫按溶液的吸收和再生性质可分为物理吸收法、化学吸收法及湿式氧化法。

物理吸收法是采用有机溶剂为吸收剂，吸收过程是一种物理过程，在加压下吸收。吸收 H_2S 后的吸收剂(富液)经减压后释放出 H_2S，释放出的 H_2S 等送到克劳斯装置，回收元素硫，溶剂可循环使用。

化学吸收法是利用弱碱性溶液为吸收剂，吸收过程伴有化学反应，并形成有机化合物。吸收 H_2S 后的吸收剂(富液)经升高温度、减低压力时，该化合物即分解放出 H_2S，吸收剂得到再生。

湿式氧化法是采用碱性溶液作吸收剂，并加入载氧体起催化作用。吸收时，碱液吸收 H_2S 成为 HS^-，随即所吸收富液被液相中的催化剂氧化，使吸收的 H_2S 氧化成元素硫而析出。溶液再生后循环使用。

此外，还有将物理吸收与化学吸收法结合起来使用，即为物理化学吸收法，环丁砜法则属此类方法。

不论采用何种方法，其脱硫过程基本上都包含吸收与再生两部分。吸收的作用在于用吸收剂尽可能脱除气体中的硫化氢，再生的目的在于恢复吸收剂的功能，并回收其中的硫。下面是几种常用湿式脱硫方法。

(1) 蒽醌二磺酸钠法及改良蒽醌二磺酸钠法　又称斯特雷特福(Stretford)法或 ADA 法，是以碳酸钠水溶液为吸收剂，以

ADA（蒽醌二磺酸）为活性添加剂的湿式氧化脱硫方法。其脱硫过程分为吸收、ADA 还原、氧化析硫、ADA 再生及溶液再生等。由于此法脱硫时，ADA 还原过程速度缓慢，需要较长反应时间，而且还原态与溶解氧之间的反应速度受到吸收液中溶解氧浓度的限制，致使溶液的硫容量很低，需用大量溶液进行循环。为克服这一缺点，在吸收液中添加偏钒酸钠和酒石酸钾钠后，通过改变化学吸收液中硫氢根离子氧化析硫机理，改变传递氧的途径，从而提高脱硫效率。这种改变后的方法称为改良蒽醌二磺酸钠法，其脱硫过程为：

① 吸收

$$2Na_2CO_3+2H_2S \longrightarrow NaHS+NaHCO_3 \quad (1)$$

② 氧化析硫

$$2NaHS+4NaVO_3+H_2O \longrightarrow Na_2V_4O_9+4NaOH+2S \quad (2)$$

③ 焦钒酸钠被氧化

$$Na_2V_4O_9+2ADA(\text{氧化态})+2NaOH+H_2O \longrightarrow 4NaVO_3+2ADA(\text{还原态}) \quad (3)$$

④ 碱液再生

$$2NaOH+2NaHCO_3 \longrightarrow 2Na_2CO_3+H_2O \quad (4)$$

⑤ ADA 再生

$$2ADA(\text{还原态})+O_2 \longrightarrow 2ADA(\text{氧化态})+2H_2O \quad (5)$$

（2）栲胶法　一种湿式氧化脱硫法。是在碳酸钠稀碱液中加入偏钒酸钠、氧化栲胶等组成脱硫吸收液，吸收了硫化氢的稀碱液经空气氧化使溶液再生并浮选出单质硫，溶液可循环使用。其反应分为以下几个过程：

① 碱性溶液吸收 H_2S 生成 HS^-

$$Na_2CO_3+H_2S \xrightarrow{pH=8.5\sim9.0} NaHS+NaHCO_3 \quad (6)$$

② NaHS 和偏钒酸钠（$NaVO_3$）反应生成焦钒酸钠，并析出单质硫

$$2NaHS+4NaVO_3+H_2O \longrightarrow Na_2V_4O_9+4NaOH+2S\downarrow \quad (7)$$

③ 焦钒酸钠被栲胶氧化(以 Q 表示)

$$Na_2V_4O_9+Q(\text{氧化态})+2NaOH+H_2O \longrightarrow 4NaVO_3+Q(\text{还原态}) \quad (8)$$

④ 还原态栲胶被空气氧化为氧化态栲胶

$$Q(\text{还原态})+O_2 \longrightarrow Q(\text{氧化态})+H_2O \quad (9)$$

溶液中的碳酸氢钠与氢氧化钠反应生成碳酸钠而循环使用。

栲胶脱硫法具有栲胶货源丰富、价格低廉、溶液无毒、所得硫黄颗粒大而疏松、黏性低、容易回收等特点。

(3) 低温甲醇法　一种物理吸收脱硫法。它是以甲醇为吸收剂，可以脱除煤气中的轻质油、HCN、H_2S、COS 及 CO_2 等。脱硫是在低温高压下进行。在-30～-60℃的低温下，粗煤气中的轻质油蒸气和部分水汽先溶解在甲醇中，接着是硫化氢、有机硫化合物和部分二氧化碳的脱除，最后是剩余二氧化碳的脱除。

酸性气体在甲醇中的溶解度随温度降低而增大，在由-30℃降到-60℃以下时，溶解度急剧增大。此外，酸性气体的溶解度还随压力升高而增大，当减压时被吸收的气体即行放出。由于在甲醇中，硫化氢的溶解度比二氧化碳要大，而且吸收速度更快，因此可通过分段吸收及再生方法获得高浓度的硫化氢及二氧化碳。

甲醇法的特点是净化度高，可将含 1%H_2S 和 COS、35%的煤气或油化气净化到(H_2S+COS)$<0.1\times10^{-6}$、$CO_2<1\times10^{-6}$的水平。此法主要缺点是甲醇有毒，对设备及管道的密闭性要求严格，需使用耐低温钢材，脱硫过程解吸的 H_2S 需用专门设备回收硫黄。

(4) 聚乙二醇二甲醚法　一种以聚乙二醇二甲醚为吸收溶剂的物理吸收法。聚乙二醇二甲醚对硫基化合物，包括 H_2S、COS、硫醇及 CO_2 都有很强的吸收能力。吸收后经闪蒸及降低压力可以解吸出酸性气体，最后用蒸汽或惰性气体将剩余酸性气体汽提除去，对溶剂进行再生。由于溶剂的蒸气压较低，因此溶剂的损失很少。此法可用于脱除煤气中所含 H_2S、CO_2 及其他酸性组分。

（5）环丁砜法　一种物理化学吸收法。其吸收液是由物理溶剂和化学溶剂组成，因而兼有物理吸收及化学反应两种性质。可用于脱除煤气或天然气中的 H_2S、COS、CO_2 及有机硫化物（如硫醇）。

此法采用环丁砜和烷基醇胺（一乙醇胺或二异丙醇胺）的混合液作吸收剂。H_2S 或 CO_2 等酸性气体通过物理作用溶解于环丁砜中。而当酸性气体的分压较高时，环丁砜溶液吸收酸性气体以物理吸收作用为主；而当酸性气体的分压较低时，溶液的平衡吸收量随分压变化不大，这表明是以化学吸收为主。所以环丁砜溶液吸收酸性气体的过程是物理与化学作用的总和。而二异丙醇胺（用 R_2NH 表示）对 H_2S 和 CO_2 的吸收及再生反应可用下式表示：

$$R_2NH+H_2S \rightleftharpoons R_2NH_2 \cdot HS \tag{10}$$

$$R_2NH+CO_2+H_2O \rightleftharpoons R_2NH_2 \cdot HCO_3 \tag{11}$$

环丁砜法的主要缺点是溶剂价格昂贵。

在处理天然气时，如硫化氢含量较高，压力在 4.0MPa 以上时，可采用环丁砜法、聚乙二醇二甲醚法等；重油部分氧化法制合成气的气化压力也较高，在重油中硫含量较多时，可选用低温甲醇法、环丁砜法、聚乙二醇二甲醚法等；当原料气中的硫化氢、二氧化碳等酸性气体含量较多时，可选用物理吸收法或物理化学吸收法；而当原料气中的硫化氢含量低，但含有较高二氧化碳时，可选用改良蒽醌二磺酸钠法及栲胶法等。

尽管湿法脱硫技术在工艺、设备、防腐及废物处理等方面都在不断革新、改造和发展，但普遍还存在着设备体积庞大、运行费用及能耗高、操作条件苛刻、废液回收较困难等缺点。

2. 干法脱硫

干法脱硫是利用脱硫剂对某些有机硫转化吸收或利用物理、化学吸收脱除原料中 H_2S 的过程，也是从原料中精细脱除硫化物的传统方法。具有脱硫精度高、设备简单、操作平稳等特点，尤适用于湿法脱硫难以达到质量要求的生产工艺。

(1) 氧化锌脱硫剂

① 反应机理。氧化锌脱硫剂是一种转化吸收型固体脱硫剂，其主要活性组分是 ZnO，有时还添加 CuO、MgO、MnO_2 或 Al_2O_3 等促进剂及纤维素、矾土、水泥等粘结剂和发孔剂。

一些金属氧化物与 H_2S 的结合能力强弱的顺序为：

CuO>ZnO>NiO>CaO>MnO>Ni>Cu>MgO

所以，ZnO 的脱硫能力仅次于 CuO，在一些常温氧化锌脱硫剂中加入适量 CuO 就是为提高其脱硫效果。

氧化锌脱硫剂主要用于脱除原料气中的 H_2S，也可脱除较简单的有机硫，对硫醇反应性较好，但对噻吩转化能力很低。它与各种硫化物的反应如下：

$$ZnO+H_2S \xlongequal{} ZnS+H_2O \qquad \Delta H_{298}^{0}=-76.62kJ/mol \tag{12}$$

$$ZnO+COS \xlongequal{} ZnS+CO_2 \qquad \Delta H_{298}^{0}=-126.4kJ/mol \tag{13}$$

$$ZnO+C_2H_5SH \xlongequal{} ZnS+C_2H_4+H_2O \qquad \Delta H_{298}^{0}=-0.58kJ/mol \tag{14}$$

$$ZnO+C_2H_5SH+H_2 \xlongequal{} ZnS+C_2H_6+H_2O \qquad \Delta H_{298}^{0}=-137.83kJ/mol \tag{15}$$

$$2ZnO+CS_2 \xlongequal{} 2ZnS+CO_2 \qquad \Delta H_{298}^{0}=-283.95kJ/mol \tag{16}$$

氧化锌脱硫剂的脱硫精度可达 0.1×10^{-6} 以下，硫容一般为 10%~30%。氧化锌吸收 H_2S 后生成难于离解而十分稳定的 β-ZnS。这是因为在脱硫过程中，H_2S 或 COS 不仅进入 ZnO 固体颗粒细孔后在内表面吸附，而且渗透到 ZnO 晶粒内部进行反应。并由外向内生成一个致密的 β-ZnS 层包裹在 ZnO 上，ZnS 中的硫离子可渗透到 ZnO 微晶内部与氧离子进行交换，直至整个六方晶系 ZnO 完全转化为立方晶系 ZnS 为止。

所以，决定脱硫剂具有最高硫容的主要因素是：首先是单位体积中的 ZnO 数量，这与锌含量及脱硫剂的堆密度有关；其次是脱硫剂中 ZnO 的可利用率，它依赖于脱硫剂的有效表面积及孔结构。合适的孔结构及较高的比表面积有利于硫化氢的扩散及与 ZnO 充分反应，提高有效利用率。但对工业脱硫剂而言，还要求具有较大的抗压碎强度，不致因运输或使用时因脱硫剂破碎而增加床层阻力降或产生粉尘带入后系统，导致脱硫剂提前更换。但强度增大可使脱硫剂颗粒密实而孔结构欠发达，而某些结构性助剂的加入会提高强度或反应活性，但会引起锌含量降低。显然，这些因素是相互制约的，一个好的脱硫剂则是有效平衡好孔结构、比表面积、强度及活性组分含量之间的相互关系。

氧化锌脱硫剂使用方便，是一种常用精脱硫剂，也是目前使用较多的一种干法脱硫剂，但它不能再生，脱硫成本较高。失活的氧化锌脱硫剂，还可以它为原料重新用于制造氧化锌脱硫剂或用于制取橡胶填料、含锌肥料、涂料等，以使资源充分使用。

② 氧化锌脱硫剂制法。氧化锌脱硫剂制备方法主要分为沉淀法及混捏法。沉淀法是以金属锌为原料，经硫酸溶解后用碳酸钠沉淀制得 $ZnCO_3$，再经干燥、焙烧制得 ZnO，然后加入各种助剂，经成型、干燥及焙烧后制成脱硫剂。混捏法是以 ZnO 为原料，将活性氧化锌与一定量的助剂混碾均匀再加水捏合，挤条成型后经干燥、焙烧而制成。混捏法是一种典型的氧化锌脱硫剂制备方法，其过程如下：

活性氧化锌
发孔剂
粘结剂
助剂 } →混碾 $\xrightarrow{H_2O}$ 捏合→挤成成型→干燥→焙烧→筛分→成品

所用发孔剂可以是碳酸锌、羟甲基纤维素、表面活性剂等；粘结剂可用矾土水泥、氧化镁、氢氧化铝等；助剂有 MnO_2、CuO、CaO 等。氧化锌脱硫剂多呈条形，选择合适的发孔剂、粘结剂获得的脱硫剂具有适宜的孔结构、比表面积及机械强度。最终焙烧温度与所选用的发孔剂及粘结剂的性质有关，焙烧温度高低对脱硫剂的物化性能影响较大。

③ 氧化锌脱硫剂的应用。氧化锌脱硫剂品种较多，按使用温度范围可分为高温、中温、低温及常温等多种类型；按应用范围有天然气、油田气、炼厂气、丙烯、轻油、制氢、甲醇合成

气、二氧化碳及制氨原料气等。表 7-2 所示为北京三聚环保新材料股份有限公司研发的 JX-4D 常温氧化锌脱硫剂及 JX-4C 高温脱硫剂的性能及使用条件。

表 7-2　氧化锌脱硫剂性能及使用条件

项目		JX-4D	JX-4C
物理性能	外观	灰白色或灰色条形	灰白色条形
	粒度/mm	$\Phi(4.0\pm0.3)\times(5\sim20)$	$\Phi(4.0\pm0.03)\times(5\sim20)$
	堆积密度/(kg/L)	1.0~1.2	0.95~1.20
	颗粒径向抗压强度/(N/cm)	≥50	≥50
使用条件及技术指标	温度/℃	0~120	220~400
	压力/MPa	常压~8.0	常压~4.0
	气态空速/h^{-1}	≤2000	≤2000
	液态空速/h^{-1}	≤4	≤4
	高径比	3~6	3~6
	入口 H_2S 含量/10^{-6}	≤1000	≤1000
	出口 H_2S 含量/10^{-6}	≤0.03	≤0.03
	穿透硫容/%	≥10	≥20(220℃) ≥30(350℃)
主要用途		适用于丙烯、天然气、炼厂气、石脑油等气、液物料的精脱硫化氢。具有在常温下脱硫精度高、机械强度好、使用寿命长、不影响物料色度等特点	适用于天然气、炼厂气、石脑油、合成气等为原料的炼油厂制氢、合成氨净化等单元中，操作温度在200℃以上的精脱硫化氢工艺。同时对羰基硫、硫醇等有机硫有转化及吸收作用

(2) 氧化铁脱硫剂　氧化铁脱硫剂是一古老而使用历史悠久的脱硫剂，所用原料天然沼铁矿、硫铁矿灰、人工氧化铁、炼铁赤炉赤泥及颜料厂或硫酸厂的下脚铁泥等。

① 脱硫原理。氧化铁脱硫剂按操作温度不同可分为常温、中温及高温三种类型。各种脱硫剂的特点及反应原理如表 7-3 所示。

表 7-3 各种氧化铁脱硫剂的脱硫特点及原理

脱硫剂种类	脱硫剂组分	使用温度/℃	反应原理
常温法	FeOOH 或 $Ca_2Fe_2O_5$	25~50	$2FeOOH+3H_2S=\!=\!=Fe_2S_3\cdot H_2O+3H_2O$
中温法	Fe_2O_3、Fe_3O_4	250~400	$Fe_2O_3+3H_2S=\!=\!=FeS+FeS_2+3H_2O$（非还原性气氛） $Fe_3O_4+H_2+3H_2S=\!=\!=3FeS+4H_2O$（还原性气氛）
高温法	Fe、$ZnFe_2O_4$		$Fe+H_2S=\!=\!=FeS+H_2$ $ZnFe_2O_3+H_2+3H_2S=\!=\!=2FeS+ZnS+4H_2O$

常温法脱硫时，活性铁应包括 α-FeOOH、γ-FeOOH 及无定形 FeOOH 三种水合氧化铁。早期认为 α-FeOOH 的脱硫活性最好，近期则认为 γ-FeOOH 及 γ-Fe_2O_3 的脱硫活性最好，而 α-FeOOH 只有前两者的一半左右。H_2S 的分子直径约为 0.36nm，离解后 S^{2-} 直径约为 0.35nm。因此，氧化铁用于常温脱硫时，其晶格必须疏松，H_2S 或 S^{2-} 才容易扩散。α-型、γ-型水和氧化铁及 γ- Fe_2O_3 的晶格常数为 0.8~2.2nm，故能满足上述要求。而 α-Fe_2O_3 结晶致密，晶格常数 $a=b=c=0.542$nm，密度为 4.9~5.5g/mL，比上述几种氧化铁的密度均高，故 α-Fe_2O_3 与 H_2S 不易发生反应。Fe_3O_4 的晶格常数虽与γ-Fe_2O_3相接近，但它为尖晶石结构，同一晶胞含有较多数目的铁离子，密度较大，故脱硫性能较差。

② 脱硫剂制法。氧化铁脱硫剂用沉淀法或共沉淀法制取。用沉淀法制造常温氧化铁脱硫剂的过程如下：

含铁原料→中和沉淀→过滤洗涤→干燥→粉碎→碾压→挤条→干燥→筛分→脱硫剂

制备时，通过向 Fe^{2+} 或 Fe^{3+} 溶液中加入沉淀剂制备前躯体，再经后处理及成型制得 FeOOH。为保持脱硫剂呈 γ-FeOOH 状态，制备过程只经干燥而不进行焙烧。

中温氧化铁脱硫剂通常添加少量添加剂，并采用共沉淀法制取，其制备过程如下：

$$\left.\begin{matrix}铁屑\\稀硫酸\end{matrix}\right\}\rightarrow溶解\xrightarrow{CuSO_4}稀释\xrightarrow{液碱}中和\rightarrow过滤洗涤\rightarrow干燥\xrightarrow{Al(OH)_3}球磨\rightarrow$$

$$焙烧\xrightarrow{石墨}混碾\rightarrow压片\rightarrow脱硫剂(Fe_2O_3)$$

③ 氧化铁脱硫剂的应用。国内生产的氧化铁脱硫剂品种较多，并以常温 γ-FeOOH 脱硫剂为主，硫容较高，操作方便、能耗低，并可再生。一般用于粗脱硫(脱至 $H_2S<10mg/m^3$)，可用于低氧(0.8%)或无氧状况下的脱硫，常用于煤气、甲醇合成气、油田伴生气及尿素生产中二氧化碳的脱硫。由于氧化铁脱硫剂价格便宜，有些常温氧化锌脱硫剂已为氧化铁脱硫剂所替代。

此外，一些新型的氧化铁脱硫剂不仅对 H_2S 的脱除率可达99%以上，而且脱硫剂吸收 H_2S 后可加入适量空气在一定条件下进行再生，其反应为：

$$Fe_2S_3 \cdot H_2O+1.5O_2 = 2FeOOH+3S \quad \Delta H_{298}^0=609kJ/mol \quad (17)$$

由上式与脱硫反应(见表 7-2)可以看出，脱硫剂的脱硫与再生过程构成了一个 H_2S 被转化成单体硫的脱硫循环。氧化铁在其中充当了催化剂及载氧体，而本身并未消耗。

(3) 活性炭脱硫剂　活性炭脱硫剂是 20 世纪 30 年代初发展起来的一种干法脱硫剂。早期主要用于化肥厂。近来由于再生技术的发展，又开发出精脱硫用的活性炭脱硫剂及常温脱硫技术，一些合成氨厂、尿素厂、联醇生产厂等都开始采用活性炭脱硫剂干法脱除原料气中的 H_2S 及部分有机硫。

① 脱硫机理。活性炭是具有不规则石墨结构的黑色固体，其主要成分是碳，还含有少量 H、O、N、S 和灰分，这些物质含量虽很少，但对活性炭性质有一定影响，尤其是将活性炭作催化剂及脱硫剂用时，这些微量成分所起的作用也就更大。活性炭在 300～800℃ 下煅烧时，表面会产生酸性基团，而在 800～1000℃下煅烧时，又形成碱性基因，故使活性炭能呈现酸性或碱

性。活性炭具有丰富的细孔结构及很高的比表面积（有的甚至超过 $2000m^2/g$）。

活性炭脱硫机理存在着吸附、氧化、催化转化三种方式。脱硫过程中，活性炭中的大孔和中孔为被吸附质分子进入吸附部位提供通道，而吸附作用主要在活性炭的微孔中进行。当原料气中的 H_2S 及有机硫被吸收到活性炭粒子内部后会使其浓度变低，但由于活性炭对硫化物的吸附量很小，吸附不是活性炭的主要脱硫方式。

当气体中有氧及水蒸气同时存在时，活性炭可充当氧载体，同时通过活性炭表面基团的催化作用加速气体中的 H_2S 与 O_2 发生下述反应：

$$2H_2S+O_2 \longrightarrow 2H_2O+2S \quad \Delta H=-434.3kJ/mol \tag{18}$$

实际上，H_2S 与 O_2 在活性炭表面的反应可分为两步进行。首先是活性炭表面吸附氧，形成表面氧化物活性中心，然后气体中的 H_2S 分子与化学吸附的氧发生上述反应。生成的硫沉积在活性炭的微孔中。为了加速脱硫反应，O_2/H_2S 的比值需大于理论值 0.5，而以比值大于 3 时的脱硫效果更好。

活性炭脱除有机硫化物的机理可能更复杂一些，除吸附作用外，也存在着下述催化氧化及催化转化两种脱硫方式：

$$COS+1/2O_2 \longrightarrow CO_2+S \tag{19}$$

$$CS_2+2NH_3 \longrightarrow NH_4CNS+H_2S \tag{20}$$

② 脱硫剂制法。活性炭脱硫剂可分为用于粗脱硫的普通型活性炭脱硫剂及适用于精脱硫的改性活性炭脱硫剂。普通型活性炭脱硫剂的制备过程如下：

粘结剂（焦油）→混合；H_2O→挤出成型

褐煤→破碎→磨粉→混合→挤出成型→干燥→炭化→活化

筛分→脱硫剂成品

精脱硫活性炭脱硫剂制备过程如下：

活性金属盐溶液→浸渍

成型活性炭→浸渍→干燥→焙烧→筛分→脱硫剂成品

精脱硫活性炭脱硫剂通常是通过加入改性成分使活性炭改性后可以精脱硫。常用的改性成分有金属及其盐类[如 Fe、$Zn(NO_3)_2$、$ZnSO_4$、KNO_3、Cr、Ni 等]、碱类(如 KOH、Na_2CO_3、$NaHCO_3$、K_2CO_3 等)及碘类(如 HIO_3、KI、I_2、$NaIO_3$ 等)。用于脱除 COS 的改性成分主要有 $Cu(NO_3)_2$、$Zn(NO_3)_2$、Cu、Zn 等;用于脱除 CS_2 的改性成分主要有 $CuSO_4$、KOH、钾盐、钠盐及有机胺等。

③ 活性炭脱硫剂的应用。活性炭脱硫剂品种很多,普通型活性炭粗脱硫剂多用于原料中硫含量较高而脱硫精度要求不高的工况中,如中小型氮肥厂用于天然气、半水煤气湿法脱硫后的进一步脱硫。操作时空速低、装填量大、再生频繁。精脱硫活性炭脱硫剂可用于甲醇、合成氨、食品用二氧化碳及电子加工用原料气的精脱硫。

使用活性炭脱硫剂时应注意以下问题:

① 操作温度。在 5~60℃温度范围内脱硫剂具有较高脱硫效率,温度高于 60℃时,由于活性炭表面吸附硫化物的作用减弱,会使脱硫效果下降。

② 氧及氨含量。氧与氨在脱硫过程中直接参与脱硫反应,在脱 H_2S 时,原料气中的氧含量控制在超过理论需要量的 50%;氨的用量可较少,一般取气体中 H_2S 的 1/2(摩尔比)。但在使用精脱硫剂时,由于制备过程中添加了能加速脱硫反应的活性组分,也可在原料气中不加入氨。

③ 水汽含量。活性炭脱硫剂在干燥的气体中脱硫效果差,要求被净化气体的相对湿度为 70%~90%,但不能夹带液体水,否则会使脱硫剂失去活性。

④ 煤焦油、高级烃及不饱和烃含量。吸附气体中的煤焦油会堵塞活性炭脱硫剂孔道而直接影响硫容,气体中的高级烃或不饱和烃会因聚合生成的聚合物覆盖脱硫剂表面而降低硫容。因此,在精脱硫工段前应预先除去原料气中所含的煤焦油及不饱和烃等物质。

活性炭脱硫剂在使用后期，会在孔隙中聚集大量的硫及硫的含氧酸盐而失去脱硫活性。这时可以用热的惰性气体、过热蒸汽等再生后重复使用。而近来研究表明，使用双氧水溶液、硝酸溶液、氧气等将活性炭孔道中的单质硫氧化成二氧化硫，或用氢气将活性炭孔道中的单质硫还原为 H_2S 等的氧化还原法进行活性炭再生时，其再生效果优于热再生法。

（4）铁锰脱硫剂　天然锰矿脱硫也是一种古老的方法，因其硫容不高、使用量很大，而且各地所产锰矿品位不同，其可靠性不高。天然锰矿一般含 Mn 40%~50%，软锰矿含 MnO_2 达 90%。其脱硫精度虽然不高，但对有机硫有良好的转化能力。以天然锰矿为原料，掺合一定量的天然铁矿石，并加入适量助剂制成的铁锰系脱硫剂则是一种价格低廉并有一定有机硫转化活性的精脱硫剂。

① 脱硫原理。铁锰脱硫剂在使用前需用含氢量为 1%~5% 的天然气进行还原，还原操作在低于 450℃ 下进行。使其中的 MnO_2 及 Fe_2O_3 分别被还原成具有高活性的 Mn_3O_4 及 Fe_3O_4，还原反应如下：

$$3MnO_2+2H_2 \longrightarrow Mn_3O_4+2H_2O \tag{21}$$

$$3Fe_2O_3+H_2 \longrightarrow 2Fe_3O_4+H_2O \tag{22}$$

在 300~400℃时，天然气中的 RSH、RSR′、RSSR′等被脱硫剂中的铁锰氧化物催化热分解成烃类和 H_2S，生成的 H_2S 又被铁锰氧化物吸收并生成相应的硫化锰、硫化铁等。这些硫化物除了具有催化热分解有机硫的能力外，随着吸硫过程继续进行，脱硫剂会逐渐转变为类似 Co-Mo、Fe-Mo 的有机硫加氢催化剂，从而具有催化氢解、催化转化等功能，起到精脱 H_2S 及有机硫的双重效果。其脱硫反应有：

$$MnO+H_2S \longrightarrow MnS+H_2O \tag{23}$$

$$Fe_3O_4+3H_2S+H_2 \longrightarrow 3FeS+4H_2O \tag{24}$$

$$CS_2+2MnO \longrightarrow 2MnS+CO_2 \tag{25}$$

$$COS+MnO \longrightarrow MnS+CO_2 \tag{26}$$

$$Fe_2O_3+3H_2S \longrightarrow FeS+FeS_2+3H_2O \tag{27}$$

② 脱硫剂制法。铁锰脱硫剂是以天然锰矿及铁矿为主要原料，并添加适量助剂制得，其制备过程如下：

助剂 + H_2O

天然锰矿→破碎→烘干→球磨
天然铁矿→破碎→烘干→球磨 } →混碾→压片或挤条→干燥→脱硫剂成品

所使用的助剂可以是 ZnO、CuO 及 MgO 等，它们对脱硫反应具有促进及转化作用。

③ 铁锰脱硫剂的应用。表 7-4 所示为国内生产的部分铁锰脱硫剂的性质及应用条件。铁锰脱硫剂在 350℃ 时就有很高的脱硫活性，但原料气中氧含量要小于 0.5%，否则 Mn_3O_4 会氧化成 MnO_2 而失去脱硫活性。原料天然气中的水汽含量要小于 0.4%，否则会降低脱硫活性。气体中含有机硫时，一般需有少量氢存在，一定量的氢可增强脱硫剂的脱硫活性。

表 7-4 常用铁锰脱硫剂的性质及应用条件*

工业牌号	MF-1	MF-2	LS-1	T313
外 观	黑褐色圆柱体	黑褐色圆柱体	黑褐色圆柱体	灰褐色条或圆柱体
外形尺寸/mm	$\phi 9\times5$	$\phi 9\times5$	$\phi 9\times5$	条 $\phi 3.5\sim4.5$ 圆柱体 $\phi 9\times(6\sim9)$
主要活性组分含量/%	(Mn+Fe+Zn) >35	(Mn+Fe+Zn) >45	(Mn+Fe+Zn) >35	Fe-Mn-Zn —
堆密度/(g/mL)	1.35~1.45	1.20~1.30	1.35~1.45	条 1.1~1.25 圆柱 1.45~1.75
侧压强度/(N/cm)	>160	>160	>160	>100
磨耗率/%	<11	<11	<11	<15
操作温度/℃	350~400	350~400	200~250	280~450
操作压力/MPa	0.1~4	0.1~4	0.1~4	0.1~5
空速/h^{-1}	100~1000	100~1000	100~1000	≤1000
脱硫精度/10^{-6}	0.1	0.1	0.1	0.1

* 生产厂：西南化工研究院、西北化工研究院等。

（5）分子筛脱硫剂　分子筛是一种人工合成的沸石，不同的沸石有着极其相似的组成与性质，它们都含有 SiO_2 及 Al_2O_3。分子筛的基本结构是由 SiO_2 四面体和 AlO_4 四面体基本结构单元所组成。分子筛所具有的笼形孔洞骨架结构，在脱水后形成很高的内表面积，可容纳相当数量的吸附质分子，内晶表面高度极化，晶穴内有强大的静电场，微孔分布均匀，使分子筛具有特殊的吸附作用，并能按分子的大小及形状不同进行选择性吸附。

分子筛本身或改性分子筛可精细脱除原料气中的有机硫化物，常用于脱硫的分子筛有 13X 分子筛及 5A 分子筛等。如 13X 分子筛可有效地脱除油品或气体中的有机硫。尤其是经催化氧化脱除油品中的硫醇。硫醇不仅产生恶臭，它还是一种氧化引发剂，会使油品中的不稳定物氧化、叠合生成胶状物质。硫醇还会使许多催化剂中毒并腐蚀设备及管道。

如采用 Gu^{2+} 部分交换的 13X 分子筛，在有氧气存在时，分子筛上的活性组分 Cu^{2+} 可将硫醇催化氧化而加以脱除，其脱硫反应如下：

$$2Cu^{2+}+4RSH \longrightarrow RSSR+2RSCu+4H^{+} \quad (28)$$

$$2RSCu+4H^{+}+O_2 \longrightarrow RSSR+2H_2O+2Cu^{+} \quad (29)$$

$$\text{总反应为 } 4RSH+O_2 \longrightarrow 2RSSR+2H_2O \quad (30)$$

分子筛除能有效地选择吸附气体中的硫化氢、硫醇外，也能吸附噻吩。分子筛对某些硫化物的吸附强度为：$C_4H_4S > CH_3SCH_3 > CH_3SH > H_2S(COS、CS_2)$。

吸附饱和后的分子筛，可用蒸汽或空气、氮气、甲烷作为热载体（同时也是解吸剂）进行再生，再生解吸温度应比吸附温度高 100~200℃。

（6）常用干法脱硫剂的性能比较　综上所述，表 7-5 所示为常用干法脱硫剂的性能特点。

表 7-5　常用干法脱硫剂的性能特点

名称	氧化锌法	活性炭法	氧化铁法	铁锰法	分子筛法
脱硫方法	转化吸收	催化氧化	转化吸收	转化吸收 催化氧化	吸附、催化氧化
主要优点	一般不受原料限制，适应性强。高温下可精细脱除 H_2S，还能脱除一些简单的有机硫化物	比表面积大，常温吸附能力高，适应性强，操作温度低，并可再生反复使用，价格较低	可粗脱硫及精脱硫，常温脱硫剂发展快，脱硫精度高，硫容高，能耗低，价格也较低，操作方便并可再生	可转化吸收天然气中的有机硫，常用于天然气粗脱硫及精脱硫，价格较低	可脱除有机硫化物，如硫醇、噻吩，也能脱除二氧化硫
主要缺点	温度对脱硫性能影响大，高温下的硫容较高，低温下的硫容低。不能回收利用，价格较高	仅限于有氧存在，且有一定湿度和碱性环境。CO_2 含量高的气氛中脱硫能力下降。$>C_2$ 的烷烃及烯烃存在会降低脱硫效率	中、高温脱硫剂应用较少，尤其是用于高温时，副反应复杂	主要限于天然气脱硫，使用时对氧敏感，氧是脱硫剂的主要毒物。不能脱除噻吩	脱硫效率较低，目前应用还较少

近年来，干法脱硫技术发展很快，根据人们对铁系材料的深入研究，发现无定形 FeOOH 在常温下具有较高的脱硫活性，在无氧条件下，一次性穿透硫容可高达 60%，脱硫后的产物经氧化再生后可得到单质硫黄和无定形 FeOOH。将生成的硫黄分离后，再生后的无定形 FeOOH 在结构上并无变化，即使经多次反复再生，仍有较高的硫容。北京三聚环保新材料股份有限公司对

不同晶形的羟基氧化铁(FeOOH)进行考察研究，并在此基础上开发出一种新型能源环保新材料——无定形羟基氧化铁。并由此研制出一种新型、高效的常温无定形羟基氧化铁脱硫剂，脱硫精度达10^{-9}甚至更高，单次硫容高达40%以上。可用于油田伴生气、液化气、沼气及喷气燃料等脱硫，具有脱硫效率高、使用周期长等特点，并实现废脱硫剂再生-复原-硫黄回收的资源可持续利用。

7-2 脱氯剂

7-2-1 发展趋势

氯是性质极为活泼的元素，尤以湿氯为烈。除氟、氧、氮、碳及惰性气体外，氯能与所有元素生成氯化物。氯也是多种催化剂及吸附剂的毒物，它具有很强的电子亲和力及迁移性，易与金属离子反应，且常随工艺气体向下游迁移，造成催化剂中毒。氯中毒后的催化剂常会有新相形成，使催化剂的结构遭到破坏。如在制氢及制氨的精脱硫过程中，氯会与脱硫剂中的氧化锌反应形成氯化锌，而氯化锌由于具有较低的熔点(283℃)，致使脱硫剂易发生烧结并结焦。氯对氨合成催化剂的中毒程度可比含氧化合物大数十倍，因氯化铁的低熔点及其挥发性能促进铁晶粒长大，破坏催化剂的活性结构。氯对烃类水蒸气转化制氢过程中的低温变换催化剂的影响很大，含有0.57%氯的催化剂则可完全丧失活性。

随着合成氨、石油化工及炼油技术的不断发展，一些工艺过程，如制氢、催化重整、乙烯氧化制环氧乙烷、低压合成甲醇、羧基合成制丁辛醇及聚合等，都逐渐使用高效节能的催化剂及工艺技术，而新型催化剂对其所要处理的原料杂质含量的要求比传统催化剂苛刻，其中对原料中的氯含量有严格要求，又如各种油田为了提高原油的产量，广泛使用破乳剂、酸化剂、清蜡剂等各种采油助剂，其中不少采油助剂中含有各种类型的有机氯化物，这些氯化物难溶于水、热稳定性好、难以用电脱盐方法脱除，大部分会存在于常减压蒸馏的直馏汽油馏分中。在催化重整加工过程中，这些直馏汽油馏分经过预加氢处理时，所含有机氯化物将转化为氯化氢，氯化氢与水和氨作用分别形成盐酸及氯化铵，对设备及管道产生严重腐蚀。氯化物还来源于工艺水、蒸汽、空气及原料烃，利用岩洞储存的液化天然气或液化石油气会含有微量氯化氢，某些特殊工艺也会产生氯化氢。此外，含氯废旧塑料焚烧时产生的氯化氢会污染大气及腐蚀建筑物。混合废旧塑料热降解时也会生成有机氯及无机氯化合物。当利用这些裂解油作为燃料时，有机氯会产生有毒物质，无机氯会对燃烧炉造成腐蚀。所以，随着环保要求的日益严格及炼油、石油化工发展的需要，对脱氯剂提出更高的要求。目前脱氯剂正向着由低氯容向高氯容、由单纯脱氯化氢扩展到同时能脱除 Cl_2、$COCl_2$、H_2S 及有机氯的多功能以及由不能再生到可反复再生使用等方向发展。

7-2-2 催化脱氯及电化学脱氯

脱氯技术较多，较为成熟及实用的方法是催化脱氯技术和电化学脱氯技术。催化脱氯又可分为有机氯的脱除及无机氯的脱除。

1. 催化脱氯

(1) 有机氯脱除的反应机理　用催化剂脱除有机氯的反应机理可分为催化加氢脱氯及催化氢转移脱氯两种类型。

① 催化加氢脱氯。是在氢气存在下由于催化剂的作用发生脱氯反应。反应大致可以分为以下四个步骤：a. 氢气在催化剂表面吸附。氢分子首先被吸附在催化剂活性金属颗粒表面上并均裂成氢原子，氢原子在催化剂表面的弱 L 酸作用下失去一个电子而形成 H^+，成为催化剂表面的 B 酸中心。b. 有机氯化物在催化剂表面的吸附。有机氯化物的氯原子由于强的吸电子诱导效应而带负电荷，易被吸附在具有 B 酸中心 H^+ 的催化剂表面上。c. 发生表面反应，吸附的氢与有机氯化物反应，生成氯化氢和相应的烃类。d. 产物脱附。反应生成的烃类和氯化氢从催化剂表面脱附，其中的任何一步都会不同程度地影响脱氯速率，而总

的脱氯速率主要受吸附最慢的过程控制。

② 催化氢转移脱氯。其反应过程可分为：a. 催化剂与氯代烃类接触后形成配合物 A。b. 供氢剂与生成的配合物 A 发生氢转移反应，将氯离子取代后形成新的配合物 B，而氯离子则从配合物中游离出来。c. 配合物发生分解，形成催化剂与相应的烃类物质。

实际上，催化脱氯反应过程是由一连串的物理过程及化学过程所构成，其脱氯效率不仅与催化剂的性能有关，也与所采用的工艺条件及物料性质等因素有关。

（2）无机氯的脱除机理　无机氯（如氯与氯化氢等）的脱除可分为物理吸附法及化学吸收法两种类型。

物理吸附法主要采用具有较大比表面积的活性氧化铝、分子筛为吸附剂，采用物理吸附的方法脱除无机氯。如活性氧化铝具有较大的比表面积及丰富的孔道结构，且孔道是高极性的，对极性分子有较强的吸附力，而氯化氢属于强极性分子，故使用活性氧化铝可从非极性分子中有效除去 HCl，大部分烷烃中的氯化物也可用活性氧化铝除去。但活性氧化铝可以有效地除去高浓度的 HCl，而对于低浓度 HCl（$<100\mu g/g$）的脱除效果较差，如将活性氧化铝与分子筛吸附剂掺合使用，则对低浓度 HCl 的吸附脱除有良好效果。

化学吸收法是通过待净化原料中的 HCl 与脱氯剂中的有效金属组分 M 进行反应，通过生成稳定的金属氯化物而被固定下来，其反应通式如下：

$$M^{n+}+nCl^{-}\longrightarrow MCl_{n}(n=1,2,3,\cdots) \qquad (31)$$

上述反应实际上是一种酸碱中和反应，只要金属组分 M 有足够的吸收能力与 Cl 进行结合，并将氯固定下来，则 M 可以认为是一种适于吸收氯的组分。显然，周期表Ⅰ、Ⅱ族的碱金属及碱土金属元素及其化合物是氯的有效吸收剂，以钙系脱氯剂为例，其主要反应为：

$$CaO+2HCl\longrightarrow CaCl_{2}+H_{2}O \qquad (32)$$

$$CaCO_3+2HCl \longrightarrow CaCl_2+H_2O+CO_2\uparrow \tag{33}$$

$$Ca(OH)_2+2HCl \longrightarrow CaCl_2+2H_2O \tag{34}$$

通常用物理吸附法只能使 HCl 的质量分数降低到 3×10^{-7} 左右，而化学吸收法可使 HCl 的质量分数下降到 10^{-8} 以下。但化学吸收型脱氯剂不能吸收有机氯，对于有机氯可采用加氢催化剂先将其氢解成氯化氢后，再用化学吸收型脱氯剂脱除氯化氢。对于含有 $COCl_2$ 等有机氯化物的原料，一般可先将其水解，转化后生成的氯化氢再用脱氯剂吸收。

2. 电化学脱氯

这是基于电化学原理脱除水中有机氯的一种方法，是使用金属铁及其化合物为催化剂，将水中有机氯化物进行脱氯降解。可使用的催化剂可以是金属铁（Fe^0）、二元金属（Pa-Fe、Ni-Fe、Cu-Fe 等）、FeS_2、FeS、Fe_2O_3 等。可降解的有机氯化物有四氯化碳、氯仿、三氯乙烯、四氯乙烯、氯乙烯、五氯苯酚、六氯乙烷等。电化学脱氯过程涉及以下反应。

Fe^0 的半电池反应：

$$Fe^{2+}+2e^- \longrightarrow Fe^0 \tag{35}$$

氯化烃的半电池反应：

$$RCl+2e^-+H^+ \longrightarrow RH^+Cl^- \tag{36}$$

因此，理论上 Fe^0 可将水中的氯化烃还原并脱除其中的氯原子。因此，使用以铁系金属为主的催化剂进行有机氯化物降解是一种廉价的方法。但目前还主要处于研究开发阶段。

7-2-3 脱氯剂的主要组成

目前市售的脱氯剂主要由活性组分及载体两部分组成。金属活性组分不但应具有较强的碱性，而且还应具有足够的固定氯离子的能力。常用的活性组分是周期表Ⅰ、Ⅱ族的金属及其化合物，如 NaOH、Na_2O、Na_2CO_3、KOH、K_2O、CaO、MgO 等，一些新型脱氯剂还使用 Fe、Cu、Zn、Mn、V、Ti 等金属及其化合物作为活性组分。

脱氯剂所使用的载体主要有活性炭、活性氧化铝、硅酸铝、沸石等。选用的载体应具有以下性能：①有良好的物化性能及丰富的孔结构，即具有较大的比表面积、孔容及适宜的孔径分布，使活性组分和氯反应时有足够的内扩散速率；②有较好的机械强度及耐磨耗性能，有较长的使用寿命；③制得的脱氯剂应具有较好的选择性，以减少脱氯之外的副反应，使脱氯前后的主体原料性质不发生变化；④价廉，易得。

按化学组成来分，常见的脱氯剂有改性氧化铝系脱氯剂、钙系脱氯剂、铜系脱氯剂、铁钾系脱氯剂及其他脱氯剂等。

7-2-4 脱氯剂的制备方法

常用脱氯剂制备方法有浸渍法、混捏法及共沉淀法等。

1. 浸渍法

浸渍法又可分为过量浸渍法及等体积浸渍法。过量浸渍法是将预先制好的载体浸泡在过量的浸渍液中(浸渍液体积超过载体可吸收体积)，待吸附平衡后，滤去过剩溶液，再经干燥、焙烧而制得成品。

等体积浸渍法是将载体与它可吸收体积的浸渍液相混合，由于浸渍液的体积与载体的孔容相当，只要充分混合，浸渍液恰好浸透载体颗粒而无过剩，可省掉废液过滤、回收等工序。浸渍结束后再经干燥、焙烧而制得成品。

浸渍法所使用的浸渍液可以是活性组分的水溶性氢氧化物或其他水溶性盐类(如硝酸盐、乙酸盐及氯化物等)。

2. 混捏法

这是将含金属活性组分的粉料与粉状载体一起充分混合或混磨后，再放入混捏机中，同时加入适量成型助剂(如粘结剂、助挤剂等)及水进行充分混捏。将混捏后的湿物料再经挤条或压片成型成所需要的形状，再经干燥、焙烧而制得成品。用混捏法制得的脱氯剂，其活性组分含量可高达总质量的70%~90%。

3. 共沉淀法

是将脱氯剂所需的两种或两种以上活性组分同时进行沉淀反应的一种方法，其特点是一次可以同时获得几种组分，而且各种组分的分布比较均匀。如果组分之间能够形成固熔体，则分散度更为理想。如用共沉淀法制取锌钙系脱氯剂时，可将硝酸锌与硝酸钙的混合溶液与碱液进行共沉淀反应。沉淀反应结束后将沉淀物经过滤、洗涤、干燥、成型(挤条或压片)、焙烧而制得成品。

工业用脱氯剂成型后的外形以条状为主，也有片状或球状。为降低催化剂床层阻力，也开发了齿球形、环形、蜂窝状及轮辐状等。

7-2-5 脱氯剂的选择及应用

目前，市售的脱氯剂产品种类及牌号很多。对脱氯剂的选型及与其他净化剂的合理组合是用户遇到的主要问题。如选型不当或组合不合理，不但难以达到脱氯效果，还可能会毒害下游催化剂。如净化石脑油原料气脱氯剂应置于转化催化剂与氧化锌脱硫剂之间，这样不但可使有机氯化物转化为氯化氢，还可以保护氧化锌脱硫剂。

按原料类型选择脱氯剂，可分为净化石脑油、轻油、合成气用脱氯剂；净化一氧化碳、二氧化碳用脱氯剂；净化氢气、氮气用脱氯剂等。按操作温度选择脱氯剂，可分为常温(4~70℃)脱氯剂、中温(<200℃)脱氯剂及高温(200~400℃)脱氯剂。按净化度要求选择脱氯剂时，主要按出口氯含量要求来选用适用的脱氯剂。

作为参考，表7-6所示为北京三聚环保新材料股份有限公司生产的脱氯剂产品的物理性能及使用条件。

表7-6 一些脱氯剂的物理性能及使用条件

项目		JX-5A 高温脱氯剂	JX-5B 低温脱氯剂	JX-5B-2 低温脱氯剂
物理性能	外观	浅粉红色条形	棕黄色条形	灰白色条形
	粒度/mm	φ(4±0.3)×(5~20)	φ(4±0.3)×(5~20)	φ(4±0.3)×(5~20)
	堆积密度/(kg/L)	0.75~0.85	0.80~0.90	0.55~0.65
	颗粒径向抗压强度/(N/cm)	≥50	≥80	≥60

续表

项目 \ 产品牌号		JX-5A 高温脱氯剂	JX-5B 低温脱氯剂	JX-5B-2 低温脱氯剂
使用条件及技术指标	温度/℃	200~400	-5~100	-5~60
	压力/MPa	常压~5.0	常压~5.0	常压~5.0
	气体空速/h^{-1}	≤2000	≤2000	3000
	液体空速/h^{-1}	≤4.0	≤4.0	—
	高径比	3~6	3~6	3~6
	入口 HCl 含量/10^{-6}	≤3000	≤3000	200
	出口 HCl 含量/10^{-6}	≤0.1	≤0.1	0.1
	穿透氯容/%	≥50	≥30	≥25
主要用途		适用于石油化工行业气、液物料，重整预加氢后物料的精脱氯化氢	适用于重整氢等物料的精脱氯	适用于常、低温条件下，氢气、氮气、合成气、气态烃等原料的精脱氯化氢

第八章　石油化工新催化剂的应用与进展

8-1　石油化工催化剂生产及研究面临的新形势

由于催化剂的不断更新换代以及生产技术的进步，促进了石油化工的蓬勃发展。以往所提炼的石油产品几乎全用在能源及交通方面，而目前用于石油化工的油品量在逐年迅速增加，并涉及各类化学反应。乙烯是石化工业的龙头产品，是石油化学工业的基础原料之一。乙烯工业的发展水平总体上代表了一个国家石油化工的发展水平。石油化工作为一个新兴产业，其发展速度一直高于工业发展平均速度和国民经济增长速度。

20 世纪 70 年代以后，发展中国家石油化工的相继崛起，使世界石油化工的格局发生了重大变化，世界石油化工有了新的更大发展，从而使世界石油化工面临着新的激烈争竞的形势。这种竞争实质上是石油化工技术的竞争，也是产量质量和成本价格的竞争，而作为石油化工技术中重要环节的催化剂势必成为人们关注的热点之一。在可以预见的将来，石油化工仍将是世界催化工艺和催化剂中最大用户。石油化工面临的以下新形势必将对催化剂的生产及研究提出新的更高的要求。

1. 石油化工新型组合

石油化工是一个与社会化大生产关联行业多的产业部门。石油化工主要与石油炼制连接，以进行石油的二次加工。近年来，一些石油资源缺少的国家，如日本等，石油化工的原料结构发生了很大变化，除了采用石油外，还使用了来自液化天然气和钢铁厂副产物，因而产生一些新型的组合趋势，如图 8-1 所示。

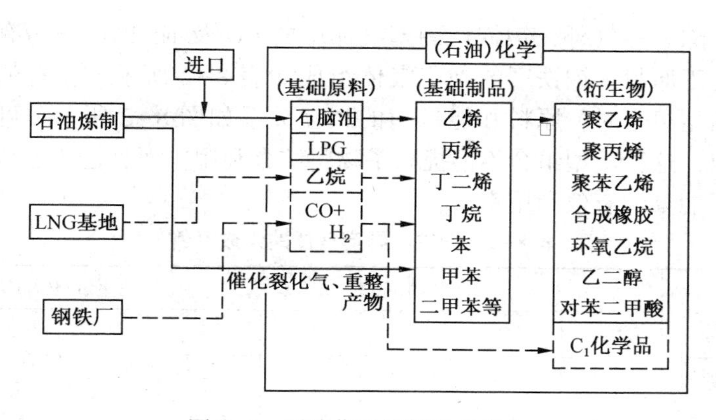

图 8-1 石油化工原料的多样化

→历来石油化工原料油；- - -→组合后的石油化工原料油；

LNG—液化天然气；LPG—液化石油气

对天然气的利用虽已有悠久的历史，但进展不快，随着天然气勘探和开采的增加，天然气的利用逐渐得到进一步发展。表8-1所示为世界一次能源的大致消费结构，从表中可以看出，天然气消费量在逐年上升，煤炭的消费量在逐年下降。由于能源形势的这种变化，无论是国际催化界或各大公司的催化研究机构都开始重视天然气化工和煤化工及相关催化剂的研究。

表 8-1 世界一次能源消费结构的变化 %

年 份	煤 炭	石 油	天然气	石油+天然气	其 他
1950	61.1	27.0	5.8	32.8	1.7
1960	52.0	32.0	14.0	46.0	2.0
1970	35.2	42.7	19.9	62.6	2.2
1980	30.8	44.2	21.5	65.7	3.5
1990	29.0	36.0	19.5	55.5	15.5
2000	29.5	33.6	20.1	53.7	16.8
2004	27.2	36.9	23.6	60.5	12.3
2005	27.8	36.4	23.5	59.9	12.3

除天然气外，钢铁厂副产气体中的 CO 及 H_2 也可作为有效的化工原料。钢铁厂的副产气体组成如表 8-2 所示。在石油化工新型组合时，原料和能量间的相互关系如图 8-2 所示。可以看出，这种新型组合不但提高了物料综合利用，而且也明显地提高了能量的有效利用率。

表 8-2　钢铁厂副产气体的组成举例

副产气种类	气体组成/%					发生量/$10^3m^3/h$	
	H_2	CO	CH_4	CO_2	N_2	H_2	CO
焦炉气	55.5	7.0	27.0	—	—	96.0	12.0
高炉气	3.0	23.0	—	20.0	54.0	33.0	251.0
转炉气	2.0	66.0	—	16.0	16.0	1.5	50.0
合　计						130.5	313.0

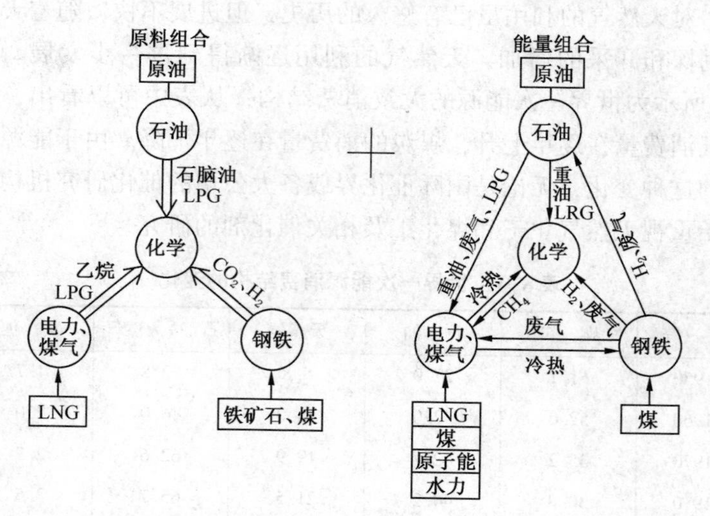

图 8-2　石油化工新型组合的相互关系

在天然气开发应用中，催化研究的重点集中在以下这些课题。

（1）天然气饱和烃 C—H 键的催化活化及其官能团化反应的

研究，模拟酶催化活化 C—H 键。制备和研究各种金属卟啉的中心金属离子、周围基团和配位体及其催化 C—H 键的活性、选择性和稳定性之间的关系。

(2) 系统合成双膦、双氧及杂配位原子的螯合配位体及多电子配位的配合物金属有机配位体，并研究其分子、电子的结构同 C—H 键活化的关系，以及将 CO、CO_2、H_2、O_2 等作为官能团插入 C—H 键所形成的配合物的结构同官能团活化之间的关系。

(3) 筛选各种高效、高选择性的单一和复合的多功能催化体系，将甲烷转化为乙烯、甲醛、甲醇、合成气及高级烃等化工产品。

(4) 探索在高温(~1000℃)下甲烷的氧化、氯化、催化燃烧同催化剂的关系，并寻找高效新催化剂。

(5) 将电化学转化与催化转化相结合，通过对各种不同电极的选择，提高甲烷转化为乙烯、甲醇、纯氢的活性和选择性。

(6) 开展甲烷光催化合成含氧化合物的催化剂研究开发。

(7) 开发用催化脱氢和裂化的方法从 C_2~C_3 烷烃制取烯烃的催化剂。

(8) 开展甲烷氧化偶联制乙烷、乙烯的反应及催化剂的研究。

(9) 在催化剂存在下，甲烷氧氯化生成氯代甲烷，再进一步转化为可用作液体燃料的烃类。

(10) 开发甲烷直接氧化制甲醛及高活性芳构化催化剂。

2. 加强催化剂企业间的协作

催化剂不同于一般化工产品，是专业性很强的高科技产品，它的性能好坏直接影响企业声誉及用户利益。要长期赢得用户对催化剂的信任，催化剂生产厂家就必须了解市场信息，不断研究及改进老产品，及时进行产品的更新换代，争取技术领先或至少能与竞争对象抗衡，才能保持利润。据估计，世界上的催化剂商品每年更新 15%~20%。另外，催化反应和催化剂又是一个需要广泛协作的高技术领域，催化剂生产厂、用户和高等院校、科研单位之间要密切联系，互通信息。国外从事催化剂生产、研究和经营的公司大致有三种类型：

① 从事工艺开发的公司。如丹麦的 Haldor Topsoe、美国的 Air Products and Chemicals、UOP、日本的三井东压等。

② 生产并从事催化剂开发的公司，如英国的 Johnson Matthey、美国的 Exxon Mobil、日本的触媒化成等。

③ 使用催化剂的公司，如美国的 Shell、德国的 BASF 等。

由此可见，几乎没有一家公司不是在技术上或原料上与催化剂有一定联系，因而才从事催化剂的研究和生产的。例如美国 Dow 化学公司，当初为了脱除丁二烯中的炔烃而开发一种催化剂自用，后来它自己不再生产丁二烯而采用外购丁二烯，于是将开发的催化剂售给丁二烯生产厂使用。

目前催化剂的制造技术主要控制在工业发达国家的一些大公司手中，由于开发一种新催化剂不仅需要投入大量的开发费用，而且还要进行周到的技术服务以取得用户的信任与合作。加之一个公司乃至一个国家或地区的催化剂用量有限，尽管催化剂的销售价较高，但使用寿命较长，品种的更新换代较快，所以一旦开发成功，一般都抓紧时机，面向世界市场，收回投资，获取利润。为了加快催化剂的开发和推销能力，近年来国际间的合作比较活跃，如美国的 Nalco 与英国的 ICI 联合成立了 Katalco 公司。同时，企业间的大合并也引人注意，如在 1988 年，美国 Union Carbide 公司的催化剂、吸收剂和工艺系统等装置与 UOP 公司合并为 UOP 催化剂公司，从而将 Union Carbide 公司的分子筛技术与 UOP 的催化剂技术相结合，加强了向炼油、化工与石化企业的供应能力，销售额大增。

由于催化剂工业的技术性和保密性很强，竞争比较激烈，所以没有基础的企业不易打入这一领域。目前一般认为采取合作方式是一条捷径。例如荷兰 AKZO 公司在 1989 年签署了兼并 Filtrol FCC 催化剂部门（包括研究、生产、技术服务、销售人员等）的协议。AKZO公司长于高辛烷值催化剂技术，而Filtrol公司则长于重油改质和高汽油收率FCC催化剂技术，因此使AKZO公司的竞争实力大为增加。

催化剂工业的另一特点是比较分散。目前全世界约有100多个国际性生产厂家，但催化剂销售额占全世界总量5%以上的，不超过10家，其中占全世界总量10%的，则一家也没有。究其原因是，世界上需要的催化剂品种太多，技术太复杂，而一个公司技术能力毕竟有限，所以它们不可能占领所有领域，只能在某些领域保持优势和垄断地位，例如，美国Engelhard公司虽然生产约2000种石油化工催化剂，700多种石油炼制催化剂，50多种汽车尾气净化催化剂，但它们主要侧重的是贵金属催化剂。由于催化剂是一种技术性较强的商品，所以在销售方式上一般都不通过商业部门，而是由生产厂家直接销售。

3. 改进催化剂及催化工艺，降低原料单耗，能耗和成本

石油化工是高耗能工业。能源既是石油化工的燃料和动力，又是石油化工的原料，其重要性比对其他部门更为突出。

为了有效节约原料、节省能耗、降低产品成本，国外石油化工企业都在努力改进催化剂和催化工艺。

例如，1980年前，世界顺酐生产多数采用以苯为原料。1985年前后，美国实现了以钒-磷复合氧化物为催化剂，用丁烷取代苯及丁烯制顺酐生产工艺的工业化，不但原料丁烷比苯价格要低，而且受原材料费用上涨的影响也较小，所以其他国家也相继效仿。英国石油化学品公司正开发一种用丙烷取代制丙烯腈的一步直接氨氧化法工艺。

乙烯是石油化工最重要的原料，20世纪80年代初发现了甲烷催化氧化偶联制乙烯的反应。日、美等国都在对甲烷催化氧化偶联进行广泛研究，发现了一系列有催化活性的金属氧化物催化剂。这些催化剂中一般只含碱金属，碱土金属、稀土金属的碱性氧化物或两性氧化物。这些催化剂体系的转化率和选择性有很大

差别，转化率介于5%~40%之间，选择性介于10%~90%之间，并显示转化率高则选择性低的倾向。一种Ca-Ni-K三元复合氧化物催化剂，用于由甲烷、氧和水蒸气合成C_2烃时，甲烷单程转化率可达10%~72%，C_2的选择性达97%，不副产CO_2和CO，据认为是颇有实用化前途的工艺。也为天然气的化工利用开辟了新的前景。

甲烷转化成合成气的传统方法，使用镍催化剂在700~800℃进行甲烷蒸汽转化反应需吸收大量热能，新开发的用稀土金属钌混合氧化物催化剂使甲烷部分氧化，该反应为弱放热反应，能耗比传统的蒸汽转化法少30%~50%，而且选择性高达99%。

苯直接氧化制苯酚的方法，起初主要研究高温、中温催化法。以后常温常压氧化取得很大进展，其中较有实用前途的铜盐-Pd-SiO_2催化法，在常温常压下往苯中同时或交替送入氧(或空气)和氢，就可生成苯酚和部分苯醌，但在提高产率上还待进一步改进。

开发高效催化剂，是目前世界节能降耗努力的一个主要方面。美国Union Carbide公司开发的氟化铬载体催化剂，使低密度聚乙烯聚合压力降低到0.7~2MPa，节能达75%。以后，该公司由于采用了高效催化剂在气相流化床上生产线型低密度聚乙烯，使最高能耗降至传统高压法的1/6。

采用改进的催化剂往往在较少改变甚至根本不改变原有设备情况下就可使过程效率获得显著的提高。例如，日本三井石油化学公司与意大利共同开发的聚丙烯高效催化剂，其催化效率由原来的50~100倍提高到30万倍，且省掉了该公司聚丙烯传统生产工艺中脱除灰分和无规物等工艺，蒸汽消耗量下降85%，耗电量降低12%。

为了提高企业的经济效益，充分挖掘资源潜力，新催化剂、新催化工艺的主要目标之一是利用未利用的或过剩资源，如C_4

馏分、C_5 馏分、炼厂气中的乙烯等。

C_4 馏分含有丰富的烯烃，不仅是传统的燃料，而且也是宝贵的化工原料，如果加强以 C_4 为原料制造化学品的技术开发，使化工产品的价格达到经济合理的程度，就必然会有更多的 C_4 从燃料市场转向化工利用。为了提高石油化工厂的经济效益，国外正积极开展 C_4 馏分的综合利用。美、日等国都是 C_4 馏分利用率较高的国家，通过开发各种新催化剂，可从 C_4 馏分制取合成树脂、农药、润滑油、油品添加剂、高分子聚合物及有机化合物等各种各样产品。

C_5 馏分是从轻油裂解制乙烯的副产物液体分离出的含五碳原子的烃的混合物，异戊二烯在 C_5 馏分中含量最多，约占15%~20%。迄今为止，从 C_5 馏分中提取异戊二烯仍然是分离过程的主要目标。大量异戊二烯被用来制造合成天然胶。近年来，采用异戊二烯作为石油化工和精细化工原料的研究有很多进展。例如，由异戊二烯合成萜烯类化合物成为一项重大技术突破，而且从异戊二烯衍生物的利用形成了一门新的学科——异戊二烯化学，开发了新的异戊二烯化学品。

裂解副产 C_5 中的环戊二烯含量也较多，接近异戊二烯，占15%左右，而且随着原料重质化，环戊二烯的量还会增大。环戊二烯的利用同异戊二烯一样越来越受到人们注意。环戊二烯聚合、加成、氧化、氯化和环氧化等反应及其一系列衍生物的应用与研究形成了新的环戊二烯化学。目前，环戊二烯在工业上的利用除作为乙丙橡胶第三单体外，主要作农药、阻燃剂、添加剂、助剂和聚酯树脂等的原料。

除二烯烃外，混合 C_5 馏分的利用也正在加紧开发，目前混合 C_5 馏分主要用来制造石油树脂。从 C_5 与 C_6 烃类混合物制顺酐的催化工艺也正在开发中，这种方法是先将 C_5 双杯烯烃分出，然后将混合物在某种氧化催化剂存在下进行高温气相反应而制得顺酐。

4. 重视开发环境保护用催化剂

工业污染物排放控制是催化剂工业最大的热门，固定型排放控制将为催化剂市场提供良机，环保催化剂的用量将会超过化工催化剂的用量。各国相继颁布的环保法是影响催化剂市场的主要因素，既给催化剂生产厂及科研开发机构带来了机会，也增加了开发催化剂的难度和紧迫感。

烟气净化的应用范围虽然还不大，但在美国是使用催化剂增长最快的一个领域。Grace 公司和 Davison 公司化学分部开发的一些新催化剂，可应用于控制燃气和燃油设施的氮氧化物(NO_x)和 CO 排放，且可将脱 NO_x 和脱 CO 技术组合到双功能催化剂中。第一套工业化设施已于 1989 年开始使用。

使用 CO 催化剂使 CO 氧化为 CO_2，通过注氨和选择性催化还原可使 NO_x 还原为氮气和水。由于 CO 催化剂通常会使氨氧化，从而产生较多的 NO_x，因此，脱除 NO_x 一般安排在控制 CO 后的下游进行。新的双功能催化剂体系可处理 CO 和 NO_x 两种污染物，在 232~288℃下操作可避免氨的氧化。该催化剂为金属薄片，具有含活性成分铂的氧化铝层。Grace 公司开发的一种选择性催化还原催化剂，应用于燃煤装置，其活性比现有催化剂提高 50%，使用寿命延长 2 倍。

Norton 公司化学过程产品部在德国首次推出了控制 NO_x 的选择性催化还原分子筛催化剂。它由分子筛与陶瓷粘结剂混合，并挤压成蜂窝状而制成。这种分子筛催化剂的特点是操作温度可达 510℃，具有很高的抗硫毒害能力，使这种催化剂放置在烟道部位具有更大的灵活性。

在废物处理的其他领域，催化焚烧炉正在大量增多，Allied-Signal 工程材料研究中心开发了几种用于催化焚烧炉中破坏氯化烃和氟化烃的催化剂。Allied 公司开发了一些供卤化烃类分解用的新催化剂，其工作温度可低于常规的贵金属或铬-铝催化剂。

美国加利福尼亚大学开发的一种催化剂，可使氯化有机物催化解毒，该法比焚烧法更为有效且价廉。

迄今，NO_x 催化剂多产自日本的公司，参与这类催化剂研究开发、生产的有 Engelhard、UOP 及 Grace 等公司。

CO_2 导致的温室效应威胁着人类的生存环境，日本通产省工业技术院 1990 年开始进行 CO_2 再资源化的研究，其中一项重要内容是研究化学催化法将 CO_2 转化为有用物质的技术。

CO_2 在化学合成中的利用有限，现在主要用于尿素合成、乙酸乙烯酯合成及调节合成气的 CO/H_2 等方面。目前 CO_2 资源化的主要动向是制造甲醇和甲烷化，日本化学技术研究所研究成功在 220℃、3MPa 压力下，用含 Cu、Zn 的硅胶制成的催化剂使 CO_2 与 H_2 反应制甲醇的方法，催化剂选择性达到 73%~76%。Ru-TiO_2 催化剂，可在常温常压下有效地催化 CO_2 的甲烷化反应，如在日光下进行催化甲烷化，则此催化剂的活性可提高 5 倍。

1975 年美国首先开始规定汽车必须安装催化转化器，到 20 世纪 80 年代，美国的环保催化剂销售额约占总催化剂销售额的三分之一，至 90 年代后期则上升到 35%~37%。其中的 85%~90%为汽车尾气净化催化剂。在汽车废气排放控制方面西欧落后于美国，但由于西欧采取了立法措施，这种情况正在改变。Engelhard 公司预测汽车用催化剂的全球增长率为每年 8%~13%，增长量集中在欧洲及亚洲市场。该公司在美国、欧洲、日本和韩国设立了四个发动机研究室，进行新型催化剂的试验与评定。

对车用催化剂原料的选择曾经过广泛研究，通常要求催化剂在 300℃时有低温活性，并在 1000℃时具有高温持久性，二者一并考虑，势必采用氧化铝载体的铂族金属催化剂。

车用催化剂一般有两种类型，一种是在空气过剩条件下使用氧化碳氢化合物与 CO 的氧化催化剂；另一种是控制空气/燃料接近理论量，使氧化与 NO_x 还原同时进行的三元催化剂。采用的氧化催化剂为 Pt、Pd 及各种比例的 Pt-Pd 系列产品。Pt 与 Pd

对碳氢化合物，CO 有大致相同的氧化活性，Pd 具有耐热性，Pt 则在耐毒性上有与前者不同的优良特性，多数情况是将二者并用，三元催化剂有 Pt-Pd-Rh 系列。

环保用催化剂的另一新品种是净化柴油车尾气的催化剂，这种催化剂可使柴油车尾气中的含炭颗粒燃烧。

5. 催化剂受到原料涨价的制约，废催化剂回收与再生业务兴起

过去，废催化剂处置多是填埋，但费用日益上升，且污染环境。以后美国立法禁止废催化剂填埋。因此，此举促进了废催化剂回收处理技术的兴盛。以后一些炼油厂也迫切要求催化剂供应厂回收废催化剂，有些炼厂已将这项业务列入购货合同。欧洲基本上是采取化学处理，例如将废催化剂与水泥混配等办法加以处理。目前从用户手中回收废催化剂已成为世界性的课题而不限于欧美工业化地区。

由于催化剂原料价格上涨，特别是金属价格上涨，因而也促使催化剂回收与再生业务的兴盛。

C_1 化学的进展，使 Rh 催化剂的用量增加。Rh 的世界产量极少，价格不断上涨。如 C_1 化学普遍开展，资源问题就不得不加以充分考虑。在这种情况下，唯有进一步开展催化剂研究，尽量降低 Rh 使用比例，然而关键的措施还是催化剂使用后对 Rh 进行回收利用。使用铂族催化剂以回收为前提是常识，而现今更迫切的是进一步开发提高回收率的各种技术。通常，多相体系催化剂的回收技术比较成熟，而均相体系催化剂回收技术如不作悉心研究将会导致大量损耗。

美国 UOP 公司致力于催化剂回收与再生业务已有五十多年历史，它向炼厂售出的含铂催化剂均尽力将铂回收。镍价上扬使镍系催化剂的回收成为热门。

6. 积极开展新催化剂和新催化材料的研究

炼油及石油化工用催化剂种类很多，开发新型高选择性、多

功能催化剂仍是石油化工催化剂研究的主要目标。近几年来，在催化裂化、催化重整、聚乙烯、聚丙烯、丙烯腈、乙酸乙烯酯、环氧乙烷、二氯乙烷等炼油及化工生产中，催化剂的不断改进和更新换代已成为工艺更新改造中最活跃的因素，许多低效工艺纷纷向高效工艺转换。

例如，乙烯制环氧乙烷工业催化剂的选择性1976年为74%，1985年提高至78%~81%，以后由Shell公司开发的新催化剂的选择性则大于84%；又如在聚烯烃催化剂中，自发现Ziegler-Natta催化剂，随着聚烯烃工业的发展，催化剂也在不断发展，其代表例为以$MgCl_2$为载体的Ti催化剂，聚合活性超过Ziegler-Natta最初催化剂($TiCl_3$)的1000倍。由于这种催化剂的出现，不需进行以往必需的脱灰工序，可简化聚烯烃生产过程。由二氯化二茂锆和甲基硅氧烷组成的可溶性催化剂，称作Kaminsky催化剂(也称作茂金属催化剂)，在乙烯聚合中不但具有比以前任何催化剂更高的催化活性，而且既能进行烯烃聚合，也能进行高度等规聚合，从而向提供“特制”聚合物的方向大大迈进了一步。

近年来，随着石油化工的发展，以功能特殊、批量少、附加价值高和效益好为特点的精细化工有了迅速发展，不少公司都投入了巨大的人力、物力和财力去发展功能高分子、医药、生化制品、高效农药等精细化工产品，因此择形催化、均相配位催化、固体酸催化、光学活性和各种新催化材料的研究成了当前催化研究的重点。不少大公司还纷纷将制造通用化学品的催化剂的适用领域扩大到精细化学品的开发上。下面介绍几种对精细化工发展颇有前途的一些催化剂探索研究项目。

(1) 活化惰性分子用催化剂　氮、一氧化碳，二氧化碳及甲烷等相对来说是一些惰性分子，但由于它们在地球上资源丰富，如能广泛用作反应原料，将会带来巨大的经济效益。有关这方面的研究并取得成功的例子已有不少。例如用均相金属有机催化剂可溶性铜及钨，可以在温和条件下，诱发分子氮转化为氨；利用有机铑、有机铼及有机铱等制成的催化剂可使 C—H 断裂。

在所有的 C—H 键中，最难活化的是甲烷的 C—H 键，它的键能大约为 435kJ/mol，是最稳定的化学键之一，不使用强力断开这个键是许多研究者的重要目标。这种类型的反应一般称作“甲烷活化”。尽管许多人在这方面进行了大量基础研究工作，但多数结果还局限于基础研究领域，而且多数注意力集中在使 CH_4 断裂成 CH_3 自由基这点上，而如何使此自由基转化成有用的化合物的工作还有许多工作要做。目前用负载型超强酸催化剂及固体电解质活化甲烷的研究已取得一定的成果。

（2）光催化与电催化　溶液与电化学电极界面上的化学研究及控制已取得很大进展。在实际应用中，已能使用半导体电极吸收光了而引起化学反应。无论涉及光与否，也就是说无论是光化学或是电化学，取得的进展都是基于均相催化、多相催化及半导体科学的发展。潜在的应用可能性包括太阳能的存储和某些液体产品的合成，利用一氧化碳和水合成甲醇就是一例。

在光催化中，可以用一个或两个半导体材料为电极制成电化学电池。这种电池吸收入射光后可在电极—溶液界面上引起催化氧化还原反应。如把半导体材料制成小粒悬浮于溶液中，则在小粒—溶液界面上也可发生上述电化学反应，这种氧化还原反应不仅引起人们兴趣，在实用上也极重要。例如，在二氧化钛表面上，利用这种光分解作用可破坏像氰化物之类的有毒废物。为大众所熟悉的想法是靠太阳能驱动的光催化反应，有可能分解水制取大量的氢和氧。这种前景在于减少污染性的石油燃料而用可再生的燃料氢来代替，利用太阳能从水中制氢，燃烧后又成为水。

在半导体材料存在下水分子光分解的发现，激发了人们对太阳能转化成化学能可能性的极大兴趣。已经证明，用可见光照射的分子筛是光解水的一种催化剂。

Du Pont 公司研究出用含有光学活性膦配位体的 Ni 催化剂进行 HCN 与乙烯基芳烃的加成反应，可以只生成一种光学异构体。他们将催化剂固载在沸石孔穴中，既不易损耗，又易于分离，还可防止催化剂分子二聚而失活。

除了光催化以外，具有催化活性的电极表面又是一个新的化学合成领域。电催化是使电极、电解质界面上的电荷转移反应得以加速的一种催化作用。它的主要特点是电催化反应速度不仅仅由催化剂的活性所决定，而且还与双电层内电场及电解质的本性有关。由于双电层内的电场强度很高，对参加电化学反应的分子或离子具有明显的活化作用，使反应所需的活化能大大降低。所以，大部分电化反应均可在远比通常的化学反应低得多的温度下进行。如在铂黑电催化剂上，就可使丙烷于150~200℃完全氧化为二氧化碳和水。

20世纪50年代末与60年代初，由于宇航事业对高比能量电池的迫切要求，能源危机对提高燃料利用率的日益重视，各国对储存燃料和氧化剂的化学能直接转化成电能的燃料电池曾投入大量人力、物力，进行广泛而深入的研究。60年代氢氧燃料电池成功地用于宇航飞行，曾一举将燃料电池的研究工作推向高峰。现在人们已相继发现和重点研究了骨架镍、硼化镍、碳化钨、钠钨青铜、尖晶型与钨钛矿型半导体氧化物，各种晶间化合物及酞花菁一类电催化剂，使电催化剂的种类大为增加。

在电化过程中，由于电极具有可调的氧化还原能力，并且在电能推动下，会使反应向自由能增加的方向进行。如把电化过程引进传统的化学工业，尤其是有机合成工业，定会出现许多步骤大为简化，能耗更为降低的新工艺。因此，它已成为国际上较为活跃的研究领域。

例如，己二腈的合成，其传统工艺为：

$$\text{苯}\xrightarrow{\text{氢化}}\text{环己烷}\xrightarrow[\text{氧化}]{\text{空气}}\text{环己醇、环己酮}\xrightarrow[\text{氧化}]{\text{硝酸}}\text{己二酸}\xrightarrow[\text{氨化}]{\text{液氨}}\text{己二腈}$$

采用电催化后为：

$$\text{丙烯}\xrightarrow{\text{氨氧化}}\text{丙烯腈}\xrightarrow[\text{二聚}]{\text{电解}}\text{己二腈}$$

与传统工艺相比，电催化法具有原料价廉、工艺流程短、能耗减少等明显优点。

（3）立体选择催化剂　充满希望的另一个尖端领域是均相立体选择催化。很多生物分子都生成对映体的两种几何结构（手性），但往往只有其中一种才具有生物功能。如果一复杂分子含有七个手性碳原子，而合成产物又是机会均等的话，将会有$2^7=128$种结构的相等量产物生成，其中127种产物没有生物功能，甚至更坏的是其中某些异构体还会有副作用。这就要求在手性中心合成出理想结构、理想几何形状的产品。

现在这方面的工作已有许多进展。例如，对帕金森氏病有着突破性疗效的L-多巴（二羟基苯丙氨酸），是一种氨基酸结构的特殊对映体。在碳碳双键上进行不对称加氢就能够单一合成，所用催化剂是一种可溶性铑-膦催化剂，它能使生成物中的96%为正确结构。也可以采用立体专一性氧化法，例如用一种钛催化剂，将氧原子加到C ═C双键上时，可以得到选择性好的结构，这种方法用于吉普赛蠹虫性引诱剂的合成，使生产成本降低近90%。更普遍的用途是利用不对称催化剂进行不对称环氧化反应。尽管目前对催化剂的立体化学控制因素仍不完全了解，有关机理还需进一步研究。预期今后利用这种催化技术及催化剂，将可不断合成出新的药物、农药及功能性高分子结构材料。

医药品高附加价值品种较多，即使用高价催化剂也是有利可图，这个领域的催化剂，为了满足预先要求的各种条件，应是典型的多品种少量生产。而作为催化的反应种类，涉及面很广，包括加氢、脱氢、氧化、脱卤、脱烷基、环化、歧化等各方面。

（4）促进反应的酶催化剂　随着科学技术的进步，人们对催化的认识已达到了一个新的水平。依靠一系列的现代化科学仪器能揭示催化作用的机理，帮助人们了解分子水平上的催化作用，这就把催化的认识从一种技艺变成了一门科学。

自然界的酶都是由蛋白质组成，也是一种生物催化剂，酶能在有机体所能忍受的常温下催化许多化学反应。酶的催化效率一般比无机或有机催化剂高几万倍乃至成亿倍，而且对反应有很高的专一性。

酶中的金属离子之间形成一个很小的活化群，固定在一个庞大的蛋白质分子(载体)上，相对分子质量可达数百万。例如固氮酶中含有的Fe-Mo蛋白质，其相对分子质量约30万，每个分子系由一个Mo原子、20个Fe原子、20个半胱氨酸分子及15个不稳定的S原子所组成。

由于酶催化的特点，当前热门的研究是把合成技术与现有的各种催化知识结合起来去合成人工酶，模拟生物条件催化合成各种产品。例如，采用铁钼半胱氨酸双核配合物作催化剂，在常温常压下，模拟生物酶固定氮已获得了很大的成功，证明许多金属有机化合物是有希望作为固氮作用中类似酶的催化剂。无疑，人工酶的领域是化学催化发展中最有前途的一个分枝。

酶是极不稳定的，易溶于水而丧失活性，因此能保持活性的不溶酶的开发也是当前研究的重大课题。近来采用的方法有用化学方法把酶固定在载体上，在发酵过程中利用半透膜，把酶固定在亲水凝胶中等。

目前正在开发一种制取天冬酰苯丙氨酸甲酯(一种肽的甜味剂)的工艺过程。该法使用一种天然蛋白酶作催化剂，经特殊处理可使丁氨二酸和苯基丙氨酸甲酯转化成天冬酰苯丙氨酸甲酯，产率大于90%，副反应很少。

氨基酸生产是应用固载酶催化剂的又一重要领域。氨基酸的常见生产方法为发酵法，若以固载酶催化剂生产时，设备及工艺将大为简化，净化步骤也较为简单，因而设备费用仅约为发酵法的1/10左右。

除食品、药物等生产外，固载酶催化剂在废水处理、化学品及燃料生产中的应用研究也已取得显著进展。

8-2 择形催化剂

8-2-1 择形催化的概念

自从美国 P. B. Weist 于 1960 年首次提出了择形催化概念以来，沸石择形催化科学和技术得到了迅速发展。

沸石分子筛催化剂的晶体具有均匀的微孔孔道和孔穴。因为其大多数活性中心都限制在孔结构内，所以只有那些半径较小、能进入孔内的分子可以在内部的活性中心发生反应，并且只有那些能够从孔中扩散出来的分子可以作为产品出现。而其余的分子只能在为数很少的外表面的活性中心上反应。这种因为分子的大小和构形不同产生的催化选择性，一般称为择形催化作用。

当只有一部分反应物的分子能够通过催化剂孔穴而其他分子都不能通过时，可产生对反应物的择形选择性。作为反应物择形选择性的特殊情况，某些分子因其长度适应分子筛空洞的长度，它们能以不同于其他分子的速度反应，这种效应就称为“笼”效应。

如果在沸石分子筛催化剂内表面活性中心上形成的各种产物分子中，只有一部分可以从微孔中扩散出来作为最终产品出现，而其他较大的分子或者裂解成小分子或者由于堵塞孔道使催化剂失活，这时就产生对产物的择形选择性。

某些反应因为需形成体积较大的中间产物，难以在分子筛的空洞中实现，这样的反应会受到限制。反之，中间产物比较小的反应可以顺利进行。这时就产生了限制中间状态的择形选择性。

分子择形催化作用的提出和应用，不仅在理论上，而且在实际上都具有重要价值。例如，根据分子择形催化原理，选择一定的条件，就可使反应向所需要的产物方向进行，这样就为直接合成所需产物或提高其产率提供了可能性。所需产物选择性的提高可使分离工艺简化、分离负荷量减少、节省设备投资、降低能耗，从而提高经济效益。表 8-3 所示为一些已实现工业化的择形催化过程。这些工业过程绝大多数采用了 ZSM-5 催化剂，可见 ZSM-5 沸石在择形催化技术的开发应用中具有举足轻重的地位。

表 8-3 采用沸石择形催化剂的工业过程

序 号	年 代	过 程 名 称	催 化 剂
1	1968	后重整工艺	毛沸石
2	1974	馏出油和润滑油脱蜡	ZSM-5
3	1975	甲苯歧化	ZSM-5
4	1976	乙苯合成	ZSM-5
5	1976	烷烃和烯烃制芳烃	ZSM-5
6	1979	二甲苯异构化	ZSM-5
7	1982	烯烃转换成汽油和馏分油	ZSM-5
8	1983	甲苯和乙烯合成对甲乙苯	ZSM-5
9	1984	烷烃和烯烃制芳烃	ZSM-5
10	1985	甲醇转换成汽油	ZSM-5
11	1985	甲醇转换制烯烃	ZSM-5
12	1988	甲苯选择歧化制对二甲苯	ZSM-5
13	1988	柴油馏分催化脱蜡	ZSM-5
14	1993	润滑油馏分异构脱蜡	SAPO-11，ZSM-5

8-2-2 ZSM-5 沸石催化剂的结构

从 1948 年第一次人工合成出丝光沸石型结晶硅铝酸盐沸石以来，到目前为止已人工合成出上百种结晶硅铝酸盐沸石。由 Zeolite Soeony Mobil 缩写命名的 ZSM 沸石是美国 Mobil 公司研究和发展的一系列新型合成沸石。从 ZSM-1 开始，已生产出数十种 ZSM 沸石。ZSM-5 沸石是 Mobil 公司 20 世纪 60 年代合成的一种含有机铵阳离子的新型结晶硅铝酸盐沸石。以氧化物摩尔比表示的化学组成如下：

$(0.9\pm0.2)M_{2/n}O : Al_2O_3 : >5SiO_2 : (0\sim40)H_2O$

（M 为 Na^+和有机铵离子，n 为阳离子的价数）

ZSM-5 沸石晶体属理想的斜方晶系，晶格常数 $a=201$nm、$b=199$nm、$c=134$nm。沸石的构造沿 a 轴为锯齿形，与 a 轴相交的 b 轴为直线形，如图 8-3 所示。结构的最主要特征是主孔洞的开口是由十元氧环构成，呈椭圆形，长轴为 60~90nm，短轴为 55nm，在 1100℃ 灼烧，晶体结构不明显破坏。与 A 型、X 型和 Y 型沸石不同，ZSM-5 沸石具有憎水性。对正己烷、环己烷和水的吸附容量分别为：正己烷（20℃，196Pa）9.67%～10.87%（质）、环己烷（20℃、196Pa）2.52%～5.83%（质）、水（20℃、120Pa）7.33%～9.52%（质）。

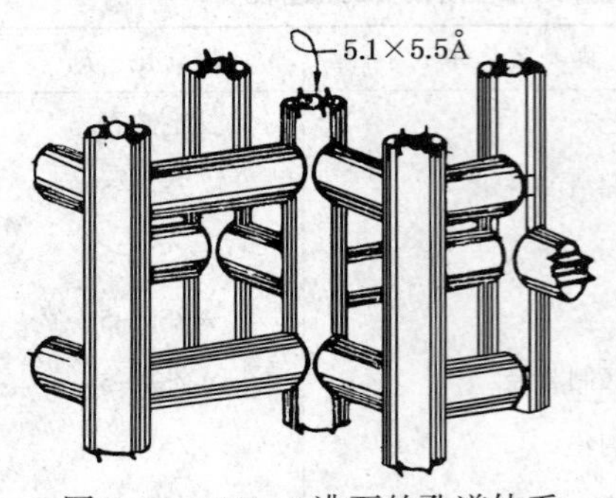

图 8-3 ZSM-5 沸石的孔道体系

1Å = 10^{-4} μm

由于 ZSM-5 沸石有较高的硅铝比（>5，甚至达 3000 以上）和阴离子骨架密度，因而晶体结构十分稳定，耐酸性、耐热性及耐水蒸气稳定性都很好。ZSM-5 沸石较高的阳离子骨架密度减少了沸石的孔穴体积，从而减少了反应物和产物分子在沸石孔道中的停留时间，减少了分子进一步反应的可能性，有利于沸石催化剂的稳定性。此外，由于孔道结构中没有大于孔道的空腔存在，限制了大的缩合分子的形成，减少了催化剂积炭的可能性，也有利于催化剂的稳定性。

8-2-3 择形催化剂在石油化工中的应用

ZSM-5 从第一篇合成专利发表（1972 年）至今已有 40 多年，已在众多的具有择形催化作用的沸石中独占鳌头。目前以 ZSM-5沸石催化剂为核心的择形催化技术已不限于传统的炼油工业，正在向石油化工、精细化工、环境保护及能源等领域延伸。

1. 在重整油后重整工艺中的应用

在 20 世纪 60 年代中期，开发了“选择重整”这一择形后重整工艺。选择重整也是第一个工业化的择形催化过程。它用于提高重整油的辛烷值，并生产液化石油气作为主要副产品。所用重整催化剂是毛沸石这样的八元环小孔沸石。

由美国 Mobil 石油公司开发的选择重整工艺，在氢气加压下只有能通过沸石催化剂细孔的正构烷烃可以选择性裂解，转变为以丙烷为主要成分的液化气，异构烷烃不发生反应，这样可使馏分头部辛烷值提高 10 个单位，比具有相同研究法辛烷值的重整产物的辛烷值升高 8 个单位，同时可提高现有的重整装置能力，减少贵金属的消耗，并能增加装置的灵活性，使其根据季节变化或多产重整汽油或多产液化气。此法与普通重整工艺相比，辛烷值可由 94. 4 上升到 102. 0，收率为 92. 1%(体)。辛烷值 67. 4 的轻质石脑油加氢裂解后辛烷值可上升到 81. 0，收率 67，2%(体)，余者是副产液化气。

2. 馏分油和润滑油脱蜡

馏分油和润滑油的低温流动性质(倾点、凝点、浊点和冷滤点等)主要取决于油中直链烷烃和轻质支链烷烃的含量。含蜡重质原料由于低温流动性不好，易造成设备堵塞，不宜直接用作内燃机燃料。Mobil 公司的馏分油脱蜡工艺采用 ZSM-5 型沸石分子筛择形催化剂，只允许正构烷烃和小支链的异构烃到达内表面的活性中心，经裂解反应生成小分子烃，而重馏分油中其他组分通过反应器时基本上不发生变化。这样不仅可把重柴油中的蜡质成分转变为汽油和液化气，同时又改进了柴油的低温流动性，降低了倾点、浊点及冷滤点。

这种择形催化工艺，还可根据不同的原料来源、馏程及目的产物的不同规格选择适当的空速，也可以改变反应器温度，控制产品的流动性，补偿催化剂的老化。

3. 甲苯歧化

以石油为原料制取的芳烃已成为芳烃的主要来源，其中以催化重整和高温裂解为主。催化重整和高温裂解汽油馏分中除含有大量苯和二甲苯外，还有40%~50%(质)的甲苯和C_9芳烃。苯和二甲苯都是石油化工的基本原料，得到了广泛利用。但甲苯和C_9芳烃却尚未得到充分利用。为了扩大苯和二甲苯的来源，人们提出了甲苯歧化、甲苯脱烷基以及甲苯和C_9芳烃烷基转移等方法。

甲苯歧化的催化剂主要有Friedel-Crafts催化剂(如$AlCl_3$-HCl、BF_3-HF等)、无定形固体酸催化剂(如SiO_2-Al_2O_3、Al_2O_3-B_2O_3等)、沸石催化剂(如八面沸石、ZSM沸石等)。前两类催化剂由于活性低、选择性差未实现工业化，只有沸石催化剂得到工业应用。

在沸石催化剂中，ZSM-4型沸石对甲苯歧化反应具有很高的活性和选择性，歧化选择性比八面沸石和丝光沸石要高得多，催化剂寿命在1.5年以上，苯和二甲苯总收率可达95%(质)以上。ZSM-5沸石用于甲苯气相歧化反应时，在不临氢或低氢油比条件下，催化剂仍能保持很高的稳定性。而某些改性的ZSM-5沸石催化剂(如镁、磷改性的ZSM-5沸石)用于甲苯歧化反应，生成的二甲苯产物中对二甲苯的浓度可达到98.2%(质)。利用沸石催化剂的选择催化作用，可大大简化对二甲苯的分离步骤、节省分离投资和操作费用。

4. 苯烷基化生产乙苯

乙苯是生产聚苯乙烯、丁苯橡胶、ABS树脂等的原料。目前乙苯产量中90%以上是经苯和乙烯烷基化反应生产的。

苯和乙烯烷基化反应为强放热反应。目前苯和乙烯烷基化生产乙苯的方法主要是Friedel-Crafts法，如$AlCl_3$-HCI催化剂低温液相法。此法存在许多缺点：催化剂对设备腐蚀严重，排出大量废液，造成环境污染，催化剂溶于反应物，造成催化剂损失，需对催化剂进行分离和循环。

1976年，由Mobil公司和Badger公司联合开发成功的气相烷基化制乙苯的Mobil/Badger工艺，采用ZSM-5型沸石催化剂，催化剂可再生使用 26 次，寿命达到两年，乙苯总产达到 99.6%(质)，相对于乙苯较高的渣油产物已降至 0.3%(质)下。这种催化工艺还具有催化剂无腐蚀，设备简单，能量回收率高，可利用炼油厂催化裂化的低浓度乙烯作原料等优点。

5. 二甲苯异构化

对二甲苯是合成聚酯纤维的重要原料。由裂解汽油和重整产品得到的二甲苯馏分都是邻、间和对二甲苯及乙苯四种异构体的混合物。其中化工用途不多的间二甲苯几乎占 50%左右，而用作对苯二甲酸和苯酐原料的对二甲苯及邻二甲苯的含量只占 20%左右。因而工业上常常把对二甲苯分离和二甲苯异构化装置结合，生产对二甲苯产品。

二甲苯异构化催化剂过去多使用硅酸铝催化剂及铂系双功能催化剂，采用气相异构化法。20 世纪 70 年代，Mobil 公司首先开发的低温液相二甲苯异构化法采用 ZSM-4 沸石催化剂。它与无定形硅铝催化剂相比，具有更高的活性，异构化反应可在温度较低的液相中进行。由于液体反应物对催化剂表面沉积的反应聚合物有溶解和冲洗作用，可使催化剂长期保持高的活性和选择性，催化剂寿命达两年以上，二甲苯总收率在 98%(质)以上。使用这种催化剂的主要缺点是乙苯在过程中不发生反应。为了防止乙苯在循环中积累，需要从原料和循环物料中分离乙苯，这就增加了设备投资和操作费用。

Mobil 公司以后开发的 ZSM-5 沸石催化剂除具有 ZSM-4 沸石催化剂的优点外，还可使乙苯转化主要生成苯和二乙苯。乙苯歧化反应速率远大于二甲苯歧化反应速率，因此可以同时达到大量转化乙苯而减少二甲苯损失的目的。

6. 甲醇转换成汽油

择形催化剂 ZSM-5 催化的重要反应之一就是甲醇合成汽油的反应。因为由此可使从煤气化得到的合成气有效地转化成甲醇，所以这一反应的成功为从煤炭生产汽油开拓了一条重要新途径。第一个甲醇转变成汽油的装置于 1985 年底在新西兰开始运生产汽油每天可达2306m³。由甲醇生产的汽油一般含有大约32%的芳烃、60%的饱和烃和8%的烯烃，与常规无铅汽油类似。

甲醇合成汽油采用了固定床和流化床两种工艺。Mobil公司甲醇合成汽油法采用ZSM-5沸石催化剂，它具有甲醇、二甲醚低聚和烯烃脱氢环化的能力。这是甲醇合成汽油的基础。甲醇合成汽油可能的途径是：甲醇首先脱水生成二甲醚、醚转化成轻质烯烃，再转化成高级烯烃，最后生成烷烃、环烷烃和芳烃。另一可能的途径是甲醇本身发生α消去反应，所生成的：CH_2聚合成轻质烯烃。

在甲醇合成汽油的反应中，ZSM-5沸石催化剂具有极好的选择性，生成的烃类产物中大部分是$C_4 \sim C_{10}$烃类，基本上没有C_{11}以上的烃类。这一特点与ZSM-5沸石具有形状选择性的晶体结构一致。

甲醇合成汽油的反应可用下式表示：

$$xCH_3OH \longrightarrow (CH_2)_x + xH_2O$$

反应为强放热反应，因此催化剂不可避免地要处于高温水蒸气氛中，而ZSM-5沸石对于高温和高温水蒸气具有良好的稳定性。

上面列举了以ZSM-5为代表的择形催化剂在石油加工和石油化学中的部分应用。这些应用大致可归纳为两方面：一是取代过去沿用的其他催化剂，改革原有工艺；二是利用沸石分子筛的特有性能，开发新工艺。

8-3 第三代分子筛——磷酸铝

8-3-1 分子筛的发展现状

沸石本是自然界碱金属或碱土金属的结晶硅铝酸盐矿物，人们很早就知道它具有特殊的吸附性和离子交换性。第二次世界大战期间英国的Barrer首先将沸石作为分子筛成功地从异构烷烃中分离出正构烷烃。美国UCC公司于1954年着手合成沸石的实验，

1956 年则正式开始了工业生产，这就是所谓的合成沸石分子筛。

有机铵阳离子引入合成体系，大大扩展了新结构沸石的生成。20 世纪 70 年代 Mobil 公司开发的以 ZSM-5 为代表的高硅三维交叉直通道的新结构沸石，称为第二代分子筛。

继高硅沸石之后，20 世纪 80 年代美国 UCC 公司开发了非硅、铝骨架的磷酸铝基系分子筛——SAPO 系分子筛，称为第三代分子筛。此类分子筛开发的科学价值在于给人们以启示：只要条件合适，其他非硅、铝元素也可形成具有类似硅铝分子筛的结构，为新型分子筛的合成开辟了一条新途径。

8-3-2 磷酸铝系分子筛的结构性质

自 1982 年美国 UCC 公司首次合成磷酸铝($AlPO_4$)分子筛以来，仅仅十年左右时间，这类微孔新材料的合成得到了迅速发展，并对其结构和性质有了不少认识。

就目前所知，$AlPO_{4-n}$分子筛有近 30 种微观结构，且大多数是新型的，它们的孔口从 8 元环到 12 元环，孔直径从30nm 到 80nm。表 8-4 所示为以 $AlPO_4$ 为基础的新一代分子筛的主要晶体结构，它们包括 15 种新的结构以及 7 种在沸石中已有的骨架拓扑结构，如菱沸石(34 型、44 型、47 型)等。表 8-4 中同时给出了用标准重量吸附技术测定的孔直径和孔容大小。

表 8-4 以 $AlPO_4$ 为基础的新一代分子筛的典型结构

SAPO-n	结构类型	孔 径/nm	孔 容/(mL/g)
大孔型			
5	新 型	80	0.31
36	新 型	80	0.31
37	八面沸石	80	0.35
40	新 型	70	0.33
46	新 型	70	0.28
中孔型			
11	新 型	0	0.16
31	新 型	65	0.17
41	新 型	60	0.22

续表

SAPO-n	结构类型	孔　径/nm	孔　容/(mL/g)
小孔型			
14	新　型	40	0.19
17	毛沸石	43	0.28
18	新　型	43	0.35
26	新　型	43	0.23
小孔型			
33	新　型	40	0.23
34	菱沸石	43	0.3
35	插晶菱沸石	43	0.3
39	新　型	40	0.23
42	林德A型	43	0.3
43	水钙沸石	43	0.3
44	拟菱沸石	43	0.34
47	拟菱沸石	43	0.3
很小孔型			
16	新　型	30	0.3
20	方钠石	30	0.24
25	新　型	30	0.17
28	新　型	30	0.21

$AlPO_{4-n}$分子筛一般都具有良好的热稳定性和水热稳定性，可直接用作催化剂载体。但由于其晶体骨架呈电中性，因而不具有离子交换性能，表面上无强酸中心，直接用作催化剂具有弱酸性能。调变其性能的重要途径之一就是骨架元素的杂原子化。

8-3-3　磷酸铝系分子筛的合成

以$AlPO_4$为基础的磷酸铝系分子筛通常是由水热法合成的。例如在一定配比的活性水合氧化铝、H_3PO_4及硅溶胶的反应混合物中，加入三(正)丙胺、二(正)丙胺等有机胺或季铵盐作为模板剂，于100~200℃下晶化一定时间(几小时到几天)后，就可制得磷酸铝分子筛。其反应混合物组成为 $a R_2O \cdot (Si_xAl_yP_z)O_2 \cdot bH_2O$，式中 R 表示模板剂，$a = 0 \sim 3$，$b = 0 \sim 500$，$x$、$y$ 及 z 分别表示 Si、Al 及 P原子的摩尔分数(至少为0.01)。

磷酸铝系分子筛的组成能在很宽的范围内改变，产物含 Si 量随合成条件不同而变化。其无水形式可写成$(0 \sim 0.3)R(Si_xAl_yP_z)O_2$表示。同样，$x$，$y$、$z$ 分别表示 Si、Al 及 P 的摩尔分数。$x = 0.1 \sim 0.98$，$y = 0.01 \sim 0.60$，$z = 0.01 \sim 0.52$，并且 $x+y+z=1$，式中 R 代表有机胺或季铵离子。有机模板剂似乎起到决定结构的定向作用，当晶体成长时，模板剂被截留或包含在结构孔隙内。在没有模板剂存在时会得到无定形相或致密相的晶体材料，可见模板剂的作用是十分重要的。

8-3-4 磷酸铝分子筛在石油化工中的应用

磷酸铝分子筛按合成条件及含 Si 量不同，呈现中强酸到强酸的催化性能。在烃类转化反应中，它可用作催化剂，这些反应包括裂化、加氢裂化、芳烃和异构烷烃的烷基化、二甲苯异构化、聚合、重整、脱氢、脱烷基及水合反应等。此外，磷酸铝分子筛还可用作催化剂载体及吸附剂。

1. 催化裂化催化剂

催化裂化催化剂的发展沿革已在前面介绍，磷酸铝分子筛的开发时间虽然不长，但在催化裂化中的应用却是引人注目的。例如，将磷酸铝分子筛 SAPO-11 添加到超稳 Y 型分子筛中，裂化产物中汽油产率没有明显提高，但汽油馏分中石蜡烃的异构/正构比增大，从而提高了辛烷值，而且 C_3 和 C_4 烃中烯烃/烷烃的比也增大了。

如把 SAPO-5 作为流化催化裂化催化剂的添加剂，汽油馏分中 $C_6 \sim C_8$ 芳烃的含量增加，但汽油的产率却降低。与 ZSM-5 相比，SAPO-5 具有较高的汽油选择性，汽油有较高的芳烃和较高的异构/正构比。

含有 SAPO-37 的黏土基质催化剂，对石油裂解表现出高的活性，对高辛烷值汽油有好的选择性。中孔的磷酸铝分子筛对提高汽油选择性也有良好的效果。如在超稳Y型分子筛催化剂中添加1%(质)的SAPO-11，与添加3%(质)的ZSM-5相比，在类似转化率和汽油辛烷值条件下，汽油的选择性由71.1%提高到76.2%。

以磷酸铝分子筛作载体，负载金属组分也可用作生产高辛烷值汽油的优良加氢裂化催化剂。如用含Ni和W的SAPO-5作催化剂，在氢气和200μg/g NH_3存在下，馏程为165~415℃的重质柴油，在232~371℃和12.16MPa条件下裂化时可得到轻质汽油。与通常的加氢裂化催化剂比较，汽油的RON值可由80.1提高到84.7。

磷酸铝分子筛还可用作裂解重油生产中馏分油的催化剂。用含有Pt或Pd的SAPO-11和SAPO-41作催化剂，对在316℃下馏出的大于90%的重油，可以同时进行加氢裂化和异构化反应，得到有较好的低温流动性的油品，从而降低了油品的黏度和倾点。

另外，磷酸铝分子筛的裂化活性可以通过卤化物处理得到改进，如SAPO-5分子筛，在室温下用含氟2.5%的氮气处理，再在600℃下用蒸汽处理，可使丁烷的裂解活性大大提高。

2. 烷基化催化剂

烷基化反应是制备精细化工原料和优质燃料的重要反应，常用的催化剂有无机酸类、卤化物类或BF_3与酸的络合物。合成沸石也可用作这类反应的催化剂。SAPO-5是一种具有18元环孔的大孔分子筛，用它作催化剂，以甲醇作为芳烃烷基化剂，对甲苯烷基化有较高的对位选择性。如甲苯与甲醇摩尔比为2∶1的混合物，在427℃，0.7MPa下通过SAPO-5分子筛，所得产物中，对二甲苯的选择性达到14.8%。

用醇、烯烃、二烯烃作烷基化剂，磷酸铝分子筛也可催化芳胺的烷基化。将摩尔比80∶20的丙烯-苯胺混合物，在249℃、6.8MPa条件下通过SAPO-37催化剂，苯胺的转化率可达到93.4%。

3. 异构化催化剂

异构化反应是制取高辛烷值油品和精细化工原料的重要反应之一。该反应可被酸性物质所催化。因此磷酸铝分子筛也对这类反应有较好的催化活性。

磷酸铝分子筛用作二甲苯异构化催化剂时，在SAPO-11上，间二甲苯可以超过40%的转化率异构化成为邻二甲苯和对二甲苯，非C_8芳烃收率只占3.2%。

中孔的磷酸铝催化剂，如SAPO-11，SAPO-13、SAPO-41是烯烃，烷烃和芳烃异构化的良好催化剂，活性和选择性都较高。如以此类分子筛作为酸性组分，再载上铂等贵金属组分制成双功能催化剂，可降低裂化活性，而选择性地使正构烷烃和环烷烃发生异构化。这种复合催化剂比中孔分子筛不但选择性高，而且失活慢。如果再添加锰和钴，还可进一步提高这类催化剂的选择性。

4. 醇醛缩合反应催化剂

醇醛缩合反应是一种重要的工业过程，常在弱酸或弱碱条件下进行。磷酸铝也可用作这类反应催化剂。

在磷酸铝分子筛催化下，由醛与醛或酮缩合可制取高级醛或高级酮。在氢存在时，反应得到饱和醇或酮。以醇作原料，醇可以先进行脱氢反应，放出的氢可用于加氢反应。如以25%的乙醇水溶液作原料，以SAPO-34作催化剂，在425℃反应，乙醇的转化率达到60%，所生成的产物中丁烯醛占70%，并有25%的乙烯生成。

芳醇与醛或酮缩合，也可用磷酸铝分子筛作催化剂。如以苯酚：丙酮=90：10(质量比)的溶液作原料，以氮作载气，使用SAPO-5作催化剂，在150℃和1.41MPa条件下反应，产物中有双酚A，选择性为60%，丙酮的转化率为50%。

5. 由醇或醚制取烯烃的催化剂

均相催化醇脱水制烯烃常以无机酸作催化剂；多相催化时常以氧化物，如Al_2O_3作催化剂，某些沸石，如ZSM-5也是很有效的催化剂。此外，磷酸铝分子筛对于醇以及醚制取烯烃有良好的催化脱水性能，且催化剂的寿命较长。

SAPO-34，在水存在下，可将甲醇转化为 $C_3 \sim C_4$ 烯烃，如将水与甲醇的摩尔比为 70 : 30 的混合物，在 425℃ 下通过催化剂，产物中主要为乙烯、丙烯和丁烯。

以 20%的硅胶作粘结剂，与 80%的 SAPO-34 制成催化剂，也是由醇和醚制取烯烃的优良催化剂。在 375℃，0. 43MPa 下，甲醇的转化率达 100%，产物中乙烯含量为 15. 5%，丙烯含量达 46. 6%。如使用 27%的高岭土、13%的氧化铝和 60%的 SAPO-34 制成催化剂，甲醇可以特别高的选择性和产率转化为乙烯、丙烯和丁烯。

磷酸铝系催化剂也是由醇和醚类制取烃类混合物的良好催化剂，这对制取燃料有很大的应用价值。

除了上述应用外，磷酸铝催化剂还可用作烯烃低聚、氮氧化物催化还原的催化剂。另外，磷酸铝分子筛作为吸附分离剂的应用也正受到关注。

8-4 固体超强酸催化剂

在石油化工中，使用酸催化剂的反应很多，起初都是用液体酸进行液相催化反应，由于存在着设备腐蚀和后处理等问题，所以要求把液体酸固体化。现在各种各样的固体酸催化剂已被合成。由于固体酸催化剂具有催化活性高、分离回收容易、反应操作简便和利于工业化等特点，是近年来国外迅速发展的具有重大工业应用价值的新型催化剂。

8-4-1 超强酸的定义

超强酸(Superacid)一词是 1927 年由 Conant 等开始使用的，1973 年日语开始使用，译名“超强酸”。按照 Gillespie 在 1968 年提出的看法，超强酸的定义是“比 100%硫酸还强的酸”。倘若根据这一定义，那么以前已知的 CF_3SO_3H、FSO_3H、$ClSO_3H$、

SbF_5-FSO_3H、$FH-FSO_3H$ 等都是超强酸。假若用数值来表示，因为 100%硫酸的酸强度 H_0 约为-11.92，所以比酸强度-11.92小的酸都是超强酸。

现在一般都认为：比 100%硫酸的酸性还强的酸称为超强酸，超强酸的酸强度 H_0 为-12～-20，是 100%硫酸的几倍。

超强酸和通常的酸一样，可分为布朗斯台酸(Brönsted acid)和路易斯酸(Lewis acid)两种。无论是布朗斯台酸还是路易斯酸只要酸性比 100%硫酸强者都属于超强酸。前者属超强布朗斯台酸，后者属超强路易斯酸。

上述超强酸的定义既包括液体超强酸，也包括固体超强酸。液体超强酸由于对反应器的严重腐蚀以及反应废液的严重公害等致命弱点，其用途受到限制。从 20 世纪 70 年代开始，各国都致力于开发固体超强酸的研究工作。

8-4-2 固体超强酸的类型

合成固体酸大致可以分成两大类：一类是含卤素的，另一类是不含卤素的 SO_4^{2-}/M_xO_y 型固体超强酸。

1. 含卤素固体超强酸

表 8-5 所示为部分这类固体超强酸。表中第 1 组全氟磺酸树脂(Nafion-H)是这类固体超强酸中最强的酸($H_0 \approx -15.6$)，它具有耐热性好、化学稳定性和机械强度高等特点。一般是将带有磺酸基的全氟乙烯醚单体与四氟乙烯进行共聚，得到全氟磺酸树脂。由于树脂分子中引入电负性最大的氟原子，产生强大的场效应和诱导效应，从而使其酸性剧增。

表 8-5 几种固体超强酸

组	被载物	载体
1	$-SO_3H$	全氟树脂
2	SbF_5	$SiO_2 \cdot Al_2O_3$，$SiO_2 \cdot TiO_2$，SiO_2，ZnO_2，$TiO_2 \cdot ZnO_2$，$Al_2O_3 \cdot B_2O_3$，$SiO_2 \cdot NHF$，$HSO_3Cl \cdot Al_2O_3$，$HF \cdot NH_4 \cdot Y$，$NH_4F \cdot SiO_2 \cdot Al_2O_3$
3	SbF_5，TaF_5	Al_2O_3，MoO_3，ThO_2，Cr_2O_3，SiO_2

续表

组	被载物	载　体
4	SbF_5，BF_3	石墨，铂·石墨
5	BF_3，$AlCl_3$ $AlBr_3$	离子交换树脂，金属硫酸盐，氯化物
6	$SbF_5 \cdot HF$，$SbF_5 \cdot FSO_3H$	金属(Pt·Al)，金属(Pt-Au，Ni-Mo，Ni-W，Al-Mg)，聚合物(聚乙烯等)，盐(SbF_3，AlF_3)，多孔物质(Al_2O_3，$SiO_2 \cdot Al_2O_3$，矾土，高岭土，活性炭，$RuF \cdot Al_2O_3$)

第 2 组是把 $SiO_2 \cdot Al_2O_3$、$SiO_2 \cdot TiO_2$ 等复合氧化物，在室温下与 SbF_5 蒸气接触 5~10min，再在 50℃ 下脱气 40min，反复操作，使 SbF_5 吸附在复合氧化物上，即可合成 $SbF_5 \cdot SiO_2 \cdot Al_2O_3$ 等固体超强酸。超强酸的性质与 SbF_5 的吸附和脱气温度有关，它们的酸强度约为 $-13.16 \geqslant H_0 > -14.52$。

第 3 组是在 600℃ 下将 Al_2O_3、MoO_2、SiO_2、Cr_2O_3 等煅烧 3~4h作为载体，然后在 300℃ 左右将路易斯酸如 SbF_5 与这些载体接触，即可得到固体超强酸。

第 4 组是让 SbF_5 或 BF_3 与石墨接触数小时，或者用浸渍法使之附着在石墨上。由离子交换树脂与足量的 BF_3 或 $AlCl_3$ 的蒸气长时期接触即可得到第 5 组超强酸。第 6 组是采用 HF 等低黏度溶剂，通过浸渍法使 $SbF_5 \cdot HSO_3F$ 附着在载体上。

2. SO_4^{2-}/M_xO_y 型固体超强酸

含卤素的固体超强酸在合成及废催化剂处置过程中也会产生较难的“三废”处理问题，而且这类催化剂还存在怕水和不能在高温下使用等缺点，代之而起的是 SO_4^{2-}/M_xO_y 型固体超强酸。

1979 年合成出了 SO_4^{2-}/M_xO_y 型固体超强酸。吸附在金属氧化物或氢氧化物表面的硫酸根，经高温灼烧，可制成酸强度比 100%硫酸强度高 10^4 倍的固体超强酸，这一类固体超强酸可在高温下使用，且制备方便。

例如，用28%氨水水解 $ZrOCl_2$，$ZrO(NO_3)_2$ 及 $Ti[OCH(CH_3)_2]$、$TiCl_3$ 使成为氢氧化物，然后烘干，再用 0.5mol/L 硫酸溶液处理后在 500～650℃下焙烧，即制成 SO_4^{2-}/ZrO_2 及 SO_4^{2-}/TiO_2 型固体超强酸。SO_4^{2-}/ZrO_2 的酸强度可达到 $H_0 \leqslant -16.04$，其酸强度达到100%硫酸酸强度的 10^4 倍以上（H_0 是对数值，其数值越小，酸强度越大）。

8-4-3　固体超强酸的催化活性来源

用复合氧化物作载体的超强酸，与吡啶发生酸碱作用后，在室温及 100℃时，经色谱分析同时显示两个吸收峰，一个是指示有布朗斯台酸（B 酸）存在的吡啶正离子的吸收峰，另一个是与路易斯酸（L 酸）配位的吡啶的吸收峰。在 300℃时，只有与路易斯酸配位的吡啶峰，而指示布朗斯台酸的峰消失。据此，人们以含有路易斯酸位的材料代替同时含有布朗斯台酸位和路易斯酸位的催化剂，也具有同样的催化效力，因此催化剂的活性点，即是路易斯酸位。

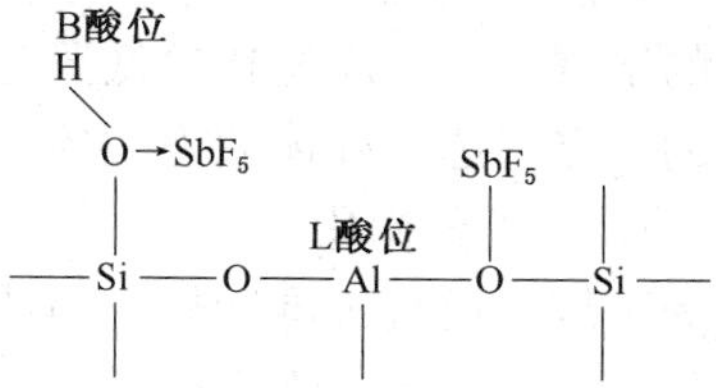

至于 $SiO_2-Al_2O_3$ 经 SbF_5 处理后何以会呈现酸性，可由图8-4的结构模型来说明。可以看出，$SiO_2-Al_2O_3$ 经 SbF_5 处理后既具有能释放质子的 B 酸位，又具有能接受电子对的 L 酸位。由于 SbF_5 具有较强的 L 酸性，能与表面上的氧相结合，并将氧的孤对电子拉过去，因而表面的 H 就非常活泼，表现出极强的酸性。此外，在氧之间的铝是 L 酸位，如果 SbF_5 附着在它的邻近，也同样吸引氧的孤对电子而对铝产生诱导效应，使 L 酸性增强。

图 8-4　结构模型

对这种固体超强酸催化剂，需要注意的是，载体的预处理温度对活性影响很大。例如 $SiO_2-Al_2O_3$，如果先在 100℃进行抽气处理，然后再用 SbF_5 处理，假设此催化剂的活性定为 2，则在 500℃处理的活性为 1，而在 1000℃处理的活性几乎为 0。其原因是在100℃抽气时，$SiO_2-Al_2O_3$ 表面上存在有OH基，经 SbF_5 处理后，酸性变得更强；但在500℃抽气处理时，OH减少；而1000℃抽气处理时，已几乎不存在OH基之故。

8-4-4 固体超强酸催化剂在石油化工中的应用

超强酸作为催化剂在化工领域中应用广泛。液体超强酸除被用作为饱和烃的异构化、分解、缩聚，烷基化的催化剂以外，还被用作链烷烃和芳烃的反应，链烷烃的氯化和氯化分解、链烷烃的硝化和硝化分解、链烷烃和一氧化碳的反应、链烷烃及芳香化合物之类的氧化、苯的氢化、氯苯及氯代烷的还原等反应的催化剂。

固体超强酸作为催化剂比液体超强酸有如下的优点：①反应生成物与催化剂容易分离；②催化剂可以反复使用；③催化剂对反应器无腐蚀作用；④废催化剂引起的“三废”问题较少；⑤催化剂的选择性一般都较高。

以前，链烷烃的反应都是在高温下进行的，但由于固体超强酸的出现，使反应能在较低温度及压力下进行。从节约资源和节能的观点考虑，固体超强酸的工业利用具有重要的现实意义。

1. 烃类异构化

丁烷、戊烷等饱和烃，即使用100%硫酸或 $SiO_2-Al_2O_3$ 作催化剂，在室温下也不发生反应，而用固体超强酸作催化剂，在室温下就可引起反应。使用 $SbF_5 \cdot Al_2O_3$ 作催化剂时，丁烷异构化主要生成异丁烷，其选择性达80%~90%。

直链的戊烷、己烷、庚烷、辛烷等都是汽油的组成成分，但辛烷值都较低，所以需添加铅或芳香族化合物等以提高辛烷值。但无论加铅还是加芳香族化合物都会带来公害问题。因此，现在希望添加无害的带支链的异戊烷、异己烷、异庚烷、异辛烷等以提高其辛烷值。当以表8-5中第2组固体超强酸作催化剂时，在0℃时可使戊烷生成异戊烷，同时还生成异丁烷、丙烷和异己烷。催化剂的活性和选择性会因其种类不同而有相当大的差异。戊烷在 $SbF_5 \cdot SiO_2 \cdot Al_2O_3$ 催化剂上的反应初速率比丁烷快200

倍。这种催化剂的选择性达90%以上。

以 $SbF_5 \cdot SiO_2 \cdot Al_2O_3$ 为催化剂进行己烷异构化反应速率更快，是戊烷的3倍，丁烷的1000倍，反应达30min时，异己烷的选择性达100%。

对于庚烷异构化反应来说，使用 $SbF_5 \cdot HF/RuF \cdot Al_2O_3$ 作催化剂，比之以Pd、Rh等代替Ru的催化剂，有着转化率高和活性下降较慢的特点。

2. 烷基化反应

芳烃烷基化、烯烃与烷烃烷基化都是生产高辛烷值汽油的重要反应。这些反应常采用 $AlCl_3$、BF_3、H_2SO_4 等均相催化剂及 SiO_2-Al_2O_3、合成沸石等多相催化剂。而以后者作催化剂时往往需要高温(200~300℃)及加压(1.0~2.2MPa)的条件。若以固体超强酸作催化剂时，却可在常温下进行反应。

3. 催化苯环上的反应

苯环上的亲电子取代反应需要路易斯酸作为催化剂，固体超强酸大多数为路易斯酸，因而均可催化苯环上的亲电子取代反应。如全氟磺酸树脂可以高效地催化苯环上的甲酰化、烷基化、甲基化和醚化等反应。

固体超强酸还可将甲基环戊烷异构化为六元环化合物，进而脱氢制取芳烃化合物。固体超强酸催化剂对这一异构反应的催化活性顺序是：

$$SbF_5 \cdot SiO_2 \cdot Al_2O_3 > SbF_5 \cdot SiO_2 \cdot TiO_2 >$$
$$SbF_5 \cdot TiO_2 \cdot ZnO_2 > SbF_5 \cdot SiO_2 \cdot ZnO_2$$

当以 $SbF_5 \cdot SiO_2 \cdot Al_2O_3$ 作催化剂时，20℃下2min即可达到平衡，可见反应之快。

4. 低相对分子质量的聚合反应

现今，人们对 C_1 化合物和低碳有机物的开发利用越来越感兴趣。以载于活性炭上的 $SbF_5 \cdot FSO_3H$ 作催化剂，通入丙烯可生成 C_6、C_9、C_{12} 及 C_{15} 等烯烃。常见的聚合反应一般采用齐格勒型或烷基金属等催化剂，此类催化剂必须在-70℃的低温下才能生成结晶型聚合体，在室温下则不能。如用固体超强酸催化剂，对此类反应有极高的活性，可使乙烯基单体发生爆聚，即使反应性能低的甲基或乙基–乙烯基醚也可发生爆聚。

除了上述应用以外，固体超强酸还可用作醇脱水、氧化、酯化、硅烷化、环醚化等反应的催化剂。

8–5 均相配位催化剂

配位催化一词用于我国和日本，欧美各国往往称之为均相催化。虽然所指经常是一回事，但它们毕竟不是同义语，两者的含义不尽相同。绝大部分的均相催化剂都是配位催化，但又不全是。所谓配位催化就是指反应物(至少是反应物之一)通过在催化剂中心金属上的配位配合得以活化而后开始的这样一类催化反应。

配位催化包括催化剂及其对反应物有配合作用并使之易于起反应的一切过程。反之，如果反应物与催化剂无配合能力，或不直接参与配位键的形成，则催化作用就不属于配位催化机理范畴。

配位催化既包括配位均相催化，也包括许多以固体物质为催化的非均相催化。配位催化一词通常是指在均相系统中经由上述机理而进行的反应，也即均相配位催化。

均相配位催化的发展晚于多相催化，它的大规模发展是在20世纪50年代以后，主要是齐格勒催化剂的发展以及接踵而来的乙烯氧化制乙醛、甲醇羰化制乙酸等一系列利用配位催化剂的重要工业方法的兴起。至今在石油化工中已有许多生产过程用均相配位催化反应进行生产，约占总的催化过程生产量的15%左右。在石油化工中，配位催化虽仍比多相催化反应应用得少一些，然而在某些方面却显示许多优点，如操作条件温和、活性高、选择性好等。

8-5-1 均相配位催化剂的类型

配位催化反应涉及反应物对金属(M)的配位，和它在金属上发生化学反应所产生新的产物，以及因催化剂恢复原状而组成的反应循环。这种反应机理可用以下的示意图表示：

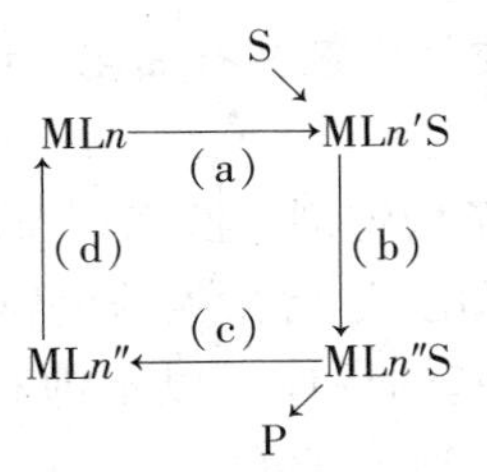

其中，M 为金属；S 为反应物；P 为反应生成物；L 为配位体；n、n'、n''均为配位数。(a)表示反应产物的配位反应；(b)表示配位体内反应，(c)为生成物脱离步骤；(d)表示催化剂再生。

显然，金属配位催化剂是实现上述反应循环的关键。它是由通常所称的中心金属(M)和环绕在 M 周围的许多其他离子或中性分子所组成的配合物。凡是含有两个或两个以上的孤对电子或 π 键的分子或离子通称为配位体，例如 Cl^-、Br^-、CN^-、H_2O、NH_3、$(C_6H_5)_3P$ 和 C_2H_4 等。

配位催化剂的中心金属(M)多数采用 d 轨道未填满电子的过渡金属，如 Fe、Co，Ni、Ru 等。配位体虽然不直接参与催化反应，但对金属-碳键和金属-烯烃(或 CO)键起着很大作用，影响着催化反应的进行。

配位催化剂虽然品种很多，但均由金属或金属同配位体所组成。通常可将配位催化剂分为两大类，一类是在中心金属周围没有配位体存在而进行催化反应的，称为原子状态金属催化剂，如采用裸镍和裸钴催化剂进行丁二烯的聚合，就是实例之一。这种催化剂是使用烷基铝($AlEt_3$)等还原金属离子或者使用零价金属配合物 $Ni(1, 5-C_8H_{12})_2$、$Co(1, 5-C_8H_{12})$制得的。由于原子态金属催化剂容易中毒，所以实用价值较小。

另一类配位催化剂是持有若干配位体而进行催化反应的，称为金属配位体催化剂。它是通过对原子态金属添加对金属具有强亲和力的配位体而使其显著提高催化活性和选择性的，如$Ti(C_6H_5)_2$、$Cr(CO)_3$。

8-5-2 均相配位催化剂在石油化工中的应用

1. 羰基化反应

羰基化反应是制备增塑剂、洗涤剂及润滑油等中间体的重要工业过程。所谓“羰基化”是指在羰基金属配合物的催化作用下，在有机分子内引入羰基的反应。以不饱和烃类化合物为原料与CO、HY反应可用下述通式表示：

$$\rangle C{=}C\langle + CO + HY \longrightarrow -\underset{H}{\underset{|}{\overset{|}{C}}}-\underset{|}{\overset{|}{C}}-\underset{O}{\underset{\|}{C}}-Y \tag{1}$$

即烯键两端碳原子分别加入一个氢原子和一个羰基。而Y可以是H、—OH、—OR、$—O_2CR$等。当Y为H时就称为氢甲酰化反应，当Y为—OH时称为氢羧基化反应，Y为—OR时则为氢酯基化反应等。羰基化反应的原料可以用烯烃、炔烃及其衍生物，而产品则包括醛、酮、酸、酐、酯、醌、酰氯等多种有机产物。

（1）氢甲酰化反应 由煤和天然气转化提供的CO和H_2（合成气），与烯烃利用氢甲酰化反应制成醛类是配位催化发展最早的工业过程，也是均相配位催化研究得最清楚的反应之一。

$$RCH{=}CH_2 + CO + H_2 \xrightarrow{催化剂} RCH_2CH_2CHO + R\underset{CH_3}{\underset{|}{C}}HCHO \tag{2}$$

金属氢化羰化物是氢甲酰化反应的主要催化剂。它的发展分为三个阶段：①20世纪40年代开始采用羰基钴体系；②60年代发展起来的三丁基膦改性的羰基钴体系，③70年代发展起来的三苯基膦改性的羰基铑体系。它们的生产条件和产品性能见表8-6。

表 8-6 几种羰基合成催化剂性能比较

工艺条件及产物 \ 催化剂	经典钴体系 $HCo(CO)_4$	改性钴体系 $HCo(CO)_3P(nBu)_3$	未改性的铑体系 $HRh(CO)_4$	改性的铑体系 $HRh(CO)(PPh_3)$
温度/℃	110~180	160~200	100~140	60~120
压力/MPa	20~35	5~10	20~35	0.1~5
催化剂浓度(金属/烯烃)/%	0.1~1.0	0.6	10^{-4}~0.01	0.01~0.1
空速/h^{-1}	0.5~1.0	0.1~0.2	0.3~0.6	0.1~0.25
烃类副产物	低	高	低	高
反应产物	醛	醇	醛	醛
正构/异构比	约 80:20	约 88:12	约 50:50	高到 92:8

从表 8-6 可以看出两个基本规律：①过渡金属的性质对反应起着决定性的作用。铑体系的活性大大高于钴体系。这是由于过渡金属不同，所组成催化剂活性中心 $HM(CO)_4$ 的稳定性和催化性能也不同所致，②配合物的配位体的性质对反应选择性起了调变作用。如用烷基膦改性的钴和铑体系显示出更高的反应选择性。这主要是由于烷基膦比 CO 有较大的空间位阻。所以当烯烃向 H-M 键插入时具有更好的方向性。其主反应机理推测由下面四步组成。

①第一步是反应物烯烃在催化剂作用下形成 π 配合物：

$$HM(CO)_4 + RCH{=}CH_2 \rightarrow \begin{array}{c} H\quad H \\ \diagdown\ \diagup \\ C \\ \| \\ C \\ \diagup\ \diagdown \\ H\quad H \end{array} \longrightarrow \begin{array}{c} H \\ | \\ M(CO)_3 \end{array} + CO \qquad (3)$$

② 第二步发生氢转移加成：

$$\begin{matrix} H & & H \\ & \diagdown\!\!\diagup & \\ & C & \\ & \| & \\ & C & \\ & \diagup\!\!\diagdown & \\ H & & H \end{matrix} \longrightarrow \underset{}{\overset{H}{\overset{|}{M}}}(CO_3) + CO \rightarrow RCH_2CH_2—M(CO)_4 \text{ 及 } \overset{CH_3}{\overset{|}{RCH}}—M(CO)_4 \quad (4)$$

③ 第三步发生 CO 插入 M—R 键或 $—C\begin{matrix} \diagup\!\!\!/ O \\ \diagdown H \end{matrix}$ 基加成到烯烃双键上形成酰基中间体：

$$RCH_2CH_2—M(CO)_4 + CO \longrightarrow RH_2CH_2CO—M(CO)_4 \quad (5)$$

这一步进行得极快，不然就不可能高选择性地制得醛。

④ 最后一步是中间酰基配合物加氢分解而得到产物：

$$RCH_2CH_2\underset{\underset{O}{\|}}{C}—M(CO)_4 + H_2 \longrightarrow RCH_2CH_2CHO + HM(CO)_4 \quad (6)$$

（2）甲醇羰基合成制乙酸　乙酸是二种重要化工原料，用于生产乙酐、乙酸纤维、乙酸乙烯酯及氯乙烯等，也是常用有机溶剂之一。

乙酸的工业化生产演变过程与催化剂的开发密切相关。

在 20 世纪 30~40 年代主要生产方法是乙炔-乙醛-乙酸法，该法具有汞污染及生产成本高的缺点。50~60 年代中期相继出现了乙烯-乙醛-乙酸法、正丁烷氧化制乙酸法，这些方法都存在副产品多、设备腐蚀、分离过程比较复杂等问题。1960 年 BASF 公司开发了甲醇高压羰基合成法，该法使用碘化钴作催化剂，但是需要在 250℃、6~7MPa 的苛刻条件下进行反应，甲醇转化率为 65%，乙酸收率以甲醇计为 85%左右。1970 年出现的采用羰基铑催化剂的低压羰基合成法，可使甲醇具有很高的转化率和选择性，乙酸收率以甲醇计可达 99%，操作压力可由高压降低到 2. 0~3. 5MPa。这种新方法的出现被称为配位催化在乙酸工业生产上的典型突破。

采用钴化合物作催化剂的高压法的反应机理与铑催化剂的低压法虽有不同，但都属配位反应，具有许多共同之处。都包含碘化物同金属羰基化物迅速地进行反应，其氧化加成的结果形成甲基羰基配合物，CO 的插入作用形成乙酰基-金属离子配合物，它同水反应生成乙酸，反应如下式所示：

$$CH_3OH \xrightleftharpoons{HI} CH_3I$$

$$[R_h^{I}I_2(CO)_2]^- \rightarrow [R_h^{III}I_3(CO)_2(CH_3)]^- \rightarrow [R_h^{III}I_3(CO)(\overset{O}{\overset{\|}{C}}CH_3)]^- \rightarrow \text{（返回 } [R_h^{I}I_2(CO)_2]^-\text{）}$$

$$CH_3\overset{O}{\overset{\|}{C}}I \underset{HI}{\overset{H_2O}{\rightleftharpoons}} CH_3\overset{O}{\overset{\|}{C}}OH \tag{7}$$

2. 催化氧化反应

配位催化氧化反应在工业上用得比较广泛。其中最成功的是 Wacker 反应，即烯烃在氯化钯、氯化铜作用下直接氧化成醛和酯。早在 1894 年就已发现，将乙烯通入氯化钯水溶液中可生成乙醛和金属钯，但这是计量化学反应。1960 年 Wacker 反应成功地利用氧化铜将反应生成的零价钯重新氧化成二价钯，使这古老的计量反应变成崭新的催化循环反应。其反应机理如下：

$$[Pd^{II}Cl_4]^{2-} \underset{Cl^-}{\overset{C_2H_4}{\rightleftharpoons}} [Pd^{II}Cl_3(CH_2=CH_2)]^- \overset{H_2O}{\rightleftharpoons}$$

$$[Pd^{II}Cl_3(CH_2CH_2OH)]^{2-} \rightarrow [Pd^0] + CH_3CHO$$

$$[Pd^0] \xrightarrow{O_2,\ HCl} [Pd^{II}Cl_4]^{2-} \tag{8}$$

在可溶性金属离子作用下，环己烷氧化制己二酸是另一个典型配位氧化反应。己二酸是聚酰胺化合物和高分子增塑剂的基本原料。工业上从环己烷制造己二酸大多采用二步法。第一步是空气氧化生成环己醇和环己酮混合物，采用钴盐作为多功能催化剂，环烷酸钴的浓度为 20μg/g 左右，环己烷氧化单程转化率约为 5%，有时添加硼酸可以稳定产物提高转化率，未反应的环己烷再次参与反应循环使用。第二步是把醇和酮混合物直接用空气或硝酸氧化为己二酸，硝酸是空气再生试剂，也是氧的传递中间体。氧化反应在强搅拌的反应釜中进行，使用 Cu(Ⅱ)和 V(Ⅴ)盐作为催化剂。所有反应步骤可概括如下：

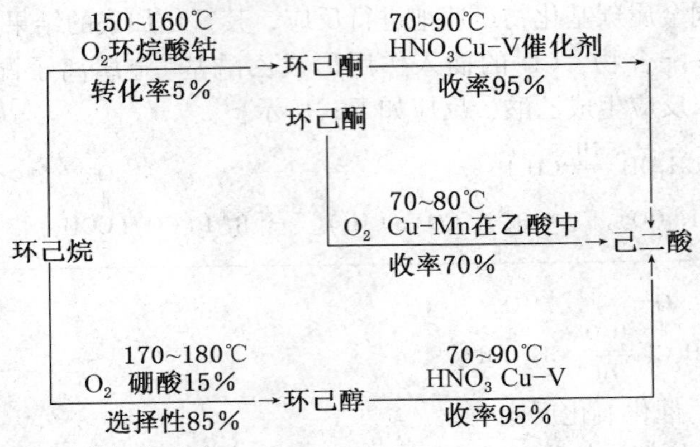

3. 费-托合成反应

费-托(Fischer-Tropsch)反应是由氢与一氧化碳在催化剂的作用下合成烃类和含氧有机化合物的方法，早在 1936 年就已工业化。但由于反应选择性差、工艺复杂，加上廉价石油的问世，二次大战后，几乎很快失去了它的工业地位。最近，出于对未来世界能源结构转变的考虑，人们又重新重视这一老的化学反应，想要大幅度地降低它的经济成本。工业上复兴这一方法的关键在于反应的选择性。通过多相催化解决这一问题，看来难度很大，而将希望寄于均相配位催化。研究均相费-托反应的目的是：①从 CO 和 H_2 合成甲烷、高级烷烃、烯烃等烃类；②合成甲醇、乙二醇等含氧化合物；③进行水煤气转换反应。其中多数工作集中于探索以过渡金属原子簇化合物作为均相催化剂的可能性，因为在这一反应中，催化剂必须同时具备活化 CO 和 H_2 的功能。已取得的进展主要是：①以羰基铑作催化剂，从 CO 和 H_2 直接合成乙二醇：

$$CO+H_2 \xrightarrow[\text{胺、}C_3^+\text{作助催化剂}\ 200℃,\ \sim100MPa]{Rh_4(CO)_{12}} \underset{70\%}{\begin{matrix}CH_2OH\\|\\CH_2OH\end{matrix}} + \underset{20\%}{CH_3OH} + \underset{10\%}{\begin{matrix}CH_2OH\\|\\CHOH\\|\\CH_2OH\end{matrix}} \qquad (9)$$

已实现工业化，但主要困难是压力太高。但研究发现，[illegible]核原子簇化合物比纯羰基铑的原子簇化合物有更高的催[illegible]基的异[illegible]②用羰基钌、铱、锇可以使 CO 还原成烃类，③水煤气转[illegible]，过去采用多相催化剂，需在高温下进行，现在用 $Ru_3(CO)_{12}$ 在[illegible]碱溶液中于 100℃ 可催化此反应，用特定的零价铂化合物作催化剂时，显示出更高的活性。

8-5-3　金属原子簇催化剂

1. 典型的簇合物结构

金属原子簇化合物是指分子中多个金属原子通过金属-金属键相互连接构成闭环的一类化合物。它的出现要归功于 X 光谱晶体结构的发展。实际上所有的金属都可形成金属-金属键，但有 d 电子的元素特别能形成此类化合物。近年来金属原子簇化合物的研究显著增加，这不仅是由于在合成和分析方法上积累了经验，而且更重要的是意识到它作为配位催化剂的潜力。

金属原子簇中的金属原子可按三角形或多面体排列，绝大多数簇的中心位置是空的，少数簇如铑，金具有中心原子的结构，在各个金属原子周围围绕着各种配位体，形成一个单元核体。目前已确定了数百种簇合物的结构，图 8-5 是几个典型的例子。

金属原子簇化合物按组成可有多种分类法。按配位体类型大致可分为羰基、卤素、氰化物、异氰化物以及亚硝基、氧化物和不饱和有机配位体等类簇合物。其中，前四类可生成单一配位体簇合物，其余仅以混合配位体簇合物存在。按成簇骨架原子类型可分为三类。第一类为同一原子金属簇[图 8-5(a)、(b)]，包括不含任何配位体的“裸金属簇”离子(如 Pb_9^{4} · Bi_9^{5+} 等)。第二类为混合金属簇合物，如由不同原子组成的四面体簇合物 $CoFeCrS(CO)_8(\eta-C_5H_5)$。第三类为金属-非金属杂原子簇，如图 8-5(d)所示的类立方烷 Fe_4S_4 单元及图 8-5(c)所示的含碳原子间隙物。目前研究最多的是第一类。它们的几何形状较简单且骨架结构多为三角多面体。

从电子结构角度看，又可将簇合物粗分为两大类：①金属为

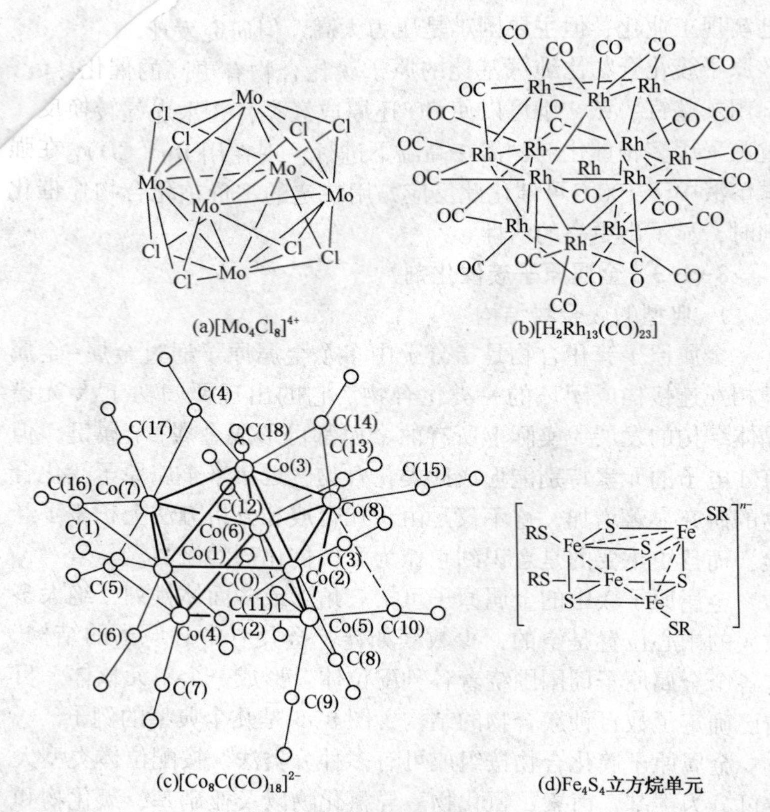

图 8-5　几种典型的簇合物

周期表右边 d 电子数较多的过渡元素、配位体为 H、OH^-、CO、pph_2、pph_3 等，形成所谓“富电子簇”，其电子结构类似于零价的金属羰基簇合物［图 8-5（b）］；②金属为左边 d 电子较少的过渡元素，电子结构类似于较高价态（+2 或+3）的金属卤化物［图 8-5（a）］。

2. 金属原子簇催化剂

金属原子簇是以金属原子的小集团作为基本单位的配位分子，相互独立又不连续，因此簇的催化作用相当于在金属结晶表面参与反应时的反应点，它与晶体棱角、局部缺陷等高度不饱和的活性点相类似，赋予特殊的催化活性。表 8-7 所示为金属原子簇催化剂催化的部分反应，展示出利用金属簇作为催化剂的巨大潜力。

表 8-7　金属原子簇催化的部分反应

反　　应	催　化　剂
$>C{=}C<$ 和 $-C{\equiv}C-$ 的还原 环己烯 $+H_2 \xrightarrow[66℃]{15\ 大气压}$ 环己烷	$[Co(CO)_2PBu^n_S]_8$
$>C{=}O$ 还原 $RCHO+H_2 \xrightarrow[160℃]{80\ 大气压} RCH_2OH$	$Rh_6(CO)_{16}$
环己酮 $+ H_2 \xrightarrow[100℃]{10MPa}$ 环己醇（—OH）	$H_4Kh_4(CO)_{12}$
$2CO+3H_2 \xrightarrow[200\sim240℃]{100\sim300MPa} CH_2OH{-}CH_2OH$	$M_2[Rh_{12}(CO)_{30}]$
$CO+H_2 \xrightarrow[300℃]{10MPa} C_nH_{2n+2}(n=1\sim30)$	$Ds_3(CO)_{12}$，$Ir_4(CO)_{12}$， $Ru_3(CO)_{12}$
$PhNO_2+2CO+H_2 \xrightarrow[160℃]{200MPa} PhNHa+2CO_2$	$Ru_3(CO)_{12}$
环己烯 $+CO+H_2 \xrightarrow[150℃]{40MPa}$ 环己基甲醛（CHO）	$Rh_6(CO)_{16}$
1-丁烯 $\xrightarrow[70℃]{}$ 2-丁烯	$H_4Ru_4(CO)_{12}$
$2HC{\equiv}CH + 2CO + H_2$ $\xrightarrow[200℃]{120\ 大气压\ CO，1MPa\ H_2}$ OH—C₆H₄—OH	$Ru_3(CO)_{12}$
$3HC{\equiv}CH \xrightarrow[25℃]{0.1MPa}$ 苯	$Ni_4(CNR)_7$
$CO+H_2O \xrightarrow[135\sim150℃]{5MPa} CO_2+H_2$	$Ru_3(CO)_{12}$/KON
$CO+O_2 \xrightarrow[25℃]{0.1MPa} CO_2$	$Rh_6(CO)_{16}$
环己酮 $+ CO + O_2 \xrightarrow[100℃]{3MPa}$ $HO_2C(CH_2)_4CO_2H$	$Rh_6(CO)_{16}$

如前所述，氢甲酰化反应自20世纪70年代以来在合成工艺上经历了几次重大改革。最重要的是采用了[$HRh(CO)(pph_3)$]代替羰基钴，使反应压力从20~35MPa降为0.1~5MPa，温度从110~180℃降为60~120℃，产物中正异构比也有一定提高。70年代后期出现了更为优越的金属原子簇化合物[$HP_t(SnCl_3)(CO)(pph_3)_2$]和[$Rh_4(CO)_{10}(pph_3)_2$]，更可使醛化在接近常温常压下进行。这是由于引入的强授电子基“pph_3”加强了M—CO键，使催化剂在低压下获得稳定；同时基团较大体积的立体因素，使催化剂正异构比的选择性提高。

8-6　固相化配位催化剂

8-6-1　均相配位催化剂存在的问题

如前所述，由于配合物化学的发展，均相配位催化剂的发展近年来特别显著，特别是采用有机金属配合物为催化剂，使过去某些难以实现的反应通过配位及活化得以顺利进行，使某些过渡金属配合物成为聚合、氧化、异构化、羰基化等反应的高效催化剂。可是，事物往往是一分为二的，均相配位催化剂虽具有不少优点，但在生产实践中却又暴露出不少缺点，主要有下述几个方面。

（1）均相配位催化剂可溶于反应介质，分子扩散于溶液中，因而它的活性往往比多相催化剂高。可是由于这种可溶性，却带来了催化剂的分离、回收及再生问题。为此，就需增加许多复杂的工艺操作。例如，羰基合成生产高级醇尽管已有几十年工业生产历史，但对催化剂的分离回收仍是目前研究的重点。

（2）配位催化剂是利用过渡金属元素未充满的d轨道的电子特性，多数采用第Ⅷ族元素，特别是一些贵金属，如铑等，这些贵金属目前在我国主要靠进口。解决这些贵金属的回收、再生问题目前也是十分困难的工作。

（3）均相配位催化剂的热稳定性差，如羰基合成催化剂，由于它的热稳定性差，限制了反应温度的提高，以致反应转化率低，催化剂损耗大。

（4）均相配位催化剂对金属反应器腐蚀严重。为了解决上述矛盾，各种研究工作集中到能否使均相催化剂也非均相化，能使这种催化剂有可能像多相催化剂那样，方便地应用于固定床或流化床工艺中，既便于催化剂与产物分离，解决它的循环使用与回收问题，又能减少对反应设备的腐蚀。也就是说，要求改进的催化剂既能保持均相催化剂的高活性及选择性，同时在形式上又类似于多相催化剂，在反应介质中不溶，看作是"形式上的多相催化，实质上的均相配位催化"。

8-6-2 均相配位催化剂的固相化

金属配合物固相化的方法可分为两大类，即物理吸附法和化学键合法。

1. 物理吸附法

这是将金属配合物配制成一定浓度的溶液，然后用浸渍方法使金属配合物吸附于无机载体上，如硅胶、氧化铝、活性炭、分子筛等。例如，甲醇羰基化制乙酸的固相化配位催化剂是将三氯化铑吸附于活性炭上。

另一种方法是仿效气液色谱所采用的技术，以固定液为媒介把催化剂活性组分分散，然后负载于无机或有机惰性载体上。例如，丙烯氢甲酰化反应所用催化剂是将 $Rh(CO)Cl(pph_3)_2$ 溶于邻苯二甲酸丁苄酯，然后吸附于硅胶上，用固定床方式通入丙烯进行氢醛化反应。

物理吸附法所用载体价格便宜、吸附操作简便，缺点是活性组分和载体之间只靠物理吸附相连接，所以在反应过程中金属活性组分能移动或流失，容易失去活性，且还有相当量的催化剂进入产物，还存在部分催化剂的分离和回收问题。

2. 化学键合法

（1）用高聚物作载体　以高聚物作载体使金属配合物与其发生化学键合而生成固相化催化剂是近来研究开发的重点之一。它又可分为用离子交换树脂及有机高聚物两种类型。

① 用离子交换树脂作载体。无机配合物能与离子交换树脂作用而生成固相化催化剂。例如，将 $PdCl_2$ 和 KCl 以摩尔比为 1∶2，在 40℃下先配位成 K_2PdCl_4 配盐，用苯乙烯-二乙烯基苯共聚物作树脂，把它的阳离子交换树脂或阴离子交换树脂与 K_2PdCl_4 进行离子交换，就可制得固相化催化剂：

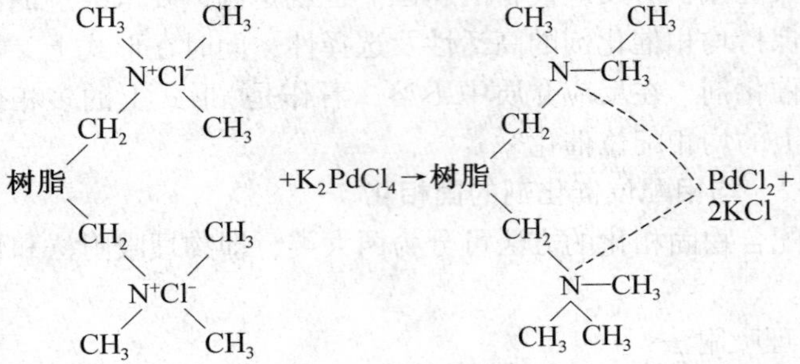

CH₃ CH₃ N⁺Cl⁻ CH₂ CH₃

树脂 $+K_2PdCl_4 \rightarrow$ **树脂** $PdCl_2 + 2KCl$ （10）

$$\text{树脂}\begin{cases}-CH_2-N^+(CH_3)_3Cl^-\\-CH_2-N^+(CH_3)_3Cl^-\end{cases}+K_2PdCl_4\longrightarrow\text{树脂}\begin{cases}-CH_2-N(CH_3)_3\\-CH_2-N(CH_3)_3\end{cases}\cdots PdCl_2+2KCl \qquad (10)$$

这种固相化催化剂对1-己烯氢化等反应均有较高活性。

② 用有机高聚物作载体。把金属配合物化学键合到有机高聚物上的研究，主要是在20世纪70年代发展的，目前使用聚苯乙烯作有机载体的实例很多。

有机高聚物有较大的柔曲性，特别在交联度不大时更是如此。这就使在不同结合状态的配合物配位基与金属之间能发生反应，使金属失去空配位，从而导致催化剂失活，另外，高聚物耐热性差，在强放热反应场合会使高聚物产生热扭变。这是有机高聚物用作固相化载体时必须解决的二个问题。以后发现，具有高交联度的聚合物，特别是聚苯乙烯可以克服上述两种困难。聚苯乙烯不但耐热性较好，而且存在着孤立的没有相互作用的结合位，高聚物表面分子可以看作具有固体那样的刚性，这就避免了金属与配位基之间的进一步反应。因此，许多固相化配位催化剂是以二乙烯基苯交联的聚苯乙烯作载体制成的。

例如，用于催化1-己烯羰基化的固相化配位催化剂可用以下方法制取。先将粒径为200~400目的聚苯乙烯小珠用乙酸铊作催化剂溴化为溴化苯乙烯，再将碱金属磷化物（$Lipph_2$）溶解在四氢呋喃溶液中，以此溶液处理溴化苯乙烯，得到含有磷配位基的聚苯乙烯。此聚合物再用两倍过量的$RhCl(pph_3)_3$的苯溶液在氩气流下处理24h，使磷与铑发生配位作用，使铑的配合物以配位键与聚苯乙烯相结合，然后把这种固相化的催化剂取出，用已脱去氧的苯进行洗涤。这种制法的反应如下：

$$\text{(聚苯乙烯)}-C_6H_4- \xrightarrow[\text{乙酸铊}]{Br_2} -C_6H_4-Br \xrightarrow{Lipph_2} -C_6H_4-pph_2 \tag{11}$$

$$-C_6H_4-pph_2 \xrightleftharpoons{RhCl(pph_3)_2} -C_6H_4-pph_2-RhCl(pph_3)_2 \tag{12}$$

这种催化剂用于1-己烯的羰基化反应时，催化剂的活性和选择性都很高，Rh配合物经固相化后不溶于反应产物，铑的流失很少。

显然，上述固相化过程中先要制得含磷有机高聚物，然后使磷与铑原子发生配位作用。除了聚苯乙烯以外，还可用聚氯乙烯等高聚物作为载体。

（2）用无机物质作载体　硅胶、氧化铝、分子筛之类无机物质具有耐热性好、对酸碱及有机溶液稳定、机械强度高以及价格低廉等特点，因此，在无机载体上实现固相化是十分有意义的发展方向。

由于SiO_2、Al_2O_3等载体表面存在着OH基，就有可能通过化学方法使金属配合物与羟基作用而形成固相化催化剂。用无机载体固相化的方法有两种，即配位交换法及表面配合法。

① 配位交换法。SiO_2 表面的 OH 基由于反应活性较差而难以与有机配合物起反应，而利用乙氧基硅氧烷中的乙氧基($—OC_2H_5$)很容易与 SiO_2 表面的羟基反应而放出 C_2H_5OH 的特点，先将磷配位基引入乙氧基硅烷中，如[$Ph_2PCH_2CH_2—Si(OC_2H_5)_3$]，这样这种分子具有既能从 P 配位基与其他有机金属配合物中的金属原子以配位作用相结合，又可进一步与 SiO_2 表面羟基作用的特点。所以，这种方法的特点是先配合后与表面结合，也即先合成具有能与 SiO_2 表面羟基作用基团的金属配合物，然后再与表面结合实现固相化，所谓"先配后连"。

② 表面配合法。这是先让具有磷配位基的乙氧基硅烷与 SiO_2 表面 OH 基作用，使硅胶表面具有进一步与金属配合物发生配位结合的基团，然后再在表面配合实现固相化。反应式如下所示：

$$(C_2H_5O)_3SiCH_2CH_2pph_2 + —\overset{|}{\underset{|}{Si}}—OH \xrightarrow{—C_2H_5OH} —\overset{|}{\underset{|}{Si}}—O—\overset{OC_2H_5}{\underset{OC_2H_5}{\overset{|}{\underset{|}{Si}}}}—CH_2CH_2PPh_2 \quad (13)$$

这种方法的特点是先表面结合配位基再进行配合，所谓"先连后配"。

(3) 除上述以外，还有一种不使用载体的固相化配位催化剂，它是将带有一定活性基团的单体聚合成不溶性高聚物催化剂。例如，苯磺酸是一种均相酸性催化剂，由苯磺酸聚合而成的聚苯磺酸是一种不溶性的多相酸性催化剂，它们的活性中心都是磺酸基。随着高分子合成技术的发展，有可能合成出具有一定活性基团的不含金属的高聚物，这类非负载型固体催化剂也是多相催化有发展前途的一个领域。

8-6-3　固相化配位催化剂的作用本质

由上述可知，所谓固相化，就是通过物理或化学方法将均相催化剂与固体支载体相结合而形成一种特殊的催化剂。在这种催化剂中，活性组分往往与均相催化剂具有相同的结构和性质，从而既保存均相催化剂的优点，也具有多相催化剂的特点。

如图 8-6 所示，(a)表示通常的均相催化剂，(b)表示化学键合后的固相化配位催化剂。过渡金属 M 通过配位体与高聚物载体相结合。所以固相化高聚物配位催化剂实质与均相催化剂相同，只是由一般的小分子配位体变成与高聚物链相连的配位体，如 pph_3 变成—Ph—pph_2，而活性中心四周的其他环境变化并不大。所以，固相化配位催化剂既能保持均相催化剂的高活性和选择性，同时又有多相催化剂的优点，容易从产品中分离与回收催化剂。

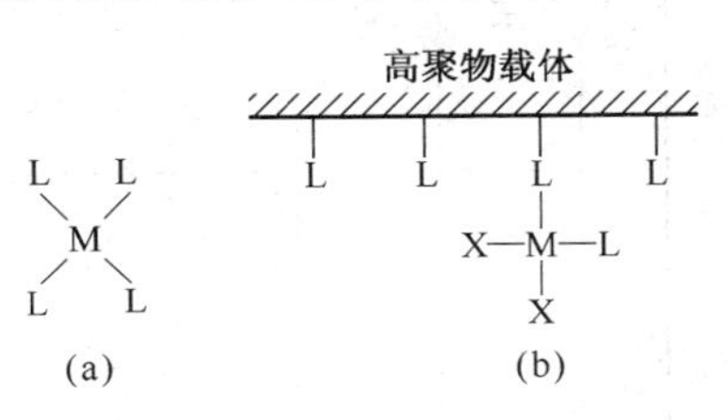

图 8-6 固相化配位催化剂

M=过渡金属原子(或离子)；

L=配位体；X=卤素离子

8-6-4 固相化配位催化剂的催化性能

固相化配位催化剂自 20 世纪 60 年代末期问世以来，在催化剂的合成，性能考察及应用开发上都有许多进展。

1. 催化剂活性

低分子配合物与高聚物结合，催化剂活性有些略有降低，但一般来说，固相化后的催化剂与相应的均相催化剂常具有相近的活性，甚至也有活性变高的情况。表 8-8 所示为原有均相催化剂的活性与固相化催化剂活性的定性比较。可以看出，低分子催化剂固相化后，有的保持原来的催化活性，有的活性反而明显提高。

2. 催化剂选择性

将 Rh、Co、Pt 等均相配位催化剂固载在离子交换树脂上，用它们催化烯烃的氢甲酰化反应，得到如表 8-9 所示结果。可以看出，催化剂对醛选择性较好，金属流失也较少。

表 8-8　两类催化剂的活性比较

反应类型	原　料	低分子催化剂	高聚物体系	活性比较
氢化反应	环己烯	$RhCl(pph_3)_3$	 $-CH_2pph_2$	相　等
氢化反应	1-己烯	$PhCl(pph_3)_3$	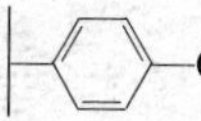 $-CH_2pph_2$	1.8 倍
氢化反应	环己烯	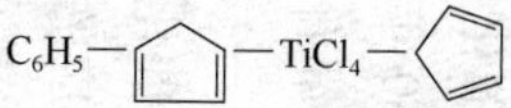 C_6H_5-　$-TiCl_4-$	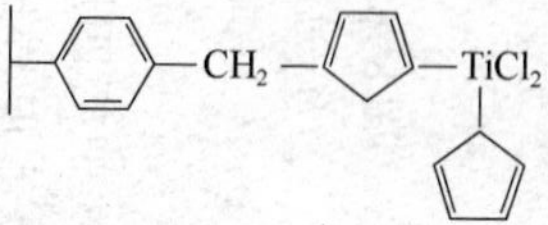 $-CH_2-$　$-TiCl_2$	6.2 倍
氢化反应	1-己烯	$Rh_2(OCOCH_3)_4$	聚丙烯酸	120 倍
氢醛化反应	1-己烯	$Rh(CO)_2Cl$	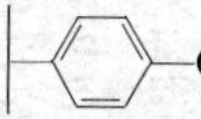 $-CH_2N(CH_3)_2$	相　等
氢硅化反应	苯乙酮	$[RhCl(C_2H_4)_2]_2$	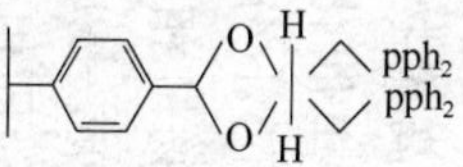 O H O H pph_2 pph_2	相　等
烯烃二聚反应	乙　烯	$\sigma-PhNi(pph_3)_2Br$	 $-Ni(pph_3)_2Br$	98%

羰基铑是非常活泼的氢甲酰化催化剂，其活性大约是钴催化剂的 $10^3 \sim 10^4$ 倍。20 世纪 70 年代涉及铑催化剂的氢甲酰化反应非常活跃，多是将铑负载于膦化高聚物和硅胶等载体上，使得在保持活性和选择性的同时，解决了金属流失及催化剂分离问题。

表 8-9 固载化钴、铂配合物催化剂对烯烃氢甲酰化反应的选择性

活性中心	烯烃	反应条件	金属流失/(μg/g)	选择性/%
Co	1-己烯	120℃，20.7MPa	1	庚醛 98.9 庚醇 0.5 己烷 0.6
Pt	1-己烯	$H_2/CO=1:1$	0.03	庚醛 97.2 庚醇 0 己烷 2.1

3. 催化剂稳定性

高分子配位体与低分子配位体是两类不同性质的物质。高聚物在交联度和颗粒度等方面的差异都构成了固相化配位催化剂不同于均相配位催化剂的特殊性。高交联度的高分子配位体可以为催化剂活性组分提供特殊的稳定作用。例如，单分子的二茂钛很难存在，这是由于它的二聚倾向十分容易。而采用含 20%二乙烯基苯的聚苯乙烯作载体使其固相化时，由于链的僵硬性，使得生成的二茂钛化合物在反应过程不易二聚，而对环己烯催化反应呈现良好的活性。

有些低分了配合物溶液，如 $RhCl(pph_3)_3$，接触空气就易失活，而将它负载到高聚物后制成的固相化配位催化剂，即使在空气中操作也不失活，催化剂活性位得以稳定。

8-6-5 固相化配位催化剂应用存在的问题

如上所述，固相化配位催化剂具有如下优点：

① 产物与催化剂容易分离，催化剂回收方便；

② 反应容易控制，选择性高；

③ 不腐蚀反应器，没有环境污染问题；

④ 由于高分子效应，催化活性点浓度高。

所以，这种催化剂不失为均相催化剂的非均相化途径。但是，要使这类新型催化剂真正在工业上广泛应用，还有许多研究工作要做。在应用实践中，固相化配位催化剂还存在某些局限性，例如：

① 目前报道较多的是一些活性组分和机理较为明确的催化反应，而有些均相催化剂连组分和机理都尚未确立，也就难以和高聚物连接。

② 金属与高聚物载体的连接多数是通过配位键的，在配合物显示催化活性时，往往伴有配位体的解离，这样势必导致高分子配位体与金属的脱离，进一步析出金属。

③ 这种催化剂的制备方法目前还比较复杂，在理论上还有许多问题待进一步弄清楚。

虽然从目前情况来看，固相化配位催化剂要像多相催化剂那样在工业上广泛应用，还有很大的一段距离。但可以预料，随着合成途径、聚合物配位体的表征、分析技术、聚合物-金属键的稳定性等方面研究的进展，这类催化剂在化学工业中，特别是在要求高度选择性的精细石油化工和有机合成中的应用，将具有很大的潜力和发展前景。

8-7 茂金属催化剂

8-7-1 茂金属的制备方法

茂金属(metallocene)，也称茂金属或茂夹心化合物，是一种典型过渡金属有机化合物，分子式为$(C_5H_5)_nM$(M 代表金属)。它们的分子中金属原子不是以 C—Mo 键与一个或几个碳原子相结合，而是以夹心键(夹心化合物中茂环与过渡金属中心原子的键合称作夹心键)与整个环上的各个原子相结合。

人们最早认识的夹心式化合物是双环戊二烯铁(Ⅱ)或称二茂铁，它是含有二个 η^5-环(或 π-环)的夹心式化合物(符号 η 用来标志与金属原子直接相连结的所有碳原子，例如 π 配位的环戊二烯基标记为 $\eta^5-C_6H_6$，在 η 右上角的数字代表以 π 配位体结合的碳原子数)。真正的夹心式化合物 $(\eta-C_5H_5)_2M$ 所含的两个 π-环是互相平行的，而在其他含 C_5H_5-的比合物如 $(\pi-C_5H_5)_2TiCl_2$ 中，两个 π-环是互成角度的。这些碳环化合物也能只生成一个 π-环的金属配位化合物，其余的配位位置可被 CO，NO、Ph_3、Cl 等配位体占用。

合成环戊二烯比合物的方法有多种，下面是合成方法的一些例子。

(1) 最通用的方法是将 Na 或 NaOH 在四氢呋喃中与环戊二烯作用而生成环戊二烯基的钠盐，然后用此溶液与金属卤化物、羰基化合物等发生反应：

$$2C_5H_6+Na \longrightarrow 2C_5H_5^-+Na^++H_2(\text{主反应}) \quad (14)$$

$$3C_5H_6+2Na \longrightarrow 2C_5H_5^-+2Na^++C_5H_8 \quad (15)$$

$$FeCl_2+2C_5H_6Na \longrightarrow (\eta-C_5H_5)_2Fe+2NaCl \quad (16)$$

$$W(CO)_6+C_5H_5Na \longrightarrow Na^+[\eta-C_5H_5W(CO)_3]^-+3CO \quad (17)$$

(2) 用过量强有机碱，最适用的是二乙胺，作为 HCl 的接受体，反应后制得夹心式化合物，如：

$$2C_5H_6+CoCl_2+Et_2NH \xrightarrow{\text{四氢呋喃}} (\eta-C_5H_5)_2Co+2Et_2NH_2Cl \quad (18)$$

(3) 环戊二烯(或二聚环戊二烯)也可与金属或金属羰基化合物反应制得夹心式配合物，如：

$$2C_5H_6+Mg \xrightarrow{\triangle} (C_5H_5)_2Mg+H_2 \quad (19)$$

$$Fe(CO)_5+C_{10}H_{12} \longrightarrow [(\eta-C_5H_5)Fe(CO)_2]_2 \quad (20)$$

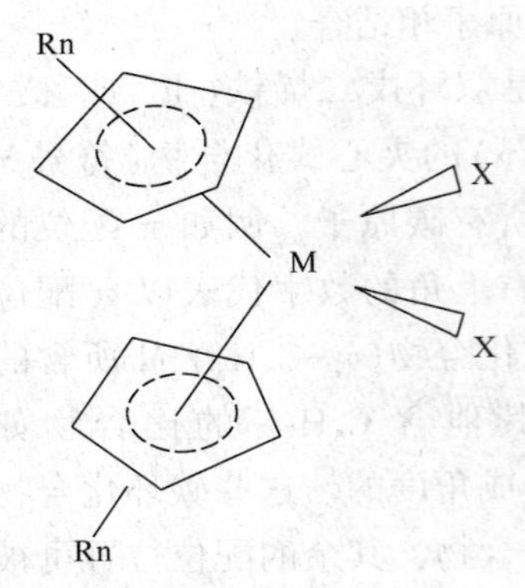

图 8-7 茂金属(催化剂)的典型结构

已经知道，V、Cr，Mn、Fe、Co、Ni、Zr 及 Hf 等过渡金属都能与 $C_5H_5^-$ 生成茂夹心化合物。图8-7所示为这些茂夹心化合物(茂金属)的典型结构，图中 M 表示金属(如 Fe、Ti、Zr 等)，Rn 表示配位体，在配位体中可以引进各种各样的基团。X 为 Cl 等卤族元素。

8-7-2 茂金属催化剂的发现

1980 年，德国汉堡大学的 Kaminsky教授发现由二茂锆化合物和 MAO(烷基铝氧烷，即三甲基铝和水反应得到的—Al(CH_3)—O—为单元的低聚物)组合的可溶性催化剂在乙烯聚合中具有非常高的活性，产率达到 10^6g PE/gZr · h 左右，以此值为基础计算的链增长时间(1mol 乙烯聚合所需时间)，在假设活性点形成率为 100%时，估计为 5×10^{-5}s，接近达到与酶反应同样水平的快速生长反应。

另外，采用二茂锆化合物和钛茂化合物与烷基铝组合的可溶性催化剂也可发生乙烯聚合，而且在这种体系中加水可以提高催化活性。Kaminsky 教授发现了将烷基铝特别是三甲基铝和水在聚合体系以外的条件下反应，合成出低聚度高的 MAO，将其用作共催化剂具有非常高的催化活性。这类催化剂除称为茂金属外，还以发现者的名字命名为 Kaminsky 催化剂，或者Kaminsky-Sinn 催化剂，也有人称为单活性催化剂或均一体系催化剂(活性中心性质相同)。

1985 年，Brintzinger 发现了一种手性的、基于锆的活性茂金属，用它可生成等规聚丙烯。以后，Massaehusetts 大学的 James Chien、Iowa 学院的 Richard Jordan 和许多工业科学家也在茂金属催化剂的研究及应用上取得许多进展。自此以后，茂金属催化剂作为给聚烯烃工业带来巨大革新的技术受到世人注目，许多公司都投入大量人力、物力开发以茂金属为基础的产品。大多数探索性研究进展是在聚烯烃方面，茂金属催化剂除了用于聚乙烯(PE)和聚丙烯(PP)外，期待用于一部分弹性休生产中。

8-7-3　茂金属催化剂的发展

在丙烯聚合中，如果采用 Kaminsky 初期开发的催化剂 CP_2ZrCl_2/MAO 进行丙烯聚合时，只生成相对分子质量低的无色透明无规聚丙烯，证实此聚合物的分子链末端存在亚乙烯基型的双键，用羧酸和过酸等修饰，可合成在末端持有反应性基的聚合物。但是在上述催化剂中，将过渡金属 Zr 的配位体由 CP 基(即环戊二烯基)置换成像乙基二茚基[$Et(1nd)_2$]类体积大的基团时，可获得与现用工业 Ti 催化剂所生产的聚丙烯相接近的高等规度聚丙烯，但所得等规聚丙烯的相对分子质量要比市售聚丙烯低 1/4 左右，熔点也比用 Ti 催化剂低 10℃左右。熔点低的原因据认为是在聚丙烯链中存在$\leftarrow CH_2 \rightarrow_2$ 和$\leftarrow CH_2 \rightarrow_4$。这是由于丙烯插入不像用 Ti 催化剂那样仅发生 1、2-加成，而是混杂了一些 2、1-和 1、3-加成所致。因此，虽然得到的是均聚物，但显示出与在丙烯上共聚少量乙烯所得产品相类似的性质。如能经济地达到高相对分子质量时，这种特征能反映在产品性能上，就可发展为一种新型无规聚丙烯。

采用中心金属 Hf 替换 Zr 得到的 $Et(Ind)_2HfCl_2$ 进行丙烯聚合，则可获得相对分子质量高的等规聚丙烯，但熔点仍然较低。

如果由二甲基亚甲硅基取代双环戊二烯基的配位体代替 $Et(Ind)_2$ 所制得的 $Me_2Si(2,3,5-Me_3CH_5H)(2',4',5-Me_3CH_5H)ZrCl_2$/MAO 催化剂进行丙烯聚合，可获得熔点为 162℃的等规聚丙烯。与 $Et(Ind)_2ZrCl_2$ 催化剂的—CH_2CH_3—桥接相比，用 Me_2Si=基桥接可使 Zr 周围的空间结构更牢固，同时取代 CP 基中的甲基使单体插入具有高度规整性，所得聚丙烯具有高立规化及高熔点化的特点，相对分子质量也比由 $Et(Ind)_2ZrCl_2$ 催化剂制得的聚合物要高。尽管如此，在温度为 30℃时聚合时，等规聚丙烯的相对分子质量约为 13 万，这与目前工业上所制得的具有数十万相对分子质量的聚丙烯相比不能说是足够的。

采用亚异丙基(环戊二烯基-1-芴基)为配位体的 *i*-Pr(CP-Flu)$ZrCl_2$/MAO 催化剂进行丙烯聚合时，可得到具有比以往任何催化剂更高间规度的聚丙烯，这种发现可以说是与用可溶性催化剂进行等规聚合同样是划时代的。

从 Kaminsky 催化剂发现后的几十年中，已用茂金属催化剂制备出由完全无规聚丙烯到等规聚丙烯，进而到间规聚丙烯的各种立体结构的聚丙烯，这种技术表明，过去的固体 Ti 催化剂难以以分子水平控制催化剂活性点的希望将成为可能，并期望成为“催化剂精细化”的一部分。

还发现，茂金属催化剂即使不使用 MAO 也显示高的聚合活性。例如，用 $Et(Ind)_2ZrCl_2$ 和 Me_3Al 及 Me_3AlF 组合的催化剂体系所制得的等规聚丙烯，与使用 MAO 催化体系具有同样程度的立规性。另外，使用 $(Me_5C)_2Zr(m-C_6H_4)-BPh_3$ 络合物，即使根本不用有机铝化合物也能催化乙烯聚合。根据这种观象，有人提出了 Kaminsky 催化剂的活性点是 $[CP_2ZrR]^+$ 的阳离子物种学说。

使用 CP_2TiPh_2/MAO 催化剂体系在-60℃的极低温度下进行丙烯聚合时，可制得与过去的固体 Ti 催化剂所得等规结构不同的有立规型嵌段结构的等规聚丙烯(见图 8-8)，这是丙烯的等规聚合不仅按照催化剂规则而且还按照聚合末端规则进行的首次成功实例。据报道，所得等规聚丙烯的结晶性比用固体 Ti 催化剂制得的等规聚丙烯低，具有与热塑性弹性体相似的物性。

使用 $MeCH(Me_4C_5)(Ind)TiCl_2$/MAO 催化剂体系也可制得具有热塑性弹性体性质的聚丙烯。这种聚合物具有由约 20 个丙烯单元组成的结晶部分和非结晶部分相互连结的分子链结构，此结晶部分因起物理交联作用而显示出弹性体的性质。

使用 $Et(Ind)_2HfCl_2$/MAO 催化剂体系制得的聚丙烯吹塑薄

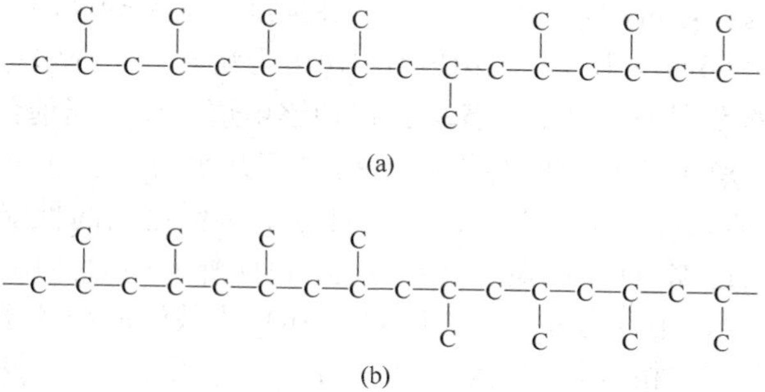

```
    C     C     C     C           C     C     C
    |     |     |     |           |     |     |
—C—C—C—C—C—C—C—C—C—C—C—C—C—C—C—C—
                            |
                            C
```

(a)

```
    C     C     C     C
    |     |     |     |
—C—C—C—C—C—C—C—C—C—C—C—C—C—C—C—C—
                            |     |     |     |
                            C     C     C     C
```

(b)

图 8-8　一般的等规结构(a)和立规型
嵌段等规结构(b)

膜，其抗冲强度及热封性能均优于市售聚丙烯。用这种催化剂制取的均聚聚丙烯具有与用 Ti 催化剂进行丙烯和少量乙烯共聚得到的无规聚丙烯相类似的性质。

$Et(Ind)_2ZrCl_2/MAO$ 催化剂体系具有不进行环烯烃开环就能使其聚合的性能，例如进行环戊烯聚合时，可制得熔点高于 420℃的结晶性高等规聚环戊烯聚合物。

8-7-4　茂金属催化剂的应用前景

自 Kaminsky 催化剂发表至今，在过渡茂金属配合物方面的研究一直十分活跃，有关茂金属催化剂蕴藏的性能也相继被发掘。已经清楚，活性中心的均一性是茂金属催化剂的最大特征之一。到目前为止的其他聚烯烃催化剂在固体表面上的活性点是混杂的，由于表面状态不同，各活性中心上的活性发生着微妙变化，在不同活性中心上聚合所得的聚合物，在相对分子质量及组成上都存在不均一性。而茂金属催化剂是一种具有单活性中心的化合物，各个活性点具有相同的活性。因此，这种催化剂可以提高聚合物的相对分子质量，相对分子质量分布、组成及组成分布的均匀性。如果适当设定反应条件，可以合成出既定立体结构，相对分子质量分布及组成分布的聚合物。此外，由于茂金属催化剂可以控制聚合时主链均匀度和侧链支化度，从而能自由地变化结晶结构，还可制得透明聚烯烃及高强度、高耐热性的聚烯烃。

自 1983 年采用 CP_2ZrRCl/MAO(R 为烷基或 Cl)催化剂制取聚烯烃的专利公开以来，各家公司相继申请了茂金属催化剂的有关专利。所申请专利内容大致包括以下几个方面：①通过修饰 CP 配位体获得控制立规性、高相对分子质量化及高性能化的方法；②改进 MAO 的制造方法；③除 MAO 外，同时使用烷基铝，以减少 MAO 用量的方法；④研制以 SiO_2 为载体的载体型固体催化剂；⑤控制相对分子质量分布的方法；⑥用茂金属催化剂制取的特征聚合物(蜡等低相对分子质量聚合物、环烯烃体系聚合物、间规聚丙烯、弹性体型聚丙烯、乙丙橡胶等)。

随着茂金属的开发与研究，正在出现一些新型的聚合物，用这种催化剂制取的间规聚合物作为下一代工业用聚合物受到注目。日本、美国及欧洲有许多公司及厂家相继参加这一项目的角逐。其中，Exxon、Dow、Mobil、Hoechst、Phillips、三井石化、三井东压、窒素等公司的开发研究工作虽然多在保密下进行，但有些公司及厂家已处于面向正式商业化进行市场开发阶段，虽然装置规模还较小，产品价格也较高，但毕竟以茂金属为基础的产品已经在市场上试销，目前着重于放大制备研究。

Exxon 公司第一个用茂金属生产聚烯烃的工业化装置，是 1990 年中期开工的 1.5×10^4t/a 的高压装置。该公司于 1995 年又建设一套产量达到 20×10^4t/a 的世界规模装置，并且还打算将其开发的独特技术扩大用于其他工艺中，包括引人注意的气相、流化床工艺路线。

Mobil 公司开发的茂金属催化剂可以用流化床方法成功地生产优质的以乙烯为基础的聚合物，该公司还将使该技术扩大用于其他产品领域，目前已制造出宽相对分子质量分布的高相对分子质量树脂，并且正在积极扩大以茂金属为基础的技术范围。

Dow 公司正将茂金属催化剂用于其专利的溶液法技术，一套由普通催化技术改造为茂金属催化的 5.7×10^4t/a 装置已投产，该公司用茂金属生产的聚合物，包括烯烃和炔烃单体、二烯烃类、苯乙烯，乙烯基类、丙烯脂、甲基丙烯酸甲酯和1,4-己二烯在内的一系列聚合。该公司还开发出间规聚苯乙烯，其性能可与工程塑料媲美。

日本第二大聚丙烯生产厂家窒素公司在中试装置中用茂金属催化剂生产出相对分子质量为$(50\sim60)\times10^4$的高纯等规聚丙烯，这种树脂的热变形温度与其熔点相同，为160℃。该公司还开发出能在同一装置中生产等规和间规两种聚丙烯的技术。

目前，许多公司都急于开发以茂金属为基础的产品，在茂金属方面可能出现的机会又促进了工业应用及发展。大多数应用性研究进展主要在聚烯烃方面，并有不少公司已开始销售所生产的产品。

茂金属催化剂由于可以控制聚合物的立体结构，除用于制取聚乙烯和聚丙烯外，也适用于制造聚苯乙烯。

作为通用塑料的聚苯乙烯，其透明性、外观、成型性能和尺寸稳定性都较佳，但因耐热性和耐冲击性和耐药品性差，一般不能用于在高温下使用的零件和暴露在汽油中的零件。日本出光石油化学公司开发的用茂金属催化剂制得的聚苯乙烯却突破了常规聚苯乙烯的性能。

用茂金属催化剂制取的间规聚苯乙烯，其30%(质)玻璃纤维增强产品的荷重(1.82MPa)变形温度达到251℃，与尼龙66相同，且尺寸精度和机械特性也优良。如果考虑其优良的耐热性和耐药品性的特征，用作汽车车身底盘材料时，其使用性能可超过聚碳酸酯，可以说是比通用塑料更佳的工程塑料。

聚苯乙烯根据苯环在侧链和主链上位置的不同，其立体结构可分为三类：侧链在主链两侧无规排列的结构称为无规型，在一侧呈梳子型排列称为等规型，而交替排列的则称为间规型。到目前为止大量使用的聚苯乙烯是不控制侧链位置的无规聚苯乙烯，它在冷却时由于得到不稳定的结晶结构，所以为非结晶性塑料。而用茂金属催化剂控制立体结构的聚苯乙烯，首次制得了间规结构制品，它是规整重复结构的结晶性塑料，所以耐热性及耐药品性都显著提高，从而实现了高性能化。

由日本出光石油化学公司开发的间规聚苯乙烯已有注射模塑成型用粒料、板材、纤维及薄膜等样品出售，其具体用途有电子零部件、汽车发动机周边零件等。

如上所述，茂金属催化剂自问世以来，用它不仅能制得具有特异性能的聚烯烃，而且还可催化聚合间规聚苯乙烯等高度规整性聚合物，可以说向提供“特制”聚合物的方向大大接近了。可是，由于 Kamineky 催化剂要使用 MAO，一般来说，MAO 的价格要比用三乙基铝等广泛使用的烷基铝的价格高 10 倍以上。因此，使用 MAO 的结果会引起聚烯烃生产成本大幅度上升。所以，即使聚合物性能有许多特点，价格高仍然是工业化的一大障碍。

另一方面，由于聚合时频繁发生链转移反应，所以用 Kaminsky 催化剂制得的聚合物，其相对分子质量要比用 Ti 催化剂制得的为低，这种倾向随着单体含碳数增大而更为明显。用茂金属催化剂制得的间规聚苯乙烯，虽然具有前述特点，但它还存在着涂漆性、粘结性、印刷性变差的缺点，其透明性虽好，但成型周期长，加上价格较高，难于替代通常聚苯乙烯的所有用途。

就目前来说，茂金属催化剂面向实用化的课题还很多，所以有的厂家认为，茂金属催化的产品还难于在 21 世纪初普及，但作为下一代替代工业聚合物，引起许多厂家及用户高度关注。茂金属不只是用于聚合，而且还可用于许多要求立构规整性的有机反应，尤其是药物及精细化学品的手性合成上。

8-8 杂多酸催化剂

8-8-1 杂多酸化学

杂多酸是由不同无机含氧酸缩合而成的多元酸的总称。例如，由钼酸根离子(MoO_4^{2-})和磷酸根离子(PO_4^{3-})在酸性条件下缩合就可生成典型的磷钼杂多酸：

$$12MoO_4^{2-}+PO_4^{3-}+27H^+\longrightarrow H_3PMo_{12}O_{40}+12H_2O \qquad (21)$$

杂多酸的酸根($PMo_{12}O_{40}^{3-}$)是由中心原子(以 X 表示)与氧离子组成的四面体(XO_4)或八面体(XO_6)和多个共面、共棱或共点的、由配位原子 M 与氧离子组成的八面体(MO_6)配位而成。当杂多酸中的 H^+被金属离子取代时，便和普通盐一样形成杂多酸盐。酸根中位于中央的原子(如 P)就称为中心原子或杂原子，缩合并与之配位的元素称为配位原子或多原子(如 Mo)。可以作为杂原子的元素很多，如 Cu^{2+}、Be^{2+}、Mg^{2+}、B^{3+}、Al^{3+}、Ga^{3+}、Si^{4+}、Sn^{4+}、Ti^{4+}、P^{5+}、As^{5+}、V^{5+}、Cr^{3+}、Mn^{2+}、Fe^{3+}、Co^{2+}、Ni^{2+}等；能作配位原子的主要有 Mo、W，还有 V、Cr、Nb 及 Ta 等。

上述杂多酸的酸根($PMo_{12}O_{40}^{3-}$)是杂多阴离子的一种，杂原子 P 和多原子 Mo 的比例是 1∶12，故称为 12 磷钼酸阴离子。这种多阴离子结构首先由 Keggin 所阐明，故常以 Keggin 的名字命名。

自 Keggin 首先确定了缩合比为 1∶12 的杂多酸阴离子结构后，在大量发现的杂多酸结构中，Keggin 结构是最有代表性的杂多酸阴离子结构，它由 12 个 MO_6(M = Mo，W)八面体围绕一个 PO_4 四面体构成。此外，还有一些其他阴离子结构，它们的主要差别在于中央离子的配位数和作为配位体的八面体单元(MO_6)的聚集态不同，从而形成非 Keggin 型及假 Keggin 型等结构。表 8-10、表 8-11 分别列出了钼、钨的杂多酸及其盐的主要系列。

表 8-10　钼的杂多酸及其盐的主要系列

X∶Mo	中心原子	化学式	中心基团	结构
1∶12	A：P^{5+}，As^{5+}，Si^{4+}，Ge^{4+}，Sn^{4+}，Ti^{4+}，Zr^{4+}	$[X^{n+}Mo_{12}O_{40}]^{(8-n)-}$	XO_4	已知
	B：B^{3+}，Ce^{4+}，Th^{4+}，U^{4+}	$[X^{n+}Mo_{12}O_{42}]^{(12-n)-}$	XO_{12}	已知
1∶11	P^{5+}，As^{5+}，Ge^{4+}	$[X^{n+}Mo_{11}O_{39}]^{(12-n)-}$	—	未定

续表

X∶Mo	中心原子	化学式	中心基团	结构
1∶10	P^{5+}，As^{5+}	$[X^{n+}Mo_{10}O_x]^{(2x-60-n)-}$	—	未知
1∶9	Mn^{4+}，Ni^{4+}	$[X^{n+}Mo_9O_{32}]^{(10-n)-}$	XO_6	已知
1∶9	P^{5+}	$[X^{n+}Mo_9O_{31}OH]^{(11-n)-}$	XO_4	已知
1∶6	A：Te^{6+}，I^{7+}	$[X^{n+}Mo_6O_{24}]^{(12-n)-}$	XO_6	已知
	B：Co^{3+}，Cr^{3+}，Fe^{3+}，Ga^{3+}，Ni^{3+}，Rh^{3+}	$[X^{n+}Mo_6O_{24}H_6]^{(6-n)-}$	XO_6	已知
2∶18	P^{5+}，As^{5+}	$[X_2^{n+}Mo_{18}O_{62}]^{(16-2n)-}$	XO_4	已知

表 8-11 钨的杂多酸及其盐的主要系列

X∶W	中心原子	化学式	中心基团	结构
1∶12	P^{5+}，As^{5+}，Si^{4+}，Ti^{4+}，Co^{3+}，Fe^{3+}，B^{3+}，V^{5+}	$[X^{n+}W_{12}O_{40}]^{(8-n)-}$	XO_4	已知
1∶10	Si^{4+}，Pt^{4+}	$[X^{n+}W_{10}O_x]^{(2x-60-n)-}$	—	未知
1∶9	Be^{2+}	$[X^{n+}W_9O_{31}]^{(8-n)-}$	—	未知
1∶6	A：Te^{6+}，I^{7+}	$[X^{n+}W_6O_{24}]^{(12-n)-}$	XO_6	已知
	B：Ni^{2+}，Ga^{3+}	$[X^{n+}W_6O_{24}]^{(16-n)-}$	XO_6	已知
2∶18	P^{5+}，As^{5+}	$[X_2^{n+}W_{18}O_{62}]^{(16-n)-}$	XO_4	已知

杂多酸的化学性质决定了它们在催化中的行为，和催化作用密切相关的杂多酸的化学性质分述如下。

1. 酸性

无论是在溶液中还是固体，杂多酸都是很强的 B 酸(布朗斯台酸)，而它们的盐既具有 B 酸中心，又具有 L 酸(路易斯酸)中心。杂多酸及其盐大多是相对分子质量极大的，易溶于水和某些含氧溶剂。一般的规律是，阳离子小则盐易溶于水，阳离子大则难溶。

杂多酸的酸性可通过适当选择阴离子组成元素、形成不同金属离子的盐、用不同有机碱形成盐以及分散在不同载体上等方法来加以调节。

在催化领域中，目前使用的杂多酸型催化剂主要是以 1∶12 系列 Keggin 型结构的杂多酸。例如 $H_3[PW_{12}O_{40}]\cdot xH_2O$、$H_3[PMo_{12}O_{40}]\cdot xH_2O$、$H_4[SiW_{12}O_{40}]\cdot xH_2O$、$H_4[SiMo_{12}O_{40}]\cdot xH_2O$、以及一些混合配位的杂多酸，如 $H_3[PW_{12-x}Mo_xO_{40}]$ 等。这些系列的杂多酸，在 pH>1 的水溶液中全部解离，与其组成元素的含氧酸比，杂多酸为强酸。

2. 氧化-还原性

许多杂多酸是很强的氧化剂，而且是多电子氧化剂，杂多阴离子甚至在获得 6 个或更多的电子后也不分解。杂多酸的氧化性取决于配位和中心原子的性质，而配位原子的影响程度要更大一些。所谓氧化能力从化学计量角度理解涉及的是与反应物质相作用的能力。但就杂多酸而言，一旦其被还原了也极容易被氧再氧化。像 Mo、W 的 12 系列杂多酸在溶液中发生氧化还原反应时，仍能保持固体杂多酸的阴离子骨架。

3. 水解及热分解等反应特性

杂多酸在碱性水溶液中极不稳定，能逐级进行水解。由水解生成具有阳离子空穴的 Keggin 型杂多阴离子可捕获另一个金属离子，生成三元杂多酸离子，如：

$$[SiW_{11}O_{39}]^{8-}+Ni^{2+}\rightleftharpoons[SiW_{11}NiO_{39}]^{6-} \quad (22)$$

杂多酸的热稳定性，一般没有复合氧化物那么高，但也在 400℃左右。由于 W 比 Mo 的杂多酸在耐热性方面处于优势，所以 W 和 Mo 的杂多酸同样受到重视。一般来说，杂多酸的还原态热稳定性大于氧化态的热稳定性。

8-8-2 杂多酸催化剂的特点

20 世纪 70 年代，日本在丙烯水合生产上，采用杂多酸型催化剂已成功地实现了工业化。由甲基丙烯醛制甲基丙烯酸的杂多酸型催化工艺也已投入运行，所以杂多酸型催化剂的研究为各国科学工作者所注目。杂多酸催化剂与复合氧化物、分子筛等催化剂比较有独特的优点，在许多催化反应中它的催化活性、选择性甚至超过复合氧化物和分子筛。

其实，杂多酸是早为人知的化合物，它有很多用途，如分析试剂、燃料电池的固体电解质、温度敏感元件、颜料、塑料阻燃剂等。只是在发现杂多酸用作催化剂后有许多独特特性，才在近期进行大量研究。杂多酸催化剂具有如下特点。

1. 杂多酸既具酸性又具氧化性

杂多酸通过改变其原子构成，可以使酸性及氧化性这两种性质发生系统变化。所以，如果能恰当地调节好这两种性质，就可能设计出所希望的催化反应。如考虑到绝大部分实际应用的催化反应工艺是属于氧化反应、酸催化反应的任何一种，则对杂多酸的催化作用的应用范围就不难理解了。

2. 杂多酸有清楚的阴离子结构

杂多酸催化剂有这样一种吸引力，即能对活性中心结构已明确的物质的催化作用加以研究。多相催化作用研究的障碍在于对活性中心的结构难于从化学角度搞清楚。对杂多酸系催化剂来说，至少阴离子的结构已搞清楚。例如，在氧化反应中，多阴离子中的哪个氧原子作用于反应基质等的问题可以用红外分光法和同位素标识法结合起来进行研究。这种不从表面化学角度，却把活性中心考虑为纯粹的化学物种的观点，对开发更高活性、高选择性催化剂有一定的现实意义。

3. 杂多酸催化剂可以根据所形成的各种金属盐来显著地调整催化剂的物理、化学性质。

例如，$H_3PMo_{12}O_{40}$在430℃左右就会分解，而其碱金属盐在接近600℃时还稳定。此外，酸型杂多酸及许多金属盐的比表面积只有几个m^2/g，而Cs^+、Rb^+等离子半径大的盐，如用沉淀法制备时，其比表面积可达到$100m^2/g$以上。

4. 杂多酸具有特殊的催化选择性

杂多酸可以形成一种所谓“拟液相”的独特“反应物”，从而显示出很高的活性，或显示出异乎寻常的特殊选择性。杂多酸的结构如图 8-9 所示，正中是 PO_4，外面包围有 12 个 WO_6 或 MoO_6，是一种比较稳定的阴离子。这是它的一级结构，如果在 2 个阴离子之间，用质子与 2 分子水的加合物（$H_5O_2^+$）进行架桥，就形成图 8-9(b)的形状。这种阴离子、架桥阳离子和结晶水所形成的结构称为二级结构。这种二级结构中的水分子易于和有机

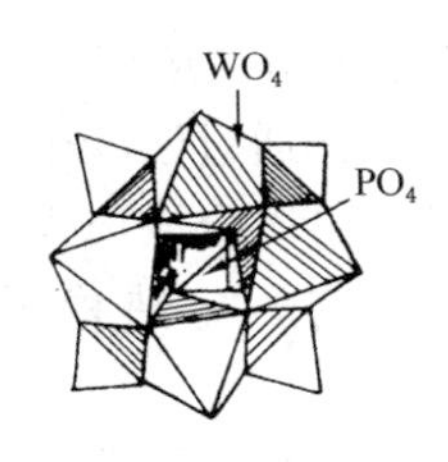

(a)是杂多酸阴离子的例子（$PW_{12}O_{40}^{3-}$），有12个WO_6包在PO_4四周

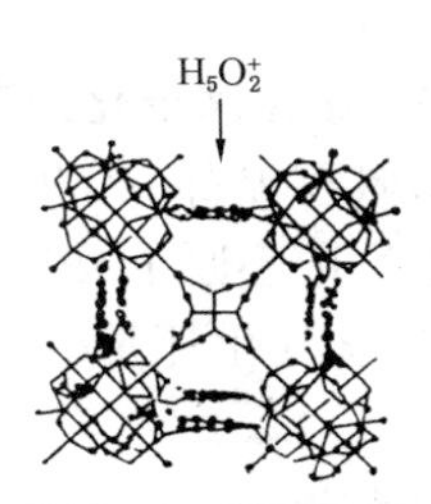

(b)是用$H_5O_2^+$联结阴离子和阴离子所得二级结构($H_3PW_{12}O_{40}\cdot 6H_2O$)

图 8-9　杂多酸的一级结构(a)和二级结构(b)

分子进行交换。当水分子或有机分子进入时，阴离子之间的间隔就扩大。反之，当水分子或有机分子放出时，其间隔就缩小。换句话说，杂多酸催化剂能忽而膨胀，忽而收缩。

图 8-10 左部表示许多杂多酸阴离子规则排列，彼此之间几乎没有间隙。用氮分子测定其表面积时，证明 N_2 只能进入它的外表面。如果使它与水或乙醇分子相接触，水或乙醇就会挤入阴离子之间，变成图 8-10右部的状况。如果再加水或乙醇就会变成水溶液，呈现类似于潮解的现象。用杂多酸作催化剂时，在一定的条件下可以发生与上述相近的情况，也即催化剂吸收反应物分子，并在膨胀状态下起催化作用。这时，反应物分子很快被吸收，然后又很快地

图 8-10　杂多酸的“拟液相”现象

脱离，在固体内部进行反应。一般的固体催化剂，反应仅在表面进行，而在固体催化剂杂多酸表面上发生的变化，可迅速扩及体相内的各处。这样，固体杂多酸如同以浓溶液作催化剂一样，也具有均相催化反应的特点，称为“拟液相”。

在拟液相状态下，催化剂大为膨胀，变得与浓溶液相似，反应物分子的进出、质子的扩散以及电子的转移都能在全体分子中进行。

8-8-3　杂多酸催化剂在石油化工中的应用

杂多酸具有沸石一样的笼型结构，通过改变杂多酸型催化剂的平衡离子、中心原子及配位原子，可以合成出人们所需要的具有一定酸性或氧化还原性，并且具有一定热稳定性的优良催化剂。

1. 液相酸催化反应

（1）异丁烯水合反应　这种反应以前常使用 H_2SO_4 等作为均相反应的催化剂，当采用杂多酸为催化剂时，不仅催化剂活性高，而且不腐蚀设备。所以使用杂多酸作催化剂有可能改造现有的硫酸催化工艺，从而开发新的固体酸催化体系。采用杂多酸作催化剂进行异丁烯水合的反应机理可表示为：

$$
\begin{array}{lcl}
(CH_3)_2C{=}CH_2 & & \\
\quad \Big\Updownarrow H^+ & & \\
(CH_3)_2C{=}CH_2 \cdots H^+ & \xrightarrow{\text{途径 I}} & (CH_3)_3C^+ \\
 & & \quad \Big\downarrow H_2O \\
\quad \Big\Updownarrow HPA^{n-} & & (CH_3)_3COH + H^+ \\
 & & \quad \Big\uparrow H_2O \\
[(CH_3)_2C{=}CH_2 \cdots H^+] \cdot HPA^{n-} & \xrightarrow{\text{途径 II}} & [(CH_3)_3C]^+ \cdot HPA^{n-}
\end{array} \qquad (23)
$$

其中，HPA 为杂多酸催化剂。新的配合物是由杂多阴离子与质子化的烯烃相作用后生成。

(2) 链烯烃的酯化作用

$$RCH{=\!=}CH_2 + HOAc \xrightarrow{\text{杂多酸}} \underset{\displaystyle OAc}{\underset{|}{RCHCH_3}} \tag{24}$$

上述反应，在 20 ~ 140℃ 条件下，使用 10^{-4} ~ 10^{-2} mol/L 的 HPA-Mo和 HPA-W 杂多酸型催化剂，具有很高的反应选择性。

2. 多相酸催化反应

(1) 醇类脱水反应　对于异丙醇脱水反应，使用混合配位杂多酸 $H_3W_{12-x}Mo_xPO_{40}$ 作催化剂，其催化活性要比用分子筛、H_3PO_4、γ-Al_2O_3 等催化剂都要高。其原因可能是采用杂多酸起着"拟液相"反应的作用。

(2) 异构化反应　杂多酸型催化剂在丁烯类异构化反应中显示出极高的催化活性。例如用 $H_3PW_{12}O_{40} \cdot 29H_2O$ 作催化剂，在 95℃时，当转化率达 40%左右时，异构体的反/顺比缓缓倾向于平衡值。

由于异构化反应不生成水，所以异构化反应是研究杂多酸的固体酸性在有结晶水时对催化作用影响的好机会。如同一催化剂在干燥氮气流中在各种温度下进行处理，发现在 100~150℃处理时显示最大活性，在此温度以上或以下活性都明显下降。另外，还观察到杂多酸的结晶水数目对异构化反应有一定影响，当结晶水在 6~10 个时，催化活性最好。

3. 多相氧化反应

杂多酸催化剂催化的多相氧化反应的例子列于表 8-12。日本和美国采用杂多酸型催化剂，成功地实现了由异丁醛一步催化制甲基丙烯酸，在常压、280~350℃下异丁醛全部转化，甲基丙烯酸的收率可达 65%~70%。

异丁醛氧化脱氢时，当使用 $H_3PMo_{12}O_{40}$和 $H_5[PV_2Mo_{10}O_{40}]$ 杂多酸型催化剂时，生成甲基丙烯醛和甲基丙烯酸，选择性达到 70%~80%。

表 8-12　杂多酸催化的多相氧化反应

反应类型	催化剂	收率/%	反应温度/℃
丁烯→顺酐	$Mo_{12}PBi_{0.36}Mn_{0.52}$	63	400
丁二烯→呋喃	$NH_4PMo_{12}O_{40}$	21	350
异丁烯→甲基丙烯腈	$Mo_{10}PBi_3Fe_6K_{0.06}$	24	420
丁烯醛→呋喃	PMo_{12}	40	327
异丁酸→甲基丙烯酸	$PMo_{10}V_2$	70	310
异丁醛→甲基丙烯酸	$PMo_{10}V_2$	20	310
苯酚→邻苯二酚，对苯二酚	PW_{12}/H_2O_2	82	80
环己酮→环己酮肟	$PW_{12}/H_2O_2+NH_3$	91	0~5

4. 液相氧化反应

杂多酸型催化剂加 Pd^{2+} 或 Tl^{3+} 或 Ru^{4+}、Ir^{4+} 等体系是比较重要的由杂多酸型催化剂组成的双组分催化体系。这类催化剂用于烯烃及芳烃的液相氧化反应，其中 Pd^{2+} 以 $PdSO_4$、$Pd(OAc)_2$ 及 $PdCl_2$ 形式出现，由于以杂多酸取代 $CuCl_2$，这是一类新的催化体系。它具有 Pd^{2+} 的反应活性增大、副产物卤化物减少且不腐蚀设备等特点。

8-9　膜催化剂及膜催化技术

膜分离技术，由于具有分离效率高、一般在过程中不伴随相变、能耗低、适合于热敏物质、稀溶液和难分离物质的分离等特点，特别是易与催化反应和其他工程组合联用，近些年来发展十分迅猛。膜分离-催化反应组合而成的膜反应器催化技术，包括膜本身作为催化活性材质或催化剂载体的膜催化技术。其最显著的特点在于利用高选择性的或具有催化功能的渗透膜，把有机化合物的转化反应与若干分开的化工过程组合起来。这样不仅可促进有选择性的催化转化，而且可把某种反应物或产物分离开，以打破反应热力学平衡，大幅度地提高平衡转化率和反应选择性，同时有可能省去全部或部分产物分离和未反应物循环工艺，从而达到高效、节能的目的。

近年随着高功能高分子膜材料和新颖无机膜材料的开发、薄膜化等制膜技术和加工技术的发展、催化功能膜和分离型膜反应器开发研究及生化领域固定酶反应技术的突破性进展，新型膜分离-反应组合技术和膜催化技术的应用领域正在不断开拓、创新，已受到各国科学家们的关注和重视，正积极致力于把膜催化技术付之于工业应用。

8-9-1　无机材料膜

无机材料膜具有高机械强度，良好的耐热性和化学稳定性、高选择分离功能，孔径可以精密控制等特点。选择性渗透无机多孔质膜可用作其他膜的支撑体，也可用作催化剂或催化剂载体，同时可从产物中分离反应物。它广泛用作催化剂、催化剂载体及膜反应器的膜材料，如表 8-13 所示。

表 8-13　主要膜材料

类　别	代　表　例
金属膜或合金膜	Pd 膜，Pd-Ag、Ni、Rh 合金膜
多孔陶瓷膜	Al_2O_3 膜，SiO_2-Al_2O_3 膜，ZrO_2 膜
多孔玻璃膜	SiO_2 膜
复合膜	Pd-多孔陶瓷膜
	Pd-多孔玻璃膜、分子筛膜
表面改性膜	等离子处理聚合物膜
	硅氧烷聚合物-多孔玻璃膜

1. 金属膜或合金膜

贵金属 Pd 及其合金 Pd-Ni、Pd-Ru、Pd-Ag 等目前多用于有机化合物的选择性加氢和脱氢反应。例如，载钯催化剂可使乙炔加氢，但也能使乙烯加氢。炔烃选择加氢反应中，希望只对乙烯中的乙炔进行加氢，采用可透过氢的膜催化剂就能解决这一问题。这是因为它可以独立地调节催化剂表面上氢和被加氢物质的浓度。由于到达催化剂表面的被加氢物质(如乙炔)的量，实际上是取决于它在膜的一侧的压力，而氢的浓度则由膜另一侧的氢压所决定，结果就可以找到并长期保持表面反应物的浓度对选择加氢最合适的比值，同时还消除了乙炔和氢占据表面位置的竞争，从而提高了反应速率，而在其他催化剂上，这种竞争是不可避免的。

最简单的金属膜催化剂是由钯合金制成的薄壁管，管壁厚可达 0.1mm。如果管径为 1mm，则可承受 10MPa 的压差。这种催化剂的机械强度和对许多腐蚀介质的化学稳定性，可以保证得到高纯度产品，避免了使用载钯催化剂时常发生的钯流失。

2. 多孔金属膜

先用电解沉积法制备出钯箔表面上沉积 10μm 锌薄层的膜，在 250℃时加热 2h 再冷却后，用煮沸的 20%盐酸把锌沥滤掉，就可得到多孔叠层型钯膜。它可大幅度地增加氢透过率，100℃时透氢率增加 15 倍，常温下提高 130 倍。这种膜用于 1,3-环戊二烯加氢反应，100℃转化率为 100%，而未经锌处理的钯箔转化率只有 50%。

3. 多孔质陶瓷膜

近来，陶瓷作为功能材料加以开发利用令人瞩目。常用的多孔陶瓷膜有 Al_2O_3、SiO_2 和 ZrO_2 膜。采用溶胶-凝胶法以三异丙氧基铝作为起始原料制成载于细孔径为 1.1μm 多孔 α-Al_2O_3 管上的多孔 γ-Al_2O_3 膜，经反复浸泡、干燥、焙烧多次成膜，可制得均质薄膜；也可直接将孔径为 3.2nm、厚度为 8μm 的 γ-Al_2O_3 薄层载于多孔质载体上制得多孔 Al_2O_3 薄膜，耐烧结温度可达 900℃，用它作甲醇脱氢催化剂时，催化活性比粉状 Al_2O_3 高 10 倍。

4. 分子筛复合膜

在诸如不锈钢、多孔镍、多孔氧化铝等各种多孔基质上，通过直接水热合成可制成 2~10nm 的 NaX、CaX、NaY 或 A 型分子筛超薄型复合膜。把碱性铝硅酸盐凝胶体和 Al_2O_3-SiO_2 基板一起置于高压釜中同时水热晶化，在 160℃，1.5MPa 下晶化几十小时使沸石的多晶体逐步结晶长大，就可在基板表面形成分子筛薄膜。这种分子筛膜可以透过 400～1000℃ 的高温气体，耐热性极好，可用作双功能分子筛催化剂。

5. 多孔质玻璃复合膜

在多孔玻璃表面上，交替浸渍氯化锡与氯化钯溶液，使在外表面部分析出钯核，然后在含钯氨配位离子和还原剂肼的浸渍液中，使钯核逐步扩展成膜，由此可制得 10μm 表面厚度均匀负载于多孔玻璃的复合膜。这种膜催化剂在环己烷脱氢反应中有很好的催化活性。

8-9-2 高分子膜

目前，功能性高分子膜的开发日益令人注目。所谓催化功能膜是把催化剂固定于分离膜的表面或膜内，赋予膜以催化反应的功能，使作为反应场的分离膜兼具有反应与分离双功能的一种功能性膜。高分子催化功能膜大致可分为以下几类。

1. 高分子金属配合物膜

如前所述，高分子金属配合物大多用作均相体系催化剂，用于非均相体系的较少。而高分子金属配合物膜则可用作非均相体系反应催化剂，并兼有分离输送功能。如厚度为 20μm 的聚乙烯醇-铜(Ⅱ)配合物膜，是一种不溶于水的高稳定性膜，能加速过氧化氢催化分解，并具有在配合物膜内把氢醌氧化为苯醌的催化功能。

2. 高分子催化剂膜

离子交换树脂是一种典型功能性高分子，它可以再生而重复使用数十次。把强酸性或强碱性离子交换树脂制成薄膜用于化学反应，不仅能作为催化剂，而且有可能使反应与分离同时连续进行。如聚苯乙烯磺酸系强酸性阳离子交换膜，可用作乙酸与各种醇类酯化反应的催化剂，并可分离生成的酯类，其反应速率远大于盐酸催化的酯化反应。

3. 固定酶膜

酶是一种十分高效的催化剂。工业上合成氨需在高温、高压下进行，需要有特殊设备。而自然界中的固氮生物，如自生固氮菌和共生固氮菌等却能在常温常压下固定空气中的氮，把它还原成为氨。酶的催化效率要比一般无机或有机催化剂高出成亿倍乃至更高，可是酶是极不稳定的，易溶于水而丧失活性，因此能保持活性的不溶酶的开发，就成为当前酶研究的重大课题。

利用超滤法调制的积层型高分子复合体酶固定化膜，能有效控制酶活性的降低。把高分子电解质聚阳离子和聚阴离子分别溶于溴化钠水溶液后再混合，溴化钠的存在抑制了高分子复合体的生成。得到的均质混合液经超滤膜滤去溴化钠与水后，即形成第一层均匀高分子复合体膜层。用类似方法再制备第二层、第三层，这样制得的膜就称为积层型固定酶膜。如蔗糖分子通过高分子复合体固定蔗糖酶膜，几乎能全部水解，水解最大速度比裸露蔗糖酶约高 200 倍。

8-9-3　膜催化技术在石油化工中的应用

膜反应催化技术属高新技术范畴，已成为当代催化学科的前沿，具有十分重大的工业实用价值，它有可能引起化学工业某些工艺技术的变革或突破性进展。然而，要制得具有高选择性、高透过性、高分离度、高耐用性和功能复合化、能满足工业催化要求的复合膜，在制备技术上仍有许多问题要解决。特别是致密贵金属膜由于透氢量小、处理能力低、成本高、加工制作及超薄膜化困难，也存在耐用性和催化剂中毒等问题。目前，膜催化技术已开始在下述领域中得到应用。

1. 催化加氢

膜催化剂可用于不饱和烯烃、环多烯烃和芳烃的加氢，石油化工 C_2、C_3 馏分选择性加氢除炔烃。例如，双烯烃中两个双键中的一个加氢，需要催化剂有很高的选择性。采用可透过氢的膜催化剂，调节催化剂表面上被加氢物质与氢的浓度，就可达到选择加氢的目的。

2. 催化脱氢

$C_2 \sim C_3$ 低级烷烃脱氢制烯烃、长链烷烃脱氢环化制芳烃、环己烷脱氢制苯、乙苯脱氢制苯乙烯、丁烷或丁烯脱氢制丁二烯等反应都可由膜催化剂所催化。例如，采用多孔玻璃膜或具有高分离功能的钯膜反应器，用于环己烷脱氢，因反应产物氢可透过膜除去，反应转化率可达50%以上，甚至可达100%。

3. 催化氧化

甲烷直接氧化制甲醇，甲醇氧化制甲醛以及乙醇氧化制乙醛及丙烯氧化制丙烯醛也可以采用膜催化技术来实现。

用作氧传递的无机膜，目前有银膜、氧化锆膜及金属氧化物膜。这类膜催化剂可以催化原子态氧为活性中心的各类氧化反应；如使用钼系氧化物膜催化剂，可以催化丙烯氧化为丙烯醛、1-丁烯氧化为丁二烯的烯烃氧化反应。

8-10 催化燃烧催化剂

8-10-1 催化燃烧的特点

工业废气中各种有毒物质，诸如碳氢化合物、一氧化碳、氮氧化物以及炭烟等会造成大气污染、危害人们健康。对于这类废气的治理可以采用吸收法、吸附法、冷凝法和燃烧法等。1949年美国催化燃烧公司用纯铂和钯作催化剂研制了第一台催化燃烧装置用于治理低浓度有机废气。发达国家先后发生化学烟雾污染等重大公害事件后，对于污染治理要求日益迫切。催化燃烧由于有其明显优点，而得到迅速发展。20世纪70年代以后，不仅在美国、日本，而且在西欧、东欧及苏联等也迅速推广应用。

一般用燃烧法处理工业排气毒物是一种消灭法，是将有毒物质高温氧化变成无害的 CO_2 和 H_2O，其反应式为：

$$C_nH_m + \left(n + \frac{m}{4}\right)O_2 \xrightarrow{\text{加热}} nCO_2 + \frac{m}{2}H_2O + Q \qquad (25)$$

式中，n、m 为整数；Q 为放出热量。

燃烧法处理有机废气与其他方法比较具有设备简单、投资少、效率高以及没有二次污染等特点，但它需要消耗一定的能源。

燃烧法可分为直接燃烧和催化燃烧。直接燃烧又有两种形式，一种是添加燃料使废气所含可燃物达到燃烧浓度进行燃烧；另一种称为热反应或热力燃烧，是使废气达到800℃以上，有机废物不受浓度的限制，只须保持一定的停留时间就完全氧化。催化燃烧是一种新的过程，其特点在于把催化剂和均相燃烧结合起来，即催化反应支持了均相燃烧，从而构成了高效燃烧且无污染。由于催化剂的作用，低浓度可燃气体的起燃温度和完全燃烧温度都比较低，一般完全燃烧温度不高于300℃。

20世纪70年代以前，由于燃料便宜，国外大量用直接燃烧法来处理有毒废气。这种方法的大致情况是将有毒有机类气体送入有火焰的燃烧炉中，使可燃成分燃烧，分解成 CO_2、H_2O、N_2 等无害气体。要进行直接燃烧，就必须使火焰保持在600~800℃，并且要加热0.3s以上，才能完全燃烧。

直接燃烧法的主要优点是：

① 适用范围广，消除恶臭效果好；

② 最好能先除去有毒气体中的粉尘，但也可以不完全除尽，焦油与无机粉尘混在一起时此法也能适用；

③ 由于燃烧时温度很高，从而增加气体的扩散效果，因此烟囱不需用太高；

④ 工艺操作技术简单。

直接燃烧法的主要缺点是：

① 燃料耗费量大，必须同时安装有效的热量利用装置；

② 含大量水蒸气时，需经水洗冷却除去水蒸气；

③ 设备投资费用较高；

④ 需要设置防爆等安全装置；

⑤ 非可燃性气体比例越大时越不经济，仍有排放 NO_x、粉尘及 SO_2 的可能性。

与直接燃烧法相比较，催化燃烧法有下述特点：

① 节省能源。表8-14所示为直接燃烧法和催化燃烧法的比较，可以看出，催化燃烧法比直接燃烧法所需温度低得多，从而

节省燃料。从综合经济效果看，直接燃烧的运行费用为催化燃烧的2.5~4倍左右。

表8-14　直接燃烧法与催化燃烧法的比较

项　目	直接燃烧法	催化燃烧法
处理温度/℃	600~800	小于400
燃烧状态	在高温火焰中停留一定时间	与催化剂接触，但不产生火焰
空速/h^{-1}	7500~12000	15000~25000
停留时间/s	0.5~0.3	0.25~0.15

② 催化燃烧设备有热交换器回收热量，基本上可以不再外加能源。如果利用净化后排出的热风，不仅节约废气处理的能源消耗，而且还可节省工艺耗能。

③ 适应浓度范围广，氧的浓度即使很低，也可能完全氧化，净化率高，最高净化率可达99%~100%。即使高浓度有机废气，处理后也能达到排放标准。

④ 很少再产生NO_x、SO_2等二次污染。

⑤ 不受水蒸气含量影响。

⑥ 操作安全性高。

催化燃烧法的典型工艺过程如图8-11所示，需处理的有毒废气经过过滤器(1)由鼓风机(2)送至热交换器(3)预热，预热气体经燃烧室(4)达到处理温度后再进入催化反应器(5)，通过

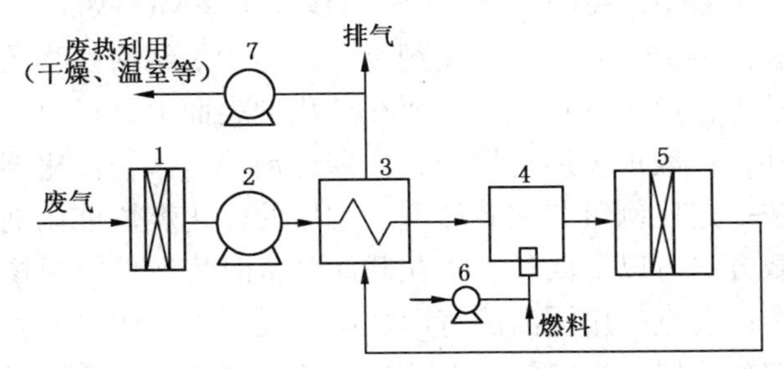

图8-11　催化燃烧法的典型工艺过程

1—过滤器；2，6，7—鼓风机；3—热交换器；4—燃烧室；5—催化反应器

催化反应器净化的气体经热交换器(3)回收热量后排放。

8-10-2 催化燃烧用催化剂

1. 催化剂及载体的类型

大家知道，铅蓄电池中水不断减少的原因是水被电解生成氢和氧。如果水减少就要补充水，这种补充对于汽车及一般用途蓄电池是容易做到的，而对严重缺水或水源不便的地方，补水就是件困难的工作。所以，为解决蓄电池补水问题，开发出将氢气和氧气再转化成水的催化剂。这种催化剂是高活性的 Pt 催化剂，它就是利用氢的催化燃烧现象，反应可在室温或低于室温下连续进行。所以说，催化燃烧是不发生火焰的。日本人使用的“怀炉”及“被炉”就是用玻璃棉负载 Pt，用苯或乙醇作燃料，点着燃料后，有燃料期间是暖和的，但它发生的是催化燃烧，而并不发生火焰。

催化燃烧是当有机废气通过催化剂时，碳氢化合物的分子和混合气体中的氧分子分别被吸附在催化剂的表面上而活化，表面吸附降低了活化能，碳氢化合物与氧分子在较低的温度下能迅速地发生氧化。

目前，用作工业废气处理的氧化催化剂的活性物质主要有两类：一类为贵金属，另一类为非贵金属和稀土。一般贵金属催化性能优于非贵金属，其活性顺序是：

$$Pd>Pt>Co_3O_4>Cr_2O_3>MnO_3>CuO>Ce_2O_3>NiO>MoO_3>TiO_2$$

按载体分类又有两种催化剂类型，一种是纯活性物质，如钯丝、铂丝等，由于催化氧化主要在催化剂表面上进行，所以除特殊情况外，一般很少用纯贵金属作催化剂；另一种催化剂是把活性物质按一定比例负载在载体上。常用的催化燃烧催化剂活性物质的负载方法有以下四种：①在载体制备时将活性物质掺入到制备原料中；②直接用浸渍法将活性组分浸渍在载体表面，③载体上先施加覆盖层，再浸渍活性组分；④将覆盖层与活性组分同时浸渍在载体表面上。

常用的催化剂载体有金属、陶瓷及天然矿石等。

催化剂形状以小球状使用最广泛，球径一般为5~6mm，球径越大，压降越小，但也要综合考虑其他因素。其他形状有条状、粒状、带状及蜂窝状等。特别是蜂窝状具有压降小、能使气流向任一方向流动、使用寿命长及易安装的特点，受到广泛关注。

2. 催化剂的主要性能

(1) 起燃温度与完全燃烧温度　一般起燃温度是指净化率为50%的温度，完全燃烧温度是指净化率为90%以上的温度。在一定条件下，只要达到起燃温度，即可逐步达到完全燃烧。而在另一些情况，则必须达到完全燃烧温度方能得到较高的净化率。各种有机化合物的起燃温度，根据其种类的不同而不同。对烃类物质来说，含碳原子数少的甲烷的起燃温度最高，含碳原子数越多或不饱和度越高，起燃温度越低。表8-15所示为一些常见有机化合物的起燃温度和发热量数值。由此可见，要达到90%以上的完全燃烧就必须提高温度，但像这样的高温是很不经济的。所以，要在较低的温度下能有90%以上的燃烧率，就必须有高活性的催化剂。表8-16所示为使用0.2%Pt-Al_2O_3催化剂处理各种有机气体时，将各种物质净化到浓度小于1μg/g时所需的操作温度。

表8-15　各种物质在0.2%Pt-Al_2O_3上的氧化起燃温度

物质名称	相对密度(室温)	发热量/(kJ/mol)	氧化起燃温度/℃
苯	0.874	3273	130~135
甲苯	0.867	3907	130~135
二甲苯	0.864	4554	130~135
己烷	0.659	4141	135~140
苯乙烯	0.906	4381	130~135
甲烷	b.p. -161.5℃	882	370~380
乙烯	b.p. -103.7℃	1322	125~130
丙酮	0.790	1786	130~135
甲乙酮	0.806	2436	100~110

续表

物质名称	相对密度(室温)	发热量/(kJ/mol)	氧化起燃温度/℃
甲醇	0.791	715	室温
乙醇	0.789	1371	80~100
丙醇	0.804	2010	115~120
丁醇	0.801	2672	130~140
甲醛	b.p.−21℃	561	室温
乙醛	0.795	1167	105~110
丙烯醛	0.841	1630	95~115
甲酸	1.22	263	室温
乙酸	1.049	876	190~195
丁酸	0.959	2194	160~165
乙醚	0.714	2727	140~150
乙酸乙酯	0.907	2246	195~205
苯酚	1.071	3064	140~150
氨	b.p.−33.4℃	319	180~185
三甲胺	b.p~4℃	242	170~180
硝基苯	1.17	3093	170~180
丙烯腈	0.806		205~210
氰化氢	b.p.25.7℃	663	290~300
氯苯	1.107	3196	330~340
氯乙烯	0.984		330~340
乙硫醇	0.862		125~135
硫化氢	b.p.−59.6℃		180~190
二甲基硫	b.p.38℃		
一氧化碳	b.p.−191.5℃	283	80~100
液化石油气			190~210
丙烷	b.P.−42.07℃	2202	

表 8-16　一些气体完全氧化的操作温度①

气体名称	操作温度/℃	处理前浓度/(μg/g)	处理后浓度/(μg/g)
苯	270	330	<1
二甲苯	260	280	<1
间二甲苯	260	240	<1
甲乙酮	250	330	<1
甲醇	200	740	<1
甲醛	200	370	<1
丙烯醛	180	450	<1
乙酸	350	400	<1
丁酸	250	400	<1
醋酸乙酯	350	310	<1
苯酚	300	340	<1
间甲苯酚	300	500	<1
甲硫醇	350	200	<1
乙硫醇	350	480	<1
硫化氢	350	400	<1
氨	300	700	<1
三甲胺	300	250	<1
一氧化碳	150	4000	<1

① 催化剂为 0.2%$Pt-Al_2O_3$，空速 20000h^{-1}，催化剂床层高度为 5cm。

（2）空速　空速是衡量催化剂处理能力的指标，是指每小时内处理排气量与所用催化剂体积之比。一般来说，增加空速，就需升高预热温度。同时，空速和浓度及反应温度有密切关系，选择时要综合考虑各种因素选择最佳空速。

（3）最高工作温度　这是指催化剂的耐高温性能，通常载体是选用耐高温材料，而不同活性组分却有不同的耐热性。如钯催化剂一般使用温度不应超过 800℃，这是由于钯在 950℃开始蠕变、并有微量挥发，1200℃时开始熔融，所以工作温度应控制在 800℃以下为宜。对使用其他活性组分也要考虑其最高使用温度范围。

(4) 使用寿命　影响催化剂使用寿命的因素，除了制造方面的原因之外，主要是控制最高工作温度和废气中引起催化剂中毒的重金属、卤素等含量。

容易发生催化活性下降的条件是在50～100℃的温度范围内以及含有水滴和氧化的情况。在这种情况下，Hg、Pb、Cd等一类催化剂毒物的金属氧化物能与Pt化合，而粉尘会由于水的作用而粘附覆盖在催化剂的表面，引起催化活性下降。

在未到处理温度之前就把处理气体送入也容易使催化剂失活，这是由于很容易发生不完全氧化，在催化剂上会析出高分子物质或沉积炭。这些物质积存在催化剂上，一旦燃烧起来，温升会达到700～1000℃，不但使催化剂过热，有时还会损坏反应器。

8-10-3　催化燃烧的应用

有毒有机气体的发生源，除了石油化工厂外，涂料、合成树脂、橡胶加工、印刷、食品、皮革、畜产、饲料和造纸等行业都会有不同的气体污染物产生。以前净化恶臭气体的常用方法之一将是恶臭物质通到火炬烧掉，这种方法不仅需要大量燃料，而且还有可能产生二次污染。如果用催化燃烧法处理，只用少量燃料，在100～400℃下净化就能达到排放标准。所以，在国外，用催化剂除掉有机气体恶臭的方法广泛用于各种有机废气净化及除恶臭、氮氧化物净化以及汽车排气净化等方面，就连过去和催化剂无关的工厂也逐渐开始使用。

能用催化燃烧脱臭的物质，除了大部分有机化合物之外，对氨、氢氰酸、一氧化碳等也有效，所以适用的行业十分广泛。可用催化燃烧法氧化脱臭的部分物质如下：

碳氢化合物——苯、甲苯、二甲苯、己烷、苯乙烯等

酮类——丙酮、甲乙酮、甲基异丁基酮

醇类——甲醇、乙醇、丙醇等

醛类——甲醛、乙醛、丙烯醛等

羧酸类——甲酸、乙酸、丙酸、丁酸等

含氮化合物——氨、三甲胺、硝基苯、丙烯腈、氰化氢等

含硫化合物——甲硫醇、乙硫醇、硫化氢、二甲硫醚等

卤素化合物——氯苯等

其他化合物——一氧化碳、乙醚、乙酸乙烯酯、乙酸乙酯、煤油、苯酚、甲酚、稀料等

8-11 纳米催化技术

8-11-1 纳米技术的概念

纳米是一种长度单位，1 纳米是十亿分之一米，即 $1nm = 10^{-9}m$。纳米尺度一般指 1～100nm 之间，也即纳米物质的大小通常是指一维、二维或三维的尺寸在 1～100nm 范围内的颗粒状、片状、块状或液状的物质。

早在 1959 年末，诺贝尔奖获得者理查德·费曼(Richard Feynman)在一次讲演中指出，人类能够用宏观的体积制造比其体积小的机器，而这种较小的机器可以制作更小的机器，这样一步步达到缩小生产装置，逐渐达到分子尺度，以致最后按意愿排到原子，制造所需要的产品。他预言，化学将变成根据人们的意愿逐个地准确放置原子的技术问题。这是最早具有纳米技术概念的设想。20 世纪 80 年代末，出现了表征纳米尺度的重要工具——扫描隧道显微镜及原子力显微镜，它们是认识纳米尺度和纳米物质世界的直接工具，从而极大地促进了在纳米尺度上认识物质的结构与性质的关系，出现了纳米技术术语，形成了纳米技术。有些科学家将纳米技术的概念扩展为：纳米技术就是一种分子水平上控制物质的原子操作技术，使我们能够在一个全新的纳米尺度范围内设计物质，而不必将宏观物质分解成单个原子进行。1990 年在美国巴尔摩召开的第一届纳米技术会议上统一了概念，正式提出纳米材料学、纳米生物学、纳米电子学及纳米机械学的概念，并决定出版纳米结构材料、纳米生物学及纳米技术的正式刊物。从此，人类对于这种介于原子、分子和宏观物质之

间的纳米技术研究成为国际科学的一大热点。

根据迄今为止的研究状况，纳米技术概念可分为以下四种：①分子纳米技术。按照这一概念，可以使组合分子的器件实用化，从而可以任意组合所有种类的分子，制造出任何类型的分子结构。目前，这种纳米技术的概念并未取得突破性的进展。②生物学概念。这是从生物角度提出的概念，认为在生物细胞和生物膜内本身就存在着纳米级的结构组织。③微加工技术极限的概念。这种概念认为，通过纳米精度的"加工"所形成的纳米尺度结构，也使半导体微型化即将达到极限。这是因为把电路的线幅变小，将使构成电路的绝缘膜变为极薄，绝缘效果将被破坏，此外还有发热的问题。④纳米加工技术。人们可以通过一定的技术和方法，制造出尺寸在 1～100nm 的超细粒子，而按其几何形状特征，可将纳米材料分为纳米颗粒与粉体、纳米碳管和一维纳米线、纳米带材、纳米薄膜、纳米中孔材料(如多孔碳、分子筛)、纳米结构材料、有机分子材料等。

纳米催化剂技术也是纳米技术的重要分支，显然，催化剂的粒度、表面形态等宏观性质与纳米材料有一定差别，而催化剂的活性相结构、催化作用机制、表面反应机理学均属于纳米范畴，而纳米粒子或纳米尺度催化剂更是一个新的研究领域，有人也将它称为第四代催化剂。

8-11-2　纳米材料的主要物理化学性质

纳米材料除了具有量子尺寸效应、宏观量子隧道效应、小尺寸效应及表面效应等特性外，由于纳米材料颗粒极小，达到原子簇和宏观体交界的过渡区域，使纳米材料具有许多特殊的物理化学性质。

1. 光学性质

纳米材料的光学性质表现在光谱迁移性、光学吸收性及发光性等特征。

光谱迁移性是指纳米材料的荧光发射峰产生红移或蓝移的现象。由于纳米粒子表面效应引起的光谱峰值向长波方向移动的现象，称为红移；而因纳米粒子的量子尺寸效应引起光谱峰值向短波方向移动的现象，称为蓝移。如对氧化铝负载纳米 Cr_2O_3 复合体的光吸收带峰位观察表明，当制备这种复合体系的焙烧温度较高时，其光吸收峰发生蓝移；而用氢气对这种复合体系进行还原处理时，其光吸收峰发生红移。

光学吸收性表现在纳米材料对光的不投射性、不反射性及颜色效应。纳米级金属粒子，粒度越小，趋向颜色越深。如当金的微粒被细分到小于可见光波长的尺寸时，会失去常规金的光泽而呈现黑色；光亮的铂当制成纳米微粒时，却为铂黑。非金属纳米矿物粒子具有良好的透明性，不仅易传播可见光，还能阻隔紫外光，同时还具有奇妙的“颜色效应”。如纳米 TiO_2 粒子与闪光铝粉并用于涂料体系时，能在涂层的照光区呈现一种金黄色亮光，而在两侧的测光区反射出蓝色乳光，蓝色侧光衬托着金黄色高光能增加金属面漆颜色的丰满度和视角闪光性。正是这一独特的光学效应，而使纳米二氧化钛一跃成为当今世界上档次最高的效应颜料。

纳米材料的发光性能分为光致发光及电致发光两种现象。如纳米硅薄膜受 360nm 激发光的激发可产生荧光，但处理方式不同，荧光峰的位置会有所变化，可出现蓝光或红光的位移。

2. 吸附性能

吸附是一种界面现象，可在固-气、固-液、液-气等各种界面上发生。而吸附发生的程度是由吸附剂的表面性质、各组分的性质及它们彼此间的相互作用所决定的。在多相催化作用中，表面特性是关键因素之一，由于它提供了催化反应所需要的场所，纳米尺度的催化材料不仅增大了表面积，更重要的是增加了表面能、提高了催化剂材料活性位的可利用率。由于吸附是发生催化作用的前提，纳米材料所具有的发达表面，也具有较高的表面原子配位不饱和度，从而比常规材料有更强的吸附潜力。

3. 储氢性质

氢在常温常压下是无色、无毒、无味的气体。水由氢和氧组成。氢气的来源主要由水电解制取，或来源于各种工业副产品。氢可以燃烧产生热量，氢气燃烧后生成的物质是水。作为化学能，氢因其质轻、反应活性强、热值高、洁净无污染等特点，将成为未来有益于环境的一种重要能源。但目前在如何用廉价方法获得氢和使用氢等方面还存在许多障碍。如氢气用作汽车能源时，除要求生产成本低外，还应解决氢的储存及携带问题。目前常用的储存携带方式有压缩携带、液态携带、金属携带及纳米材料携带等方法。压缩携带需使用 20～25MPa 的压力容器；液态携带需采用-253℃的低温；金属携带主要利用金属氢化物的吸氢性质，目前仍有许多技术上要解决的问题；而纳米材料携带，特别是碳纳米管及纳米纤维等是一类优良的储氢材料，其显著的吸氢性能是由于其特有的内部微观结构及表面结构所决定。如在室温及不到 100kPa 压力下，单壁纳米碳管可吸附 5%～10%的氢气，多壁纳米碳管的吸氢量可高达 14%。

4. 分散与烧结特性

纳米材料粒子细、表面发达、表面原子比例很高，因而表面效应很强。强烈的表面效应不仅给纳米材料的制备带来很多问题，而且纳米材料在使用过程中，由于其粒度很小、表面张力较高，因而容易发生聚结。而用作催化剂时，在催化剂制备过程中大多有焙烧工序。因而，如何避免在高温条件下发生纳米材料的烧结，或从结构上如何修饰或调整，使其热稳定性得到充分满足，也是纳米材料应用时急需解决的课题。通常都会发现，一些金属超细催化剂在高温条件下使用时，均会因发生不同程度的烧结而使催化剂活性下降。

5. 催化性质

纳米材料由于尺寸小，表面所占的体积分数增大。从纳米材料表面形态的显微观察知道，随着粒径减小，表面光滑度变差，会形成各种凹凸不同的原子台阶，从而增加了化学反应的接触面。此外，由于表面键态和电子态与内部不同，以及表面原子配位不全等因素，导致表面活性点增加，这些特性使得纳米材料具备作为催化剂的基本条件，有利于吸附及表面化学反应的进行。目前由纳米金属及氧化物制成的催化剂在催化氧化、加氢、还原、光催化等方面都显示出优良的活性及选择性。如负载 1nm 铑的催化剂可使难以打开的烯烃双键顺利地进行氢化反应；以小于 100nm 的镍和铜-锌合金为主要组分制得的催化剂可使有机物氢化效率达到传统镍催化剂的 10 倍；负载于氧化铝或分子筛上的纳米银在烃类选择还原氮氧化物的反应中显示良好的活性及选择性；纳米金是优良的一氧化碳低温氧化剂等。

光催化性是光和物质之间相互作用的多种性质之一，是在光和催化剂同时作用下所进行的催化反应，也是光反应与催化反应的融合。自从 1972 年发表了二氧化钛光催化分解水制备氢气的论文后，光催化技术已成为当今科学研究的热点。国际上经常有光催化研究的最新成果被发表，而使用催化剂也多是纳米结构的材料，如铑超微粒子作光解水的催化剂，比常规催化剂产率提高 2~3 个数量级，但制备工艺复杂。相比之下，二氧化钛作为光催化剂的特点是：不发生光腐蚀，耐酸碱性好，化学性质稳定，对生物无毒性，有很强的氧化性，而且来源丰富。二氧化钛是一种 n 型半导体材料，在日光下进行光化学反应，尤其是在紫外线照射下，TiO_2 固体表面被激发生成空穴（h^+）和电子（e^-），空穴（h^+）使 H_2O 氧化，电子（e^-）使空气中的 O_2 还原，并产生氧化能力较强的羟基自由基（$\cdot OH$）、超氧离子自由基（$\cdot O_2^-$）等，它们都是氧化性很强的活泼自由基，能将各种有机物氧化为 CO_2、H_2O 等无机小分子。如 $\cdot OH$ 可将脂肪族有机物氧化为醇，并进一步氧化成醛、酸。从用纳米 TiO_2 光催化有机废水、大气污染物的研究结果得知，二氧化钛作为光催化剂可以处理卤代脂肪烃、卤代芳烃、有机酸类、有机酯类、酚类、取代苯胺等以及空气中诸如甲醇、丙酮等有害污染物。

8-11-3 纳米催化材料的制备方法

纳米材料按空间结构形状可分为以下四类；①零维纳米材料。即具有原子簇和原子束结构的零维纳米材料，该材料在空间三维尺度上尺寸均为纳米尺度，如粒径在 0.1~100nm 的纳米粉体颗粒；②一维纳米材料。即具有纤维结构的一维线性纳米材料，如纳米丝、纳米棒、纳米管等；③二维纳米材料。即具有二维结构的层状纳米材料，如超薄膜、超晶格等；④三维纳米材料，亦称纳米体相材料，指晶体尺寸至少有一个方向在几个纳米范围的三维纳米材料，如纳米介孔材料。

纳米材料的制备方法很多，按制备过程的变化形式可分为物理法及化学法；按原料状态的不同可分为气相法、液相法及固相法；按工艺技术不同，可分为蒸发法、等离子体法、喷雾法、激光法、燃烧法、沉淀法、溶胶凝胶法及冷冻干燥法等。而上述零维、一维、二维及三维纳米材料的制备方法各不相同，纳米催化材料更多地使用纳米粉体颗粒。这类纳米催化材料的常用制备方法如下。

1. 蒸发冷凝法

一种气相合成方法，是在真空或惰性气体中通过电阻加热法、高频感应法、电子束法、激光法及等离子体法等各种热源使金属等块体材料蒸发气化，在达到过饱和状态时，经冷却沉积而形成纳米材料。用此法制得的纳米颗粒纯度高且结晶组织好，粒度可以控制。通过调节蒸发温度、气体种类及压力大小，一般可制得 5~100nm 的纳米微粒。如用此法制得的气相二氧化硅，粒径微细、表面积大、化学纯度高。但用此法制备纳米粒子，对技术、设备要求高，能耗大。

2. 球磨法

又称机械研磨法或机械合金化法。是将两种或两种以上金属或合金材料加入高能球磨机中，通过球磨机的转动或振动使硬球对物料进行强烈撞击、搅拌、研磨，将材料粉碎为纳米微粒。此法最早用于制取氧化物分散增强的超合金。现已用于合成一些非晶态合金类催化剂。通过研磨可使金属粒子产生滑移、位错、孪生等结构位错，增加活性金属相。球磨方法包括振动磨、搅拌磨、胶体磨、纳米气流粉碎气流磨等。球磨法具有工艺简单、产量大等特点，但要制备成分布均匀的纳米粒子也并非易事。此外，还有表面或界面污染问题，特别是由于磨球与气氛(氧、氮等)所引起的对产品的污染。

3. 化学沉淀法

一种液相法生产各种氧化物纳米材料的方法。是在溶液状态下将不同化学成分的物料混合，在混合溶液中加入适当的沉淀剂，先制备纳米粒子的前驱体沉淀物，再将沉淀物进行洗涤、干燥、焙烧而制得相应的纳米粒子。通过调节沉淀反应的 pH 值、温度及停留时间等，可制得所需物性的产品。化学沉淀法又可分为均相沉淀法、共沉淀法及水解沉淀法等方法。

(1) 均相沉淀法

均相沉淀法又称均匀沉淀法。它是在进行沉淀反应时，为避免直接添加沉淀剂产生局部浓度不均匀，可在溶液中加入某种物质，使之通过溶液中的化学反应缓慢地生成沉淀剂。通过控制生成沉淀剂的速度，就可避免沉淀剂浓度不均匀的现象，使过饱和度控制在适当的范围内，从而控制粒子的生长速度，减少晶粒凝聚，制得高纯纳米粒子。如制取金属氧化物纳米粉粒时，使用尿素为沉淀剂，其水溶液在 70℃ 左右可发生分解反应而生成 NH_4OH，起到沉淀剂的作用。当以 $MgCl_2 \cdot 6H_2O$ 为原料时，可制得平均粒径为 62nm 的 MgO 纳米粒子。

(2) 共沉淀法

是将沉淀剂加入含有多种阳离子的溶液中时，所有离子产生完全沉淀的一种方法。它又可以分为单相沉淀法及混合物沉淀法。当沉淀物为单一化合物或单相固溶体时，称为单相共沉淀，或称化合物沉淀法。如在 Ba、Ti 的硝酸盐溶液中加入沉淀剂草酸后，得到单一化合物 $BaTiO(C_2H_4)_2 \cdot 4H_2O$ 沉淀物，将此沉淀物经在 750℃ 左右加热分解，即可制得 $BaTiO_3$ 纳米微粒。如果沉淀物为混合物时，则称为混合物沉淀法，如以 $Z_5OCl_2 \cdot 8H_2O$ 及 YCl_3 配制成一定浓度的混合液，加入 $NH_3 \cdot H_2O$ 沉淀剂时，便会缓慢生成 $Zr(OH)_4$ 及 $Y(OH)_3$ 的沉淀物，将此氢氧化物混合物沉淀经洗涤、干燥、焙烧后，即可制得 ZrO_2 及 Y_2O_3 微粒。

(3) 金属醇盐水解法

金属醇盐可用通式 $M(OR)_n$ 表示，是醇(ROH)中羟基上的H被金属M置换形成的化合物，如 $Zr(OC_2H_5)_4$(称作锆乙醇盐)。金属醇盐具有活性高、易水解、溶于一般有机溶剂等特点，广泛用作电子及光学材料、耐火材料、功能材料，也可用作催化剂及制取催化剂载体。

金属醇盐水解法就是利用金属有机醇盐能溶于有机溶剂并可产生水解，生成氢氧化物或氧化物沉淀的特性，制取纳米粒子的方法。除硅和磷的醇盐外，几乎所有的金属盐类与水反应都很快，水解产物(氢氧化物或水合物)经焙烧后生成相应的氧化物。如铝的醇盐，室温下水解生成 AlOOH 或 $Al(OH)_3$，经焙烧后可制得 Al_2O_3 微粒。迄今为止，有100多种金属氧化物或复合氧化物微粉可用此制得。

4. 水热法

是将反应物和水在密闭容器中加热到高温高压时，反应物发生变化形成纳米微粒过程的总称。根据水热条件下反应过程的不同，可分为水热氧化、水热沉淀、水热合成、水热还原、水热分解及水热结晶等方法。所用反应物可以是金属盐、氢氧化物、氧化物及金属粉末的水溶液或液相悬浮液等。

其中水热合成法也是合成分子筛的主要方法。此法也可用来合成一些晶形氧化物纳米晶粒。在合成时，如加入某些有机胺类表面活性剂作模板剂，则可定向控制晶化过程，获得有特定几何结构的纳米粒子。如能有效控制pH值、温度、反应时间等晶化条件，也可不加模板剂，用水热合成法制得金属氧化物纳米粒子。水热合成法制备纳米材料时，可将金属或其前驱物直接合成氧化物，避免了一般液相合成需要经过焙烧转化为氧化物的步骤，从而可减少或避免团聚物的形成，制取的粉体具有分布均匀、分散性好、晶粒发育完整、纯度高、粒度小等特点。但制备时需要使用耐高压及耐高温的设备。

在水热法的基础上，以有机溶剂代替水，可以扩大水热法的反应范围。如以乙醇为溶剂，将纯度为 99.9% 的 $Ce(NO_3)_3 \cdot H_2O$ 配成适当浓度的溶液作为前驱体，置于衬有聚四氟乙烯作内衬的不锈钢高压反应釜中，在 130℃ 下反应 12h，反应结束后产物经乙醇洗涤、干燥，可制得立方晶系球形 CeO_2 纳米颗粒，平均粒径为 7nm，其晶化度比用水作溶剂时要好。除乙醇外，还可选用甲苯、苯、乙二醇二甲醚等非水溶剂。

5. 溶胶凝胶法

是以无机盐或金属醇盐等为前驱物，在一定条件下水解或经解凝形成溶胶，然后经溶剂挥发及加热等处理，使溶胶转变成网状结构的凝胶，再经适当的后处理工艺制取纳米材料的一种方法。其制备过程可分为以下几个步骤：

（1）溶胶制备

溶胶制备又可分为两种常用方法。一种是由无机盐溶液出发，通过控制 pH 值、温度等沉淀条件，直接形成细小颗粒，从而形成胶体溶液；另一种方法是先用适当的沉淀剂将部分或全部组分沉淀出来，然后再经解凝使团聚的沉淀颗粒分散成颗粒大小为胶核大小范围的原始颗粒，从而制得溶胶。

（2）溶胶-凝胶转化

溶胶中含有大量的水，凝胶化过程中体系失去流动性，形成一种开放的网状骨架结构。实现溶胶凝胶转化的必要条件是胶体粒子的局部去溶剂化。加入电解质时就有可能在粒子表面的一部分局部地减弱溶剂化，而另一部分的溶剂化膜却并未减弱。因此，那些局部去溶剂化的部位在互相碰撞时就会粘结起来，而其他部位就不能与另外粒子相连接，这样就形成连续网状结构，这种网状结构包住了液体，使体系失去流动性，最后成为半固体状的凝胶。

（3）凝胶干燥

凝胶经干燥脱去包含在凝胶骨架中的水后，就形成具有多孔结构的干凝胶，或称干胶，经粉碎或研磨可制得纳米粒子。

溶胶凝胶法具有制品化学均匀性好、粒径分布窄、纯度高、过程操作简单易行等特点。可低温制备化学活性高的单组分或多组分分子级混合物，并可制取用传统方法难以制备的纳米微粒，尤其适用于金属氧化物和过渡金属化合物的制取，应用范围较广，如制取氧化铝、二氧化钛、氧化锆、莫来石等纳米微粒。但影响溶胶凝胶法制备纳米微粒的影响因素很多，主要包括前躯体性质、溶胶凝胶过程参数(溶液浓度、pH 值、反应温度、停留时间及阴离子等)、后处理过程参数及所用模板剂性质等。在各种影响因素中，前驱动或金属醇盐的形态是控制交替行为及纳米材料结构与性能的关键因素。利用有机大分子作模板剂来控制纳米材料结构是近来研究的重点，以此来调节胶体粒子大小和修饰胶体颗粒表面特性，从而有效地控制纳米材料的结构性能，如 Al_2O_3 是应用最广泛的催化剂载体，其合成一直受到人们的关注。如以 $Al(NO_3)_3 \cdot 9H_2O$ 为铝原，以 $NH_3 \cdot H_2O$ 为沉淀剂，以聚乙二醇为分散剂合成铝凝胶，在干燥处理后引入一定量的 ZnF_2，于 900℃下焙烧处理即可制得 α-Al_2O_3 纳米微粒。

8-11-4 纳米催化材料的表征

纳米催化材料的合成、表征及其应用是催化研究的三大课题，纳米催化材料与常规催化材料的化学组成相比具有许多优良特性，这些优良特性与纳米催化材料的化学组成以及具有的尺寸效应和表面效应有很大关系。纳米催化材料或催化剂的表征就是借助现代物理及化学检测手段及方法对催化材料的成分、结构形貌及表面性质等进行检测与分析，其主要目的有：①检测纳米催化剂的基本化学组成及添加剂和杂质的含量；②测定纳米微粒的大小、粒径分布及聚集态结构；③测定催化剂的表面结构、体相结构、活性相结构、微孔结构及其分布状态等；④表征催化剂在反应过程中产生的结构与性能变化、活性中间体的结构与形态、生成物的组成及变化规律；⑤评价其宏观及微观反应动力学特征，揭示催化剂的活性及选择性变化规律，考察催化反应机理；⑥揭示催化剂在反应过程中的中毒或失活规律，了解催化剂操作特性，指导催化剂的合成及性能改进。

根据上述表征目的，对纳米催化材料的表征可分为宏观、介观及微观三种方式。宏观表征主要针对催化材料或催化剂所具有的宏观性质，如比表面积、孔体积、粒径大小及粒径分布、吸附特性等；介观表征主要针对催化剂的晶体结构、表面酸碱特性、活性相的组成与结构、表面的键态与电子态、反应动力学特征、反应前后的体相变化等；微观表征主要通过考察催化剂的显微结构、晶格缺陷、活性位及反应中间的结构及信息、催化反应的表面物理化学过程、分子反应动力学特征等，真正从分子水平上认识催化作用的本质，阐明催化反应机理。

可用于表征纳米催化材料的检测技术及方法很多。通过化学表征以确定化学组成的方法有配位滴定法、氧化还原滴定法、沉淀滴定法、沉淀重量法等；用于表征催化剂宏观物性、吸附特性、晶相结构、孔结构、表面键态及电子态的检测技术有比表面积法、差热分析法、X射线衍射法、X荧光分析法、微分扫描量热计、火焰和电热原子吸收光谱法、俄歇电子能谱法、原子光谱分析法、红外光谱法等。

对催化剂表面存在的吸附活性物种及反应中间体的认识与表征，对揭示催化反应本质具有重要意义，许多表面测试技术为我们提供了十分有效的途径，如扫描隧道电子显微镜、原子力显微镜、透射电镜、离子散射技术及核磁共振谱等。

8-12 非晶态合金催化剂

8-12-1 非晶态合金的特点

非晶态是“无定形”的意思，它与晶体的不同之处在于不具有特定的形状，是物质的另一种结构形态。非晶态材料包括非晶态半导体、非晶态超导体、非晶态电介质、非晶态离子导体、无定形碳及非晶态合金等，是目前材料领域中研究的一个热点，也是发展迅速的一类新型材料。

非晶态合金如同玻璃一样没有结晶组织，因此也称为金属玻璃、玻璃态合金，不过是不透明的，而且既硬又富有韧性，即使弯折 180°也不致断裂。与晶态合金相比较，非晶态合金具有以下特点：

(1) 短程无序性。晶体结构最基本的特点是原子排列的长程有序，即晶体的原子在三维空间的排列是沿着每个点阵直线的方向，原子有规则地重复出现；而在非晶态结构中，原子排列没有这种规则的周期性。也即原子的排列在总体上是无规则的，但是近邻原子是有一定的规律，也即短程有序。其短程有序区的线度约为(1.5±0.1)nm。通常在几个晶格常数范围内保持短程有序。如最近邻原子间距离、配位数相对固定，就会形成一种类似原子簇的结构。非晶态合金短期有序区表面配位原子高度不饱和、表面能较高，因而对反应分子有较高的活性中心密度和较强的活化能力，从而显示出催化作用。此外，非晶态合金的长程无序排列，可导致其独特的磁性能、电性能、机械性能和耐腐蚀性能。

(2) 亚稳态性。非晶态合金是采用急冷方法将高温无序状态保留至室温，所以非晶态合金都具有亚稳态结构。当合金被加热到一定温度时，非晶态向晶态转变，这一温度被称为非晶态材料的“晶化温度”。纯金属的晶化温度均比室温低得多，因而它们的非晶态只有在比室温低得多的温度才是稳定的，这也是几乎没有非晶纯金属的原因。目前研发的都是两种或两种以上组元所组成的非晶态合金。非晶态合金具有亚稳态，表明在该状态下体系的自由能比平衡状态高，有向平衡态转变的趋势。但从亚稳态转变到自由能较低的平衡态必须克服一定的势垒。所以，非晶态合金有相对的稳定性，这种稳定性也直接关系到非晶态合金的使用寿命及应用。

(3) 均匀性。非晶态合金的原子排列是长程无序而短程有序，因此从整体上看是一种均匀的玻璃体，它不存在晶态合金所具有的对催化反应起作用的缺陷，如不完整的晶面，不同晶面上的晶界、棱边、晶阶和接点空位上的偏析和错位等。而从局部来看，非晶态合金的每一个长程无序区都可以认为是一种特殊的缺陷，根据催化作用的缺陷理论，这些缺陷都可能成为某种催化活性中心和反应选择性。

（4）铁磁性。非晶态合金内部原子排列是无序的，故曾认为非晶态合金不具有铁磁性，因为铁磁性材料的磁性来源于磁性原子核外电子层中正反两个方向自旋的电子数不一致，原子的有序排列使材料表现出宏观磁性。使人感到意外的是，非晶态合金在铁磁性方面具有十分优越的性能。究其原因是，尽管非晶态合金的结构是长程无序的，但在一两个原子的间距内是短程有序的。近邻原子的自旋间的交换作用造成原子磁矩的长程有序排列，出现自发磁化，使合金可以具有铁磁性。考虑到非晶态合金的长程无序对其磁性原子磁矩、原子间交换作用等决定磁性因素的影响，非晶态合金的宏观磁性的很多方面又有别于相应的晶态金属，如非晶态合金的磁各向异性较弱，矫顽力很小等。这些性能也使非晶态合金获得较广泛的应用，如用于制作变压器、电磁开关、高增益磁放大器等的磁芯。

（5）从催化作用考虑，非晶态合金不受化合价约束，通过改变合金的冷却速度，可以在较大范围内方便地调节其组成，从而调变其电子结构和电子性质，调整表面活性位种类，从而调节催化剂活性和选择性。

8-12-2 非晶态合金制备方法

历史上最早报道制备出非晶态合金是20世纪30年代，其制备工艺为蒸发沉积法和电沉积法。60年代初发明了直接将熔化成液态的金属急冷到室温，制备非晶态合金的方法。到目前为止，制备非晶态合金的方法有很多，如熔融骤冷法、电解沉积法、化学还原法、蒸发法、辉光放电法、高能离子或中子轰击晶态材料等方法。无论采用哪种方法制备非晶态合金，都是以不发生明显结晶为准则，即通过必要的条件，使组成材料的原子以无序组态冻结下来或基本冻结下来，形成非晶态合金。

用作催化剂的非晶态合金大致可分为两类：一类是Ⅷ族过渡

金属和类金属的合金，如 Ni-P、Ni-B、Mo-Si、Co-B-Si 等；另一类是金属与金属的合金，如 Ni-Zr、Ni-Al、Ni-Ti、Cu-Zr、Pd-Rh 等。制备这些非晶态合金的方法有熔融骤冷法、电化学法、化学还原法等。

(1) 熔融骤冷法。这种方法是将一定组成的材料加入熔化炉中，使其熔融并合金化，然后用惰性气体将熔融的合金从熔化炉下部的喷嘴压喷到一高速旋转并通有冷却水的铜辊上，使其快速冷却并沿铜辊切线抛出，形成带状非晶态合金。如将带条磨成细粉并将其活化后即制成非晶体合金催化剂。

当材料处于液相或气相时，组成材料的原子排列是无序的。而很多材料只有在高温时才处于液相和气相。当在冷却过程中转变为固态时，由于材料特别是金属材料中原子的有序排列可降低整个系统的能量，即使冷却速度很快，金属原子也容易快速地重新排列而形成晶态合金，只有当冷却速度达到相当高时，才能形成非晶态合金。所以，受冷却条件的限制，非晶态合金多为薄带、薄膜、粉末和细丝等，要制取块状非晶态合金则需要特殊的加工设备。

例如，用于己内酰胺加氢精制的镍基非晶态催化剂的制备工艺为：

① 熔炼制带工艺。先将加工成小块的金属镍、金属铝等按一定的比例装于耐高温石英玻璃坩埚中，利用中频炉进行熔炼，熔炼好的高温熔液经坩埚底部喷注到轧辊间，经高速转动的、导热性能极好的轧辊快速急冷，冷却速度>10^6K/s。所得带状非晶态合金的厚度为 0.2~0.4mm。

② 磨粉工艺。将所制得的非晶态合金带材送至磨粉机内研磨至所需要的粒度。

③ 活化工艺。将上述母合金粉料在氢氧化钠溶液中进行活化处理，经碱抽铝活化即可制得大比表面积的镍基非晶态合金催化剂。

（2）电化学法。又称电镀法。是利用电极还原电解液中的金属离子，以析出金属来制得非晶态合金的方法。与熔融骤冷法等物理方法相比，采用电化学法的优点是：可得到其他方法所不能得到的非晶态镀层，通过改变电镀可制得不同组成的非晶态金属镀层，可制取大面积形状复杂的非晶态合金材料。此法工艺简单、制造成本低，适合连续化生产，已在电子工业、磁性与半导体材料、薄膜材料等生产上得到应用。

（3）化学还原法。此法是采用还原剂对金属的盐溶液进行还原，以制取非晶态合金的方法。所用还原剂为 NaH_2PO_2、$NaBH_4$ 或 KBH_4。被还原的通常是 Ni、Co、Fe、Pd、Ru 等金属离子。还原操作一般是在水或乙醇溶液中进行。如以制造 Ni-B 非晶态合金为例，其反应过程如下：

$$Ni^{2+}+BH_4^- \longrightarrow Ni\text{-}B+2H_2 \quad (a)$$

$$Ni^{2+}+BH_4^- \longrightarrow Ni+H_3BO_2 \quad (b)$$

$$H_3BO_3 \longrightarrow B_2O_3+3H_2O$$

主要还原过程通过反应(a)进行，反应(b)表明在有水存在时会产生金属粉末，如采用非水溶液反应，就可减少反应(b)的发生，从而提高 Ni-B 非晶态合金的产率。具体操作时可预先设定 BH_4 与 Ni^{2+} 的摩尔比，将配制好的 KBH_4 溶液滴加到 $Ni(NO_3)_2 \cdot 6H_2O$ 的乙醇溶液中，待反应结束后，加入适量的氨水，搅拌后静置、抽滤，用脱离子水充分洗涤，再用无水乙醇洗涤数次，在氮气保护下经室温干燥后就制得 Ni-B 非晶态合金粉末。如果要加入第三种金属组分 Co，只要将 Ni^{2+} 与 Co^{2+} 按要求进行配比混合就可制得 Ni-Co-B 非晶态合金。

用化学还原法制得的非晶态合金一般都是超细粉末，由于超细粒子具有表面原子数多、比表面积大和表面能高的特点，是一种理想的催化材料，而且它的制造设备简单，操作方便。用化学还原法制取非晶态合金存在的主要问题是：①由于这种材料的活性很高，因而很容易被空气中的氧所氧化而引起失活，储存条件苛刻；②与熔融骤冷法相比较，化学还原法的制造成本较高，与其他产物分离困难；③超细非晶态合金催化剂由于分散性强、活性高，也导致其热稳定性差，受热易发生晶化。

8-12-3　非晶态合金的负载化

非晶态合金的比表面积大、活性高，但因稳定性差容易失活。如果采用一定的方法将非晶态合金负载于载体上，则可显著提高非晶态合金的使用性能。这是因为负载化可提高非晶态合金的比表面积和活性中心数目，不仅可提高非晶态合金的催化活性，还可减少活性金属组分的使用量。而且非晶态合金分散在载体上后，通过两者的相互作用，不仅可提高非晶态合金的热稳定性，而且能在较高温度和较长时间的反应过程中保持非晶体结构，负载后的非晶体合金催化剂还可进一步拓宽其应用范围，用于液相催化反应时也方便对催化剂进行回收再利用。因而，负载型非晶态合金的制备及应用已成为这类催化剂研发的重点。

制备负载型非晶态合金催化剂，首先要选择有特定孔结构和酸性(或碱性)的载体，以满足不同催化反应的需要。目前所使用的载体，既有 Al_2O_3、SiO_2、ZrO_2、TiO_2、活性炭、MgO 及海泡石等常用载体，也有介孔分子筛、碳纳米管等新型材料。负载非晶态合金的方法有浸渍还原法、化学沉积法等，但以浸渍还原法为主。

例如，以 SiO_2 或 Al_2O_3 载体，制备 Ni-B 非晶体合金催化剂时，可在一定体积的 $Ni(NO_3)_2 \cdot 6H_2O$ 乙醇溶液中加入一定量的载体，经浸渍 24h 后，用 KBH_4 还原，还原结束后，经过滤、洗涤、干燥后，即可制得负载型 Ni-B 非晶态合金催化剂。

作为浸渍还原法的一种改进，采用超声-微波辅助技术更有利于制得呈纳米排列的非晶态合金催化剂。超声有利于利用不同的金属离子配合物和高浓度还原试剂，能促进还原试剂的分散和产生的氢的消散。例如，$Co(NH_3)_6^+$ 配合物只有在超声作用下才能被 BH_4^- 很好还原。

8-12-4 非晶态合金在催化领域中的应用

非晶态合金因导磁率高、有良好的韧性及柔软性，工业上还用于制固体敏感元件和传感器。制作的敏感元件和传感器检测灵敏度高，可用自动控制和测量、工业机器人等方面。非晶态合金在催化领域的应用，则还处于发展阶段，因对其结构、形态、活性中心及催化作用本质等因素还待进一步认识。目前，最有希望实现工业化的是催化加氢领域，一些非晶态合金如 $Ni-B/Al_2O_3$、$Ni-B/SiO_2$、$Ni-Co-B/SiO_2$、$Ni-W-B/SiO_2$ 及 Ni-Ti、Ni-P、Pd-Rh等非晶态合金已用于苯加氢制环己烷、己二腈加氢制己二胺、环戊二烯加氢制环成烯、苯甲醇加氢制甲苯、硝基苯加氢制苯胺、葡萄糖加氢制山梨醇等反应，有些也用于脱氢、异构化等反应。

骨架镍又称雷尼镍，是用 NaOH 溶液处理 Ni-Al 合金制得的多孔性金属粉末，工业上广泛用作含有不饱和功能团有机物液相加氢催化剂，如用于苯加氢、苯酚加氢、腈加氢及油脂加氢等。如在苯加氢制环己烷反应中，在相同条件下，Ni-B 非晶态合金的加氢活性比骨架镍高十几倍；在环戊二烯加氢制环戊烯反应中，Ni-B 非晶态合金的加氢活性也比骨架镍要好，而与 Pd/C 贵金属催化剂的活性相当；我国现有的己内酰胺生产工艺主要是从国外新进，其己内酰胺加氢精制催化剂原先采用骨架镍，目前我国工业上已使用镍系非晶态合金催化剂替代骨架镍用于己内酰胺加氢精制过程，使用非晶态合金催化剂后，不仅催化剂单耗低于骨架镍催化剂，而且己内酰胺产品质量提高。

非晶态合金催化剂对腈、酮、糖等含不饱和基团的化合物有较好的催化活性和选择性。如苯丙酮酸液相加氢制丙氨酸所采用的催化剂主要也是骨架镍和 Pd/C 催化剂，但骨架镍的催化活性不高，而 Pd/C 催化剂的价格很高。使用 Ni-B 非晶态合金催化剂后，不仅催化活性、选择性提高，而且催化剂可多次重复使用，经济效益显著提高。

非晶态合金催化剂在 CO、CO_2 加氢方面也显示良好的催化活性。如使用Cu-Zr非晶态合金催化剂，由CO、CO_2加氢制甲醇的选择性均在99%以上。又如使用含B和P的Fe-Ni系非晶态合金进行CO加氢时，其催化活性比同样组分的晶态催化剂要高出几倍到几十倍，而且反应过程中，非晶态合金催化剂的比表面积基本不变，具有良好的稳定性。

非晶态合金由于含有B、P、Si、Se等元素，因而在物性上更偏重于半导体。因此，这种材料又是很好的电催化剂，Pd、Ni、Fe、Co系非晶态合金可用作甲醇燃料电池的电极催化剂，如Pd-Ni-P、Pd-P、Pd-Rh-P等都有良好的电催化活性。

8-13 相转移催化剂

8-13-1 相转移催化

如果有两相，一相是酸、碱、盐的水溶液或其固体，另一相是溶有反应物质的有机介质溶液，当这两相接触时，如果没有催化剂，两者很难进行反应，即使有反应，反应速度也极慢。例如，氰化钠与溴辛烷一起共热几天也不会发生反应，这是因为氰化钠完全不溶于溴辛烷。为了使无机盐与有机物反应，常规的方法是使用既具亲油性、又具亲水性的两亲溶剂，如甲醇、乙醇、二氧六环、丙酮等。这种方法的缺点是，无机盐在这些溶剂中的溶解度很小，而有机物又常难于水，所以反应得率很低。后来发现，非质子极性溶剂对无机盐有一定的溶解度。这些溶剂有乙腈、二甲基酰胺、二甲基亚砜、六甲基磷酸三酰胺等，它们都具有亲油性的甲基和极性官能团，因而可溶解于水、醇、烃以及含氯烃等有机介质中，使盐和有机物两者很好地互溶，为反应创造条件。但使用这类溶剂也存在以下缺点：即这类溶剂一般沸点较高，反应结束后很难从混合物中除去，分离提纯较难，存在着环保问题。另外，少量水的存在会对反应有干扰作用，反应要求在无水条件下进行。而且这类溶剂的价格较高，一般都是有毒的。

因此，在20世纪60年代后期，一种克服非均相体系溶解性差的方法问世。它通过在体系中加入称作催化剂的第三种物质，使一种反应物从一个相转移到另一个相中，并与后一相中的另一反应物发生反应，从而使非均相反应变为均相反应，并使反应快速顺利地进行，所使用的催化剂就称作相转移催化剂。所进行的反应则称为相转移反应。在早期，相转移催化反应主要用于一些典型的烷基化反应，相转移催化产品也较少。以后随着研究的深入，目前，相转移催化技术已扩展到氧化、加成、置换、缩合、不对称还原、烷基化、酯化、偶联、酰基化等有机合成反应，甚至用于聚合反应、高聚物修饰等方面。只要非均相反应中的反应物能和所使用的相转移催化剂形成可溶于反应相的离子对，就可以采用相转移催化法进行反应，也即各种非均相体系，如液-液、液-固、液-气等体系都可实现相转移反应，其中最常用的是水相-有机相的液-液体系。所以，相转移催化也就成为合成精细有机化工产品的一种新型催化技术。

8-13-2 相转移催化原理

如上所述，相转移催化是在相转移催化剂作用下，使处于两相中的反应物发生相转移而快速完成反应的过程。常用的相转移催化剂是季铵盐（O^+X^-）和冠醚。它们在水相和有机相都可溶解，因此能将水相中的阴离子带入有机相与反应物发生反应，并把反应中产生的另一阴离子带入水相，起着离子“搬运工”的作用，而相转移催化剂本身并不消耗。以卤代烷（RX）与氰化钾（KCN）进行的亲核取代反应为例，将溴辛烷的氯仿溶液与氰化钾水溶液混合加热14天也不发生反应，但如果加入少量季铵盐，无需进行加热，经搅拌2h即可完成反应：

$$RX+KCN \xrightarrow{O^+X^-} RCN+KX$$

反应产率可达到99%。这种相转移催化过程可用图8-12来描述。

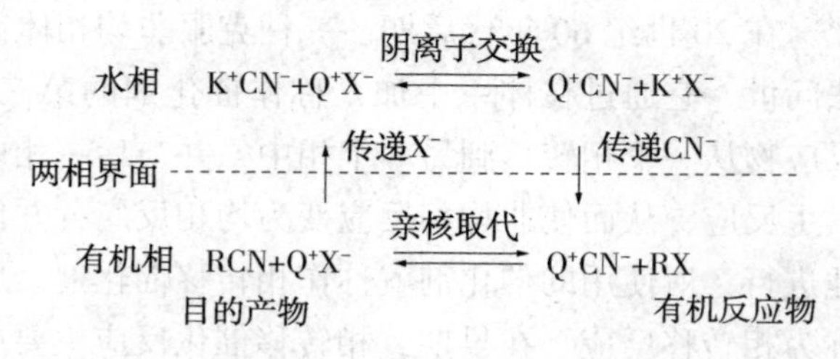

图 8-12 相转移催化示意图

在上述互不相溶的两相体系中，氰化钾(亲核试剂)只溶于水相，而不溶于有机相，有机反应物(RX)只溶于有机相而不溶于水相，因而两者很难相互接触而发生反应。在上述体相中加入相转移催化剂季铵盐后，因季铵阳离子 Q^+ 具有亲油性，因而季铵盐既能溶于有机相，又能溶于水相，当季铵盐与水相中的 KCN 接触时，KCN 中的阴离子 CN^- 可以同季铵盐的阴离子 X^- 进行交换而生成 Q^+CN^- 离子对。这个离子对就可从水相转移到有机相，并且与有机相中的反应物 RX 发生亲核取代反应而生成目的产物 RCN。反应中生成的 Q^+X^- 离子又可以从有机相转移到水相，从而完成相转移的催化循环。在这循环中，季铵阳离子 Q^+ 并不消耗。所以，只需要使用少量季铵盐作相转移催化剂，就能顺利地完成上述反应。

实际操作中，影响相转移催化反应的因素很多，如催化剂、有机相溶剂、反应动力学、阴离子在两相间的分配状况、搅拌速度及水量等，但最主要的影响因素是相转移催化剂，如催化剂的种类、结构特点、物理性质、用量及稳定性等因素。

8-13-3 相转移催化剂

相转移催化剂主要作用是在两相系统中将反应物与催化剂形成的离子对从水相传递到有机相，以有利于反应快速进行。因此，一种有工业应用价值的相转移催化剂应具有以下性能：

① 应具有形成离子对的能力。也即相转移催化剂的分子结构中应含有阳离子基团，以能与阴离子形成离子对，或者具有与反应物形成离子对的能力。

② 离子对是由碳正离子和相应的负离子形成，是两种极性相反的离子缔合而成的中间体，两种离子基本上是以库仑力结合在一起，它与自由离子共存于平衡体系中。所以相转移催化剂必须具有足够多的碳原子使形成的离子对具有亲有机溶剂的能力。

③ 用量少，效率高，自身不会发生不可逆的反应而消耗，或在反应过程中失去传递离子的能力。

④ 制备方便，价格适宜，毒性较小。

相转移催化剂品种较多。目前常用的主要有以下几类：

1. 鎓盐类

鎓盐是含有电负性元素(O、N、S、P)最高正价离子的有机盐类化合物。这些化合物在水溶液中能解离成为有机阳离子(称为鎓离子)。鎓盐可分为氧鎓盐($R_3O^+X^-$)、硫鎓盐($R_3S^+X^-$)与磷鎓盐($R_4P^+X^-$)等。氧鎓盐又称鉾盐，R_3O^+为鉾离子；硫鎓盐又称锍盐，R_3S^+为锍离子；磷鎓盐又称鏻盐，R_4P^+为鏻离子。$R_4N^+X^-$为氮的鎓盐，习惯上称为季铵盐，R_4N^+称季铵离子。

鎓盐类是应用较广泛的一类相转移催化剂，其中又以季铵盐使用较多，常见的季铵盐有三甲基苄基氯化铵、三乙基苄基氯化铵、三辛基甲基氯化铵、四丁基溴化铵、十六烷基三甲基溴化铵等。由于相转移催化剂的效用依赖于它的阳离子的亲油性以及阴离子与有机反应物的离子交换能力。从阳离子的亲油性考虑，大的季铵盐离子比小的季铵盐离子有效。一般，含15~25个磷原子的季铵盐有较好的催化作用。季铵盐的制备不太困难，价格也不太高，而其他鎓盐由于制备困难，价格较高，主要用于实验研究工作。

2. 包合物

包合物又称笼形物，是一种分子被包在大分子的空腔所形成的化合物，或是一种分子通过分子间氢键或其他分子间的作用力形成晶态骨架，其中有较大的孔穴或孔洞，容纳包合另一种分子而形成稳定的化合物。如环糊精、冠醚等就是具有这种独特结构的化合物，从而成为另一类重要的相转移催化剂。

环糊精是由6个或更多的吡喃葡萄糖分子形成的环状低聚糖，其分子形状如轮胎，向外伸展着的羟基使环糊精具有良好的水溶性，而由氢原子及糖苷键合的氧原子构成的空腔内侧具有疏水性。环糊精同反应物客体分子通过氢键等相互的作用形成超分子配合物后，再转移到有机相中与另一反应物形成不稳定的中间体，然后再转化为目的产物，而环糊精又可再次进入水相中反复进行下一次催化过程。

冠醚是一类特殊的环状多醚。分子中有$\leftarrow CH_2CH_2O \rightarrow_n$的重复单元($n$>2)。冠醚作为主体分子，可以与适当尺寸的碱金属、碱土金属以及Ag^+、Au^+、Hg^+、Hg^{2+}、Cd^{2+}、NH_4^+、R_3NH^+等离子形成稳定的主客体配合物。这种配合物是由阳离子与冠醚环上的带有负电性的氧原子作用而形成的，因而许多盐类在冠醚存在下可以溶解在原先并不溶解的溶剂中。由于冠醚具有和许多离子或分子生成配合物的特性，是重要的相转移催化剂，常用的有18-冠-6、15-冠-5、二苯基-冠-6、二环己基-18-冠-6等。与季铵盐相比较，冠醚的化学稳定性及热稳定性都较高，但由于冠醚的合成方法比较复杂，价格较高，而且冠醚的毒性也较大，使其应用受到很大限制。

3. 开链聚醚

开链聚醚又称多足体。主要有聚乙二醇、聚乙二醇单醚、聚乙二醇双醚及聚乙二醇单醚单酯等，这些化合物能与碱金属、碱土金属阳离子生成稳定配合物而溶于低极性溶剂中。也即它们可以与客体分子形成超分子结构，不同之处在于冠醚等具有固定的空腔大小，与之相匹配的离子才能参与配位，而开链聚醚是“柔性”的长链分子，可以弯曲成合适的形状结构与不同大小的离子配合，从而成为一种有用的相转移催化剂。

开链聚醚主要用于固/液体系，特别适用于钾盐的固/液相反应。其催化效果不如季铵盐，而与冠醚相当。通常因相对分子质量较大，即使在很低的催化剂浓度时也要求很大的用量，因此限制了它的应用。但开链聚醚具有价廉、无毒、易生物降解、可回收多次利用、使用方便等优点，在非强酸条件下热稳定性好，是一种颇有发展前途的相转移催化剂。

4. 杯芳烃

是一种多环芳烃，由甲醚与苯酚反应生成的一类环状低聚物，因其分子形状与希腊圣杯相似，而且是由多个苯环所构成，故而得名为杯芳烃。它具有以下特征：①具有由亚甲基相连的苯环构成的空腔；②可用不同烃基的苯酚合成，并将烃基进行置换；③具有可通过化学反应进行修饰的苯环，而且可以用增减苯环的数目来调节空腔大小；④构象能变化。

杯芳烃和环糊精及冠醚一样具有穴状结构，能通过非共价键与离子及中性分子所形成，在杯状结构的底部有规律地排列着酚羟基，因而具有亲水性；而在杯状结构上都是有疏水基团围成的空穴，因此具有亲油性。这就使得杯芳烃能满足相转移催化剂的基本要求。与其他常用相转移催化剂相比，杯芳烃用作相转移催化剂时，催化剂用量更少、催化活性更高，而且反应时间更短。但由于杯芳烃这类化合物的合成困难、价格较高，使其应用受到一定限制。

5. 三相催化剂

是一种不溶的固体催化剂，用于加速水/有机两相体系的反应，而其本身为固体，形成三相体系，故称为三相催化剂。三相催化剂可以是前述季铵盐、冠醚、开链聚醚等负载在不溶性高聚物(如聚苯乙烯、聚环氧乙烷)上所得到的不溶性固体催化剂，如图 8-13 所示。在以聚苯乙烯为载体时，这种催化剂的高分子部分是苯乙烯与 20%的二乙烯基苯交联的苯乙烯高聚物，分子中约有 10%的苯环被四级铵基所取代，高聚物载体和四级铵基之间也可用一长链连接。

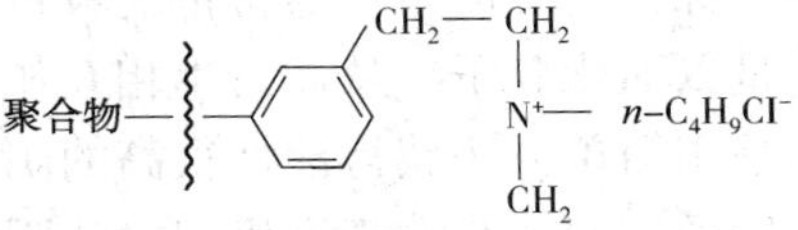

CH_2— CH_2

聚合物— —N^+— n-$C_4H_9Cl^-$

CH_2

图 8-13　三相催化剂

除使用高聚物载体外，三相催化剂还可以是将季铵盐、冠醚、开链聚醚等吸附或键合在无机固相载体(如微孔 SiO_2、Al_2O_3、微孔玻璃、金属氧化物)上所制得的固体不溶物。

由于三相催化剂本身为固相，当在水/有机两相体系参加反应起到催化作用时，整个反应体系处于三相状态，作为相转移催化剂，它具有操作方便、产品分离简单、纯度高、催化剂可回收再生利用和环境污染小等特点。

除了上述相转移催化剂外，离子液体、杂多酸盐及一些含硫聚合物也可用作相转移催化剂。

8-13-4　相转移催化的优点

相转移催化目前已成功应用于卤化、酰化、氧化、硫化、羧化、酯化、羰基化、烷基化、异构化、缩合、加成还原和许多碱化反应，用来合成多种新型化合物。它与常规反应操作相比较，具有以下优点：

(1) 不使用昂贵的无水溶剂或非质子溶剂。相转移催化最初应用于水/有机相两相体系，即液-液相转移催化反应体系。而过去对于这两种不相溶的相之间的反应多采用极性非质子溶剂，因少量水的存在对反应有干扰作用，因而要求无水操作。相转移催化剂则不要求无水操作，反而在液-液相转移或液-固相转移中，水也可能起着某种重要作用。

(2) 反应速率较快，反应时间较短。由于相转移催化是通过简单的方法获得活性很高的离子，即由相转移催化剂携带极少的非溶剂化的活化阴离子从一相进入另一相中。它与一般的有机合成法相比，反应速率较快，反应时间较短。

(3) 反应条件温和，能耗较低。在一般有机合成反应中，温度是反应的重要指标，对温度条件通常都比较苛刻，因为反应需要获得较高的能量以活化分子，从而发生相互作用。而相转移催化不同的是，它是用简单方法获得活性很高的阴离子，所使用的有机溶剂均为非质子溶剂，存在于有机相中的阴离子溶剂化倾向很小，而形成的“裸”离子的反应活性增大，从而可降低反应所需温度和降低体系能耗。

（4）工艺简单，操作简便。相转移催化反应的产品分离容易，催化剂也可回收利用，因而反应所需设备简单，操作也就容易方便。

（5）副反应少，产品纯度高。相转移催化由于催化剂的作用，反应物得以充分接触，因而副反应少，产品的收率及纯度都较高。

（6）产生阴离子所用的碱价格便宜。如在碳阴离子交换反应中，可以用氢氧化钠水溶液来代替常规方法所需要的醇钠、氨基钠、氢化钠或金属钠等危险试剂。

（7）相转移催化还可与超声波技术、微波技术、超临界流体技术等绿色技术联用，提高催化效率和扩大应用范围。

8-13-5　相转移催化在化学合成方面的应用

根据相转移催化作用原理，凡是能与相转移催化剂形成可溶于有机相的离子对的化合物，都可采用相转移催化法进行反应，制取新的化合物。目前，相转移催化已用于多种类型的单元反应，下面列出一些简单的实用例子。

1. 二氯卡宾的合成

卡宾又称碳宾或碳烯，是一种含二价碳的电中性化合物。可表示为 $H_2C:$ 或 $R_2C:$ 。二价碳以共价键的形成与其他两个基团结合，碳原子上还有二个未成键的电子。所以，卡宾呈现典型的缺电子活性中间体特征，能与富电子体系发生多种类型的亲电反应，在有机合成中有广泛应用。

二氯卡宾又名二氯碳烯或二氯亚甲基，可表示为 $:CCl_2$，是卡宾的一种衍生物，它的碳原子周围有六个电子，是一个非常活泼的缺电子试剂，可进行多种加成反应。但二氯卡宾极易水解，在水中的生存期不到 1s。因此，传统制备二氯卡宾的方法要求绝对无水和其他一些苛刻条件。而采用相转移催化法，在相转移催化剂作用下，就可由三氯甲烷与氢氧化钠浓溶液相作用而生成稳定的二氯卡宾。其反应机理如图 8-14 所示。

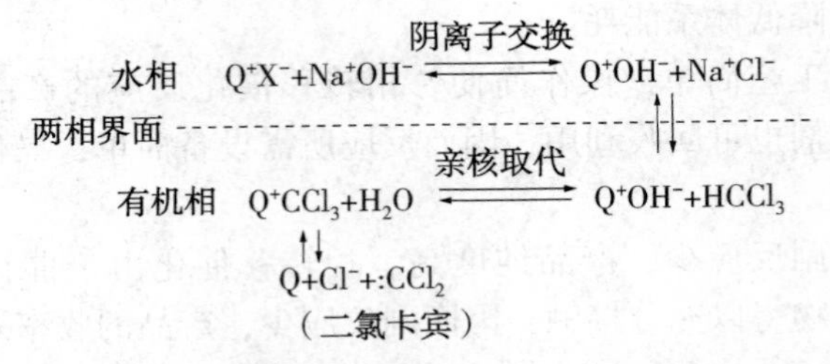

图 8-14　由三氯甲烷生成二氯卡宾的反应机理

也即在水相中，相转移催化剂季铵盐 O^+X^-与氢氧化钠作用，生成季铵碱离子对 Q^+OH^-，它被萃取到有机相，并与三氯甲烷作用生成二氯卡宾。在有机相中，二氯卡宾水解很慢。这是因为有机相中二氯卡宾与三氯甲基季铵盐处于一个平衡体系中，如果二氯卡宾不进行进一步反应，它在有机相中仍能保持原有活性达数日之间。在相转移催化条件下产生的二氯卡宾是自由的单个卡宾，当有机相中存在有烯烃、磷环、芳环、含共轭键的化合物及带取代基的烯醇、胺、醛、酮、酚等试剂时，就可以和它们发生加成反应，生成多种类型的化合物。

2. 烷基化反应

将烃基引入有机化合物分子中的 C、H、O 等原子上的反应称为烷基化反应，简称烷基化。所引入的烃基可以是烷基、烯基、芳烃基，其中又以引入烷基最为重要。广义的烷基化还包括引入具有各种取代基的烃基($—CH_2OH$、$—CH_2Cl$、$—CH_2COOH$、$—CH_2CH_2Cl$等)。而根据引入烷基在分子中连续点的不同，又有C-烷基化、N-烷基化和 O-烷基化之分。烷基化反应在精细有机合成中是一类重要反应，而采用相转移催化技术，可以进一步提高烷基化反应效率。

例如，对硝基苯乙醚又名乙氧基硝基苯，是一种重要的有机合成中间体，是由对硝基氯苯经乙氧基化制得。具体工艺是由对硝基氯苯与氢氧化钠的乙醇溶液相作用制取，其反应式为：

$$NaOH+C_2H_5OH \longrightarrow C_2H_5O^-Na^++H_2O$$

$$C_2H_5O^-Na^+ + NO_2-C_6H_4-Cl \longrightarrow$$

$$NO_2-C_6H_4-OC_2H_5 + NaCl$$

采用不加相转移催化剂的老工艺时，乙氧基化反应(O-芳基化反应)要采用压热釜径几十小时加热。此时，对硝基氯苯的转化率为75%左右，同时要采用减压蒸馏回收未反应的对硝基氯苯，不仅能耗大，对硝基苯乙醚的收率约在85%~88%之间。

如在反应中加入相转移催化剂季铵盐Q^+X^-时，只要在常温、常压下反应几小时，对硝基氯苯的转化率即可达到99%以上，对硝基苯乙醚的收率可达到92%~94%，而纯度达99%以上。究其原因，是由于原来难溶于对硝基氯苯的乙醇钠，由于季铵盐Q^+X^-的作用，将其转化为易溶于对硝基氯苯和对硝基苯乙醚的$Q^+C_2H_5O^-$离子对的缘故，从而完成相转移催化反应。

上面只是相转移催化技术的两个应用例子，目前，相转移催化在高聚物合成、手性化合物合成及香料、农药、医药产品的合成都有广泛的应用。

8-14 手性催化剂

8-14-1 手性分子和手性碳原子

物体与其镜像不能叠合的现象称作手性(或称手型、手征性)。像人的左右手互为镜像不能叠合，与其镜像不能叠合的分子就叫作手性分子(或称手征性分子)。具有手性的分子必定有旋光性，并导致产生对映异构体。

早在19世纪，发现石英晶体有两种形式，它们之间的关系就像物体与镜像的关系，或如右手与左手的关系，虽然十分相似，但又不能相互叠合。这两种石英晶体都是旋光性的，其旋光度方向相反，但经熔化后两者都变成不旋光的晶体。有些无机盐晶体，如溴酸锌、氯酸钾等也有旋光性，但溶解于水时，旋光性也就消失了。以后发现某些有机化合物，如酒石酸、樟脑等在溶液中也有旋光性，这表明它们所具有的旋光性是分子本身所具有的性质，并与分子的结构有关。

手性分子和它的镜像体就称为对映异构体。对映异构体又称作光学异构体，是一对分子式、结构式相同，仅构型不同而互呈镜像关系的立体异构体。对映异构体用 D 和 L(或 R 和 S)表示。D 和 L 表示分子的相对构型，R 和 S 则是每个手性原子绝对构型的系统命名法。如乳酸的一对对映异构体的结构式为：

```
      COOH                COOH
       |                   |
   H—C—OH           HO—C—H
       |                   |
      CH3                 CH3
```

D-(-)乳酸	L-(+)乳酸
熔点：53℃	熔点：53℃
$[\alpha]_D^{20}$-3.82℃	$[\alpha]_D^{20}$+3.82℃

可以看出，左旋和右旋乳酸的熔点都是 53℃，但二者的比旋光度$[\alpha]_D^{20}$ 则不相同，分别为-3.82°和+3.82°。互为对映异构体的左旋体和右旋体等比例混合可组成一个没有旋光的外消旋体。外消旋乳酸的熔点为 18°，它不具有旋光性。一般情况下，对映异构体的物理及化学性质相同，对偏振光的旋转能力也相同，只是方向相反，但与手性试剂的反应速度不同。由于水性分子在手性条件下表现出手性，在非手性条件下不能表现出手性。加热和溶解于水都是非手性条件，因此，对映体的熔点和在水中的溶解度相同。而偏光是手性条件，所以，对映异构体的旋光性不同。

碳原子为四价，具有四面体结构，碳原子位于四面体中心，与碳原子相连的四个原子或基团则位于四面体的四个顶点上。如果所连的四个原子或基团各不相同，该碳原子就称为手性碳原子或不对称碳原子，常用 C^* 表示。分子中只含一个手性碳原子，就有手性，该化合物就有对映异构体，如上述乳酸含有一个手性碳原子，就有对映异构体存在。如分子具有二个或多个手性中心，且分子间为非镜像的立体异构体，则称为非对映异构体，简称非对映体。

8-14-2　手性合成

手性合成又称不对称合成、不对称反应。它是将潜手性化合物或潜手性单元转化为手性化合物或手性单元，使得产生不等量的立体异构产物的合成过程，即在反应中，其中底物分子整体中的非手性单元由反应剂以不等量地生成立体异构产物的途径转化为手性单元。也即当反应剂进攻反应物的作用点位时，由于受到分子内部或分子外部的某种不对称因素(手性因素)的影响，发生方向机率不均等的现象，导致生成不等量的立体异构体的混合物，而有可能呈现旋光活性。

例如，将丙酮酸与手性 L-薄荷醇进行酯化(在羰基邻近引入一个手性中心)得到光学活性的 α-酮酸酯，后者经 Na-Hg 还原和水解就可得到含不等量对映体乳酸产物：

$$CH_3-\overset{\overset{\Large O}{\|}}{C}-COOH \xrightarrow[\text{(L)-薄荷醇)}]{HOC_{10}H_{19}} CH_3-\overset{\overset{\Large O}{\|}}{C}-COOC_{10}H_{19}$$

丙酮酸-L-薄荷醇酯

$$\xrightarrow[\text{(还原)}]{Na-Hg} CH_3-\overset{\overset{\large H}{|}}{\underset{\underset{\large OH}{|}}{C^*}}-COOC_{10}H_{19}$$

D-乳酸-L-薄荷醇酯和
L-乳酸-L-薄荷醇酯(过量)

$$\xrightarrow[\text{(水解)}]{KOH} CH_3-\overset{\overset{\large H}{|}}{\underset{\underset{\large OH}{|}}{C^*}}-COOH$$

D-乳酸和 L 乳酸(过量)

这种利用手性反应剂将非手性化合物引入手性碳原子，产生一对不等量的对映体(即一种对映体的产量多于另一种对映体)，因此显示一定的旋光性的方法，就是手性合成或不对称合成。这里的反应剂可以是手性化学试剂、催化剂、配体、溶剂或圆偏振光(物理力)等。反应剂为手性催化剂的手性合成，也称手性催化或不对称催化。

在有机合成中，常用产率来表示有机合成反应的操作结果。产率是指反应实际产量与理论产量的百分比，而对于手性合成或手性催化，则既要考虑化学产率，又要考虑光学产率。光学产率可用对映体过量(简记为 e. e.)表示，并可用下式计算：

$$\text{对映体过量}\qquad \text{e. e.}\% = \frac{[S]-[R]}{[S]+[R]}\times 100\%$$

式中，S、R 分别代表互为镜像的右旋、左旋两种对映异构体，[ ]表示摩尔分数。对映体的组成分析，可采用手性色谱法、旋光法及 NMR 法等进行测定。

8-14-3 手性催化剂

在手性合成中，能催化合成对映体之一过量的催化剂就称为手性催化剂。手性催化剂由活性的金属中心和手性配体构成。金属中心控制催化剂的反应活性，而手性配体控制对映体选择性，如不对称金属配合物催化剂可用 Ln(M)表示，式中 M 代表中心金属离子，L 代表手性配体，n 为配体个数。其中金属离子主要是过渡金属(Pt、Ni、Co 等)离子，每一种离子一般只适用于一种或几种催化反应；配体是向配合物的中心金属离子提供电子对，与其直接键合的分子、离子或基团。作为优良的配体，应具有以下特性：①催化剂的活性不应因手性配体的引入而有所下降；②底物手性中心形成时，手性配体应结合在中心金属离子上；③配体结构应易于进行化学修饰，以能用于合成不同的产物。因此，对于不同的中心金属离子及不同的催化反应，必须选用适当的配体。

不对称金属配合物催化剂有以下特点：①一些过渡金属能催化多类反应，将不同的过渡金属与配体结合，可制得各种类型的配合物催化剂；②催化剂适用范围广，反应收率较高；③为了回收利用和提高经济效益，还可采用一定的手段，将金属配合物催化剂固定于高聚物载体上；④反应条件温和，对环境友好；⑤可以用于均相催化反应，也可用于多相催化反应。

8-14-4　手性催化技术的应用

手性化合物特别是手性药物多年来一直是化学和药物学的研究热点。近来，手性催化技术及手性合成已涉及手性药物等生物活性化合物及各种精细化学品、中间体和通用大宗化学品等产品的开发。如不对称过渡金属配合物催化剂可用于以下方面：

1. 不对称加氢反应

使用的是一种威尔金森（Wilkinson）催化剂。组成为 $PhCl(PPh_3)_3$。学名为氯化三(三苯基膦)合铑(Ⅰ)。式中 Ph 为苯基。该催化剂为三苯基膦与氯化铑所构成的配合物，其中膦为光活性中心。催化剂外观为红色固体，熔点 157~158℃，稍溶于水，溶于氯仿、二氯甲烷。是由三苯基膦与三氯化铑在乙醇中反应制得。这种催化剂可用于 C ═C 及 C ═O 双键的不对称加成，而且反应条件温和，选择性好。

2. 不对称氢甲酰化反应

这是采用手性催化剂烯烃经甲酰化生成具有旋光性醛的反应，也称作不对称羰基化反应，催化体系为光活性膦-[(二烯)RhCl]$_2$ 或为光活性膦-$RhX(CO)(PPh_3)_3$(式中 X＝H、Cl 等)。它对不对称氢甲酰化反应具有催化活性。例如，用于顺 2-丁烯不对称氢甲酰化反应，可生成甲基戊醛：

$$\begin{array}{ccc} H_3C & & CH_3 \\ & C{=}C & \\ H & & H \end{array} \xrightarrow{RhX(CO)(PPh_3)_3} \begin{array}{c} CH_3CH_2{-}CH{-}CHO \\ | \\ CH_3 \end{array}$$

3. 不对称氢硅烷化反应

上述威尔金森催化剂除可用于不对称加氢反应外，也可用作不对称硅烷化反应的催化剂。用手性膦配位的铑配合物催化剂具有很高的选择性和加氢活性，如用于丙酮酸丙酯的不对称氢硅烷化反应：

$$H_3C\overset{O}{\overset{\|}{C}}COOC_3H_7 + H_2Si(C_6H_5)_2 \longrightarrow H_3C-\underset{OSiH(C_6H_5)_2}{\underset{|}{C}}HCOOC_3H_7$$

4. 不对称环氧化反应

在钒(V)或钼(Mo)配位化合物中引入光活性膦所构成的配合物催化剂，可用于不对称环氧化反应。它是烯丙醇类的立体选择性和位置选择性环氧化反应的优良催化剂，可在双键处发生环氧化反应，生成相应的环氧化合物。例如，由二苯基烯丙醇经环氧化生成二苯基环氧丙醇：

$$(C_6H_5)(HOCH_2)C=CH(C_6H_5) \xrightarrow{VO(PPh_3)_3} (C_6H_5)(HOCH_2)C\overset{O}{-}CH(C_6H_5)$$

5. 不对称氢酯化反应

这是指在手性催化剂作用下，烯烃与醇、一氧化碳直接反应生成具有旋光性羧酸酯的反应。该反应所得产物比不对称甲酰化反应生成的产物稳定，不易发生外消旋化。所用催化剂是由手性膦配体与金属钯配合物所构成的催化体系。

上面只是手性催化合成的少数例子。其实，石油化学工业的一个特点是产品和工艺的“集装箱式组合”，它的各种副产物的工业化应用，是提高企业经济效益十分重要的途径，利用手性催化技术就可建立一种新的化学技术平台，以用于新化合物和新材料的开发。例如，环氧丁烯是四碳分子，可用于生产过去要通过乙炔和甲醛合成制取的各种产品，是一种十分有应用潜力的有机中间体。由于它的生产费用极高，一直没有工业应用，但使用手性催化剂开发的丁二烯连续催化环氧化工艺，使得经济地生产这种产品成为可能。

在手性催化剂中，以铂族金属为活性中心所制得的催化剂最引人注目，它们是铂、钯、铑、钌、铱等金属与手性膦配体组成的催化剂，在有机合成中应用的手性膦配体已达 1000 多种。由这类催化剂所催化的反应，包括 C ═C、C ═O、C ═N 加氢、C—C 偶联、丙烯基烷基化、环丙烷化、甲酰化和羧基化等，生产出各种精细化工产品。

8-15　离子液体催化剂

8-15-1　离子液体的组成

离子液体又称非水离子液体、液态有机盐、室温离子液体、室温熔融盐及熔融盐等。离子液体是由有机阳离子和无机(或有机)阴离子构成的盐。由于离子间作用力较弱，晶格能较小，因而离子液体在室温或室温附近温度范围内呈液体状态。与传统的液态物质相比，它是离子的，即完全由离子构成；与常规离子型纯物质相比，它在室温下呈液态。

离子液体的阳离子主要有烷基取代的咪唑离子、烷基取代的吡啶离子、烷基季铵离子、烷基季鏻离子等。离子液体的阴离子又可分为两类：一类是单核阴离子，如 BF_4^-、$ZnCl_3^-$ 等，它们是碱性的或中性的；另一类是多核阴离子，如 $Al_2Cl_7^-$、$Fe_2Cl_7^-$ 等，它们是由相应的酸制得的，一般对水和空气不稳定。图 8-15 示出了构成离子液体的一些阳离子及阴离子，显示采用不同阳离子和阴离子的组合方式，产生的离子液体可达到数万种甚至更多。

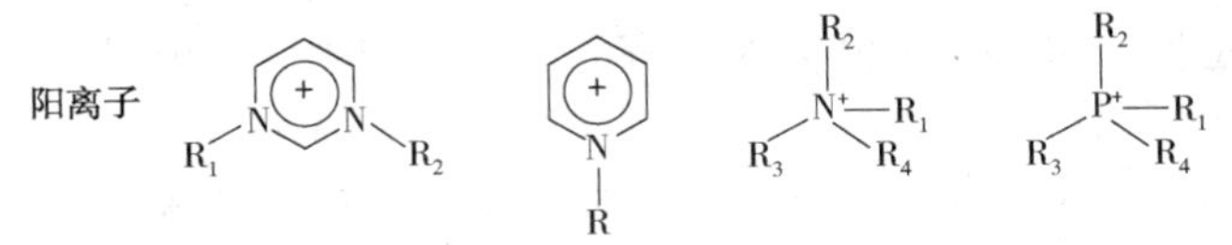

阴离子　Br^-、Cl^-、I^-、NO_3^-、SO_4^{2-}、BF_4^-、PF_6^-、$CF_3SO_3^-$、$ArSO_3^-$、$CF_3CO_2^-$、CH_3COO^-、$(CF_3SO_3^-)_2N^-$、$Au(CN)_2^-$、$ZnCl_3^-$、$FeCl_4^-$、$Al_2Cl_7^-$、$Al_3Cl_{10}^-$、$Au_2Cl_7^-$、$FeCl_7^-$

图 8-15　构成离子液体的阳离子和阴离子

由于离子液体是由有机阳离子与无机(或有机)阴离子构成的复合盐，所以，许多离子液体采用系统命名时的名称很长，为叙述方便，多数文献中常采用简记法。阳离子的记法：咪唑记为im，*N*,*N′*(或1,3)取代的咪唑离子记为$[R_1R_3im]^+$，如*N*-乙基-*N′*-甲基咪唑离子记为$[emim]^+$。吡啶记为Py，在N位上有取代基的吡啶离子记为$[RPy]^+$。对于阴离子，有的比较简单，有的比较复杂。对较为复杂的阴离子也可采用简记法，如三氟甲基硫酰胺阴离子$N(CF_3SO_2)_2^-$记为NTf_2^-；三氟甲基磺酸阴离子$CF_3SO_3^-$记为OTf^-。根据这一记法，离子液体可记为$[emim]BF_4$、$[emim]NTf_2$、$[bPy]OTf$等。

8-15-2　离子液体的特性

与传统的分子溶剂相比较，离子液体具有以下特性：

(1) 离子液体在室温及相邻温度下是一种完全由离子组成的液体物质，保持液体状态的温度范围宽，一般为-70~400℃。

(2) 离子液体溶解能力强，是优良的有机溶剂，可溶解极性或非极性的有机物、无机物质。离子液体在室温下不挥发，不会造成环境污染，因而被誉为绿色溶剂。

(3) 常温下，离子液体的黏度是水的几十倍至几百倍。其黏度受阴、阳离子结构的影响很大。

(4) 离子液体含有B酸及L酸，而且是超强酸，其酸性也可根据需要进行调节。

(5) 离子液体有良好的导电性、优良的传热性、较高的电化学稳定性。多数离子液体在较宽的温度范围内，其电导率与黏度成反比。

(6) 离子液体有极低的蒸气压，不易燃烧，使用方便，可回收利用。

(7) 离子液体种类繁多且可设计，其反应性能可根据阴、阳离子的不同组合方式及取代基的选择加以改变。

(8) 离子液体毒性小，制备容易。

8-15-3 离子液体的种类

离子液体品种很多，大致可分为$AlCl_3$型离子液体、非$AlCl_3$型离子液体及其他特殊离子液体等三类。离子液体的阳离子主要是前述咪唑离子、吡啶离子、季铵离子及季鏻离子等。

$AlCl_3$型离子液体与非$AlCl_3$型离子液体的区别主要在于阴离子不同。$AlCl_3$型离子液体是研究最早的离子液体：$AlCl_3$(Cl可被Br取代，Al也可被其他性质相似元素取代)型离子液体的组成是不固定的，如[emim]Cl-$AlCl_3$离子液体的阴离子存在复杂的化学平衡，当$AlCl_3$的含量x(摩尔分数)= 0.5时，为中性离子液体，阴离子主要是$AlCl_4^-$；当$x<0.5$时，为碱性离子液体，阴离子是$AlCl_4^-$和Cl^-；当$x>0.5$时，为酸性离子液体，阴离子主要是$Al_2Cl_7^-$。这时，它们的理化性质，如熔点、电导率、电化学性质等也会有所不同。如x由0.5升到0.67时，离子液体的熔点会由0℃降低到-90℃。

非$AlCl_3$型离子液体如[emim]BF_4，阴离子除BF_4^-外，还有PF_4^-、PO_4^-、$CF_3SO_3^-$、CF_3COO^-、$C_4F_9SO_3^-$、$N(CF_3SO_3)_2^-$等，种类较多。因而，非$AlCl_3$型离子液体的品种也较多。

特殊离子液体是指针对某一性质或应用需要设计而制取的离子液体，也有的是针对某一类特殊结构而设计的离子液体。如用作催化剂的离子液体。

8-15-4 离子液体的合成

$AlCl_3$型离子液体的制备比较简单，只要将所需咪唑或吡啶的卤化物盐与氯化铝(或卤化铝)直接混合，就可合成所需要组成的$AlCl_3$型离子液体，如将[emim]Cl与$AlCl_3$直接混合，就可制得离子液体[emim]Cl-$AlCl_3$。

多数离子液体采用两步法合成，也有少部分用一步法合成。

1. 一步合成法

是指利用叔胺与卤代烃或酯类化合物的亲核加成反应以及酸

碱中和反应一步直接合成目的离子液体的方法。例如，在氮气保护下，将一定量的甲基咪唑与氯丁烷在75℃下反应48h，经减压蒸馏除去未反应的氯丁烷，即可制得离子液体[bmim]Cl。

2. 两步合成法

第一步是由卤代烷烃与咪唑、吡啶、叔胺及其衍生物合成出阴离子为卤素的目的离子液体前体，第二步利用复分解反应、离子交换等手段交换阴离子，从而制得目的离子液体。

例如，第一步由卤代烷与叔胺类在有机溶剂中合成制得季铵的卤化物盐，反应式为：

$$EtBr+mim \xlongequal{} [emim]Br$$

第二步由Ag盐（如$AgBF_4$）与季铵的卤化物盐经离子交换制得目的离子液体，反应式为：

$$AgBF_4+[emim]Br \xlongequal{} [emim]BF_4+AgBr$$

两步合成法具有产品收率高、适应性强等特点，但它在产品提纯过程中仍需使用大量挥发性有机溶剂，而且在离子交换过程中会产生等物质的量的无机盐副产物，制备过程仍存在环境不友好的问题。因此，近期也出现一些离子液体的新合成方法，如采用超声波或微波强化的合成方法，反应中无需添加任何溶剂即以较高收率合成出离子液体。

8-15-5　离子液体在催化领域中的应用

离子液体因为可通过改变阳离子及阴离子的取代基而设计制造，因而有许多特殊性质及用途。如在分离过程中，可以通过与混合气体或液体接触，经吸收或萃取操作达到对混合物分离的目的；离子液体由于不挥发、离子导电率高、热稳定性好，在电化学中，作为电解质可用于二次电池、光电池及双电层电容器中；离子液体作为万能润滑剂，可用作钢/铜、钢/铝、钢/瓷等不同界面的专用润滑剂；具有减少摩擦、降低磨损并承载高负荷的作用。

离子液体最主要的应用是用作反应介质，在化学反应中，既可用作溶剂，又可作为催化剂，并显示如下一些优点：

(1) 离子液体可溶解许多无机、有机及金属有机化合物，对H_2、O_2、CO等气体也有较好的溶解度，因而适于作氢化、空气氧化、氢甲酰化及酰化等反应的溶剂。

(2) 离子液体的极性、亲水或憎水性等可以通过选择阴离子或阳离子加以调整。有些离子液体与有机溶剂(如烷烃)不互溶，可以与它们组成两相系统。有些离子液体是憎水的，可以与水组成两相系统。

(3) 含有如BF_4^-、PF_4^-等弱配位性的阴离子的离子液体是高极性弱配位性溶剂，它对反应中间物中含阳离子的反应有提高反应速率的作用。

(4) 离子液体作为反应介质可具有多种相态体系，如离子液体既用作溶剂又作为催化剂的单相反应体系；催化剂和反应基质溶解于离子液体中所形成的单相反应体系；催化剂溶解于离子液体，而反应基质/产物形成另一相的两相反应体系；离子液体的阴离子作为均相催化剂的配体而形成的单相或两相反应体系。

(5) 离子液体作为化学反应介质，可以避免因使用有机溶剂而造成对环境的污染。离子液体可以溶解许多催化剂，也可以将溶有催化剂的离子液体与固相载体材料相结合，也即离子液体负载化，有利于催化体系中产物与催化剂的分离，催化剂与离子液体一起循环使用，既可作为溶剂又可作为催化剂。如$AlCl_3$型离子液体是不挥发性的超强酸，在有些酸催化反应中可替代HF，既可作为溶剂又可用作催化剂。

离子液体在用作溶液及催化剂时由于具有以上许多特性，因而在烯烃二聚、烯烃歧化、双烯加氢叠合、烷基化、氢甲酰化、相转移转化、Diels-Alder反应等反应过程中显示出低温高催化活性、高选择性、反应速度可调节等优良性能。下面以离子液体催化1-己烯低聚反应为例对其应用加以说明。

随着机械设备性能的提高和润滑条件越来越苛刻，矿物润滑油基础油已不能满足现实要求，因而合成润滑油基础油得到快速发展。其中聚 α-烯烃油是以 α-烯烃为原料，在催化剂作用下经低聚反应制得。聚 α-烯烃油具有特定优化结构，黏度指数高、倾点低、抗水解、氧化安定性好，还可与矿物油基础油按任何比例混合，可用作调制高级润滑油基础油。合成聚 α-烯烃油的催化剂可以是 BF_3 体系的 L 酸络合型催化剂、氯化铝催化剂、Ziegler 体系催化剂等，使用这些催化剂大多存在着催化剂和产物分离困难，并不同程度污染环境等问题。

以氯化 1-丁基-3-甲基咪唑为阳离子，以氯化铝为阳离子所制得的酸性离子液体催化剂[bmim]Cl-$AlCl_3$，用于催化合成 1-己烯低聚反应时，在反应温度 160℃、反应时间 3h 时，1-己烯转化率可达 70%以上，所得反应产物主要是二聚、三聚和四聚产物，没有裂解产品。产品满足合成润滑油基础油的要求，聚合反应不污染环境，产物与催化剂不互溶，便于分离和催化剂的循环使用。

8-16 规整结构催化剂

8-16-1 什么是规整结构催化剂

规整结构催化剂又称结构性催化剂，是一种在反应器内按均匀的几何规则、整齐堆砌装填的一种催化剂。规整结构催化剂通常由活性组分、助催化剂、分散载体和骨架基体等部分构成。整体外形可以是管状、块状、杆状等。内部具有众多平行的、规则的直流通道。通道截面可以是圆形、方形、六角形、正弦曲线形等，通道截面为六角形的称为蜂窝(状)催化剂。装填规整结构催化剂的反应器就称为规整结构反应器。图 8-16 为规整结构催化剂的孔道外形图。

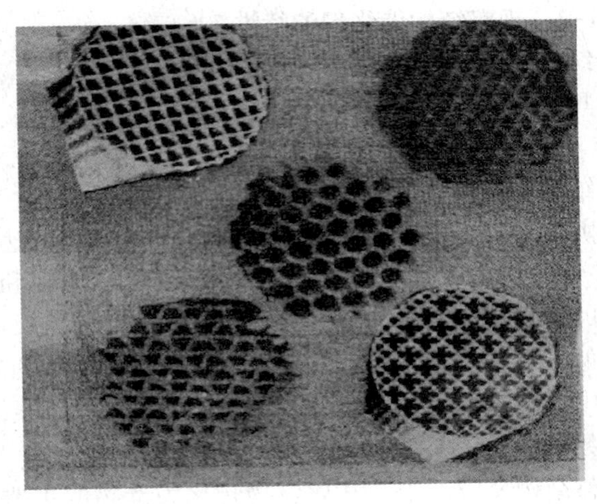

图 8-16　规整结构催化剂的孔道外形

目前，工业上应用最广的是反应物为气相、催化剂为固体的气-固多相催化过程。所用催化剂为条状、球状、三叶草形等颗粒状催化剂，所用反应器最多的是固定床反应器。常规固定床反应器是由一定形状和大小的催化剂颗粒堆积填充于反应器内，构成反应所需的催化剂床层，但这种床层的特征是结构的随意性和不均匀分布。这种不均匀分布是由于颗粒催化剂在反应器内的松散填充，从而导致反应物在通过催化剂床层中产生沟流或短路，并引起不希望的局部过热和放热反应，形成过大的床层压降，最终影响催化剂的整体效率。规整结构催化剂就是为克服常规颗粒催化剂的缺点是发展起来的。由于规整结构催化剂具有特殊蜂窝状孔结构，使规整结构反应器具有催化剂床层分布均匀、压力降低、催化剂磨损小、操作灵活等特点。虽然，常规颗粒状催化剂的比表面积大、抗冲击性能好，便于大量生产，但其热容大，预热性能差，使用时易收缩和磨损。而规整结构催化剂具有较低的热膨胀系数、加热快，可使反应温度和反应速度快速提高，特别适用于要求起燃时间短、迅速提高反应温度的催化过程，如催化燃烧、汽车尾气处理等。

8-16-2 规整结构催化剂的特性

与传统多相催化反应使用的颗粒状催化剂相比较，规整结构在使用时具有以下特征。

1. 流动特性

规整结构催化剂具有很高的空隙率和几何表面。一般颗粒填充床的空隙度为 0.5，而规整结构反应器的空隙度可达到 0.7～0.9。由于规整结构催化剂提供的流动通道是有规则和直通的，气体流动的途径很少有弯曲，其流动状态基本与管式反应器的流动状况相似，但其管径更小，长径比更大，主体气体的流动通常是直孔道中的层流。也即气体分子沿着中心方向作直线运动，产生的雷诺数一般小于 500。

在规整结构反应器中，其反应物转化为产物的主要过程是：反应物在催化剂孔道中从主体气体流动中向孔道壁传递，同时在孔道壁上的多孔催化剂层中发生扩散和反应，然后反应产物又从孔道壁传递回气相的主体流动中；而规整结构催化剂通道的规则排列可防止不均匀分布的产生，其气体流动状态有利于反应物料与催化剂的充分均匀接触，同时也可减少由于流动不均匀产生过热点，提高催化效率。

2. 压力降

压力降是气体通过催化剂床层时因摩擦而在流动方向上产生的压力损失。压力降与流速、气体性质及床层阻力等因素有关。规整结构催化剂由于高空隙度和直通道结构，而且所提供的孔道是均匀、有规则的。因此，在床层高度和反应气体流速相同时，床层的压力降能比相应的颗粒催化剂床层压力降低 2 个数量级，甚至在很高的气体流速下，也能保持较低的床层压力降，并且不使转质转化效率下降。

3. 传热

规整结构催化剂的传热性能与其所使用的载体材料的性质密切相关。但在规整结构催化剂中，其径向和轴向传热状态是完全不同的。由于反应气体在规整结构催化剂中无径向扩散，因而基本上不存在径向传热，这在非绝热固定床反应器中的应用是不利的。但对放热反应来说，由于规整结构催化剂的绝热性质，会使反应温度和反应速度快速升高，这对汽车冷启动后，使汽车尾气处理催化转化器迅速达到工作状态十分有利；而对吸热反应则比颗粒状催化剂因降温而更易产生反应骤停的现象。

规整结构催化剂的比表面积大、热容量小，气体向表面传热快，这对换热器或汽车尾气处理催化剂工作十分有利，相比之下，颗粒状催化剂的热容量大，需要的起燃时间要长得多。但是规整结构催化剂的高空隙度直通式通道，也造成其向上或向下的辐射损失热量会比颗粒状催化剂更大些。

4. 传质

传质是一种由分子运动而引起的扩散作用。在规整反应器中，气体流动一般处于层流状态，气体在通道内的传质一般是比较快的。它与颗粒催化剂床构成的散式床层不同，规整结构催化剂床外形与极限传质转化率无关，这意味着长形反应器与粗短反应器在气体流速相同时，两者性能是相同的。这一特性，能使规整结构催化剂可用于水平形式的反应器中。这是因为反应气体一旦进入规整结构催化剂通道就不再发生混合，而应在进入催化剂床层前必须充分混合均匀。对于颗粒状催化剂，受传质限制的转化率不仅与催化剂颗粒大小有关，还与采用的反应器高度密切相关，通常要求反应器直径应为催化剂颗粒直径的 10 倍以上，反应器高径比也需在 3 以上。在水平反应器中一般不能使用颗粒状催化剂，因为在这种催化剂中易发生沟流及热点。而且由于压力波动、操作引起的催化剂颗粒收缩或其他因素造成催化剂颗粒移动等原因，固定床式反应器必须垂直设置，反应气流要自上而下，以防止催化剂颗粒发生流化而形成短路。而采用规整结构催化剂时，反应气体可上行或下行，催化剂床层既可为立式，也可为卧式，这一特性尤适用于汽车尾气处理催化转化器的安装。

5. 内扩散影响

条状或球形颗粒催化剂的活性表面主要在颗粒孔隙内部，当反应速度比反应物向孔内扩散速度快时就会受到内扩散的控制。而规整结构催化剂具有很高的空隙度和几何表面，特别是涂层式催化剂，活性组分集中成细小粉末沉积形成的覆盖薄层上，反应物扩散到活性中心的距离缩短，减少内扩散的影响，从而提高了催化剂的利用效率。

8-16-3 规整结构催化剂的类型

规整结构催化剂是由活性组分、助催化剂、分散载体及骨架基体等组成。按活性组分负载方式不同，它可分为混合掺入型催化剂及涂层型催化剂两种类型。这两类催化剂的基本制备方法如下：

1. 混合掺入型催化剂

这类催化剂的制法是将活性组分、助催化剂和所使用的载体粉末经充分混合均匀后加入适量黏结剂，再经成型、干燥、焙烧，制得所需形状的催化剂。如将 NiO 与 Al_2O_3 载体混合、成型、焙烧后，可制得具有尖晶石($NiAl_2O_4$)结构的催化剂。

在这类催化剂中，活性组分直接掺入载体材料中，并以规整结构形状挤出而制得成品催化剂。这种制法的特点是，有部分活性组分深深嵌入载体材料中，减少与反应物相接触的机会，因而这些组分一般不能起到催化作用，催化剂效率远低于以涂覆方式制得的催化剂。这种催化剂制法比较适用于活性组分价格不高而且用量要求较大的场合，或者对于催化效率不高、催化剂用量较大的场合。

如果制得的规整结构载体具有较高比表面积时，也可采用制备颗粒状催化剂的常规浸渍法来制取混合掺入型催化剂。它是将催化剂活性组分(含助催化剂)以盐溶液形态浸渍到多孔载体上并渗透到内表面，使规整结构载体变成直接具有催化作用的高效催化剂。但这种制法，所用活性组分要比采用涂覆法制造催化剂消耗大得多，这对使用贵金属活性组分是不利的。而且这种催化剂会延长催化反应的扩散途径。

2. 涂层型催化剂

这类催化剂可采用两种基本制法。一种方法是在预先制得的规整结构载体(也称骨架基体)孔道壁上涂覆单一分散载体(或称第二载体)，接着将催化剂活性组分(包括助催化剂)负载在分散载体上；另一种方法是先在分散载体上负载活性组分，然后再将这种分散载体涂覆在预制的规整结构载体上。无论是采用哪种方法，所负载的活性组分都是催化作用的前驱体，它们都需经过干燥、焙烧或活化再转变成活性物种。与颗粒催化剂制备过程相似，干燥及焙烧等后处理过程对所制得的催化剂性能有重要影响。

不论上述哪种制法，制备的关键步骤是将不含(或含)活性组分的分散载体浆液均匀地涂覆到规整结构载体的孔道内壁上，使骨架基体的孔道被分散载体浆液所充满，孔道壁从浆液中吸收水分，而悬浮在浆液中的固体层将沉积在孔道壁上。然后用空气或其他方法吹去孔道中多余的浆液，并采用适当转动的方法对涂覆好的骨架基体进行干燥，以防止涂覆层因重力作用而造成不均匀分布，最后经焙烧过程将涂覆层固定在孔道壁上。采用这种方法的一次涂覆量不会太高(一般的上量是5%~10%)，如果控制好浆液黏度，或者在浆液充满孔道之前，采用适当的负压操作，也可提高涂覆孔道的固含量。但如需要再进一步提高涂覆量时，也可在焙烧过程之后再重复上述涂覆操作。

制备涂层型催化剂时，不同涂覆技术的区别主要在于所用涂覆材料形态的不同。所用涂覆材料可以是浆液、胶体溶液、溶胶-凝胶及聚合物涂层等。

(1) 浆液涂覆法　浆液是指以催化材料(如 Al_2O_3、SiO_2)等为主体的水分散体，使用时常加入适量粘结剂。浆液涂覆是应用最广的涂覆方法，浆液固含量一般为40%~50%，其中氧化铝等材料的颗粒大小应与骨架基体的细孔道尺寸相匹配。如用湿磨方法将氧化铝颗粒细磨成5μm大小以下，其所配制的浆液可用于涂覆堇青石规整结构载体，而所用的粘结剂颗粒应比氧化铝颗粒更小一些。胶液涂覆时，涂层主要沉积在骨架基体的孔道壁上，反应时，流过孔道的反应物在催化剂活性中心的扩散距离很短，有利于提高催化效率。

浆液涂覆技术也可将已负载了活性组分的分散载体涂覆在骨架基体上，制成规整结构催化剂，这样就可直接利用目前已有的活性组分负载技术(如浸渍法)，简化催化剂制备过程。如用浆液涂覆技术制造机动车尾气处理催化剂时，只要对磨浆技术稍作改变，就可直接用于制造规整结构催化剂。

在采用浆液涂覆法时，浆液性质对涂层结构和质量有重要影响。浆液性质主要包括固含量、固体颗粒的大小、黏度、pH 值、粘结剂颗粒大小及含量等。

(2) 胶体涂覆法　胶体是一种物质的特种状态。指在一种体系中，其中一个相是由大小为 1~100nm 的微小粒子组成，这种粒子分散于另一相中。习惯上将分散介质为液体的胶体体系称为液溶胶或溶胶，如介质为水的称为水溶胶。用于胶体涂覆技术所用的胶体主要是氧化铝溶胶或氧化硅溶胶，它通过孔充填的方法完成涂覆过程。例如，先将骨架基体(也即空白规整结构载体)于 110℃下干燥，经冷却后将其浸没在氧化铝或氧化硅胶溶液中几分钟，然后用空气吹掉多余的液体。再将涂覆好的制品经过适当转动于室温下进行干燥；干燥后于 450~500℃下进行焙烧，最后制得规整结构催化剂。

(3) 溶胶-凝胶涂覆法　这是先形成溶胶再转变成凝胶的涂覆过程。溶胶是固态胶体质点分散在液体介质中的体系；凝胶则是由溶胶颗粒形成的含有亚微米孔和聚合链的三维网络，分散介质填充在它的空隙中的体系。其过程包括前驱体(如无机盐、金属盐)的水解、缩合、胶凝、老化、干燥及热处理等过程，例如，用溶胶-凝胶涂覆法形成 $\gamma-Al_2O_3$ 涂层的典型步骤是：先将一水氧化铝(AlOOH)与适量氨水、硝酸混合水解制成铝溶胶，再在铝溶胶中加入适量氨水，使 AlOOH 凝胶化，以使铝溶胶形成具有一定黏度的稳定溶胶。再将已经干燥的骨架基体(也即空白规整结构载体)在铝溶胶中沾湿，经空气吹匀排空、旋转干燥，最后在450~500℃下焙烧，即可制得$\gamma-Al_2O_3$涂层厚度为10~50μm的规整结构载体。采用类似的操作，也可制取氧化硅厚度为几微米至数十微米的规整结构载体。采用溶胶凝胶涂覆法可以方便地制得具有堇青石结构的蜂窝载体。

除了上述涂覆方法外，还有沉积-沉淀法、超声波涂覆法等。但涂层型规整结构催化剂的工业化生产主要采用浆液法涂覆技术，其中喷淋涂覆、浸渍涂覆、减压涂覆是催化剂(或分散载体)涂覆孔道壁的主要操作方式。

8-16-4 规整结构载体

1. 规整结构载体的孔道结构

规整结构载体也称规整载体、整体式载体、第一载体或骨架基体。在规整结构催化剂中，既为分散载体或催化剂涂层起到分散及支撑作用，又使规整结构催化剂具有适宜的形状、大小、有效表面积，提高催化剂机械强度和耐热及抗毒稳定性等。

规整载体具有两端开放的结构，内部通道全部是从一端到另一端直通的，通道间在轴方向上相互呈平行排列，并具有相同的几何孔形状。通道截面可以制成多种几何形状，如圆形、三角形、正方形、长方形、六边形、梯形等，而常见的通道截面形状是圆形、正方形及等边三角形。使用时可将多个单块载体堆砌到床层所需高度(或长度)。对于单块规整载体的规格常用通道形状、孔密度和壁厚来表示。如用于机动车尾气净化催化剂的正方形400/6.5规整载体，即通道为正方形，孔密度是400cell/in^2(62cell/cm^2)、壁厚是0.0065in(0.01651cm)。

规整载体个体的外形直径为几厘米至几十厘米，最大不超过200cm。内部通道截面直径一般为1~6mm，通道长度大致在1~100cm的范围。

2. 规整结构载体的制造材料

规整载体按其内部通道的形式不同，可分为三种类型，即蜂窝形(内部通道为直通的，通道在轴方向上相互平行，没有径向连通)；交叉流动型(相邻通道层相互成十字形交叉)；泡沫型(具有三维相互连通的海绵状结构)。工业上应用最广的则是蜂窝型规整载体。

制造蜂窝型规整整体所用材料主要是陶瓷及金属。因此，按制造材质分类；规整载体可分为陶瓷规整载体和金属规整载体，其中又以陶瓷规整载体的应用最为广泛和重要。

陶瓷规整载体的使用温度上限是1197~1600℃。所用陶瓷材料有$\gamma-Al_2O_3$、TiO_2(锐钛矿)、SiO_2、$SiO_2-Al_2O_3$、$\delta-Al_2O_3$、$\theta-Al_2O_3$、莫来石、氧化钛、氧化硅、Mg-Al尖晶石、锆英石、堇青石等。其中又以堇青石具有许多优良性质，是目前制造陶瓷规整载体应用最广的材料。

堇青石的化学式为$2MgO \cdot 2Al_2O_3 \cdot 5SiO_2$或写成$Mg_2Al_3(Si_5Al)O_{18}$。在堇青石中，所有Al的配位数都是4。由于天然堇青石比较分散，因此很少直接用天然堇青石来制作规整载体。工业用堇青石原料通常由高岭土($Al_2O_3 \cdot 2SiO_2 \cdot 2H_2O$)、滑石($3MgO \cdot 4SiO_2 \cdot H_2O$)和氧化铝($Al_2O_3 \cdot SiO_2 \cdot 2H_2O$)等混合、烧成制得。所用原料的纯度、黏度及加工条件等对所得堇青石的孔结构、热膨胀系数、耐热震性等都有重要影响。

堇青石用于制备陶瓷规整载体具有以下特点：①堇青石是一种低热膨胀系数的材料，有高度各向异性的结晶相，在高热膨胀时呈各向异性，但经挤出成型后，制品呈各向同性；②有低热膨胀系数，在27~1000℃之间，热膨胀系数$<1.2\times10^{-6}/℃$，使得制品在频繁的大温度变化下仍可保持稳定，抗热冲击性好；③其熔融温度可达1465℃，具有足够的耐火性；④能为分散载体或催化剂涂层提供适宜的孔隙率和孔分布，与催化剂涂层结合强度高；⑤化学稳定性高，不会与催化剂涂层发生化学反应；⑥制品机械强度高、耐冲击性好，并有较好的热传导性和较低的压力降。

由于堇青石制作规整载体有这些特点，使得堇青石结构基体还有世界标准，并用于绝大部分的催化转化反应器中。

金属薄片或薄板也可用于制造规整载体，制造金属规整载体(或蜂窝载体)的材质有镍合金、铬合金、钛合金、含铝铁合金及钢材等，金属的上限使用温度是1200~1300℃。选用金属合金材料的主要依据是：①可加工性，即加工卷曲成薄片的能力及可焊接性；②能与催化剂涂层相结合或固定的能力；③在工作条件有良好的热稳定性及力学性能。

金属的导热性好，金属规整载体的热传导性能比陶瓷规整载体高约2个数量级。金属载体还可以加工成网状，并通过表面氧化处理和催化活性处理，得到较高的催化活性表面，然后加工成各种形状和尺寸大小的金属规整载体。这样制得的载体具有优良的抗冲击弹性。

3. 规整结构载体的制法

规整载体可以用陶瓷或金属材料来制造，制造的方法主要有波纹法及挤出成型法两种。

（1）波纹法　这种方法是先将粒度为1~5μm的氧化铝、堇青石、钛酸钡等无机氧化物与增塑剂、黏结剂等混匀后，在球磨机中研磨几小时后制成浆液。再将浆液均匀地涂抹在纤维板或纸板上，然后将片材制成波纹状，再一层波纹片材、一层平板片材交替堆积或滚卷。成波纹状的片材平行放置形成一般规整载体，或十字交叉形成交叉流动型规整载体。将由此制得的前驱体送至高温窑焙烧，烧去纤维板或纸板，即可制得陶瓷规整载体。

金属规整载体也可采用类似方法制造，它是用压辊先将金属薄片压制成波纹状，经卷曲成所需形状及尺寸大小后，再将最外层焊接制成。金属规整载体的特点是重量轻，而且对温度变化响应更快，压力降更小。所用材料为50~125μm的金属箔片，这些箔片能制得有很高孔密度的金属规整载体。

（2）挤出成型法　挤出成型法又称挤压法，是目前制造陶瓷规整载体最常用的方法。它主要由以下操作步骤组成：

① 混合。将无机氧化物或非金属矿物原料经充分细碎成一定粒度后充分混合均匀。

② 塑化。在微细粉体中加入增塑剂、黏合剂和适量水进行塑化或称湿法炼泥，使原料充分分散均匀，避免产生夹生现象。这一步操作对下一步挤出是否顺利有重要影响。

③ 挤出。将塑化的湿泥放入挤出机料筒中，经特制模具挤出成型后制成所需形状的规整载体，并根据需要切割成一定长度。

④ 干燥。为保证快速而充分除去制品水分，不破坏本体结构，一般采用微波干燥。

⑤ 焙烧。放入高温窑中进行高温焙烧，以完成固相化学反应。如对于堇青石规整载体的焙烧温度为1400℃左右。

在以上制备工序中，原料组成、塑化、挤出、干燥及焙烧等条件的控制，对规整载体的最终性质都有重要影响，每个步骤都需要十分仔细，其中某个操作不慎，就会影响载体的外形尺寸、强度、孔结构等性能。

采用类似的挤出成型法，也可用于制造碳规整载体，主要区别在于所用原料是酚醛树脂、纤维等。此外在挤出成型后，还需要固化、碳化、活化等工序。

8-16-5　规整结构催化剂的用途

规整结构催化剂最早用于处理硝酸厂排放的含氮氧化物（NO_x）尾气。从硝酸厂的硝酸吸收塔排出的废气中一般含有0.1%～0.3%的NO_x。采用非选择性催化还原法将NO_x转化为氮气和H_2O。它将含有Pt、Pd等贵金属活性组分的规整结构催化剂堆砌在排气烟道上，在一定高温下对尾气中的NO_x进行催化转化。

目前，规整结构催化剂最主要的应用领域是涉及气固相催化反应的催化燃烧及气体污染物处理，其中又以机动车尾气催化转化的应用量最大。有关规整结构催化剂的许多技术改造及专利技术大多是为满足机动车尾气净化控制和环保法规而发明的。

早期的汽车尾气净化催化剂也是颗粒状催化剂，它是由氧化铝、硅藻土等载体负载金属活性组分后制得。这种催化剂的优点是表面积大、使用方便，但存在着压力降及热容大、耐热性差、颗粒易破碎等缺点，而且起燃较慢，不能满足汽车快速起燃的要求。因此，颗粒状催化剂逐渐被规整结构催化剂所取代，它整体装配、壁薄、质轻、开孔率很高，通孔可以是直的、弯曲的或像海绵结构那样扭曲的。这种催化剂具有排气阻力小、机械强度高、热稳定性及耐腐蚀性好、耐冲击性能优良等特点，可大大提高汽车尾气中有害气体的转化率。

目前，机动车尾气净化用规整结构催化剂所用蜂窝型规整载体的骨架基体分为堇青石陶瓷及金属两类。表 8-17 示出了堇青石蜂窝规整载体的典型特性。

表 8-17　堇青石蜂窝规整载体的典型特性

骨架基体		堇青石	
物性	总孔容/(mL/g)	0.2	
	孔隙率/%	35	
	平均孔径/μm	4	
机械性质	压缩强度/(kg/cm^3)	轴向 A	>85
		轴向 B	>11
		轴向 C	>1
热学性质	热膨胀系数/(10^{-6}/℃)	<1.0	
	软化温度/℃	1400	
	熔点/℃	1455	
	比热容/[J/(g·℃)]	0.836	
耐热冲击性	电炉加热温度至室温的温度/℃	>650	

根据负载活性组分的性质不同，车用(汽车或柴油车)规整结构催化剂又可分为以下三种类型。

1. 贵金属型催化剂

这类催化剂是以堇青石陶瓷为骨架基体，以铂、铑、钯三种贵金属为主活性组分，以铈、镧等稀土元素作助剂，有些催化剂中还加入铬、铜、钴、锰等非贵金属组分，铂在催化剂中主要起氧化一氧化碳和烃类等的作用，而且抗毒性较强；铑起着催化氮氧化物还原的作用，它还协同铂一起起到降低一氧化碳起燃温度的作用；钯的主要作用是转化一氧化碳和烃类。在高温下，钯还会与铂或铑形成合金，提高催化剂的热稳定性及起燃活性。

贵金属型催化剂用于汽油及柴油机动车尾气净化处理时，可将尾气中的 CO、NO_x 及碳氢化合物转化为 CO_2、N_2 及 H_2O 等。当发动机点火，排气温度达到催化剂反应温度时即可起到氧化转化 CO 和碳氢化合物及还原 NO_x 的作用，CO、NO_x 及碳氢化合物等污染物的催化转化率都大于 95%。而且贵金属型催化剂还具有起燃温度低、抗中毒性能强、催化剂使用寿命长等优点，是主要的车用催化剂品种。但它存在着贵金属资源少、价格高等问题。

2. 部分贵金属型催化剂

这是以部分贵金属及稀土氧化物混合体为催化剂主要活性组分所制得的催化剂。用于车用催化剂的稀土氧化物主要是 Ce、La、Nd 等轻稀土元素氧化物，其中又以氧化铈使用最广。加入稀土氧化物不仅可以降低催化剂生产成本，它在车用催化剂中还具有以下作用：

① 对催化剂涂层起稳定作用。在制备涂层型催化剂时，在活性组分中加入适量 CeO_2 或 La_2O_3 可以对催化剂涂层起稳定作用，如抑制分散载体 Al_2O_3 在高温下从 γ 型向 α 型转化，从而可减少催化剂比表面积的降低。此外，CeO_2 等还可有效稳定贵金属 Pt、Pd 等在高温时的分散性，维持催化剂活性。

② 具有储存氧及释放氧的作用。Pt、Pd 等贵金属催化剂可以同时催化转化 CO、NO_x 及碳氢化合物，但为了达到最好的催化效率，催化剂工作时应交替地处于贫氧和富氧的状态，在贫氧

状态下有效地氧化 CO 和碳氢化合物，而在剩氧存在下更好地还原 NO_x。当催化剂涂层中含有 CeO_2 等稀土氧化物时，它可通过尾气条件下的氧化-还原反应，起到吸氧和释放氧的作用，促进 CO、NO_x 及碳氢化合物的催化转化效率。

③ 促进 CO、NO 转化反应。CO 和 NO 反应生成 CO_2 及 N_2 的反应是尾气净化的主要反应之一。稀土元素可以降低此反应的活化能，从而降低反应温度，使转化反应更易进行。此外，稀土元素铈还可以促进 CO 和 H_2O 反应生成 CO_2 和 H_2，不仅有利于除去 CO，产生的 H_2 还有利于 NO_x 的还原。

尽管部分贵金属型催化剂可以减少贵金属用量，价格较低，但这类催化剂在转化率及使用寿命上不如贵金属型催化剂，CO、NO_x 及碳氢化合物的转化率一般为≥90%。

3. 非贵金属型催化剂

这类催化剂主要是以 Cu、Ni、Co、V、Mn、Zr 等的氧化物及稀土氧化物的复合物为活性组分。将非贵金属替代替金属用于车用催化剂，一直是多年来人们研究的热点和愿望。从大量非贵金属催化剂的考察表明，与贵金属催化剂相比，非贵金属催化剂的主要缺点是：①催化活性较低，它对 CO 及碳氢化合物有良好催化转化作用，而对 NO_x 的转化作用较差，还原 NO 的能力很弱；②在低温下对尾气中的硫十分敏感，在富氧状态下更为显著，容易引起催化剂失活；③高温下易与氧化铝发生不可逆转的反应，从而引起催化剂永久性失活；④对空速也比贵金属催化剂敏感，一般需要采用较大的催化转化器。

所以，随着日益严格的环保法规，非贵金属型催化剂在机动车尾气净化中的应用仍存在许多困难，但它价格较低，仍可用于有机合成工业的废气处理。

第九章　石油化工催化剂常用载体

9-1　氧　化　铝

氧化铝是一种用量很大的化学品，除了绝大部分用于炼制金属铝以外，在陶器、磨料、医药、吸附剂、催化剂及其载体等领域也广泛使用。由于氧化铝的晶相和孔结构的多变性，为不同领域所需的特定要求氧化铝提供了广泛的选择性。氧化铝用作催化剂及催化剂载体时，由于具有热稳定性好、强度高以及具有表面酸性等特点，石油化工的许多催化过程，如氧化、加氢、重整、水合、裂解、异构化、歧化和聚合等，大多采用氧化铝作催化剂或载体。

用作吸附剂、催化剂及催化剂载体的多孔性氧化铝，一般又称其为“活性氧化铝”，它是一种多孔性，高分散度的固体物料，有很大的比表面积，其微孔表面具有催化作用所要求的特性。

氧化铝就其分子式 Al_2O_3 而言，似乎是一种简单的氧化物，但考虑到空间因素时，发现它是一种形态变化复杂的物质。到目前已确定的有 8 种以上的晶相(χ-、η-、γ-、δ-、κ-、θ-、ρ-、α-Al_2O_3 等)。但作为催化剂和催化剂载体所用的活性氧化铝主要是 γ-Al_2O_3 和 η-Al_2O_3。经过高温处理过的 α-Al_2O_3 主要用作催化剂惰性载体。

9-1-1　氢氧化铝的分类

活性氧化铝一般是由氢氧化铝脱水制得，氢氧化铝是氧化铝的“母体”。

氢氧化铝也称作水合氧化铝、含水氧化铝或氧化铝水合物，其化学组成为：$Al_2O_3 \cdot nH_2O$，通常按所含结晶水数目不同，分为三水(合)氧化铝($Al_2O_3 \cdot 3H_2O$)及一水(合)氧化铝($Al_2O_3 \cdot H_2O$)两类。氧化铝水合物的变体种类颇多，命名方法也不统一。

表 9-1 给出了氧化铝水合物部分中文译名对照，氧化铝水合物中一类是晶体；表中所示的三水氧化铝及一水氧化铝就属于此类。另一类是低结晶氧化铝水合物，统称为凝胶，结构中的水分子数不很确定。

9-1-2 氢氧化铝的制备方法

氢氧化铝制备工艺一般分为碱法、酸法、烷基铝法和铝汞齐法。烷基铝法和铝汞齐法因原料较贵，除了制备一些纯度高的产品外，工业生产应用不多。这里主要介绍碱法和酸法。无论是碱法或酸法，只要控制一定的操作条件，一般都能制备出一水软铝石、β-三水铝石、假一水软铝石及无定形氢氧化铝。

1. 制备条件的影响

工业上制备氢氧化铝一般都采用下述工序：

沉淀(或胶)⟶老化⟶过滤⟶洗涤⟶干燥⟶成型（洗涤→过滤 循环）

不同工艺中的各工序因其制备条件不同，都会影响氧化铝的晶相、晶粒大小、孔结构及产品纯度。其中沉淀过程所选择的条件对产品性能影响最大。

（1）pH 值的影响　沉淀时 pH 值对晶粒大小和晶形的影响，一般情况下有以下规律：在较低温度下，低 pH 值时生成微晶粒，无定形氢氧化铝及假一水软铝石，产品比表面积大；高 pH 值时生成大晶粒的三水铝石，有利于改善产品的多孔性，提高孔半径；加料时随着 pH 值由小到大递增，氢氧化铝由无定形、假一水软铝石向晶形良好的β-三水铝石、α-三水铝石及一水软铝石转化。

（2）温度的影响　沉淀温度高有利于生成大晶体，改善氧化铝的多孔性，增大孔容和孔半径；温度低则有相反的趋势。

（3）浓度的影响　加料速度快和反应浓度高有利于生成无定形、胶体及微结晶；加料速度慢和浓度低有利于生成结晶较好的氢氧化铝。

表 9-1　氧化铝水合物部分中译名对照

外文名称	化学表示式	中文名称					汉语拼音译名	建议名称
Gibbsite 或称 Hydrargillite	α-Al(OH)$_3$	三水铝石（矿）	水铝氧 水矾土	水铝石（矿）	α-三水氧化铝		水铝石	α-三水铝石
Bayerite	β_1-Al(OH)$_3$	三羟铝石(矿) β-三水铝石	湃铝石	拜耳石 白耳石	β_1-三水氧化铝	湃铝石-1	湃铝石	β_1-三水铝石
Nordstrandite 或称 Bayerite Ⅱ	β_2-Al(OH)$_3$		诺水铝石	诺得石	β_2-三水氧化铝、新三水氧化铝	诺铝石-2	诺铝石	β_2-三水铝石
Boehmite	α-AlOOH	一水软铝石 单水铝矿	薄水铝石	勃姆石 波美石	α-单水氧化铝		薄铝石	一水软铝石
Diaspore	β-AlOOH	一水硬铝石		硬水铝石	β-单水氧化铝		硬铝石	一水硬铝石
Pseudo-boehmite	α^1-AlOOH	假一水软铝石	拟薄水铝石	类勃姆石		准薄水		假一水软铝石

2. 酸沉淀法(即碱法)

它是用酸从铝酸钠溶液中沉淀出水合氧化铝：

$$AlO_2^- + H_3O^+ \longrightarrow Al_2O_3 \cdot nH_2O \downarrow + \cdots \quad (1)$$

所用的酸可用强酸也可用弱酸以及 CO_2 等。

通常，偏铝酸钠由下式制得：

$$Al(OH)_3 + NaOH \xrightarrow{\triangle} NaAlO_2 + H_2O \quad (2)$$

(1) 硝酸法　硝酸加偏铝酸钠法是一个应用已久的老方法，方法虽老，但不失其实用价值。此法除要考虑沉淀工序中的 pH 值、温度及加料浓度等参数对产品的影响外，还应着重考虑的是加料方式。加料方式有“并流”加料、“正加”、“反加”等几种。“正加”是将碱性物料加到酸性物料中，反应液 pH 值由小到大过渡；“反加”是将酸性物料加到碱性物料中，反应液 pH 值由大到小过渡；“并流”加料由于两种物料以固定的速度进入反应器参加沉淀反应，整个沉淀过程在恒定的 pH 值下进行。所以反应产物的晶相和晶粒大小较均匀。为了获得晶相较纯和孔分布集中的产品，应考虑用并流加料法。如要获得多晶相和孔分布范围分布较广的产品可考虑用“正加”或，“反加”方式加料。此外，从产品的稳定性及重复性看，也以“并流”加料比较有利。并流加料在等速和恒定 pH 值下进行物料混合，反应过程中传热、传质均匀，产品质量容易控制。

(2) 碳化法　它也是酸沉淀法制备氢氧化铝的方法之一，是工业常用生产方法。这种在偏铝酸钠溶液中通入 CO_2 进行沉淀的方法又专称为碳化法。控制不同的成胶温度及 pH 值，可以制得不同晶形的氢氧化铝。碳化法成本较低，可在有 CO_2 气体排放的工业生产中进行综合性生产。由碳化法生产的产品不产生用其他无机酸作沉淀剂时带入的阴离子，如 NO_3^-、SO_4^{2-}、Cl^-等。

一般来说，在相同的制备条件，以 CO_2 作沉淀剂比 HNO_3 作沉淀剂时有较大的比表面积和孔容，堆密度也较低。用 CO_2 作沉淀剂时，不同 pH 值及浓度对产品的比表面积、孔结构及堆密度影响很大。

3. 碱沉淀法(即酸法)

它是用碱从铝盐溶液中沉淀出水合氧化铝的方法：

$$Al^{3+}+OH^- \xrightarrow{H_2O} Al_2O_3 \cdot nH_2O\downarrow +\cdots \quad (3)$$

常用的铝盐有 $Al(NO_3)_3$、$AlCl_3$、$Al_2(SO_4)_3$、明矾等，也可将金属铝溶于酸而形成铝盐溶液。常用的碱沉淀剂是 NaOH、KOH、NH_4OH 及 Na_2CO_3 等。这种方法常称酸法，用这种方法制备氢氧化铝时，要完全除去阴离子比较困难，特别是在使用 $Al_2(SO_4)_3$ 时，残留的 SO_4^{2-} 在使用时被还原成 H_2S，会使催化剂中毒。

9-1-3 氢氧化铝的热转化

尽管氧化铝可由铝盐分解而得到，但在催化领域中，各类氧化铝通常由相应的水合氧化铝加热失水制得，在这种热转化过程中，起始水合物的形态(如晶形、粒度)、加热气氛、杂质含量等均会对氧化铝的形态产生很大影响。图 9-1 给出了水合氧化铝热转变成氧化铝的过程，可以看出，氧化铝是一种多相态物

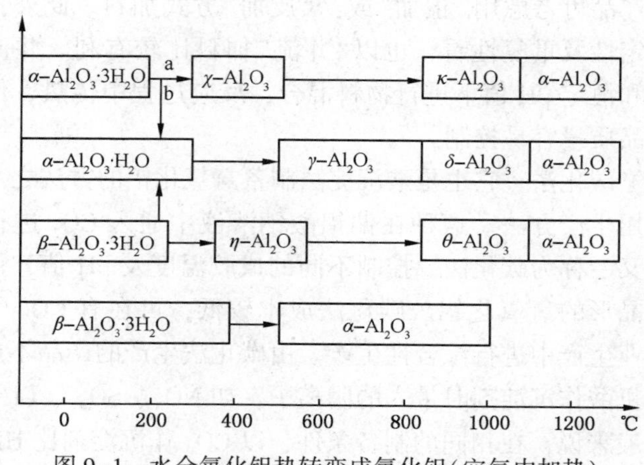

图 9-1 水合氧化铝热转变成氧化铝(空气中加热)

a—细晶粒(<10μm)时；b—潮湿、含碱、粗晶粒(100μm)时

质，可由热分解氢氧化铝得到，加热温度提高会发生相态上的变化，所以，脱水顺序的研究是确定氢氧化铝焙烧条件和氧化铝催化剂使用温度范围的依据之一。一般是用差热分析确定相变化温度范围，再用 X 光衍射确定晶相，两者配合进行。

9-1-4 氧化铝的表面化学性质

据研究认为，氧化铝的催化活性主要来自氧化铝表面上的路易斯酸和布朗斯台酸。这些活性中心的来源包括：①在焙烧氧化铝过程中残留的羟基；②晶体结构中的缺陷，这些缺陷或是由于表面结构中原子的丢失而产生的空穴，或是结晶材料中的缺陷；③在氧化铝制备过程中带入的微量杂质离子。

氧化铝水合物经脱水而产生路易斯酸碱中心，这一过程大致可以写成：

$$HO—\underset{\vdots}{\overset{OH}{Al}}—OH + HO—\underset{\vdots}{\overset{OH}{Al}}—OH + \cdots\cdots \longrightarrow$$

$$—O—\underset{\vdots}{\overset{OH}{Al}}—O—\overset{OH}{Al}—O— \xrightarrow{-H_2O} O—\underset{\text{L酸中心}}{Al^+}—O—\underset{\text{碱中心}}{\overset{O^{2-}}{Al^+}}—O—$$

而上述 L 酸中心很容易吸水而转变成 B 酸中心：

$$—O—\underset{\text{B酸中心}}{\overset{H\quad H \atop O^+}{Al}}——O——\underset{\text{碱中心}}{\overset{O^-}{Al}}——O——$$

活性中心的酸碱性质除与制备条件有关外，还与焙烧过程中氧化铝脱水程度以及氧化铝的晶形有关。

氧化铝的酸性是一种表面性质，这种表面性质往往与制备条件有密切关系，尤其受外来离子的影响。例如，用不同制备方法制得的有不同本征酸性的氧化铝，其中酸性较强的是由异丙醇水解所获得的产物，而用硝酸及二氧化碳中和偏铝酸钠所得的氧化铝酸性很弱。一般认为，硫酸盐、卤素负离子等外来离子能增强氧化铝的酸性本质，促进异构化、裂解等反应。

通常重整催化剂需要具备两种催化物质：一种是酸性功能促进异构化作用的物质；另一种是缺电子，可以吸附氢离子，以便促进脱氢反应的物质。所以像固体酸这类酸性物质是催化剂的重要组成要素，即用酸处理的氧化铝作催化剂载体可以提供这种功能。

9-1-5　氧化铝在石油化工催化过程中的应用

1. 用作催化剂载体

据调查，氧化铝载体占催化剂载体用量的绝对多数。催化剂使用氧化铝作载体的总量，要比沸石、硅胶、活性炭、硅藻土及硅铝胶的总用量还略多些。可见，氧化铝在催化剂载体中具有举足轻重的地位。用作催化剂载体的氧化铝按其物理化学性能及用途可分为以下几种类型。

（1）惰性载体　这类氧化铝载体通常是指比表面积很低的 $\alpha-Al_2O_3$。它具有耐高温性、耐化学性以及较高的机械强度，所以能耐恶劣的操作条件。由于氧化铝的惰性，所以它们不会成为引起副反应和选择性下降的潜在活性源，也不会成为催化剂体系的潜在毒害源。

（2）相互作用型载体　这是使用最广泛的一类氧化铝载体，它能和催化剂的活性相反应，使催化剂的活性组分分散到载体中，为活性组分提供有效的比表面积和合适的孔结构，提高催化剂的热稳定性及抗毒性能。根据催化反应要求，这类载体有能适合反应过程的一定形状，有足够的比表面积及细孔结构，有足够的稳定性及机械强度。

（3）起协同作用或双功能的载体　这类载体除起到活性组分的骨架以外，还为催化剂的活性作出贡献。例如，对加氢处理催化剂来说，可用作载体的有许多物质，但只有氧化铝与催化剂活性组分具有协同作用，这使得氧化铝成为各种被选载体中的最佳选择。又如在重整催化剂中，氧化铝和贵金属活性组分一起形成双功能催化剂，在性质上属于酸性的氧化铝促进异构化反应，而贵金属组分呈现脱氢功能。在这些作用中，所采用的氧化铝一般都属于 γ-Al_2O_3，而且要求有较高的纯度，以提供最大的催化活性和避免对反应起毒害作用。

2. 用作催化剂粘结剂

催化剂成型时往往要加粘合剂作为成型助剂。有些氢氧化铝，特别是假一水软铝石，可用作极佳的胶粘材料。对这些应用来说，氧化铝起着粘结剂的作用，将单独本身不能成型成一定形状和大小而适用作催化剂的其他催化剂颗粒，或不适于沉积在载体上的其他催化剂颗粒粘结在一起。

用氧化铝粘结的催化剂产品的强度，接近于单独由氧化铝制得的载体的强度。除了能为催化剂成品提供合适的机械强度外，氧化铝本身还具有多孔性，可增加催化剂的多孔性。氧化铝粘料对热不敏感，使它能适用于在较高温度下进行的反应，也能耐较高的再生温度；此外，氧化铝粘料有耐水性，催化剂受潮或浸湿时，不会破碎或崩溃。

3. 用作催化剂

（1）炼油厂用催化剂　在炼厂中氧化铝的主要用途是除去各种过程物料流中的不良组分，保护炼油厂的设备，提高产品质量。典型的克劳斯脱硫催化剂就是利用氧化铝将 H_2S 转变为可出售的硫。早先，用活性矾土作脱硫催化剂，近来开发的产品基本上全都为 γ-Al_2O_3，这也是氧化铝催化剂的最大用途。

（2）乙醇脱水制乙烯催化剂　乙醇在 γ-Al_2O_3 催化剂存在下的脱水反应，260℃以下主要生成乙醚，300℃以上生成乙烯，而在200℃以下，则反应速度极慢。乙醚又可在300℃以上脱水而变成乙烯。但当反应温度低或空速大时，则生成乙烯和乙醚。

氧化铝催化剂也可使 C_2H_5OH 与 NH_3 在350℃生成乙胺，在400℃由 C_2H_5OH 和乙酸生成乙酸乙酯及 $(CH_3)_2CO$、$(C_2H_5)_2O$、C_2H_4 等。

（3）异构化反应　氧化铝用作烯烃双键转移反应的催化剂时活性很高，可与 $SiO_2-Al_2O_3$，SiO_2-MgO 等其他固体酸催化剂相比拟。其活性和选择性因氧化铝含水量的不同而有很大差异。由 $\eta-Al_2O_3$ 和 $\gamma-Al_2O_3$ 引起的1-戊烯的骨架异构化反应在600～700℃具有最好的活性。

（4）脱除反应　氧化铝催化剂能有效地引起脱卤化氢、脱氨等极性分子的脱除反应。氯化烷烃在氧化铝催化剂作用下，于250℃以上脱去氯化氢变成烯烃。2，3-二氯丁烷在150～370℃反应可制得氯丁烯、丁二烯、丁炔等类产品。用氧化铝催化剂进行的脱氨反应有由丁胺生成二丁胺、由苯胺生成二苯胺等。

（5）其他方面　氧化铝可以和各种金属及金属氧化物催化剂混合使用。添加少量过渡金属（Pt，Pd，Ni，W 等）或铜的氧化铝，可用于加氢或脱氢反应。前面所述的重整催化剂及异构化 $Pt-Al_2O_3$-卤素催化剂中，氧化铝-卤素是作为固体酸催化剂与 Pt 各自独立地发挥催化作用的。

9-2　硅　　胶

硅胶是一种用途广泛的无机化学产品，无定形的二氧化硅与过量的碱接触就变成“液体”，再定量地加入酸就产生沉淀——二氧化硅胶体，这种物质脱水后通常就称为硅胶。第一次世界大战初期，防毒面罩中需要吸附剂，促进了硅胶生产的发展。第二次世界大战中，硅胶作为干燥剂用量很大，大型生产装置接连增建，逐步形成一个生产部门。

硅胶主要用作吸附剂、干燥剂、填充剂、增稠剂、色谱用载体等。随着石油及石油化工的发展，硅胶已越来越多地用于工业催化剂和载体。由于新产品、新工艺的不断发展，对载体性质的要求也越来越高，与此相适应的是对硅胶各种物化性质的研究，对具体有各种特定性能的硅胶制备方法研究也迅速发展，以满足催化工艺的需要。

9-2-1 硅胶的制备方法

一般所谓硅胶就是无水硅酸(SiO_2)，通常有两种：干凝胶和气凝胶，不管哪种凝胶都是硅酸胶冻脱水而来。干凝胶是用一般加热方法脱水的；气凝胶不是把硅酸胶体直接加热，而是加入有机溶剂，如乙醇，先取代大部分的水，然后在热压釜中在乙醇的临界温度下加热脱乙醇，最后得到气凝胶。这种凝胶的特点是在干燥过程中因微孔中不存在液相弯月面，因而也不存在表面张力，脱水时孔没有收缩现象，可保存更完整的结构。

工业上制备硅胶通常有两种，一种叫凝块法，另一种叫凝浆法。凝块法是用强无机酸和硅酸钠混合，先制成水溶胶，静置后，使之成为块状硬胶，必要时可进行机械破碎。制备时硅酸钠溶液中 SiO_2 浓度、温度及中和时 pH 值，都对最终硅胶的密度、比表面积和细孔容积有显著影响。破碎后硅凝胶颗粒用水洗去电解质，此时 pH 值和洗涤时间仍对硅胶的性质有影响。洗涤后的硅胶进行干燥并热处理使之活化，此时干燥速率仍可改变硅胶的性质。这种制备方法最终产物是颗粒状玻璃体硅胶。凝胶法是用硅酸钠和酸在一定的 pH 值和 SiO_2 浓度下批量或半连续法生产的，所成水凝胶可在干燥前或干燥后水洗，但干燥通常采用喷雾干燥法，最终产物是微球硅胶，常用作流化床催化剂载体。

生产硅胶所用的酸可以是无机酸、有机酸、酸式盐以及酸性气体，例如硫酸、盐酸、乙酸、硬脂酸、硫酸铵、硝酸铵及二氧化碳、二氧化硫等，但以硫酸为最常用，盐酸和二氧化碳次之。因为凝胶作用所用酸的类型对于硅胶的性质没有什么影响，所以酸的选取一般还以经济上考虑为主。

9-2-2 硅胶的主要品种

硅胶生产时，通过调节制备条件，可方便地制成三种硅胶：常规密度硅胶、中密度硅胶及低密度硅胶。这三种硅胶的一般物化数据如表 9-2 所示。

表 9-2 三种硅胶的一般物化性能

项　　目	常规密度硅胶	中密度硅胶	低密度硅胶
表观密度/(g/mL)	0.67~0.75	0.35~0.40	0.12~0.17
颗粒密度/(g/mL)	1.1~1.2	0.65~0.75	—
真密度/(g/mL)	2.2	2.2	2.2
比表面积/(m^2/g)	600~900	300~500	100~200
孔体积/(mL/g)	0.35~0.42	0.9~1.30	1.40~2.2
平均孔径/μm	2×10^{-3}~26×10^{-4}	12×10^{-3}~16×10^{-3}	18×10^{-3}~22×10^{-3}

1. 常规密度硅胶

如上所述，对于所有类型的硅胶来说，氧化硅水凝胶的制取都是相同的，这种制取工艺过程可用图 9-2 表示。用硅酸钠和硫酸制取低密度硅胶时，可将硅酸钠和硫酸在低温、低 pH 值以及高浓度下进行快速混合，制得在几分钟内即能凝胶的透明水溶胶。这种水溶胶含有大量硫酸钠，在干燥前容易用水洗掉，余下的钠离子均交换成氢离子。影响洗涤效果的因素有洗涤水温度、pH 值、流速等。其中 pH 值是制取中密度硅胶的关键影响因素。洗涤不充分会降低在相对湿度较高情况下的吸附性能。表 9-3 给出了常规密度硅胶的一般性能。改变水洗、干燥及活化等操作条件可以改变表 9-3 中所示的大部分性能。所以对一定性能的产品一定要选择好合适的工艺条件。

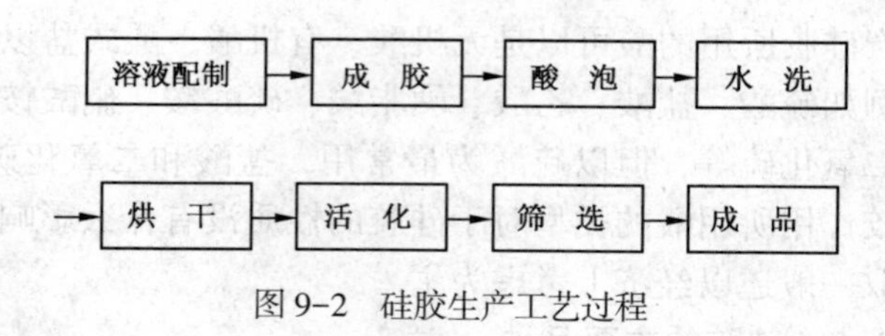

图 9-2 硅胶生产工艺过程

2. 中密度硅胶

在制取常规密度硅胶和中密度硅胶时，氧化硅水凝胶的凝胶作用是相同的。工艺过程的区别主要在于洗涤和干燥过程。中密度硅胶的比表面积和孔体积可由洗涤液的 pH 值、温度、洗涤速率等加以控制。表9–4给出了中密度硅胶的性能。同样，这些性能也可通过不同工艺制备条件进行调节。

表 9–3　常规密度硅胶的性能

项　目	典型值	变化范围
950℃下的总挥发物/%	5	3~6
Na_2O/%(干基)	0.1	0.02~0.2
SO_4^{2-}/%(干基)	0.1	0.02~0.3
Al_2O_3/%(干基)	0.05	0.02~0.1
TiO_2/%(干基)	0.03	0.01~0.05
pH	4.0	3.5~5.5
比表面积/(m^2/g)	750	600~900
孔体积/(mL/g)	0.40	0.35~0.42
平均孔径/μm	2.1×10^{-3}	2×10^{-3}~2.6×10^{-3}
吸水性/(mL/g)		
10%相对湿度	7.5	5.7~9.0
20%相对湿度	12	10.5~16
40%相对湿度	24	22.0~29
60%相对湿度	32	28.0~40
80%相对湿度	35	31.0~43
密度/(g/mL)	0.729	0.64~0.80

表 9–4　中密度硅胶的性能

项　目	典型值	变化范围
在954℃下总挥发物/%	6	2~15
Na_2O/%(干基)	0.03	0.02~0.2
SO_4^{2-}/%(干基)	0.02	0.01~0.2
Al_2O_3/%(干基)	0.05	0.02~0.1
Fe/%(干基)	0.02	0.005~0.1
CaO/%(干基)	0.08	0.02~0.15
TiO_2/%(干基)	0.03	0.01~0.05
pH	7.5	5.0~9.0
比表面积/(m^2/g)	325	300~500
孔体积/(mL/g)	1.1	0.9~1.30
平均孔径/nm	13.5	12~16

中密度硅胶主要用表面性能表征，由于胶束在洗涤时增长，比表面积可降低到 300m^2/g。为了适应特殊应用，比表面积可根据使用要求加以调节。中密度硅胶在干燥时不像常规密度硅胶那样容易收缩，因而它们的孔体积可达到 0.9~1.30mL/g，而且具有较高的平均孔径。常规密度硅胶中大部分微孔小于 2nm，而中密度硅胶只有非常少的微孔小于 8nm。正是由于孔径的这种差异，使中密度硅胶在大多数应用中成为较常规密度硅胶更好的催化剂载体。

3. 低密度硅胶

制取低密度硅胶的关键操作是干燥过程。在大多数硅胶工业生产中，在制备水凝胶的阶段，其孔体积大致为 4~8mL/g；当聚合作用在过了凝胶阶段后继续进行时，水就从水凝胶中挤出，水凝胶产生收缩。这种收缩在水洗时继续进行。孔体积为 4mL/g 的水凝胶，在洗涤老化时降到约 2mL/g，在干燥过程中又进一步收缩。孔体积随干燥速率加快而增加。所以，利用快速干燥法就可制得具有表 9-2 性质的低密度硅胶。在干燥前如用甲醇置换水凝胶中的水，可将硅胶的孔体积提高到 2.2mL/g。

在凝胶前将盐加入硅酸钠溶液中，可制得孔体积达到 2.9mL/g、比表面积达到 400~500m^2/g 的硅胶。显然，这类硅胶的强度及耐磨性很低，很容易获得平均粒径仅几微米的细粉。

9-2-3 硅胶的结构和性质

硅胶之所以被造作催化剂载体，主要是由于它具有某些可贵的性质，如耐酸性、耐高温性(可在 500~600℃ 下长期反应)、较高的耐磨强度及较低的表面酸性等。

硅胶的基本结构单元是四个氧原子围绕一个硅原子排列的四面体，但是每个氧原子又与相邻的两个 Si 原子共享。

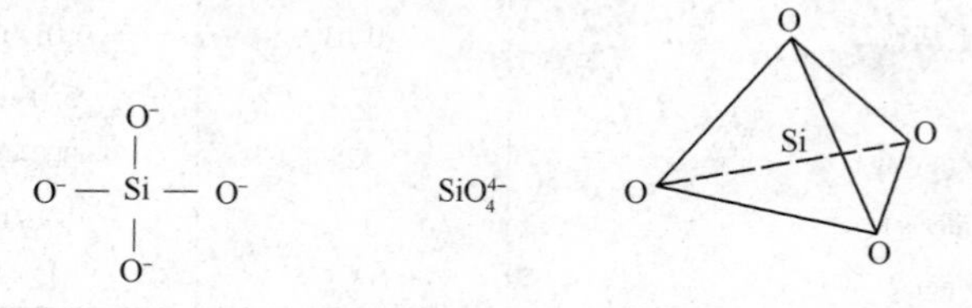

所以从结构上看，SiO_2 只是所有氧原子与指定的四面体及其相邻的各个四面体共享的三维空间的一个最小单元。从这种四面体出发可有许多连结方式形成不同的结构模型，如条件合适，就长成不同的晶体。像方石英、鳞石英等都是由这种结构单元组成的氧化硅类矿石。但是一般人工合成的 SiO_2 都是无定形的，即是由水合态硅酸脱水凝聚，胶粒相互交联而形成固体的凝胶物。实际上这些胶粒是不透性的粗圆细粒子，其大小约为0.01μm，通过搭桥或充填的形式互相联结，形成类同的孔隙系统，这种结构网络用比表面积、孔体积、孔分布等加以表征，其值决定于基本结构粒子大小及连结方式。硅胶的多孔结构使得它具有很大的吸附容量。例如中密度硅胶在相对湿度近饱和时，每100g 硅胶能吸收 90~100g 水。

硅胶的另一个重要特性是具有表面 OH 基，这是由于硅凝胶脱水时不可能脱尽所致。即使在真空下干燥到 200℃，分子 H_2O 也可能保留在狭窄的孔中，一部分 OH 基团保留在粒子中，要全部脱去表面 OH 基温度要高于 1000℃。

9-2-4 硅胶在石油化工催化过程中的应用

1. 用作催化剂载体

（1）烯烃氧化催化剂载体　烯烃气相氧化制不饱和羧酸酯，如乙烯气相氧化合成乙酸乙烯酯是颇受关注的石油化工工艺，几乎取代了电石乙炔法老工艺。所用催化剂为负载型贵金属催化剂，载体为硅胶。

例如，将总细孔体积为 1.04mL/g、比表面积为 $350m^2/g$、平均细孔半径为 5.4nm 的硅胶在球磨机中粉碎 24h，得到平均粒径为 4μm 的细粉。将此细粉中加入少量硅溶胶在转动式造粒机上成型成 5mm 的小球，经 100℃ 干燥 5h、700℃ 焙烧 4h 所得的硅小球，是耐压强度很好的烯烃氧化催化剂载体。

（2）烯烃水合催化剂载体　烯烃水合制醇类是一项重要的石油化工技术，产品产量很大。生产方法有间接法和直接法二种。间接法是烯烃和硫酸作用生成硫酸乙酯，经水解得到乙醇。直接法是乙烯和水在磷酸/硅藻土或磷酸/硅胶上直接合成乙醇。除乙烯制乙醇外，丙烯制异丙醇也是用磷酸/硅胶作催化剂。

据一些专利报道，由于硅藻土含有 Fe_2O_3、Al_2O_3 等少量杂质，作烯烃水合催化剂载体不是最合适，所以许多工业生产大装置大多采用有一定孔结构及孔容大小的硅胶作载体。

(3) 加氢催化剂载体　把贵金属(如 Pd、Pt)或普通金属(如 Ni、Co)等负载在硅胶上作为加氢催化剂也是很常见的。我国从德国 BASF 公司引进的 500kt/a 羰基合成法生产辛醇的装置，所需辛烯醛加氢制辛醇的催化剂就是 Ni、Co、Mn、P_2O_5/SiO_2。这种催化剂的组成为：Ni17.7%(质)、Co5.28%(质)、Mn1.70%(质)、$P_2O_5$0.62%(质)、$SiO_2$61.2%(质)。

(4) 萘氧化制苯酐催化剂载体　萘或邻二甲苯氧化制苯酐也是石油化工大吨位的工艺之一，其生产历史长，工艺成熟，一般都采用流化床反应器。催化剂是 V_2O_5 及 K_2SO_4 载于微球硅胶上。这种负载型催化剂的催化性能在很大程度上与载体的孔结构及表面性质有关。如国内已工业生产的萘氧化制苯酐的催化剂的组成为 $V_2O_5$5%~9%，$K_2SO_4$25%~33%，$SiO_2$60%~65%。流化床催化剂为了抗磨损必须采用机械强度大的物质作为载体，为防止活性组分剥落，载体又必须是比表面积较大的多孔性物质。实践表明，用硅胶作载体的催化剂具有较高的苯酐收率。

(5) 烯烃氨氧化催化剂载体　丙烯氨氧化制丙烯腈也是重要的石油化工过程，它有几种生产技术。催化剂制备方法之一是将金属硝酸盐和硅溶胶混合通过喷雾干燥而形成微球状催化剂。也有采用微球硅胶为载体用浸渍法制备的多元催化剂。

(6) 烯烃聚合负载型高效催化剂载体　近年来对烯烃聚合催化剂的研究已取得重大突破，跳出了齐格勒型均相催化剂的范围，出现了所谓负载型高效催化剂和气相流化床聚合新工艺，生产大为简化，产品质量好。如二茂铬/SiO_2 催化剂用于高密度聚乙烯的生产已经工业化，载体为微球硅胶，不同制备和处理方法制得的载体对催化剂性能影响甚大。

2. 用作催化剂

硅胶在工业上大量用作干燥剂、吸附剂，在催化领域中，是常用的催化剂载体之一，但单独用作催化剂的情况较少，只用于反应能力特别强的物质，或者用于高温下反应能力强的场合。

由环氧乙烷变为乙醛的异构化反应用 $Al_2O_3-SiO_2$、Al_2O_3、MgO 及活性炭等都能进行，但聚合现象严重。能降低聚合倾向且提高异构化选择性的，最好还是硅胶。

烃类的氯化，不用催化剂也能进行，但在四氯乙烷的氯化中，硅胶作为催化剂可促进氯的取代反应而不生成四氯乙烯。

其他如脱水反应、甲烷和硫化氢制取二硫化碳的反应等，硅胶也是实用的催化剂。

9-3 活 性 炭

9-3-1 活性炭的种类

木材经干馏后所获得的木炭具有吸附某些气体的能力，这一现象早已为人们所熟知。工业上，将木材或煤干馏，以制取具有一定形状且有较高吸附性能的炭，这种炭就称作活性炭。

活性炭可以由多种原料制取，制备条件也互不相同，所以其种类较多。各种含碳物质都可用来制造活性炭，按照它们的来源，可分为植物性原料(如木屑、椰子壳、杏核、玉米芯，甘蔗渣等)、矿物性原料(如褐煤、烟煤、油页岩、石油沥青等)及其他原料(如合成树脂、废橡胶，兽骨、纤维素等)。表 9-5 所示为制备活性炭最常用的一些原料。

表 9-5 常用制备活性炭的原料

原 料	碳含量/%	密 度/(g/mL)
软木	约 40	约 0.4
硬 木	约 40	约 0.6
椰子壳	约 40	约 1.3
褐 煤	约 60	约 1.2
烟 煤	约 75	约 1.4
无烟煤	约 90	约 1.45

木质原料由于内部的细胞组织结构有很多天然孔隙，活性剂比较容易通过孔隙进入结构的内部进行活化，所以木质原料制得的活性炭具有孔隙度高、比表面积大、灰分少和反应活性高的特点。

活性炭按形状可分为粉状炭和颗粒炭两种。粉状炭外观呈细粉状，粉粒的粗细一般为120~200目，它又可分为糖类、油脂、酒类等脱色用的脱色炭，以及用于医药方面的药用炭。颗粒活性炭又可分为不定形颗粒炭及定形颗粒炭两种。不定形颗粒炭是原料炭经活化后，再破碎和筛选得到的，形状不规则，颗粒大小符合一定要求范围；定形颗粒炭是将原料粉碎后加入粘结剂拌和，经成型制成一定形状(如圆柱状，球状等)，然后经炭化、活化制成活性炭。

活性炭按制造方法，根据所用活性剂不同，可分为物理炭和化学炭。用空气，高温水蒸气或二氧化碳等作活化剂制得的活性炭称为物理炭；而用磷酸、氯化锌等化学药品作为活化剂制得的活性炭称为化学炭。

9-3-2　活性炭的结构和性质

1. 活性炭的微观结构

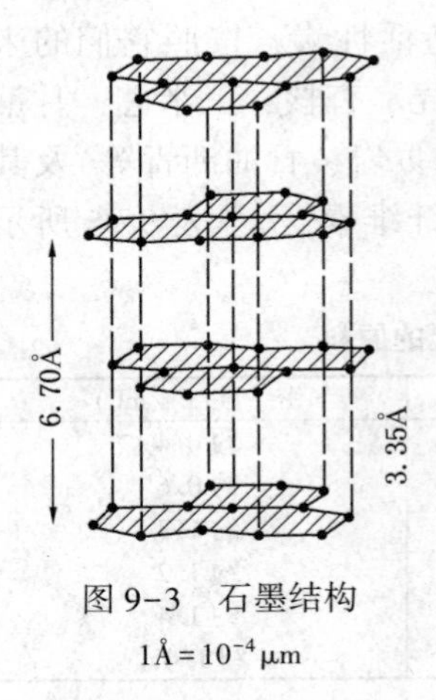

图9-3　石墨结构

1Å = 10^{-4} μm

碳在自然界中存在有三种状态，即结晶态碳(如金刚石，石墨等)、微晶质碳(如木炭，炭黑及活性炭等)及无定形碳(沥青等)。石墨的晶体结构如图9-3所示。活性炭的微晶结构并没有像石墨那样完全规则地排列。所以有些研究者根据X射线分析提出两种活性炭的结构模型，一种模型认为活性炭是由基本微晶构成，其二维平面结构与石墨相似。例如，它们是由六角形排列的碳原子的平行层片所组成，但是结构和石墨有所不同，平行的片状体对于它们的共同的垂直轴并不是完全定向的，一层对另一层的角位移是紊乱的，各层是不规则地相互重叠的，层数大约为5~15层。这种排列称作乱层结构(图9-4)，其基本微晶的相对方位完全是紊乱的，它们的大小主要取决于炭化温度。

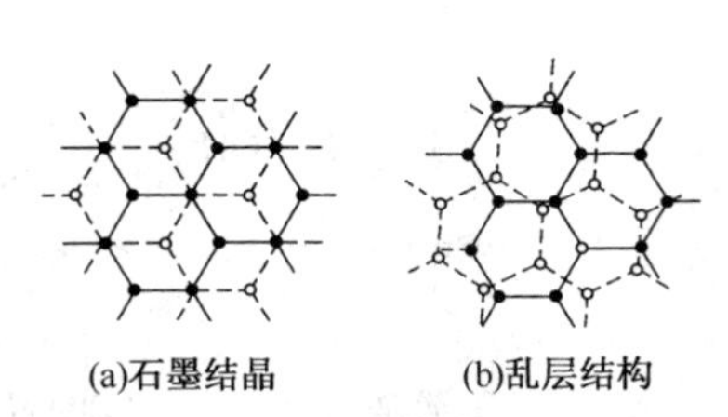

图9-4　石墨结构和微晶质炭的乱层结构之对比

另一种结构模型认为，活性炭是碳六边形呈不规则地交叉连结而构成的空间格子，其石墨层平面呈整层歪扭状态。这种结构可能由于含有杂质原子(首先是含氧原子)而变得稳定。在用含氧较高的原料所制得的炭中容易发现这种结构。

2. 活性炭的性质

活性炭的组成中，碳是最主要的成分，约占总成分的90%~94%。除碳以外还含有两类物质：一类是与活性炭形成化学结合的元素，主要是氢和氧，有时也有极少量的硫、氮，氯，它们是从初始原料中带入的，在不完全炭化或活化时就与碳以化学键相结合，因而残留在活性炭的结构中；另一类是灰分，灰分含量约4%左右，它不是产品的有机部分。灰分含量及组成因活性炭的种类变化很大。除灰分外，还含有很微量的其他成分。以椰子壳制造的活性炭，除含有灰分外，还含约千分之一的铝、钾、硅、钠和铁的氧化物，少量的镁、钙、硼、铜、锡以及微量的锂，铷、铅等。

活性炭在高温活化过程中，氢、氧元素与活性炭表面的碳原子结合生成的化合物可以官能团的形式存在，所发现的官能团有：羧基①、酚羟基②及醌型羰基③等。

另外还发现有酯④、荧光素内酯⑤、羧酸酐⑥及环状过氧化物⑦等。

活性炭表面上存在的含C—O表面氧化物对于活性炭上进行

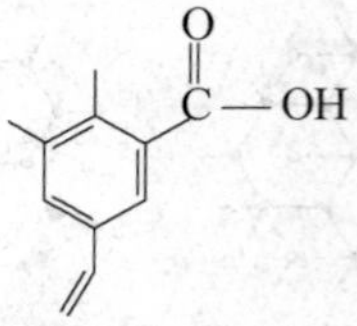

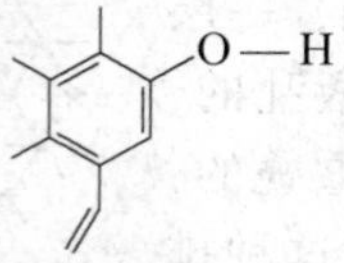

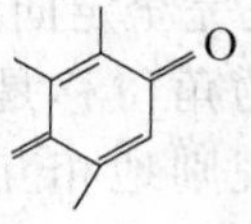

①羧基　②酚羟基　③醌型羰基

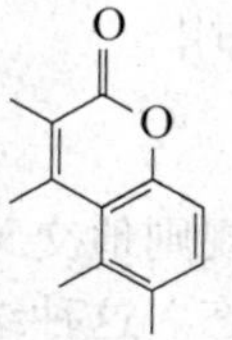

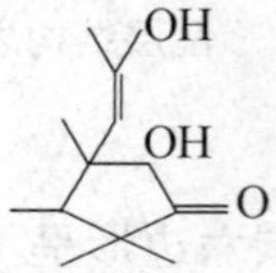

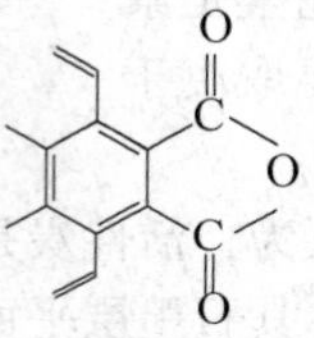

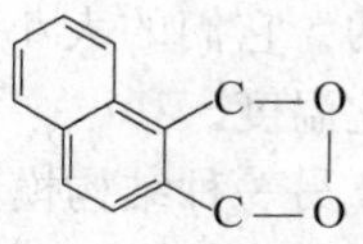

④酯　⑤荧光素内酯　⑥羧酸酐　⑦环状过氧化物

的氧化反应、卤代反应以及活性炭的吸附性能都会产生影响。

活性炭中的氧要比氢具有更大的影响，这是因为初始原料中的氧对活性炭的基本微晶的排列和大小有显著影响，用氧含量较高的原料制得的活性炭，平行的石墨层之间的距离要明显地减少。此外，活性炭中的氧具有与其他物质产生表面结合的能力，所以这种氧对于活性炭对水蒸气和其他极性的或易极化的气体和蒸气的吸附力、对电解质溶液和一定程度上对非电解质的吸附性等都会产生很大的影响。

9-3-3　活性炭的吸附性质

活性炭具有非常发达的孔隙结构，使其产生很大的比表面积，这就使活性炭具有很强的吸附特性。

活性炭用作吸附剂由来已久。在活性炭吸附过程中，吸附剂与吸附质之间的吸附作用，既有物理吸附，也有化学吸附。物理吸附分子间引力较弱、吸附热较小，一般在低温下进行，也比较容易脱附。化学吸附的吸附热大、作用力较强，一般在高温下进行，吸附剂与吸附质部分发生化学反应，为不可逆吸附。

活性炭对溶剂中的溶质分子的吸附性能对于以活性炭作载体的催化剂制备具有很重要的意义。在这种情况下，不仅在需要吸附的溶质分子和活性炭表面之间存在着作用力，而且在不需要吸附的其他溶质分子和活性炭表面之间也存在着作用力，也就是说，需要吸附的溶质分子和不需要吸附的溶质分子之间产生竞争吸附，这种吸附现象显然要比气相吸附复杂得多。

活性炭吸附其他物质的能力，也类似具有分子筛那样的效能，因为从立体效应考虑，任何分子都不能通过比分子临界直径更小的孔，所以活性炭的细孔分布中，凡是孔径小于分子临界直径的孔，一样不能使吸附质分子通过。所以，活性炭也具有能根据吸附质的特性及分子大小筛分出那些比细孔径大的吸附质分子的效能。

影响活性炭吸附的因素很多，其中主要的有活性炭的化学组成和孔隙结构、吸附质的性质以及在吸附过程中的温度、浓度、压力等因素。

活性炭中的孔隙形状是多种多样的，有些孔隙的进口小，好似墨水瓶状；有些孔隙两端都开口或者一端是封闭的；有些孔隙是两个平面间的裂口，好像 V 字形等。

活性炭的孔隙根据大小大致可分为大孔、过渡孔（或称中孔）和微孔三种类型。表 9-6 所示为各种孔隙的孔径大小范围。微孔的半径小于 2nm，但其比表面积很大，可达几百 m^2/g，甚至有的超过 $1000m^2/g$，它的比表面积占总比表面积的 95%以上。所以，微孔在一定程度上决定活性炭的吸附能力。

表 9-6　活性炭各种孔隙的孔径大小范围

孔隙种类	孔径/μm	孔体积/（mL/g）	占总面积的分数/%	备　注
大孔	$10^{-1}\sim10$	0.20～0.50		不能起毛细凝聚作用
过渡孔	$2\times10^{-3}\sim10^{-1}$	0.02～0.20	<5	能起毛细凝聚作用
微孔	$<2\times10^{-2}$	0.15～0.50	95	小至如分子

过渡孔是吸附质进入微孔的通道，它的比表面积一般不超过活性炭总表面积的 5%。在活性炭里大孔在外表面，由大孔的分

枝构成过渡孔，再分枝成微孔。因此，吸附物质在细孔内的扩散速度受到过渡孔的影响很大。

大孔的比表面积很小，对吸附量几乎没有影响，由于大孔的半径较大，不会发生毛细管凝聚作用。大孔的重要性主要是它能使被吸附物的分子迅速地进入位于活性炭粒子更深的内层细孔，用它作催化剂载体时，大孔可以作为催化剂沉积的地方。

活性炭对气体物质的吸附量与温度、吸附质相对分子质量、吸附质浓度等因素有关。表 9-7 所示为活性炭对一些气体的吸附能力。

表 9-7 活性炭对一些气体的吸附能力

气体名称	相对分子质量	沸点/℃	临界温度/℃	吸附量(15℃)/(mL/g)
H_2	2	−252.8	−239.9	5
N_2	28	−195.8	−147.0	8
O_2	32	−183.0	−118.4	8
CO	28	−192.0	−140	9
CH_4	16	−161.5	−82.1	16
CO_2	44	−78.5	31.0	48
乙炔	26	−83.5	36.0	49
N_2O	44	−88.7	36.5	54
HCl	36	−83.7	51.4	72
H_2S	34	−61.8	100.4	99
NH_3	17	−33.3	132.9	181
氯甲烷	50.5	−24.1	143.1	277
SO_2	64	−10.0	157.5	380
光气	98.9	8.3	182	440

9-3-4 活性炭的生产方法

活性炭的生产方法很多，工业上生产活性炭的方法主要有气体活化法及化学药品活化法两大类。

1. 气体活化法

气体活化法是将含碳原料炭化以后，用水蒸气、CO_2 及空气等氧化性气体作气体活化剂，在高温下进行活化作用而制取活性炭的一种方法。由于该法活化时不使用无机化学药品，因而又称作物理法。绝大部分颗粒活性炭是用这种方法生产的，它也能用于生产粉状活性炭。气体活化法生产不定形颗粒活性炭的工艺过程如图 9-5 所示。

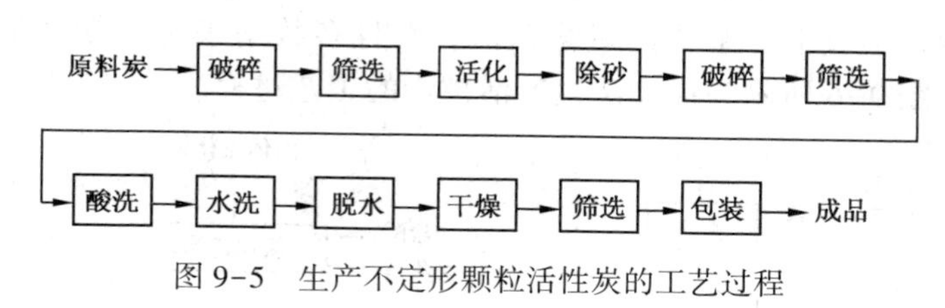

图 9-5　生产不定形颗粒活性炭的工艺过程

以木材、果壳及煤等含碳物质为原料，用气体活化法生产活性炭时，首先要在 400～600℃ 的温度下炭化，制成适于进行活化的原料炭。在炭化过程中，原料中所含的氧、氢等非碳元素及大部分低分子产物都以气态挥发出去，最后生成固态的原料炭。对原料炭的要求是：水分小于 10%，灰分小于 2%，挥发分为 8%～15%。

为了能够均匀地进行活化，要求原料炭颗粒均一，为此要进行破碎和筛选。

活化是使炭具有活性的关键过程，系气体同碳发生氧化反应，把碳化物表面侵蚀，使之产生微孔发达的构造，同时高温产生的水煤气将附在炭表面上的有机物除去，使炭产生活性。使用的活化剂虽然有水蒸气、CO_2 及氧等多种，但以高温水蒸气使用最多。

活化后的原料炭由于杂质含量较高，通常呈碱性，颗粒度也较大，因此需进一步加工，通过除砂、筛选、酸洗、水洗、脱水、干燥等后处理操作，使活性炭的灰分、水分、pH 值及颗粒度等指标达到规定的质量标准。

2. 化学药品活化法

化学药品活化法又称作化学法，它所采用的原料是未炭化物，如木屑、果核、泥煤、褐煤等。而采用的活化剂有对原料起脱水作用、侵蚀作用的药品，如氯化锌、磷酸、硫酸、氯化钙或其他混合液；也有对原料起氧化作用的药品，如重铬酸钾、高锰酸钾等，这些药品对原料的作用虽然不同，但共同点是由于添加了这些无机盐活化剂，使原料碳氢化合物中的氧和氢以水的形态分解脱离，因而显著地降低了炭化温度。目前我国工业上广泛使用的化学法生产主要是氯化锌法，而且多数用来生产粉状活性炭。图 9-6 所示为连续法生产活性炭的工艺过程。

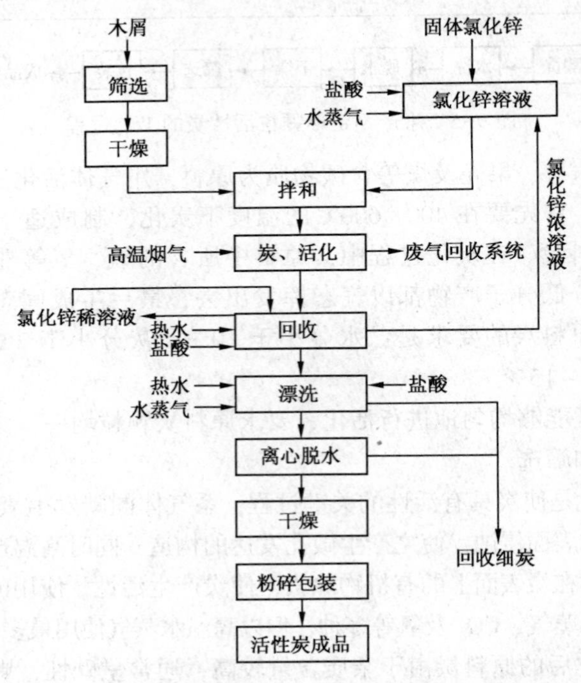

图 9-6 连续法生产活性炭的工艺过程

氯化锌法生产活性炭的主要原料是木屑，木屑要经过筛选、干燥，然后和预先配制好的氯化锌溶液进行充分混合或揉压。炭化与活化是活性炭生产的关键过程，一般都在同一内热式转炉中进行，并要注意控制好活化温度。活化物料中，含有 70%~80% 的氯化锌及氧化锌等化合物，因此需对这些药品进行回收。接着再经漂洗除去来自原料和加工过程产生的各种杂质，经脱水、干燥、粉碎达到规定粒度和质量指标后包装为成品。

化学药品法具有活化温度低、产品收率高、改变不同工艺条件容易调节活性炭的孔径分布及孔容的特点，表 9-8 所示为水蒸气活化法制得的活性炭与氯化锌活化法制得的活性炭在物理化学性质上的差别。目前，氯化锌法生产活性炭，既能生产药用炭、工业炭、糖用炭等，也能生产各种催化剂用炭，而且除了生产粉状活性炭以外，也能生产成型颗粒活性炭。

表 9-8　不同方法制得的活性炭在物理化学性质上的差别

项　　目	水蒸气活化法	氯化锌活化法
比表面积/(m^2/g)	700~1600	700~1800
孔隙主体	以微孔为主	有较多过渡孔
孔径分布	过渡孔较少	过渡孔较多
大孔/%	30~16	~17
过渡孔/%	7~5	51~20
微孔/%	60~90	32~63
吸附特性	液相吸附速度慢	液相吸附速度快
强度	不易成细粉	容易成细粉

9-3-5　活性炭在催化领域中的应用

1. 用作催化剂

活性炭作为高效吸附剂是大家所熟知的，在控制污染时，它可以从非常稀薄的气流中除去一些有害物质。活性炭用作催化剂及载体由来已久。活性炭的催化活性主要是由于炭的表面孔隙结构和表面化学基团的存在。各种活性炭的孔隙结构和表面化学结构因制造方法不同而有很大的差别，从而使催化性质也有很大差异。以活性炭本身作为催化剂的反应，虽然要比用它来做载体的情况要少，但它所催化的反应也十分广泛，包括卤化和脱卤化、氧化还原、聚合、异构化等各种反应。

例如，在光气生产中，开始是以日光作催化剂使氯和一氧化碳作用的，后来用活性炭作催化剂时氯和一氧化碳生成光气的反应更快，即 1kg 活性炭可以催化生产 1t 多光气。又如三聚氰酰氯的合成是先用氯气和氢氰酸生成氯化氰，然后再使之在380~450℃下通过活性炭催化剂进行聚合而得：

$$HCN+Cl_2 \longrightarrow CNCl+HCl$$

$$3CNCl \xrightarrow{\text{活性炭}} (CNCl)_3$$

2. 用作催化剂载体

活性炭不但细孔结构十分发达，比表面积很大，而且在500~600℃的高温下有足够的耐热性，同时耐酸碱性又很好。所以，它作为把催化剂的活性组分分散到多孔质固体上去的材料，即用作催化剂载体是十分合适的，并广泛应用于石油化工各类催化反应中。例如，在氢化、氧化、芳构化、环化和异构化反应中，用各种载钯或铂的活性炭作催化剂；在脱氢、还原等反应用各种载镍，钴的活性炭作催化剂；在乙酸乙烯酯合成中用载乙酸锌的活性炭作催化剂，在合成氯乙烯中用载氯化汞的活性炭作催化剂等。所以说，活性炭可以用作很多催化剂的载体，而且用活性炭负载活性组分时，无论是溶液吸附法、溶液浸渍法或溶液沉积法都可方便地采用。

此外，目前也已能生产具有分子筛性质的特殊活性炭，即只能吸附较大量的小于一定尺寸的分子的活性炭。例如用聚偏二氯乙烯树脂或用聚乙烯醇和酚醛树脂经热分解可制得这种活性炭。用这种方法制得的活性炭，在将气体混合物按它们的大小分离出各种组分时，显示出非常显著的分子筛效果，其分离效率几乎可与分子筛媲美。这种活性炭的大部分的吸附选择性明显地是由于孔隙较窄，超过一定大小的分子不能被它们吸附，或者是孔隙虽然足够大，但因孔呈墨水瓶状使得进口较窄，也不能使超过一定大小的分子被吸进去。

例如，用一定比例的聚乙烯醇和酚醛树脂相混合，经适当条件下炭化和活化后，可以制得孔径分布中细孔直径1nm占极大部分的炭分子筛。这种炭分子筛不但具有良好的耐热及耐药品性，而且在含有极性物质的情况下，也能发挥出分子筛的效果。

附　　录

附表一　美国主要催化剂生产厂

公司名称	主要催化剂类型或用途
Activated Metal & Chemicals	金属，镍/催化剂，镍铝合金及特殊订货
Alcoa Chemicals Division	活性氧化铝，选择性吸附剂
Alfa Products(属 Morton Thiokol)	加氢、氢甲酰化、齐聚、氧化、羰基化、费-托合成、气体精制用催化剂，各种载体
Allied Metals Corp	生产高纯金属，收购废金属催化剂
Ammerican Cyananide Co.	加氢精制、加氢裂化、催化重整用催化剂，氧化铝，硅铝氧化物
BASF Wyandotte Corp.	合成氨、制氢、硫酸生产、石油炼制、苯酐、羰基合成、双烯烃与酮选择加氢、乙烯氧氯化，低温变换用催化剂
Calsicat Division，Mallinckrodt Inc.	化工，炼油、食品、纤维工业用多相催化剂，如镍、铜，贵金属及氧化铝球
Devison Chemical Division W. R. Cracl & Co.	催化裂化、汽车尾气净化、烯烃聚合、骨架金属催化剂，合金，氧化铝，氧化硅，硅铝氧化物
Degussa	贵金属与非金属催化剂，汽车尾气净化催化剂，废催化剂的金属回收
Engelhard Corp.	贵金属催化剂、催化裂化、汽车及工业尾气净化催化剂
Ethyl Corp.	相转移催化剂，烯烃和双烯烃聚合催化剂
Haldor Topsoe，Inc.	见附表二 Haldor Topsoe A/S
Hall Chemical Co.	金属盐及加氢精制废催化剂回收
Harshaw/Filtrol Partnership	油脂加氢、石油加氢裂化、催化裂化、加氢精制、化工催化剂
Johnson Matthey Inc.	聚合物固载铂、锗、钌催化剂，多孔金属载体铂催化剂
Kaiser Chemicals	各种氧化铝及铝酸钠

续表

公司名称	主要催化剂类型或用途
Katalistiks lnternasinal，Inc.	见附录二
The Ketjen Catalysts Group（属 AKZO Chemie）	催化裂化、加氢精制、催化重整、化工用催化剂
Lithium Corp. of America	金属锂，锂合金，烷基锂，烷基镁，烷氧基镁，各种锂化合物
Lucidol Division，Pennwalt Corp.	有机过氧化物
Manville Corp.	硅藻土载体
Mineral Research & Development Corp.	金属化合物
Mooney Chemicals，Inc	锆盐，相转移用季铵化合物
Nachem Inc.	相转移催化剂
National Refining Corp.	贵金属回收再用
Nepera，Inc.	吡啶，水凝胶
Norton Co.	陶瓷载体，氧化铝，硅铝氧化物，脱氧化氮用催化剂
PQ Corp.	硅酸钠，硅酸钾，合成沸石，硅胶
Platina	贵金属粉末及化合物，均相及多相催化剂
Rohm & c Haas	离子交换树脂催化剂
SCM Metal Products	铁、镍、铜、锡及合金
Shell Chemical	加氢精制、加氢裂化、加氢除炔烃、乙烯水合、乙苯脱氢、乙烯氧化、含硫尾气氧化用催化剂
Sherex	相转移催化剂
Union Carbide Corp	分子筛
UOP	固体磷酸催化剂，重整、加氢脱硫、加氢裂化、异构化、歧化、脱氢催化剂，吸附剂
United Catalysts Inc.	见附表二 Sud-Chemie
Vista Chemical Co.	氧化铝

附表二　西欧主要催化剂生产厂

公司名称	国名	催化剂产品类型或用途
AKZO Chemie	荷兰	催化裂化、重整、加氢脱硫用催化剂，化工用催化剂，引发剂
Ausimont	意大利	氧氯化催化剂、化工催化剂
Azote et Frrnnduits Chimiques	法国	化工催化剂
BASF	德国	石油化工催化剂，合成氨催化剂
Carbonisation et Carbons Actifs	法国	活化炭载体
Condea Chemie	德国	高纯氧化铝及各种形状氧化铝载体
Crostield Catalysts	英国	催化裂化、烯烃聚合催化剂，活性炭
Degussa	德国	贵金属
Giulini Chemie	德国	铝酸钠等
Grillo Werke	德国	硫酸合成用催化剂
Haldor Topsoe A/S	丹麦	合成氨、蒸汽转化制氢、CO 变换硫酸、甲醛、加氢精制、甲醇、甲烷化、尾气燃烧用等催化剂
arshaw Chemie	荷兰	石油炼制催化剂，化工催化剂
Herman nC. Starck	德国	钴、镍、钼、钨、锗及稀土金属
Hüls	德国	化工催化剂
ICI	英国	石油化工催化剂
Johnson Matthey & Co	英国	金、银、铂及稀土金属提炼与加工
Kali Chemie	德国	石油炼制、化工、环保用催化剂，有机过氧化物
Katalistiks International. Inc	荷兰	催化裂化、脱硫、催化燃烧用催化剂，分子筛
Kema Nord	瑞典	季铵盐引发剂，催化剂
Laporte Industries	英国	化工催化剂
Luperox	德国	有机过氧化物
M & T International	荷兰	聚氨酯和聚酯催化剂
Montecrtini Technolgie	意大利	加氢、合成甲醛、苯乙烯、乙烯氧氯化催化剂
Novo Industri A/S	丹麦	工业用酶

续表

公司名称	国名	催化剂产品类型或用途
The Permutit Go.	英国	离子交换树脂催化剂
Peroxid-Chemie	德国	有机过氧化物
Procatalyse（属 IFP 和 Rhone Poulenc）	法国	除炔、脱硫化羰、脱金属、重整、加氢、汽车尾气净化用催化剂
Ruhrchemie	德国	石油化工催化剂
Schering	德国	有机铝、有机锡催化剂
Schweizerische Aluminium	瑞士	铝化合物及催化剂
Societe Chimique de Ia Crande Paroisse	法国	化工催化剂
Sud-Chemie	德国	合成氨、合成甲醇、制氢、加氢、聚合、乙苯脱氢催化剂，分子筛
Unichema International	德国	加氢催化剂
W. C. Heracus	德国	贵金属催化剂

附表三　日本主要催化剂生产厂

公司名称	催化剂产品类型或用途
东洋 CEI	化工、加氢精制、环保催化剂
触媒化成工业	加氢精制、催化裂化、脱金属及石油化工用催化剂
川研精细化工	骨架贵金属催化剂
日挥化学	油脂加氢，化工催化剂
日兴理化	骨架镍、骨架钴、骨架银催化剂
日本 CRI	石油炼制催化剂再生
日本 Engelhard	化学合成、环保用催化剂
日本无机化学工业	钨、钼化合物
日本 Ketjen	加氢精制催化剂
日产 Girdler 触媒	加氢、化工催化剂，特殊订货
堺化学工业	钛、亚铬酸铜、镍催化剂
三德金属工业	稀土金属
东邦钛	聚丙烯催化剂
东洋曹达	聚氨酯催化剂，高硅沸石
东洋 Stauffer 化学	聚丙烯、线型低密度聚乙烯、有机合成催化剂
日挥 Universal	加氢精制、石油化工用催化剂
日本触媒化学	石油化工、环保催化剂
三井东压	乙烯氧氯化催化剂
三井金属矿	环保催化剂
东京炉器	环保催化剂
日产自动车	环保催化剂
Catalar 工业	环保催化剂

附表四　国内主要催化剂生产厂及载体生产厂

序号	厂名	地址	邮编	电话	传真	网址	主要产品
1	中国石化催化剂长岭分公司	岳阳市云溪区	414012	0730-8451643 8452298	0730-8451643	www. sinopecc-atalyst. com	重整催化剂、催化裂化催化剂、加氢裂化催化剂、加氢精制催化剂、氧化铝干胶、分子筛等
2	中国石化催化剂抚顺分公司	抚顺经济开发区顺飞路85号	113112	0413-6601432	0413-6605842		加氢裂化催化剂、加氢精制催化剂、异构化及临氢降凝催化剂、渣油加氢处理系列催化剂
3	中国石化催化剂齐鲁分公司	淄博市周村区体育场路1号	255336	0533-6861777	0533-6861888	www. qlcc. com	FCC、MGG、MIO、DCC、CPP、助剂等六大类别三十多个品种的催化裂化催化剂
4	中国石化催化剂北京奥达分公司	北京市通州区光机电一体化基地新光五街13号	101111	010-81502973	010-81501420	www. auda. com. cn	聚乙烯、聚丙烯催化剂，高密度聚乙烯钛基氯化镁载体催化剂，N催化剂等
5	中国石化催化剂北京燕山分公司	北京市房山区丁东路24号	102400	010-69343504	010-69345895		YS系列银催化剂、光稳定剂、抗氧剂、增强剂、稳定剂

续表

序号	厂名	地址	邮编	电话	传真	网址	主要产品
6	中国石化催化剂上海分公司	上海市金山区金一路49号	200540	021-57931949	021-57931949		丙烯腈催化剂、乙酸乙烯酯催化剂、甲苯歧化催化剂、钯炭催化剂
7	中国石化催化剂南京分公司	南京市栖霞区甘家巷	210033	025-8987112	025-8989510		13X空分专用分子筛，脱硫剂，脱氯剂无热再生分子筛等，C_5/C_6 异构化催化剂
8	中国石化催化剂湖南建长公司	岳阳市云溪区长炼	414012				重整、烷基化、异构化催化剂，分子筛等
9	中国石化催化剂上海立得公司	上海市金山区金山卫镇钱商大街88号	201515	021-7294292	021-7294218	www. leader-cata. cn	聚乙烯催化剂
10	北京三聚环保新材料股份有限公司	北京市海淀区人大北路33号大行基业大厦9层	100080	010-82684990	010-68436755	www. sanju. cn	汽、柴油加氢精制催化剂，石蜡加氢精制、润滑油异构脱蜡催化剂，醛加氢催化剂等，分子筛，甲醇合成催化剂，脱硫剂，脱氯剂，脱臭剂等
11	温州华华集团	温州市龙湾蒲	325011	0577-86553080	0577-86553084	www. hhjituan. com	汽、柴油加氢精制催化剂，分子筛等

续表

序号	厂名	地址	邮编	电话	传真	网址	主要产品
12	中国石油抚顺分公司催化剂厂	抚顺市望花区鞍山路东段2号	113001	0413-6406818		hyp0413.wchem.com	汽、柴油加氢精制催化剂，加氢裂化催化剂，重整催化剂，分子筛等
13	山东公泉化工股份有限公司	淄博市临淄区胜利路34号	255436	0533-7541113	0533-7541113	www.gqcat.com.cn	渣油加氢处理系列催化剂，加氢裂化催化剂，制氢催化剂
14	中国石油兰州石化公司催化剂厂	兰州市西固区玉门街10号	730060	0931-7932806	0931-7932804		催化裂化催化剂
15	西北化工研究院	西安市临潼区火车站街1号	710600	029-83870042	029-83870179	www.nwrici.com	加氢转化催化剂，变换催化剂，脱硫剂，脱氯剂，脱砷剂等
16	淄博临淄齐茂化工公司	淄博市临淄区南王镇南仇北居	255434	0533-7574955	0533-7574180	www.qincai.net/ent-827479.html	渣油加氢处理催化剂，汽柴油加氢催化剂
17	中国石化北京化工研究院	北京朝阳区北三环东路14号	100013	021-64211993	010-64228661	www.brici.ac.cn	聚丙烯催化剂，聚乙烯催化剂，C_2气相加氢催化剂，苯酐催化剂，顺酐催化剂，低压羰基合成催化剂

续表

序号	厂名	地址	邮编	电话	传真	网址	主要产品
18	西南化工研究设计院	成都市外南机场路445信箱	610225	028-85964616	028-85964046	www.swrchem.com	甲醇合成催化剂，甲醇脱氢催化剂，轻油预转化催化剂，脱氧催化剂，烃类重气转化催化剂
19	天津化工研究设计院	天津市红桥区丁字沽三号路85号	300131	022-26689009	022-26370175	www.trici.com.cn	钯催化剂，三效催化剂，活性氧化铝，硅胶，铂脱氧催化剂等
20	山东铝业股份有限公司研究院	淄博市张店区五公里路1号	255051	0533-2943201	0533-2980474	www.salcotech.com.cn	氧化铝，活性氧化铝，分子筛，氢氧化铝，铝酸钠
21	上海环球分子筛有限公司	上海市闵行经济技术开发区文井路500号	200245	021-64302370	021-64301533	www.suop.com.cn	3A、5A分子筛
22	上海汇脂树脂厂	上海市嘉定开发区	201600	021-59969959	021-59969959	www.shanghaihz.com	各种离子交换树脂，吸附树脂等
23	上海嘉定分子筛厂	上海市嘉定区朱家桥镇北首	201815	021-59961761	021-59961761	www.shjdchem.com	镍催化剂，钯催化剂，活性氧化铝，分子筛，硅胶

续表

序号	厂名	地址	邮编	电话	传真	网址	主要产品
24	上海浦江分子筛有限公司	上海市金山区金山大道4588号	201512	021-28430010	021-57262955	www. pjuniques. com	3A、5A、10X、13X 分子筛等
25	上海韶松催化剂厂	上海市松江区新五镇叶新发路1076号	201606	021-57872059	021-57878005	www. shaosongchem. com	高效脱硫剂，金属钝化剂，锑酸钠等
26	上海树脂厂有限公司	上海市长宁区天山路201号	200336	021-62908931	021-62917676	www. shresin. com. cn	各类离子交换树脂
27	上海苏鹏实业有限公司	上海市浦东新区高东海徐路1727号	200137	021-58482794	021-58482099	www. supersh. com	钯催化剂，合成吗啉催化剂，分子筛等
28	上海新奥分子筛有限公司	上海市沪太路6061号	201908	021-56010777	021-56012777	www. shnervebl. com	3A、5A、13X 分子筛等
29	南开大学催化剂厂	天津市南开区卫津路44号	300071	022-23503520	022-23500772		降凝催化剂，异构化催化剂，异丙醚催化剂，分子筛

续表

序号	厂名	地址	邮编	电话	传真	网址	主要产品
30	南开大学化工厂	天津市南开区卫津路94号	300071	022-23508321	022-23509300	www. nankai. edu. cn	各类离子交换树脂
31	北京高新利华催化材料公司	北京通州区光机电一体化产业基地兴光三街1号	101111	010-81508025	010-81508029	www. gaoxinli-huachem. com	齿球形氧化铝载体、加氢催化剂等
32	沈阳市硅胶厂	沈阳市和平区同泽南街1951号	110000	024-23397431	024-23388090	www. sygjc. cn	硅胶，硅铝胶，分子筛，活性氧化铝等
33	中国石化金陵石化公司烷基苯厂	南京市尧化门	210046	025-58975764	025-85580008	www. gige. com. cn	脱氢催化剂，烷基苯磺酸
34	南京正森化工实业有限公司	南京市	211307	025-57391058	025-57391666		活性炭
35	江苏靖江催化剂总厂	靖江市城北郊横港桥	214524	0523-4521185	0523-4521135	www. jjjch. com	合金催化剂，脱砷催化剂，甲醇催化剂，脱氯剂，钯催化剂，脱氯剂，交换催化剂等

续表

序号	厂名	地址	邮编	电话	传真	网址	主要产品
36	姜堰市化工助剂总厂	姜堰市俞垛镇何北村	225509	0523-8641502	0523-8641157	www. yaxinghg	活性氧化铝，分子筛等
37	宜兴市兴达催化剂厂	宜兴市宜浦路	214226	0510-87451038	0510-87455258	www. xinda. cc	脱硫剂，金属钝化剂
38	杭州永盛催化剂有限公司	临安市青山湖街道南环北路6号	311305	0571-63724149	0571-63724149	www. yscatal-yst. com	活性白土，颗粒白土
39	温州市精晶氧化铝公司	温州市双屿金堡路2号	325007	0577-88980660	0577-88781102	www. china-alum. com	活性氧化铝，除氟剂
40	浙江衢江区云江活性炭厂	衢州市衢江区庙前乡草*岭	324017	0570-2917018	0570-2417018	www. yunj-iang. com	活性炭
41	江苏宜兴市诚信化工厂	江苏宜兴市陶都路	214222	0510-87493006	0510-87492450		脱硫剂、脱氯剂、丙烯脱砷剂、加氢催化剂等

续表

序号	厂名	地址	邮编	电话	传真	网址	主要产品
42	姜堰市奥特催化剂载体研究所	江苏姜堰市俞垛镇	225509	0523-8648599	0523-8648599		环状、齿球状、轮状等氧化铝载体
43	姜堰市天平化工有限公司	江苏姜堰市俞垛镇	225509	0523-8643866	0523-8643908	www. tpchem. com	活性氧化铝、分子筛、脱氯剂等
44	承德市华净活性炭公司	河北省平泉县城北街	067500	0314-6082222	0314-6082299	www. dahebei. com	催化剂载体活性炭、石油化工炭等
45	营口市向阳化工厂	辽宁省营口市路南镇江家房村	115005	0417-3908042	0417-3865942		聚乙烯催化剂、丙烯腈催化剂
46	太原市活性炭厂	太原市小店区刘家堡乡	030006	0351-7952222	0351-7693222	www. tyshxtc. com	各类活性炭
47	锦州市催化剂厂	辽宁省锦州市凌河区文胜里16号	1121001	0416-4166134	0416-4167156	www. catalys-tchina. com	镍基催化剂

续表

序号	厂名	地址	邮编	电话	传真	网址	主要产品
48	宜兴市太湖载体厂	江苏宜兴市大浦镇	214226	0510-87451034	0510-87451034		三叶草形、圆柱状氧化铝载体、氧化镁载体
49	青岛海洋化工有限公司	青岛市汾阳路12号	266046	0532-84660688	0532-84635014	www. yinhai-chem. com	粗孔、细孔硅胶
50	贵州铝厂	贵阳市白云区龚家寨	550014	0851-4490416	0851-4492875		活性氧化铝
51	北京光华晶科活性炭有限公司	北京市通州区梨园镇砖厂村	101149	010-69573851	010-61502738	www. ghjk. com. cn	条状及粉状活性炭
52	上海焦化有限公司	上海市龙吴路4280号	200241	021-64343649	021-64345267		条状及粒状活性炭
53	南京无机化工厂	南京市秦淮区江宁区25号	210006	025-86628136	025-86628136		硅胶、分子筛

续表

序号	厂名	地址	邮编	电话	传真	网址	主要产品
54	辽宁海泰科技发展公司	抚顺经济开发区青台子路	113122	024-56801343	024-56671661	www.chinacatalyst.com	重整催化剂、加氢精制催化剂、甲烷化催化剂、乙烯氧氯化催化剂、净化剂等系列产品
55	沈阳三聚凯特催化剂公司	沈阳市经济技术开发区化工园区	110144	024-31599907	024-31599905	www.sanju.cn	加氢精制催化剂、合成甲醇催化剂、脱硫剂、脱氯剂等
56	山东迅达化工集团公司	淄博市临淄区敬仲工业区	255416	0533-7229817	0533-7702288	www.sdxunda.com	硫黄回收催化剂、脱硫剂、脱氯剂、脱氧剂、脱砷剂等
57	凯瑞化工公司	河北省沧州市西留庄工业区		0317-3872222	0317-3872111	www.krhg.cn	离子交换树脂及离子交换催化剂
58	浙江省缙云县赛斯特化学助剂厂	浙江省缙云县金弄市场路西136号		0578-3130576	0578-3130576	www.jyzjc1688.cn.alibaba.com	天然沸石载体、脱硫剂、脱硝剂等

参 考 文 献

1 B. Delmon et al., Preparation of Catalysts, Amsterdam, 1976

2 朱剑青．现代化工，1983，3(6)：20

3 J. Boor. Ziegler-Natta Catalysts Aad Polymerizations, Acade-mic Press, New York, 1979

4 朱洪法编．催化剂载体．北京：化学工业出版社，1980

5 陈祖庇，闵恩泽．石油炼制，1990，6(1)

6 赵骧．工业催化．1993，2(48)

7 杨君豪．合成树脂及塑料，1991，8(1)：69

8 Bruce E. Leach. Applied Industrial Catalysis, Vol. 3. News York: Academ-ic Press, 1984

9 日本化学会编．触媒设计．学会出版センター，1982

10 今中利信著．触媒反应．培风馆，1976

11 尾崎萃，田丸谦二．元素别触媒便覽．地人書馆，1967

12 朱洪法编．催化剂成型．北京：中国石化出版社，1992

13 吉田，研治．触媒，1988，28(5)：301

14 孙履厚，赵朝阳．精细石油化工．1990(4)：51

15 Harrio N, Tuck M W. Hydrocarbon Process., 1990, 69(5): 79

16 白崎高保，藤堂尚之．触媒调制．講谈社，1974

17 陈庆龄．化工进展，1992，(2)：5

18 赵振华．精细石油化工，1987，(3)：46

19 Müller D, et al. Zeolites, 1985, (5): 53

20 Kashiwa, H, et al. Chem. Econ. Eng. Rev., 1988, 18(10):

21 Flanigen, E M, et al. Study Surface Catalysis, 1988, 37:

22 黄汉生．现代化工，1992，12(4)：23

23 刘厚金．精细石油化工，1992，(2)：13

24 陈庆龄．化工进展，1992，(2)：5

25 Itoh N. J of Chem. Eng of Japan 1990, (23): 81

26 Bood, G G., Richards, D G. Appl. Gatal., 1988, 28:

27 中川俊见．化学工学，1989，53(6)：423

28 Harris, N., Tuck, M. M., Hydrocarbon Process., 69(5). 79(1990)

29 B. E. 利奇主编，朱洪法译．工业应用催化．北京：烃加工出版社，1990

30 上海市石油化学研究所．石油化学通讯，1979~1981

31 邹仁鋆．石油化工，1987，16(4)：317

32 金松寿等．有机催化．上海：上海科技出版社，1986

33 Keeler, M, G. Chem. Eng. Progr., 1988, 84(6): 63

34 Soudek, M, Lacatena J, J. Hydrocarbon Process., 1990, 69(5): 73

35 波多野正克．触媒．1989，31(3)：205
36 Mesko，J，E. Chem. Eng. Progr.，1978，74(8)：90
37 店桥荣治．アロマイツケス，1988，40(1/2)：13
38 朱洪法编著．催化剂载体制备及应用技术．北京：石油工业出版社，2002
39 朱晓军，朱建华．化工生产与技术．2005，12(1)：24
40 朱洪法，朱玉霞主编．工业助剂手册．北京：金盾出版社，2007
41 朱洪法主编．催化剂手册．北京：石油工业出版社，2020
42 赵地顺主编．相转移催化原理及应用．北京：化学工业出版社，2007
43 邵潜，龙军等．规整结构催化剂及反应器．北京：化学工业出版社，2005
44 朱洪法，刘丽芝编著．催化剂制备及应用技术．北京：中国石化出版社，2011
45 朱洪法，刘丽芝编著．炼油及石油化工“三剂”手册．北京：中国石化出版社，2015
46 张勇主编．烯烃技术进展．北京：中国石化出版社，2008
47 李汝雄编著．绿色溶剂——离子液体的合成与应用．北京：化学工业出版社，2004
48 朱洪法编著．催化剂生产与应用技术问答．北京：中国石化出版社，2016